高等院校通信与信息专业规划教材

现代通信技术概论

主　编　王新良

副主编　朱俊杰　刘志平

参　编　李　辉　张中卫　王立国

机 械 工 业 出 版 社

全书共分为9章，系统地介绍了现代通信技术的发展和工作原理，包括现代通信技术的基本概念和发展趋势、数字通信技术基础、程控交换电话网、数据通信技术、光纤通信、数字微波中继通信与卫星通信、移动通信、多媒体通信、信息安全技术等内容。各章均附有习题，并在重点章节提供了内容丰富的实验。本书的特点是概念准确、内容简洁、难度适中、理论与实验相结合，突出基本原理和基本概念的阐述，同时力图反映出现代通信技术的一些最新发展。

本书可供通信与信息类、光电类、自动化类和计算机类专业的大学本科生使用，对从事通信工作的工程技术人员也有学习参考价值。

本书提供电子课件，需要的教师可登录 www.cmpedu.com 免费注册，审核通过后下载，或联系编辑索取（QQ：241151483，电话：010-88379753）。

图书在版编目(CIP)数据

现代通信技术概论/王新良主编. —北京：机械工业出版社，2015.7
(2023.7重印)
高等院校通信与信息专业规划教材
ISBN 978-7-111-50889-2

Ⅰ.①现… Ⅱ.①王… Ⅲ.①通信技术-高等学校-教材Ⅳ.①TN91

中国版本图书馆CIP数据核字(2015)第162683号

机械工业出版社(北京市百万庄大街22号 邮政编码100037)
策划编辑：李馨馨 责任编辑：李馨馨
责任校对：张艳霞 责任印制：常天培
北京机工印刷厂有限公司印刷
2023年7月第1版·第5次印刷
184mm×260mm·18印张·443千字
标准书号：ISBN 978-7-111-50889-2
定价：59.90元

电话服务
客服电话：010-88361066
010-88379833
010-68326294

网络服务
机工官网：www.cmpbook.com
机工官博：weibo.com/cmp1952
金书网：www.golden-book.com
机工教育服务网：www.cmpedu.com

前　言

现代通信技术概论作为信息、通信专业的专业课程一直受到教师和学生的重视；同时，随着现代通信技术的快速发展，一些非信息类专业的学生和研究人员也迫切需要掌握更多的现代通信技术方面的知识。根据现代通信技术发展和应用的现实情况，作者在本书编写过程中着重选取主流技术，从应用角度介绍基本概念和基本原理，并提供相应实验，使读者进一步加深对相关知识的理解。

本书以现代通信的主流技术为主线，详细阐述数字通信技术、程控交换电话网、数据通信技术、光纤通信技术、数字微波中继通信与卫星通信、移动通信技术、多媒体通信技术、信息安全技术，在移动通信技术中，针对当前 4G 和 5G 移动通信系统的工作原理进行了详细讲述，使读者能够更好地掌握移动通信新技术。本书在主要章节中提供了有针对性的实验内容。在数字通信技术部分提供了 PCM 仿真实验，使读者能够更加深入地理解数字通信的具体过程；在程控交换电话网部分提供了电话网关实验，使读者能够更好地掌握程控交换的原理；在数据通信技术部分提供了协议报文捕获、分析实验及无线局域网组网实验，使读者能够更好地掌握因特网技术。通过在主要章节提供有针对性的实验内容，使读者能够理论与实践相结合，达到较好的学习效果，增加读者的学习、阅读兴趣。

全书共分 9 章，内容如下：

第 1 章介绍现代通信技术的基本概念，读者除了要了解通信系统的基本概念之外，还需要熟悉通信技术的发展趋势。

第 2 章讲述数字通信技术的基本概念，并对模拟信号数字化的主要特点进行了详细的介绍，最后对时分复用技术和数字复接技术进行了讲解。

第 3 章详细介绍程控交换电话网的基本内容，包括交换的基本概念、数字程控交换机、支撑网、智能网等。

第 4 章讨论了数据通信技术的基本内容，包括数据通信的基本概念、数据交换技术、因特网、网络互连设备、局域网等，最后提供了多组实验增加读者的阅读兴趣。

第 5 章详细讲述了光纤通信技术的基本概念，讨论了光纤通信系统的工作原理，并对同步数字体系、光波分复用技术和光网络的发展趋势进行了深入的分析。

第 6 章详细介绍了数字微波中继通信与卫星通信技术的基本概念，并对数字微波中继通信系统和卫星通信系统的工作原理进行了详细讲解。

第 7 章详细介绍了移动通信技术的基本原理，并对多种移动通信系统的工作原理进行了深入分析，最后对移动通信技术未来的发展趋势进行了详细的讲解。

第 8 章详细介绍了多媒体通信技术的基本概念，并对多媒体通信系统的工作原理进行了深入分析，最后对压缩编码标准与技术、流媒体技术和多媒体应用进行了详细的讲解。

第 9 章详细介绍了信息安全技术方面的基本原理，并对常见网络病毒的工作原理进行了深入分析，最后对当前主流的网络安全检测技术进行了详细的讲解。

本书由河南理工大学电气工程与自动化学院的教师共同编写，具体分工如下：本书第 1 章和第 8 章由刘志平编写，第 2 章由李辉编写，第 3 章由朱俊杰编写，第 4 章和第 9 章由王新良编写，第 5 章和第 6 章由张中卫编写，第 7 章由王立国编写。由王新良、朱俊杰、刘志平负责该书的统稿工作。此外，本书能够顺利出版，得到了河南理工大学教务处以及电气工程与自动化学院各级领导的帮助与支持。

由于作者水平有限，书中难免有错漏之处，敬请广大读者批评指正。

编　者

2015 年 4 月

目　　录

第1章　概　　述

1.1　通信发展简史

早在远古时期，人们就通过简单的语言、壁画等方式交换信息。千百年来，人们一直在用语言、图符、钟鼓、烟火、竹简、纸书等传递信息，古代人的烽火狼烟、飞鸽传信、驿马邮递就是这方面的例子。现在还有一些国家的个别原始部落，仍然保留着诸如击鼓鸣号这样古老的通信方式。在现代社会中，交通警的指挥手语、航海中的旗语等不过是古老通信方式进一步发展的结果。这些信息传递的基本方式都是依靠人的视觉与听觉直接感受到的距离接收。

19世纪中叶以后，随着电报、电话的发明，电磁波的发现，人类通信领域产生了根本性的巨大变革，实现了利用金属导线来传递信息，甚至通过电磁波来进行无线通信，使神话中的“顺风耳”“千里眼”变成了现实。从此，人类的信息传递可以脱离常规的视听觉直接感受方式，用电信号作为新的载体，实现远距离通信，由此带来了一系列技术革新，开始了人类通信的新时代。

1837年，美国人塞缪乐·莫乐斯（Samuel Morse）成功地研制出世界上第一台电磁式电报机。他利用自己设计的电码，可将信息转换成一串或长或短的电脉冲传向目的地，再转换为原来的信息。1844年5月24日，莫乐斯在国会大厦联邦最高法院会议厅用莫尔斯电码发出了人类历史上的第一份电报，实现了长途电报通信。

1864年，英国物理学家麦克斯韦（J. C. Maxwel）建立了一套电磁理论，预言了电磁波的存在，说明了电磁波与光具有相同的性质，两者都是以光速传播的。

1875年，苏格兰青年亚历山大·贝尔（A. G. Bell）发明了世界上第一台电话机。并于1876年申请了发明专利。1878年在相距300 km的波士顿和纽约之间进行了首次长途电话通信实验，并获得了成功，后来就成立了著名的贝尔电话公司。

1888年，德国青年物理学家海因里斯·赫兹（H. R. Hertz）用电波环进行了一系列实验，发现了电磁波的存在，并用实验证明了麦克斯韦的电磁理论。这个实验轰动了整个科学界，成为近代科学技术史上的一个重要里程碑，导致了无线电的诞生和电子技术的发展。

电磁波的发现产生了巨大影响。不到6年的时间，俄国的波波夫、意大利的马可尼分别发明了无线电报，实现了信息的无线电传播，其他的无线电技术也如雨后春笋般涌现出来。1904年英国电气工程师弗莱明发明了二极管。1906年美国物理学家费森登成功地研究出无线电广播。1907年美国物理学家德福莱斯特发明了真空电子管（三极管），美国电气工程师阿姆斯特朗应用电子器件发明了超外差式接收装置。1920年美国无线电专家康拉德在匹兹堡建立了世界上第一家商业无线电广播电台，从此广播事业在世界各地蓬勃发展，收音机成为人们了解时事新闻的方便途径。1924年第一条短波通信线路在瑙恩和布宜诺斯艾利斯之间建立，1933年法国人克拉维尔建立了英法之间的第一套商用短波无线电通道，推动了无线电技术的进一步发展。

电磁波的发现也促使图像传播技术迅速发展起来。1922 年 16 岁的美国中学生菲罗·法恩斯沃斯设计出第一幅电视传真原理图，1929 年申请了发明专利，被裁定为发明电视机的第一人。1928 年美国西屋电器公司的兹沃尔金发明了光电显像管，并同工程师范瓦斯合作，实现了电子扫描方式的电视发送和传输。1935 年美国纽约帝国大厦设立了一座电视台，次年就成功地把电视节目发送到 70 km 以外的地方。1938 年兹沃尔金又制造出第一台符合实用要求的电视摄像机。经过人们的不断探索和改进，1945 年在三基色工作原理的基础上，美国无线电公司制成了世界上第一台全电子管彩色电视机。直到 1946 年，美国人罗斯·威玛发明了高灵敏度摄像管，同年日本人八本教授解决了家用电视机接收天线问题，从此一些国家相继建立了超短波转播站，电视迅速普及开来。

图像传真也是一项重要的通信。自从 1925 年美国无线电公司研制出第一部实用的传真机以后，传真技术不断革新。1972 年以前，该技术主要用于新闻、出版、气象和广播行业；1972 年至 1980 年间，传真技术已完成从模拟向数字、从机械扫描向电子扫描、从低速向高速的转变，除代替电报和用于传送气象图、新闻稿、照片、卫星云图外，还在医疗、图书馆管理、情报咨询、金融数据、电子邮政等方面得到应用；1980 年后，传真技术向综合处理终端设备过渡，除承担通信任务外，它还具备图像处理和数据处理的能力，成为综合性处理终端。静电复印机、磁性录音机、雷达、激光器等都是信息技术史上的重要发明。

此外，作为信息远程控制的遥控、遥测和遥感技术也是非常重要的技术。遥控是利用通信线路对远处被控对象进行控制的一种技术，用于电气事业、输油管道、化学工业、军事和航天事业；遥测是将远处需要测量的物理量如电压、电流、气压、温度、流量等变换成电量，利用通信线路传送到观察点的一种测量技术，用于气象、军事和航空航天业；遥感是一门综合性的测量技术，在高空或远处利用传感器接收物体辐射的电磁波信息，经过加工处理成能够识别的图像或电子计算机用的记录磁带，提示被测物体的性质、形状和变化动态，主要用于气象、军事和航空航天事业。

随着电子技术的高速发展，军事、科研迫切需要解决的计算工具也大大改进。1946 年美国宾夕法尼亚大学的埃克特和莫希里研制出世界上第一台电子计算机。电子元器件材料的革新进一步促使电子计算机朝小型化、高精度、高可靠性方向发展。20 世纪 40 年代，科学家们发现了半导体材料，用它制成晶体管，替代了电子管。1948 年美国贝尔实验室的肖克莱、巴丁和布拉坦发明了晶体管，于是晶体管收音机、晶体管电视机、晶体管计算机很快代替了各式各样的真空电子管产品。1959 年美国的基尔比和诺伊斯发明了集成电路，从此微电子技术诞生了。1967 年大规模集成电路诞生了，一块米粒般大小的硅晶片上可以集成 1 千多个晶体管的电路。1977 年美国、日本科学家制成超大规模集成电路，30 平方毫米的硅晶片上集成了 13 万个晶体管。微电子技术极大地推动了电子计算机的更新换代，使电子计算机显示了前所未有的信息处理功能，成为现代高新科技的重要标志。

为了解决资源共享问题，单一计算机很快发展成计算机联网，实现了计算机之间的数据通信、数据共享。通信介质从普通导线、同轴电缆发展到双绞线、光纤导线、光缆；电子计算机的输入/输出设备也飞速发展起来，扫描仪、绘图仪、音频/视频设备等，使计算机如虎添翼，可以处理更多的复杂问题。20 世纪 80 年代末多媒体技术的兴起，使计算机具备了综合处理文字、声音、图像、影视等各种信息的能力，日益成为信息处理最重要和必不可少的工具。

至此，我们可以初步认为：信息技术（Information Technology，IT）是以微电子和光电技术为基础，以计算机和通信技术为支撑，以信息处理技术为主题的技术系统的总称，是一门综合性的技术。电子计算机和通信技术的紧密结合，标志着数字化信息时代的到来。

我们处于现代通信的时代，只要你打开计算机、手机、PDA、车载 GPS，就很容易实现彼此之间的联系，使人们生活更加便利。未来的通信可能沿着融合 2G、3G 以及 4G 和 WLAN、宽带网络的方向发展，可以说“一切，皆有可能”。

1.2 通信的基本概念

通信即信息传递。对信息的一般解释为：人认识到或感觉到的一切有价值的相互之间的影响。通信是人类社会发展的基础，是推动人类文明和进步的巨大动力。

1.2.1 通信系统模型

通信的基本目的是由信源向信宿传送消息。例如：广播电台播音员的声音，通过电台发送载有声音的信号，经过空间电磁场的传输媒介，进入信道，并由收音机接收后，传给听众。电视台通过卫星可以把电视画面传送到千家万户；电话用户通过交换机可以实现拨号通话；网络用户通过互联网可以进行实时聊天等。通信系统可以概括为图 1-1 所示的一般通信系统模型。

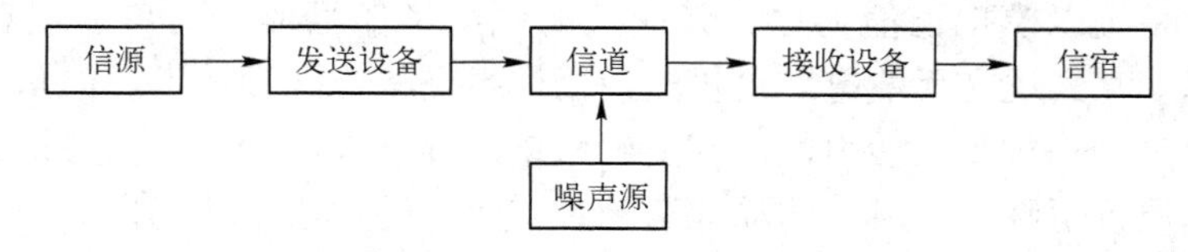

图 1-1 通信系统模型示意图

由图 1-1 可以看出，发送消息的一段称为信源，接收消息的一端称为信宿。信源和信宿之间的传输路径称为信道。信源发出的消息先要经过发送设备变换成适合于信道传输的信号形式，在经过信道传输后由接收设备做出反变换恢复出信源消息，最后被信宿接收。而消息在传送过程中的任何一点都有可能受到噪声的干扰，为了便于分析，并考虑到信道上的干扰最为严重，所以把噪声干扰集中在信道上。

信源和信宿通常是能够对应把消息解读出来的设备。例如：电视机、接听电话的人或计算机终端等都可以作为信源和信宿。消息的形式可以是图像、语音，也可以是文字、数据、符号等。

发送设备主要用于对信源消息进行物理格式变换。这样的物理格式变换可以是码型调整变换或者是频率调整变换，以适应信道对所传输信号格式的要求。接收端则利用接收设备做出反变换。

信道是信息的传输通道。这是一个含义广泛的术语。狭义的信道指具有不同物理性质的各种传输媒介，如电缆、光缆、无线电、大气空间等。广义的信道则包括信源和信宿之间的任何传输设备。信号在信道传输过程中会随着距离的增加而产生衰减。为了保证长距离的传输，需要对信号进行能量放大，称为中继再生。

噪声干扰是任何通信系统都难以避免的。噪声干扰会导致信号失真，引起传输错误，因此，通信系统一般都要考虑差错控制问题。

1.2.2 通信系统分类

通信系统有多种分类形式，如：可以从通信内容上、传输信号的性质上、信道上等进行分类。

1. 根据通信内容分类

根据通信内容进行划分，通信系统可以分为电话通信、电报通信、传真通信、数据通信、图像通信、多媒体通信等。这些系统可以是专用的，但大多数情况下是兼容并存的。

现在非话务通信发展迅速，非话务通信主要是分组数据业务、计算机通信、数据库检索、电子信箱、电子数据交换、传真存储转发、可视图文及会议电视、图象通信等。由于电话通信最为发达，因而其他通信常常借助于公共的电话通信系统进行。未来的综合业务数字通信网中各种用途的消息都能在一个统一的通信网中传输。此外，还有遥测、遥控、遥信和遥调等控制通信业务。

2. 根据传输信号的性质分类

按照信道上传送的是模拟信号还是数字信号，可以把通信系统分为模拟通信系统和数字通信系统。

早期的通信系统以模拟通信为主，其最大的优点是信号形成简单、直观，系统设备简易，占用频带窄。直到现在无线电广播仍然使用模拟调幅或调频技术。但是，模拟通信系统存在着致命的缺陷——抗干扰能力低，当受到系统内部、外部噪声干扰后很难把噪声和信号分开，导致通信质量下降。同时，传输线路越长，噪声的积累也就越多，因此正逐渐被数字通信系统所取代。

与模拟通信系统相比，数字通信系统有如下一些特点。

（1）抗干扰能力强、无噪声积累

在模拟通信中，为了提高信噪比，需要在信号传输过程中及时对衰减的传输信号进行放大。信号在传输过程中不可避免地叠加上的噪声也被同时放大。随着传输距离的增加，噪声积累越来越多，以致使传输质量严重恶化。

对于数字通信，由于数字信号的幅值为有限个离散值，在传输过程中虽然也受到噪声的干扰，但当信噪比恶化到一定程度时，即在适当的距离采用判决再生的方法，再生成没有噪声干扰的和原发送端一样的数字信号，所以可以实现长距离高质量的传输。

（2）数字信息的保密性好

无线电波是朝着四面八方传播的，只要终端接收器匹配，每个人都可以接收到传播的内容。而数字通信可以先将其信号在编码器与密码相捆绑，再进入信道传播，接收方则通过解码器解除密码限制，取得信号传播内容，由此避免了传播信息外漏的现象。数字信号加密只需要通过简单的“加”“减”等逻辑运算，按照一定的规律将密码“加”到语音电码中去，就可以将包含着语音信号的电码进行传播。

（3）便于存储、处理和交换

数字通信的信号形式和计算机所用信号一致，都是二进制代码，因此便于与计算机网络通信，也便于用计算机对数字信号进行存储、处理和交换，可使通信网的管理、维护实现自动化、智能化。

（4）数字信号易于调制

数字信号只需在数字终端设备和模拟电路之间加装以调制、解调为主体的接口设备，就能利用已经建立起来的四通八达的模拟电路进行传输。由于数字信号只存在“0”、“1”两种状态，其信号调制相当简单，具有波形变换速度快、调整测试方便、体积小、设备可靠性高等特点。

（5）数字通信占用的频带较宽

在同样信息量的情况下，数字通信占用较宽的信道频带。以电话通信为例，一路模拟语音信号带宽为4 kHz，在数字通信系统中就需要占用带宽64 kHz，后者是前者的16倍。

此外，数字通信对其设备中所用电路的要求较简单，轻巧、故障少、耗电低、成本低的集成电路即可满足通信需求。数字信号还便于和电子计算机结合，由计算机来处理信号，使得数字通信系统更加灵活通用，也为各类如电话、电报、图像以及数据传输业务的开展提供了更加便利的条件。

3. 按传输媒介分类

通信系统可以分为有线（包括光纤）和无线通信两大类，有线信道包括架空明线、双绞线、同轴电缆、光缆等。使用架空明线传输媒介的通信系统主要有早期的载波电话系统，使用双绞线传输的通信系统有电话系统、计算机局域网等，同轴电缆在微波通信、程控交换等系统中以及设备内部和天线馈线中使用。无线通信依靠电磁波在空间传播达到传递消息的目的，如短波电离层传播、微波视距传输等。

1.2.3 通信信道

任何通信系统都包括发送、信道和接收三个部分。信道是信号传输的通路，又是传递信号的设施。广义信道除了包括传输媒质外，还包括与通信系统有关的变换装置，这些装置可以是发送设备、接收设备、馈线与天线、调制器、解调器等。这相当于在狭义信道的基础上，扩大了信道的范围。广义信道的引入主要是从研究信息传输的角度出发，使通信系统的一些基本问题研究比较方便。

通信线路是指通信中所采用的具体线路及其结构。通常采用多路复用等技术将一条通信线路分割为若干信道。

1. 传输媒介

狭义来看，通信系统的传输媒介可以是诸如同轴电缆、双绞线和光缆等有线传输媒介，也可以是不同波段的无线电波。了解通信系统传输媒介的物理特性和传输特性有助于理解与通信信道相关的概念。

（1）双绞线

双绞线也称双扭线，是最常用的一种传输媒介，常用于局域网和用户短距离接入。双绞线是把两根外包绝缘材料的直径约0.5～1 mm的铜芯线扭绞成具有一定规则的螺旋形状，扭绞的目的是为了减少或抵消外界的电磁干扰。与同轴电缆相比，双绞线的抗干扰能力差一些，易受到外部电磁信号的干扰，所以可靠性也就差一些。但是双绞线的制造成本比同轴电缆要低很多，是一种廉价的传输媒介。把若干对双绞线集成一束，并用结实的外绝缘层包住，就组成了双绞线电缆。如图1-2a所示。

（2）同轴电缆

同轴电缆由单股实心或多股绞合的铜质芯线、绝缘层、网状编织的屏蔽层以及保护外层所组成，如图 1-2b 所示。由于外导体的作用，外来的电磁干扰被有效屏蔽了，因此同轴电缆具有很好的抗干扰特性，并且因其集肤效应所引起的功率损失也大大减小。同时，与双绞线相比，同轴电缆具有更宽的带宽和更快的传输速率。

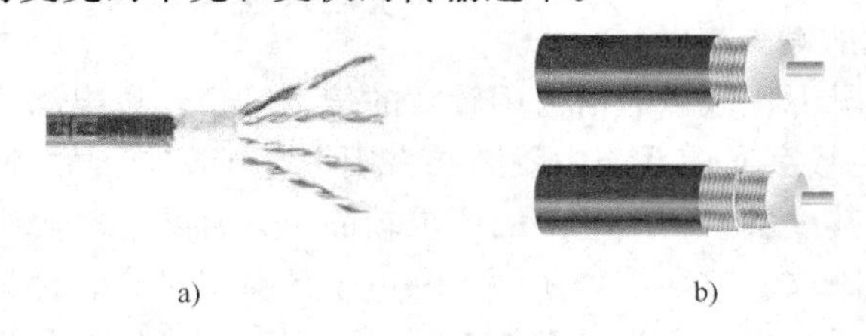

图 1-2　几种有线信道
a）双绞线　b）同轴电缆

（3）光缆

光通信是利用光导纤维作为媒介，用光波来载送消息的一种通信方式。光纤是由纯净的石英玻璃拉制成的玻璃纤维丝，如图 1-3a 所示可远距离传输光信号，如图 1-3b 所示。光缆是由若干根光纤集成在一起制成的宽带通信传输媒介，是目前长途干线通信和部分城域网的主要通信线路。

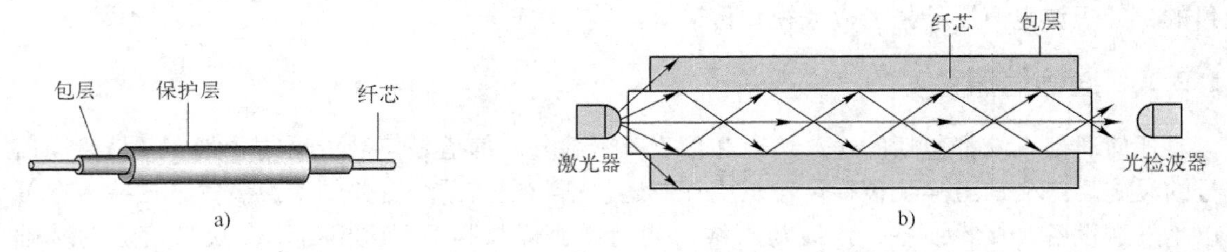

图 1-3　光纤的结构和传输
a）光纤结构　b）光在光纤中传输

（4）微波通信

微波通信是利用电磁波在对流层的视距范围内以微波接力形式进行传输的通信方式。微波波长为 1 mm～1 m，频率为 300 MHz～300 GHz，频段宽度是长波、中波、短波及甚短波等几个频段总带宽的 1000 倍。微波通信的特点是：频带越宽，通信容量越大。微波是直线传播，视距以外的通信则通过中继的方式进行传输。微波中继系统如图 1-4 所示。

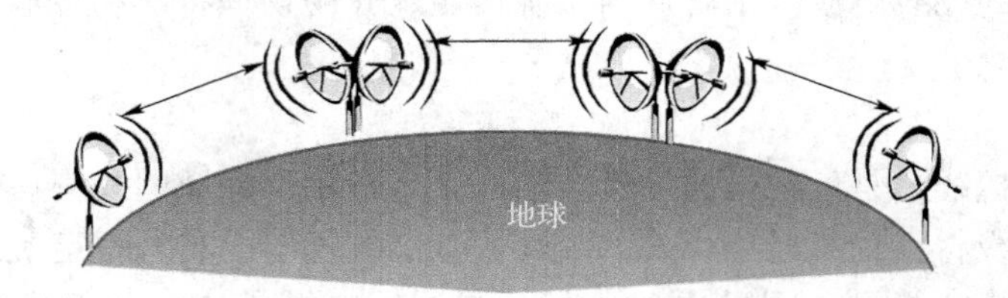

图 1-4　微波中继通信系统

（5）卫星通信

卫星通信就是地球上的无线电通信站之间利用人造卫星作中继站而进行的通信。

卫星通信具有覆盖面积大、通信距离长、不受地理环境限制以及投资少、见效快等许多优点。在我国的西北、西南高原等地应用价值高。卫星通信系统如图 1–5 所示。

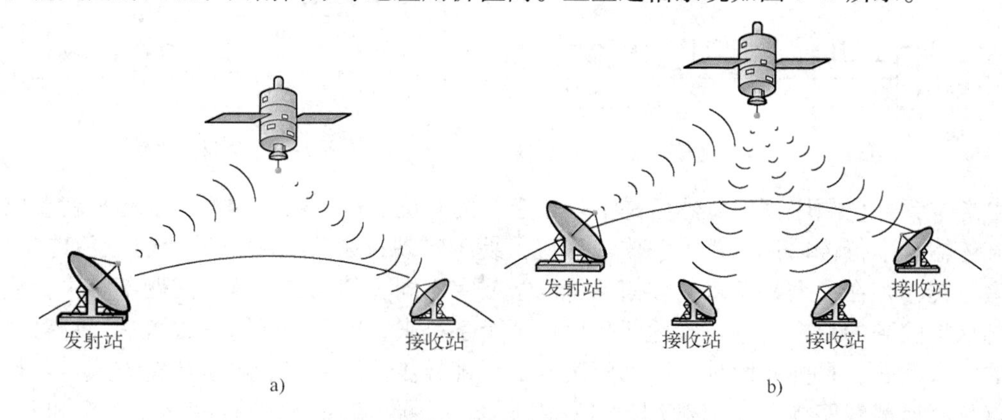

图 1–5　卫星通信系统
a）通过卫星形成的点到点通信链路　b）通过卫星形成的广播通信链路

无线电波在大气中传播时会有传输损耗、多径效应和衰落现象。传输损耗是由于大气层对无线电波吸收、散射和绕射而导致的，不同的传播方式和不同材料的障碍物所造成的损耗不一样。电波经过多条路径传播到达同一个接收天线，各条路径来的信号之间存在时延差，叠加后得到的合成信号强弱会伴随着传输路径或气象条件的变化而起伏不定，这种现象称为多径效应。而接收端信号振幅起伏不定的情况称为衰落现象。

2. 通信方式

按照消息传输方向与时间划分，可分为单工、半双工及全双工三种方式。

（1）单工通信

单工通信指通信双方的一方只能接收消息而不能发送消息，同时另一方只能发送消息而不能接收消息。例如，广播电台、电视台和广大听众和观众之间就是典型的单工通信。如图 1–6 所示。

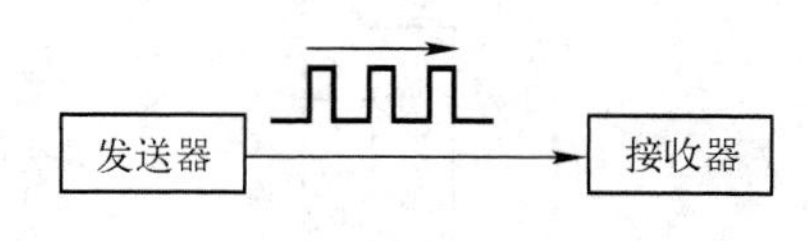

图 1–6　单工通信方式

（2）半双工通信

半双工通信指通信双方都能既发送又接收消息，但在同一时间只能一方发送另一方接收。这种方式多半是由于双方共用一个信道，而一个信道同时只能被一方占有所致。例如，短距离无线对讲机在使用时双方不能同时讲话，当一方讲话时需要按下按键，松开按键后才能听到对方讲话。如图 1–7 所示。

（3）全双工通信

全双工通信指通信双方可以同时发送和接收消息。电话系统、计算机网络等大多数通信系统都是全双工方式。如图 1–8 所示。

3. 传输方式

按消息传输时排列方式的不同，可分为串行和并行传输方式。

（1）串行传输

串行传输是指信号在一个信道上以按位依次传输的方式传输。一个字符的 8 个二进制代

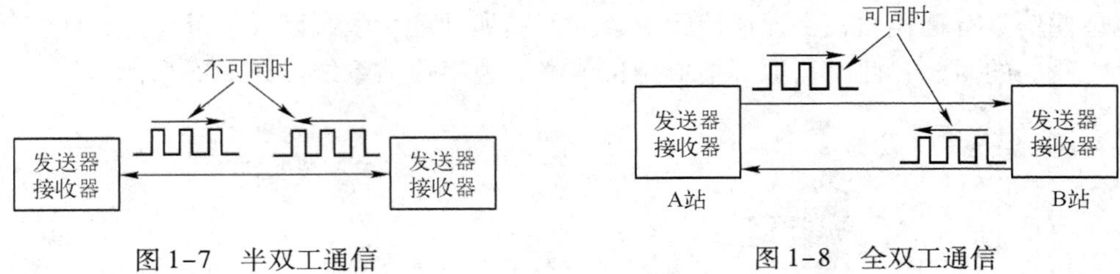

图 1-7 半双工通信　　图 1-8 全双工通信

码，由高位到低位顺序排列，然后是下一个字符的 8 位二进制码，这样串接起来就形成串行数据流传输。串行传输只需要一条传输信道，易于实现，是目前主要采用的一种传输方式。但是串行传输存在一个收发双方如何保持码组或字符同步的问题，这个问题不解决，接收方就不能从接收到的数据流中正确地区分出一个个字符来，因而传输将失去意义。针对码组或字符的同步问题，目前有两种不同的解决方法，即异步传输方式和同步传输方式。串行传输的特点是：所需线路少，线路利用率高；发送端和接收端要分别进行串/并转换和并/串转换；收发之间必须实施某种同步方式。

（2）并行传输

并行传输是指信号数据以成组的方式在多条并行信道上同时传输。常用的就是将构成一个字符代码的几位二进制码，分别在几个并行信道上进行传输。例如，采用 8 位代码的字符，可以用 8 个信道并行传输。并行传输的特点是：终端装置和线路之间不需对传输数据作时序变换，能简化终端装置的结构；需要多条信道的传输设备，故成本较高；一次传送一个字符，一次收发双方不存在字符的同步问题，不需要另加“起”“止”信号或其他同步信号来实现收发双方的字符同步，这是并行传输的一个主要优点。但是，并行传输必须有并行信道，这往往带来了设备上或实施条件上的限制，因此，应用受限。如图 1-9 所示。

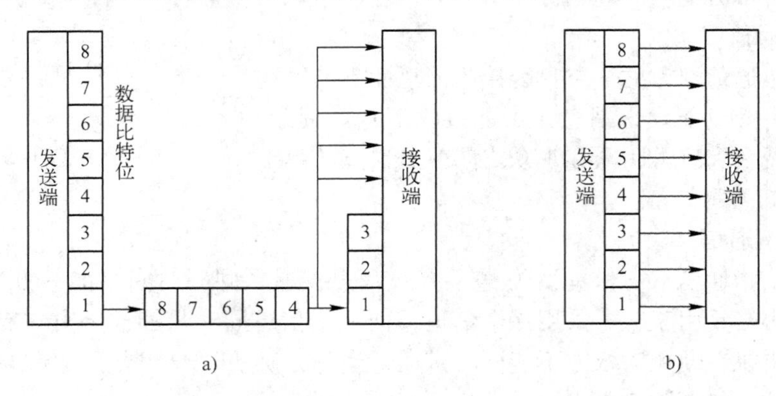

图 1-9 传输方式

4. 同步与异步传输方式

在通信系统中，特别是在数字通信系统中，要求收、发双方保持步调一致才能实现消息的正确传输。按照收、发双方保持步调一致的方法，可以分为异步和同步两种传输方式。

异步传输方式中，收、发双方的时钟各自独立并允许有一定的误差。典型的异步传输以一个字符（8 bit）为单位。为了达到双方同步的目的，需要在每个字符的头、尾各附加 1 bit 的起始位和终止位，用来指示一个字符的开始和结束。起始位的到来给了接收方响应时间，停止位的出现让接收方知道一次传输的终止。异步传输由于使用许多起始和停止位进行同步，所以传输开销大，效率低。主要适用于低速数据传输，例如，计算机键盘与主机、RS-232C 串口实现的异步数据传输等。

同步传输方式要求双方时钟严格一致。通常每次发送和接收都以数据帧为单位，每帧由若干个字符组成。帧头包含一组类似于异步传输方式中的起始位功能的、由特殊比特组合而成的帧同步码，用于通知接收方接收一个帧的到达，确保双方进入同步状态，帧同步码之后紧接着是数据信息。由于帧同步码已经确保了收、发双方进入同步状态，所有在接收方检测到帧结束码之前所接收的内容都属于数据信息部分。每一帧的最后一部分是一个帧结束码，它是一个比较特殊的比特组合，类似于异步传输方式中的停止位，用于表示一帧的结束。

为了实现收、发双方时钟严格同步，发送方的编码中通常含有供接收方提取的同步频率，由接收方从中提取出来后用于双方的时钟同步。因此，同步通信方式的线路编码格式很重要。

5. 复用方式

多路复用是利用同一传输介质同时传送多路信号，并且信号之间不会产生干扰和混淆的一种最常用的通信技术。在发送端将若干个独立无关的分支信号合并为一个复合信号，然后送入同一个信道内传输，接收端再将复合信号分解开来，恢复原来的各分支信号，称为多路复用。多路复用可以提高线路利用率，节省线路建设开支。但是多路复用实现的先决条件是信道的带宽能够容纳多路信号合并后的复合信号带宽。

图 1-10 是多路复用的基本原理图。图中，n 路分支信号通过多路复合器合并起来，接收端则利用多路分路器把合并的信号分离开来。

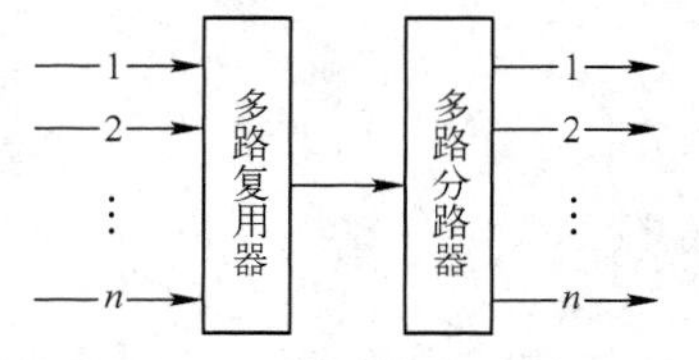

图 1-10 多路复用原理图

(1) 频分复用

频分复用是指在频率上把要传输的几路信息合在一起，形成一个合成的信号后进行传输。信道的可用频率带宽被分成几个互不交叠的频段，每路信号占据一个频带。为了防止各路信号之间的相互干扰，各路信号所占频段之间还需要留有一定的“保护频段”。频分复用的主要问题是各路信号之间容易产生相互干扰（称为串扰）。因其串扰的主要原因一是信号频谱间的相互交叉，二是信号被调制后由于调制系统的非线性而带来的已调信号的频谱展宽。这种已调信号的频谱展宽后，也容易发生相互交叉而导致信号失真和无法解调接收。因此，使用频分复用技术一是要求复用频谱之间有足够大的保护间隔，二是要求调制系统具有很高的线性滤波能力，这就带来设备造价问题。图 1-11 给出了频分多路复用（FDM）技术原理。

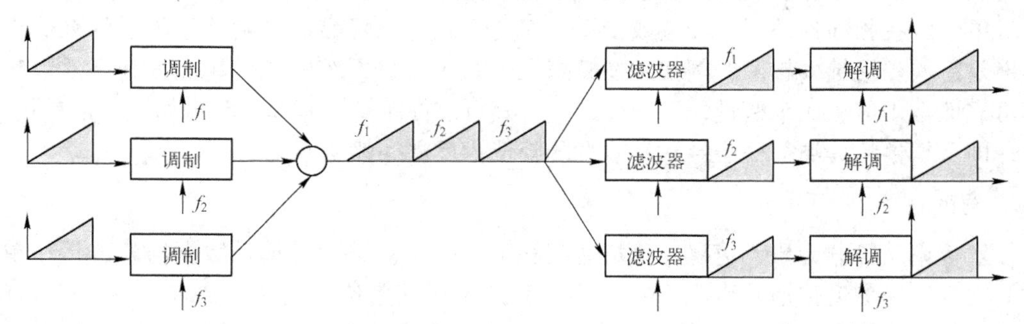

图 1-11 FDM 技术原理示意图

FDM 技术常见于载波模拟电话通信系统中。ITU 对于模拟 FDM 信道群体系有一套详细的标准。规定一个基群包含 12 个带宽为 4 kHz 的话路，5 个基群组成一个超群，5 个超群组成一个主群，供 300 个宽带话路。随着数字通信技术的出现，模拟传输的载波电话基本上已经被淘汰。但是，FDM 技术仍然在当代各种通信系统中作为多路复用手段占有不可替代的重要的位置。例如，在第二代数字蜂窝移动通信系统中，用户手机的寻址方式就是采用 FDM 结合 TDM 技术实现的。

（2）时分复用

时分复用（TDM）是采用分时技术，每路分配一个时隙，如果某路终端装置无字符发送，则多路复用器发送一个空字符，以保持序列顺序。它适用于数字技术。时分多路复用以时间作为信号分割的参量，故必须使各路信号在时间轴上互不重叠。

图 1-12 所示的 TDM 原理示意图，有三路信号连接到时分多路复用器，复用器按照次序轮流给每个信号分配一段时隙（时间片）。当轮到某个信号使用信道时，该信号就与信道连通，其他信号暂时被切断。各路信号依次轮流一遍之后，再回到第一路信号重新开始。在接收端，时分多路分用器与输入端复用器保持同步，依照与发送端同样的顺序轮流接通各路输出。这样，在同一个线路上可以分时传送多路信号，达到复用的目的。在一个时间片上，每路信号的发送单位可以是一个码元、一个字符或一帧。

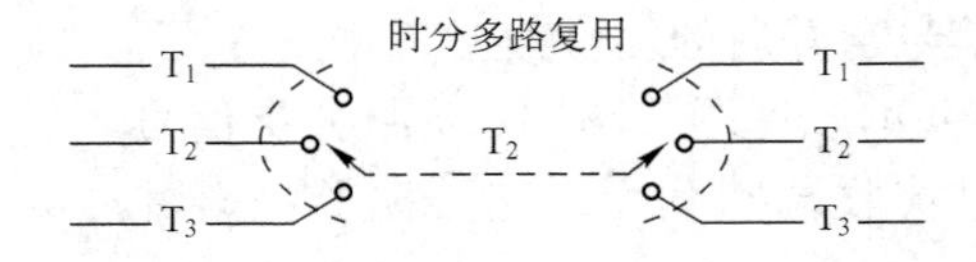

图 1-12　TDM 原理示意图

如果分配给每路信号的时间片是固定的，即不管该信源信号是否有数据要发送，属于该信源的时间片不能被其他信源的信号占用，则这种复用方式称为同步时分复用，这种方式系统利用率低。如果允许动态地分配时间片，即在某个信源没有信息发送时，允许其他信源占用该时间片发送信息，则称为动态或异步时分多路复用。动态时分多路复用又称为统计时分复用（STDM）或智能时分复用（ITDM），与同步时分复用比较起来技术上较复杂。

1.2.4　通信系统的主要性能指标

通信系统的主要质量指标是围绕传输的有效性和可靠性来衡量的。有效性是指单位时间内系统能够传输消息量的多少，以系统的信道带宽（单位：Hz）或传输速率（单位：bit/s）为衡量单位。在相同条件下，带宽或传输速率越高越好。可靠性是指消息传输的准确程度，以不出差错或差错越少越好。例如，在模拟通信系统中，系统的频带越宽，其有效性越高，而其可靠性常用信噪比来衡量，信噪比越大，其可靠性越高。有效性和可靠性经常是相互矛盾的，即可靠性的提高往往会导致有效性的降低，反之亦然。

1. 有效性

传输速率又可分为码元速率、比特速率和消息速率。码元是携带数据信息的最小单位，单位时间内通过信道传输的码元个数称为码元速率，其单位为波特（Baud），如 1200 Baud 指一秒钟传送了 1200 个码元。单位时间内传输二进制数据位数的个数称为比特速率，简称比特率，其单位为 bit/s。消息速率是指单位时间内传输的消息量，其单位随着消息单位的不同而不同，消息单位为比特时，其单位为 bit/s；消息单位为字符时，其单位为 B/s；消息单位为码组时，其单位为码组/s。

对于采用二进制传输体制的通信系统，码元速率等于波特率。但在采用 N 进制调制的通信系统中，若码元速率为 B，波特速率为 R，则二者之间的关系为

$$R = B\log_2 m \text{ bit}$$

式中，m 为符号的进制数。例如四进制中符号速率为 2400 波特，其信息速率为 4800 bit/s；而八进制的信息速率为 7200 bit/s 等等。

2. 可靠性

差错率用于衡量数据传输的可靠性，根据计量单位的不同可以有多种定义，其总的定义是

$$\text{差错率} = \frac{\text{传输过程中出现错误的单位数量}}{\text{总的传输单位数量}}$$

在数据传输系统中，常用的差错率计量单位有误码率、误字符率和误码组率等。例如，误码率是指在发送的码元总数中发生差错的码元数与总的发送码元数之比，它是一个统计平均值，因此在测试或统计时，总的发送比特数应达到一定的数量，否则得出的结果将失去意义。计算公式为

$$\text{误码率} = \frac{\text{接收端出错码元数}}{\text{总的发送码元数}}$$

3. 频带利用率

若一个通信系统的传输频带很宽，传输信息的能力很强大，但在该系统上传输的数据量很少或者说数据传输速率很低，则该通信系统的频带利用率就不高。因此，在比较不同通信系统的效率时，单看它们的信息传输速率是不够的，或者说，即使两个系统的信息速率相同，它们的效率也可能不同，所以还要看传输这样的信息所占的频带。在比较不同通信系统的有效性时，不仅要考虑数据的传输速率，也要考虑其带宽的占用情况。频带利用率是用单位频带内允许的最大比特传输速率来衡量系统性能的一个指标，单位是 bit/(s · Hz)，其计算公式为

$$\text{频带利用率} = \frac{\text{系统最大比特传输速率}}{\text{系统拥有的频带宽度}}$$

在频带宽度相同的条件下，比特传输速率越高，频带利用率就越高。

1.2.5　通信网

通信网就是在一定的范围内以通信设备和交换设备为点，以传输设备为线，按一定顺序点线相连形成的有机组合系统。它可以完成多个用户对多个用户的通信。

1. 通信网的组成

通信网组成的基本要素是：终端设备、传输链路、转接交换设备。

终端设备是通信网中的源点和终点。终端设备的主要功能是将输入信息变换为易于在信道中传送的信号，并参与控制通信工作。不同的通信业务有不同的终端。一般有以下几类终

端：电话终端、数字终端、数据通信终端、图像通信终端和多媒体终端。

传输链路是网络节点的链接媒体，也是信息和信号的传输通路。它由传输介质和各种通信装置组成。传输链路具有波形变换、调制解调、多路复用、发信和收信等功能。传输介质分为有线和无线传输线路。交换设备是通信网的核心。交换设备的功能有交换、控制、管理及执行等。

2. 通信网的拓扑结构

（1）总线型网

总线型结构采用一条单根的通信线路（总线）作为公共的传输通道，所有的节点都通过相应的接口直接连接到总线上，并通过总线进行数据传输。结构简单、扩展方便。如图 1-13a 所示。

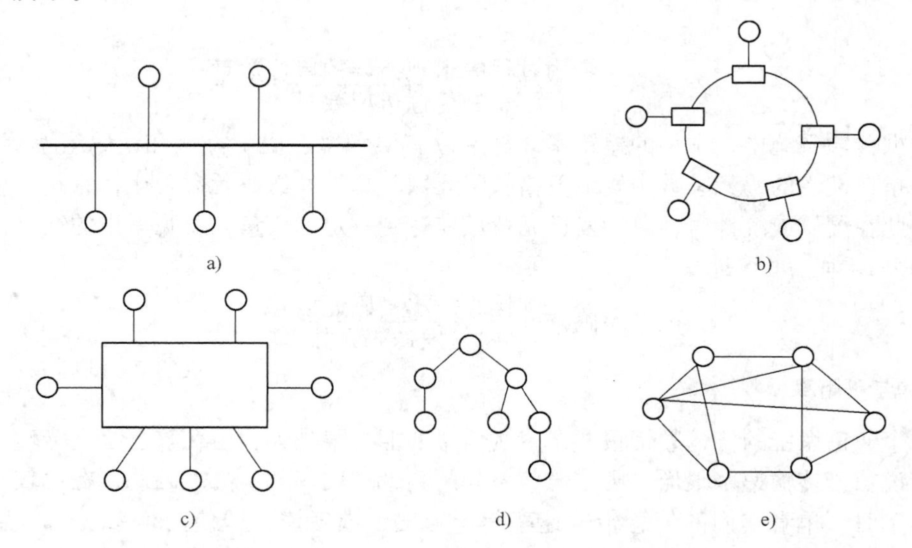

图 1-13　通信网的拓扑结构图

a）总线型网　b）人对机器的通信　c）星形网　d）树形网　e）网状网

（2）环形网

环形结构是各个网络节点通过环接口连在一条首尾相接的闭合环型通信线路中，如图 1-13b 所示。每个节点设备只能与它相邻的一个或两个节点设备直接通信。如果要与网络中的其他节点通信，数据需要依次经过两个通信节点之间的每个设备。环形网络既可以是单向的也可以是双向的。单向环形网络的数据绕着环向一个方向发送，数据所到达的环中的每个设备都将数据接收经再生放大后将其转发出去，直到数据到达目标节点为止。双向环形网络中的数据能在两个方向上进行传输，因此设备可以和两个邻近节点直接通信。如果一个方向的环中断了，数据还可以在相反的方向在环中传输，最后到达其目标节点。

（3）星形网

星形结构的每个节点都由一条点对点链路与中心节点（公用中心交换设备，如交换机、集线器等）相连，如图 1-13c 所示。星形网络中的一个节点如果向另一个节点发送数据，首先将数据发送到中央设备，然后由中央设备将数据转发到目标节点。信息的传输是通过中心节点的存储转发技术实现的，并且只能通过中心节点与其他节点通信。星形网络是局域网中最常用的拓扑结构。缺点是安全性差、线路利用率低。

（4）树形网

树形结构（也称星形总线拓扑结构）是从总线型和星形结构演变来的。网络中的节点设备都连接到一个中央设备（如集线器）上，但并不是所有的节点都直接连接到中央设备，大多数的节点首先连接到一个次级设备，次级设备再与中央设备连接。图1-14d所示的是一个星形总线网络。

（5）网状网

网状结构是指将各网络节点与通信线路连接成不规则的形状，每个节点至少与其他两个节点相连，或者说每个节点至少有两条链路与其他节点相连。如图1-14e所示。

（6）复合型网

复合型网络结构是现实中最常见的一种形式。其特点是将网状网和星形网结合。在通信容量较大的区域采用网状网，而在局域区域内采用星形网络，这样既提高了可靠性又节省了链路。

3. 通信网的分层结构

传统通信网络由传输、交换、终端三大部分组成，其中传输与交换部分组成通信网络。传输部分为网络的链路（link），交换部分为网络的节点（node）。随着通信技术的发展与用户需求的日益多样化，现代通信网处在变革与发展中，网络类型及所提供的业务种类不断增加和更新，形成了复杂的通信网络体系。

传递信息的网络是复杂的，从不同角度来看，对网络的理解和描述不同。网络可从功能上、逻辑上、物理实体上和对用户的界面上等不同的角度和层次进行划分。

（1）纵向分层的观点

从网络纵向分层的观点来看，可根据不同的功能将网络分解为多个功能层，上下之间的关系为客户/服务者的关系。从垂直功能可将网络分为应用层、业务网和传送网，如图1-14所示。

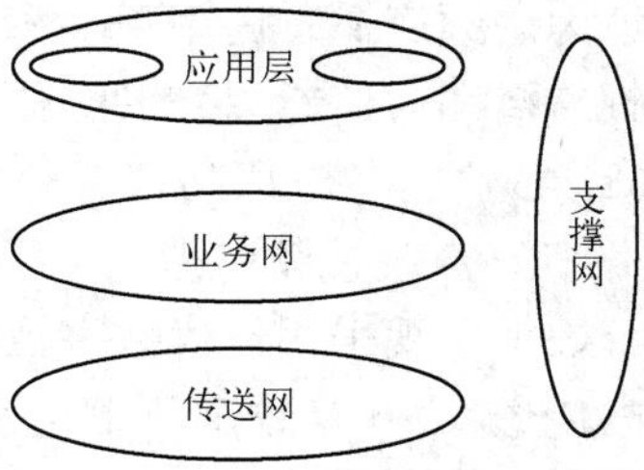

图1-14 垂直观点的网络结构

在垂直分层网的总体结构中各层的功能如下：

1）应用层表示各种信息应用，它处于分层结构的最高层，主要涉及提供给用户的各类通信业务和各类终端。

2）业务网层表示各种信息的业务网，主要用于提供基本的语音、数据、多媒体业务，可由采用不同交换技术的节点交换设备来组成不同类型的业务网。

3）传送层表示支持业务网的传送手段和基础设施。

4）支撑网则可以支持以上三个层面的工作，提供保证网络有效正常运行的各种控制和管理能力，包括信令网、同步网和电信管理网。

（2）水平描述

水平描述是基于通信网实际的物理连接划分的，可分为核心网、接入网和用户驻地网。

1.3 通信业务

1.3.1 通信业务的基本概念及分类

通信的最终目的是要为用户提供他们所需要的各种信息，满足用户对不同业务服务质量的需求。因此，通信业务是直接面向用户的。通信业务有以下几种分类。

1. 视音频业务

（1）普通电话业务

根据通信距离和覆盖范围，电话业务可分为市话业务、国内长途业务和国际长途业务。

（2）智能网业务

常见的智能网业务有：自动电话计账卡业务（300）、被叫集中付费业务（800）、虚拟专用网业务（600）、通用个人通信（700）、广域集中用户交换机、电子投票（181）、大众呼叫等。

（3）IP 电话

IP 电话通常被称作 Internet 电话或网络电话，它利用基于路由器/分组交换机的 IP 数据网传输电话业务。

（4）广播电视

电视信号是对图像信号采用残留边带调幅、对伴音信号采用调频，然后通过无线广播发射或有线传输，每一路电视节目所占的频带为 8 MHz。

我国开路电视信号一共划分为 68 个频道，目前广播电视使用的只有 1 ~ 48 频道，第 5 频道为调频广播，占用 48 ~ 958 MHz 的频率范围。Ⅰ频段（VHF1 ~ 5 频道）、Ⅱ频段（LHF 调频广播和通信专用）、Ⅲ频段（6 ~ 12 频道）、Ⅳ频段（UHF13 ~ 24 频道）、Ⅴ频段（25 ~ 68 频道），各频段间留有一定间隔，可作为有线电视增补频道。

（5）数字视频广播

数字电视采用现代数字视频压缩技术和信道调制技术，可实现一路模拟电视信号占用带宽内传送 4 ~ 6 路数字压缩电视节目，大大提高了信道利用率，降低了每路节目传输费用，图像质量可达到广播级。

（6）视频点播业务

视频点播（Video 0n Demand，VOD）是一种受用户控制的视频分配和检索业务，观众可自由决定在何时观看何种节目，即用户可按需点播喜欢的节目，包括电影、音乐、卡拉 OK、新闻等任何视听节目。

2. 数据通信业务

（1）DDN 业务

数字数据网（Digital Data Network，DDN）是一个利用数字信道传输数据信号的数据传输网络。

确切地讲，DDN 是以满足开放系统互连（OSI）数据通信环境为基本需要，采用数字交叉连接技术和数字传输系统，以提供高速数据传输业务的数字数据传输网。

DDN既可用于计算机之间的通信，也可用于传送数字化传真、数字语音、数字图像信号或其他数字化信号。

（2）帧中继业务

帧中继业务主要用于局域网互连；为大用户提供虚拟专用网业务；为高分辨可视图文、远程计算机辅助设计（CAD）和计算机辅助制造（CAM）等需要传送高分辨率图形数据的用户，提供高吞吐量（500～2048 kbit/s）、低时延（小于几十 ms）的数据传送业务；另外还可提供文件传送、图像查询、图像监视、会议电视等多种数据型业务。

（3）ISDN 业务

N－ISDN 所提供的大部分业务的信号速率不超过 64 kbit/s，或者说在用户－网络接口处的速率不能高于 PCM 一次群的速率。

（4）ATM 业务

B－ISDN 是一种全新的网络，其信息传送方式、交换方式、用户接入方式、通信协议都是全新的。B－ISDN 必须具备以下几个条件：① 提供高速传输业务的能力；② 高速地传输任意速率的业务；③ 支持各种业务；④ 信息的转移方式与业务种类无关。B－ISDN 的信息传递方式采用异步转移模式（ATM），即 ATM 网就是 B－ISDN。

（5）虚拟专用网业务

虚拟专用网络（Virtual Private Network，VPN）是一种利用公共网络（如帧中继网、ATM 和 IP 网等）来构建的私有专用网络；VPN 将给企业提供集安全性、可靠性和可管理性于一身的私有专用网络。

（6）传真存储转发业务

传真存储转发业务专为拥有传真机的用户提供。利用计算机的存储功能，先将发送方的传真信件存储到主机里，然后再通过现代化的通信网络，将信件转发到被叫传真机上。利用传真存储转发业务，可大大提高办公效率。

（7）电子数据交换

电子数据（EDI）交换是一种利用计算机进行商务处理的新方法，是将贸易、运输、保险、银行和海关等行业的信息，用一种国际公认的标准格式，通过计算机通信网络，使各有关部门、公司与企业之间进行数据交换与处理，并完成以贸易为中心的全部业务过程。

3. 多媒体通信业务

多媒体通信业务融合了人们对现有的视频、音频和数据通信等方面的需求，改变了人们工作、生活和相互交往的方式。在多媒体通信业务中，信息媒体的种类和业务形式多种多样，从不同的角度可以将其分成不同的业务类型。从业务应用形式来看，多媒体通信业务主要分为分配型业务和交互型业务两类。

（1）分配型业务

分配型业务指的是由网络中的一个给定点向其他位置单向传送信息流的业务，又可分为不由用户个别参与控制的分配型业务和可由用户个别参与控制的分配型业务。

不由用户个别参与和控制的分配型业务是一种广播业务，提供从一个中央源向网络中数量不限的有权接收器分配的连续信息流。用户可以接收信息流，但不能控制信息流的起始时间和出现顺序。对用户而言，信息并不总是从头开始，而是和用户接入的时刻有关。此类业务包括标准质量的模拟电视节目分配业务、数字电视分配业务、高清晰度电视分配业务、正程图文电视业务、音频节目分配业务等。

可由用户个别参与控制的分配型业务是点播型的业务，它也是自中央源向大量用户分配信息，但信息是作为一个有序的实体周而复始地提供给用户，用户可以控制信息出现的时间和顺序。此类业务包括全频道广播视频通信、逆程图文电视、远程教学、电子广告、新闻检索、节目点播等。

（2）交互型业务

交互型业务是指在用户间或用户与主机间提供双向信息交互的业务，又可分为会话型业务、消息型业务、检索型业务。

会话型业务以实时端到端的信息传送方式，提供用户和用户或用户和主机之间的双向通信。用户信息流可以是双向对称的，也可以是双向不对称的。信息由发送侧的一个或多个用户产生，供接收侧的一个或多个通信对象专用。此类业务包括早期老式电话、可视电话、会议电视、高速数据通信、Internet 接入、交互式视频娱乐等。老式电话、可视电话、会议电视、高速数据通信等需要双向通信能力，而 Internet 接入、交互式视频娱乐等则需要典型的双向不对称通信能力，要求下行具有比上行宽得多的带宽。

消息型业务是通过存储单元提供用户到用户的非实时通信，这种存储单元具有存储转发、信箱或消息处理功能。此类业务可以是点对点或点对多点进行的，也可以是双向对称或单向的，如电子邮箱、语音邮箱、视频邮件、文件传递等。

检索业务是根据用户需要向用户提供存储，在信息中心供公众使用信息的一类业务，用户可以单独地检索所需的信息，并且可以控制信息序列开始传送的时间，传送的信息包括文本、数据、图形、图像、声音等。

1.3.2 我国现行电信业务分类

1.3.2.1 基础电信业务

1. 第一类基础电信业务

（1）固定通信业务

固定通信是指通信终端设备与网络设备之间，主要通过电缆或光缆等线路固定连接起来，进而实现的用户间相互通信。其主要特征是终端的不可移动性或有限移动性。如普通电话机、IP 电话终端、传真机、无绳电话机、联网计算机等电话网和数据网终端设备。固定通信业务在此特指固定电话网通信业务和国际通信设施服务业务。固定电话网可采用电路交换技术或分组交换技术。固定通信业务包括：固定网本地电话业务、固定网国内长途电话业务、固定网国际长途电话业务、IP 电话业务、国际通信设施服务业务。

（2）蜂窝移动通信业务

蜂窝移动通信是采用蜂窝无线组网方式，在终端和网络设备之间通过无线通道连接起来，进而实现用户在活动中可相互通信。其主要特征是终端的移动性，并具有越区切换和跨本地网自动漫游功能。蜂窝移动通信业务是指经过由基站子系统和移动交换子系统等设备，组成蜂窝移动通信网提供的话音、数据、视频图像等业务。

蜂窝移动通信业务包括：900/1800 MHz GSM 第二代数字蜂窝移动通信业务、800 MHz

CDMA 第二代数字蜂窝移动通信业务、第三代数字蜂窝移动通信业务。

(3) 第一类卫星通信业务

卫星通信业务是指经过通信卫星和地球站组成的卫星通信网络提供的语音、数据、视频图像等业务。通信卫星的种类分为地球同步卫星（静止卫星）、地球中轨道卫星和低轨道卫星（非静止卫星）。地球站通常是固定地球站，也可以是可搬运地球站、移动地球站或移动用户终端。

根据管理的需要，卫星通信业务分为两类。第一类卫星通信业务包括：卫星移动通信业务、卫星国际专线业务。

(4) 第一类数据通信业务

数据通信业务是通过因特网、帧中继、ATM、X. 25 分组交换网、DDN 等网络提供的各类数据传送业务。根据管理的需要，数据通信业务分为两类。第一类数据通信业务包括：因特网数据传送业务、国际数据通信业务、公众电报和用户电报业务。

2. 第二类基础电信业务

(1) 集群通信业务

集群通信业务是指利用具有信道共用和动态分配等技术特点的集群通信系统组成的集群通信共网，为多个部门、单位等集团用户提供的专用指挥调度等通信业务。

集群通信系统是按照动态信道指配的方式实现多用户共享多信道的无线电移动通信系统。该系统一般由终端设备、基站和中心控制站等组成，具有调度、群呼、优先呼、虚拟专用网、漫游等功能。集群通信业务包括：模拟集群通信业务、数字集群通信业务。

(2) 无线寻呼业务

无线寻呼业务是指利用大区制无线寻呼系统，在无线寻呼频点上，系统中心（包括寻呼中心和基站）以采用广播方式向终端单向传递信息的业务。无线寻呼业务可采用人工或自动接续方式。在漫游服务范围内，寻呼系统应能够为用户提供不受地域限制的寻呼漫游服务。

根据终端类型和系统发送内容的不同，无线寻呼用户在无线寻呼系统的服务范围内可以收到数字显示信息、汉字显示信息或声音信息。

无线寻呼业务经营者必须自己组建无线寻呼网络，无国内通信设施服务业务经营权的经营者不得建设国内传输网络设施，必须租用具有相应经营权运营商的传输设施组建业务网络。

3. 第二类卫星通信业务

第二类卫星通信业务包括：卫星转发器出租、出售业务、国内甚小口径终端地球站（VSAT）通信业务。

(1) 卫星转发器出租、出售业务

卫星转发器出租、出售业务是指根据使用者需要，在中华人民共和国境内将自有或租有的卫星转发器资源（包括一个或多个完整转发器、部分转发器带宽等）向使用者出租或出售，以供使用者在境内利用其所租赁或购买的卫星转发器资源为自己或他人、组织提供服务的业务。

卫星转发器出租、出售业务经营者可以利用其自有或租用的卫星转发器资源，在境内开展相应的出租或出售的经营活动。

（2）国内甚小口径终端地球站（VSAT）通信业务

国内甚小口径终端地球站（VSAT）通信业务是指利用卫星转发器，通过 VSAT 通信系统中心站的管理和控制，在国内实现中心站与 VSAT 终端用户（地球站）之间、VSAT 终端用户之间的语音、数据、视频图像等传送业务。

由甚小口径天线和地球站终端设备组成的地球站称 VSAT 地球站。由卫星转发器、中心站和 VSAT 地球站组成 VSAT 系统。

国内甚小口径终端地球站通信业务经营者必须自己组建 VSAT 系统，在国内提供中心站与 VSAT 终端用户（地球站）之间、VSAT 终端用户之间的语音、数据、视频图像等传送业务。

4. 第二类数据通信业务

第二类数据通信业务包括：固定网国内数据传送业务、无线数据传送业务。

（1）固定网国内数据传送业务

固定网国内数据传送业务是指第一类数据传送业务以外的，在固定网中以有线方式提供的国内端到端数据传送业务。主要包括基于异步转移模式（ATM）网络的 ATM 数据传送业务、基于 X. 25 分组交换网的 X. 25 数据传送业务、基于数字数据网（DDN）的 DDN 数据传送业务、基于帧中继网络的帧中继数据传送业务等。

固定网国内数据传送业务的业务类型包括：永久虚电路（PVC）数据传送业务、交换虚电路（SVC）数据传送业务、虚拟专用网业务等。

固定网国内数据传送业务经营者可组建上述基于不同技术的数据传送网，无国内通信设施服务业务经营权的经营者不得建设国内传输网络设施，必须租用具有相应经营权运营商的传输设施组建业务网络。

（2）无线数据传送业务

无线数据传送业务是指前述基础电信业务条目中未包括的、以无线方式提供的端到端数据传送业务，该业务可提供漫游服务，一般为区域性。

提供该类业务的系统包括蜂窝数据分组数据（CDPD）、PLANET、NEXNET、Mobitex 等系统。双向寻呼属无线数据传送业务的一种应用。

无线数据传送业务经营者必须自己组建无线数据传送网，无国内通信设施服务业务经营权的经营者不得建设国内传输网络设施，必须租用具有相应经营权运营商的传输设施组建业务网络。

5. 网络接入业务

网络接入业务是指以有线或无线方式提供的、与网络业务节点接口（SNI）或用户网络接口（UNI）相连接的接入业务。网络接入业务在此特指无线接入业务、用户驻地网业务。

（1）无线接入业务

无线接入业务是以无线方式提供的网络接入业务，在此特指为终端用户提供面向固定网络（包括固定电话网和因特网）的无线接入方式。无线接入的网络位置为固定网业务节点接口（SNI）到用户网络接口（UNI）之间部分，传输媒质全部或部分采用空中传播的无线方式，用户终端不含移动性或只含有限的移动性。

无线接入业务经营者必须自己组建位于固定网业务节点接口（SNI）到用户网络接口（UNI）之间的无线接入网络设施，可以从事自己所建设施的网络元素出租和出售业务。

（2）用户驻地网业务

用户驻地网业务是指以有线或无线方式，利用与公众网相连的用户驻地网（CPN）相关网络设施提供的网络接入业务。

用户驻地网是指用户网络接口（UNI）到用户终端之间的相关网络设施。根据管理需要，在此，用户驻地网特指从用户驻地业务集中点到用户终端之间的相关网络设施。用户驻地可以是一个居民小区，也可以是一栋或相邻的多栋写字楼，但不包括城域范围内的接入网。

用户驻地网业务经营者必须自己组建用户驻地网，并可以开展驻地网内网络元素出租或出售业务。

6. 国内通信设施服务业务

国内通信设施是指用于实现国内通信业务所需的地面传输网络和网络元素。国内通信设施服务业务是指建设并出租、出售国内通信设施的业务。

国内通信设施主要包括：光缆、电缆、光纤、金属线、节点设备、线路设备、微波站、国内卫星地球站等物理资源，和带宽（包括通道、电路）、波长等功能资源组成的国内通信传输设施。

国内专线电路租用服务业务属国内通信设施服务业务。

国内通信设施服务业务经营者应根据国家有关规定建设上述国内通信设施的部分或全部物理资源和功能资源，并可以开展相应的出租、出售经营活动。

7. 网络托管业务

网络托管业务是指受用户委托，代管用户自有或租用的国内的网络、网络元素或设备，包括为用户提供设备的放置、网络的管理、运行和维护等服务，以及为用户提供互联互通和其他网络应用的管理和维护服务。

1.3.2.2 增值电信业务

1. 第一类增值电信业务

（1）在线数据处理与交易处理业务

在线数据与交易处理业务是指利用各种与通信网络相连的数据与交易/事务处理应用平台，通过通信网络为用户提供在线数据处理和交易/事务处理的业务。在线数据和交易处理业务包括交易处理业务、电子数据交换业务和网络/电子设备数据处理业务。

交易处理业务包括办理各种银行业务、股票买卖、票务买卖、拍卖商品买卖、费用支付等。

网络/电子设备数据处理指通过通信网络传送，对连接到通信网络的电子设备进行控制和数据处理的业务。

电子数据交换业务（EDI）是一种把贸易或其他行政事务有关的信息和数据按统一规定的格式形成结构化的事务处理数据，通过通信网络在有关用户的计算机之间进行交换和自动处理，完成贸易或其他行政事务的业务。

（2）国内多方通信服务业务

国内多方通信服务业务是指通过通信网络实现国内两点或多点之间实时的交互式或点播

式的语音、图像通信服务。

国内多方通信服务业务包括国内多方电话服务业务、国内可视电话会议服务业务和国内因特网会议电视及图像服务业务等。

国内多方电话服务业务是指通过公用电话网把我国境内两点以上的多点电话终端连接起来，实现多点间实时双向语音通信的业务。

国内可视电话会议服务业务是通过公用电话网把我国境内两地或多个地点的可视电话会议终端连接起来，以可视方式召开会议，能够实时进行语音、图像和数据的双向通信。

国内因特网会议电视及图像服务业务是为国内用户在因特网上两点或多点之间提供的双向对称、交互式的多媒体应用或双向不对称、点播式图像的各种应用，如远程诊断、远程教学、协同工作、视频点播（VOD）、游戏等应用。

（3）国内因特网虚拟专用网业务

国内因特网虚拟专用网业务（IP-VPN）是指经营者利用自有的或租用公用因特网网络资源，采用 TCP/IP 协议，为国内用户定制因特网闭合用户群网络的服务。因特网虚拟专用网主要采用 IP 隧道等基于 TCP/IP 的技术组建，并提供一定的安全性和保密性，专网内可实现加密的透明分组传送。

IP-VPN 业务的用户不得利用 IP-VPN 进行公共因特网信息浏览及用于经营性活动；IP-VPN 业务的经营者必须有确实的技术与管理措施（监控手段）以防止其用户违反上述规定。

（4）因特网数据中心业务

因特网数据中心业务（IDC）是指利用相应的机房设施，以外包出租的方式为用户的服务器等因特网或其他网络的相关设备提供放置、代理维护、系统配置及管理服务，以及提供数据库系统或服务器等设备的出租及其存储空间的出租、通信线路和出口带宽的代理租用和其他应用服务。

因特网数据中心业务经营者必须提供机房和相应的配套设施，并提供安全保障措施。

2. 第二类增值电信业务

（1）存储转发类业务

存储转发类业务是指利用存储转发机制为用户提供信息发送的业务。语音信箱、X.400 电子邮件、传真存储转发等属于存储转发类业务。

① 语音信箱。语音信箱业务是指利用与公用电话网或公用数据传送网相连接的语音信箱系统向用户提供存储、提取、调用语音留言及其辅助功能的一种业务。每个语音信箱有一个专用信箱号码，用户可以通过终端设备，例如通过电话呼叫和话机按键进行操作，完成信息投递、接收、存储、删除、转发、通知等功能。

② X.400 电子邮件业务。X.400 电子邮件业务是指符合 ITU X.400 建议、基于分组网的电子信箱业务。它通过计算机与公用电信网结合，利用存储转发方式为用户提供多种类型的信息交换。

③ 传真存储转发业务。传真存储转发业务是指在用户的传真机之间设立存储转发系统，用户间的传真经存储转发系统的控制，非实时地传送到对端的业务。传真存储转发系统主要由传真工作站和传真存储转发信箱组成，两者之间通过分组网或数字专线连接。传真存储转

发业务主要有：多址投送、定时投送、传真信箱、指定接收人通信、报文存档及其他辅助功能等。

（2）呼叫中心业务

呼叫中心业务是指受企事业单位委托，利用与公用电话网或因特网连接的呼叫中心系统和数据库技术，经过信息采集、加工、存储等建立信息库，通过固定网、移动网或因特网等公众通信网络向用户提供有关该企事业单位的业务咨询、信息咨询和数据查询等服务。

呼叫中心业务还包括呼叫中心系统和话务员座席的出租服务。

用户可以通过固定电话、传真、移动通信终端和计算机终端等多种方式进入系统，访问系统的数据库，以语音、传真、电子邮件、短消息等方式获取有关该企事业单位的信息咨询服务。

（3）因特网接入服务业务

因特网接入服务是指利用接入服务器和相应的软硬件资源建立业务节点，并利用公用电信基础设施将业务节点与因特网骨干网相连接，为各类用户提供接入因特网的服务。用户可以利用公用电话网或其他接入手段连接到其业务节点，并通过该节点接入因特网。

因特网接入服务业务主要有两种应用：一是为因特网信息服务业务（ICP）经营者等利用因特网从事信息内容提供、网上交易、在线应用等提供接入因特网的服务；二是为普通上网用户等需要上网获得相关服务的用户提供接入因特网的服务。

（4）信息服务业务

信息服务业务是指通过信息采集、开发、处理和信息平台的建设，通过固定网、移动网或因特网等公众通信网络，直接向终端用户提供语音信息服务（声讯服务），或在线信息和数据检索等信息服务的业务。

信息服务的类型主要包括内容服务、娱乐/游戏、商业信息和定位信息等服务。信息服务业务面向的用户，可以是固定通信网络用户、移动通信网络用户、因特网用户或其他数据传送网络的用户。

1.3.3 通信业务的发展趋势

从1837年莫尔斯发明电报，1876年贝尔发明电话以来，经历了长达一个多世纪的发展，电信服务已经走进了千家万户，成为国家经济建设、社会生活和人们信息交流不可或缺的工具。电信服务由传统的电报、电话单一品种扩大到传真、数据通信、图像通信、电视广播、多媒体通信等新业务领域；通信网由单一的业务网向综合方向发展形成综合业务数字网；通信的地点也由固定方式转向移动方式，并逐步实现个人化。当前，全球通信产业已经进入新的大融合、大变革和大转型时期，将逐步实现新的跨越式发展。技术、业务、产业的融合和创新将成为这个时期通信产业的主要特征：一是通信业凭借其技术和市场优势，逐步向终端和内容产业延伸，通过提升客户体验，在内容上不断拓展新的媒体，围绕人们的娱乐、社交和商业活动提供业务应用；二是电信网络和IT网络设备的有效融合，网络架构逐步向云计算演进，提供宽带、绿色、安全、高效、智能、便捷、低成本的信息和网络服务；三是通信业将进一步满足行业市场的需求，大力发展物联网，不断拓展网络和用户的属性与边界。在融合发展的过程中，通信产业面临新的技术、商业模式和来自其他行业的挑战。

1. 业务接入无处不在

不仅仅是智能手机和平板电脑类的智能终端在发展，随着以 WLAN 技术为代表的“最后一段”接入技术的无线化，有线宽带接入仍持续存在，但将从以往的直接提供业务接入转变为主要提供无线接入点服务。在办公室、家庭、道路、机场、高铁、飞机等各种场所，以 3G/4G/WLAN 相融合的无线接入方式，将在未来数年内，为广大用户提供灵活、可靠、无缝的无线接入环境，并持续向更宽频带发展。

2. 下一代智能终端将更加智能、灵活，并向可穿戴方向拓展

智能手机的 CPU 从 2 核、4 核到 8 核，智能终端的计算处理能力越来越强。智能眼镜、智能手表等可穿戴设备纷纷上市，并展示了虽还不甚明晰，但有极大想象空间的前景。柔性屏幕及柔性电池等技术取得重要进展，使智能终端的表现更加灵活多变。HTML 5 的快速起步，有望彻底打破 APP Store 的“围墙花园模式”，Web 化及 APP 化将长期并存。

3. 服务提供方式的“移动化”真正实现“服务无处不在”

依托于无缝的无线接入环境及日益强大、灵活的智能终端，依赖于云计算技术的快速发展，在 M－ICT（万物移动互联）时代，服务的发展趋势必将是无处不在。移动办公、信息分享、社交互动、电子商务、互联金融等将以用户随时随地可方便获取，并能获得日见完美的体验的方式，进一步丰富人类的美好生活。

4. 企业级移动应用方兴未艾

宽带无线接入、智能终端的飞速发展，提供了移动办公的便利。在无处不在的宽带网和不断进步的安全技术的支撑下，与物联网技术相结合，成功企业对外关键业务的开展和对内的核心应用都将顺应 M－ICT 时代的特征，日益“移动化”，覆盖企业管理和经营的方方面面。这不仅会有力地提升现代企业的经营和生产效率，促进整个社会的进步，还会为相关 ICT 企业，提供一大片移动互联网市场中的新蓝海。

5. 宽带提速持续向前

数字的洪流推动着网络基础设施各个层次的不断提速，从接入到核心、从无线到有线。带宽提升的需求驱动了骨干网络向 100 G、超 100 G 演进，而接入网络有线宽带速率将始终保持高于无线接入速率一个以上数量级的速度发展。单一的提速技术总会遇上发展瓶颈，但总会有另外的技术革新使通信带宽可以按照摩尔定律前行以匹配信息处理的发展能力，为不断爆发增长的信息之间的交流提供畅通无阻的连接通道，让人与社会、自然更加贴近。

6. “云化”、“智能化”的网络成为必然

移动智能终端、云应用等将催生数据流量持续爆炸性增长，给运营商网络带来“剪刀差”背景之下的巨大压力。SDN 及 NFV 等概念历经炒作的喧嚣之后，将开始得到应用，网络融合、软件定义、云化、虚拟化及智能化，渐渐成为引领下一轮网络技术变革的主导力量。Cloud Radio、Cloud EPC、光与分组网络融合、SDN、云存储、虚拟桌面、智能终端、云应用等，成为运营商、政企客户借以显著降低网络设备及运营成本的“秘方”。

7. 移动视频引爆移动数字洪水，将催生全新的流量经营模式

据通信战略研究机构显示，预计到 2020 年，移动视频数据流量将占到移动数据流量的

70%以上。预计在未来几年，移动多媒体业务将得到快速发展，“标清、高清到超高清”成为视频质量的必然追求。移动视频引爆数字洪水，必将催生运营商全新的流量经营模式。在移动数字洪水之下，如何为个人和企业提供更好的流量套餐服务，将巨大的流量转化为商业价值，成为运营商流量经营模式创新的核心所在。

8. 关系型的数字生态系统将深刻变革信息服务的运营模式

数字时代构建了人与人、人与物、物与物之间的无死角的联通世界，任何个人、企业甚至机器都有可能既是信息服务的消费者、又是信息服务的提供者，形成全新的关系型数字生态系统。这个生态系统为个人和企业提供一个信息服务交易的“超市”，“超市”的拥有者提供基本的网络、运营、渠道和品牌，同时提供利益共享的商业模式。这将彻底改变现有企业仅提供自有能力的情况，也必将深刻影响信息服务运营企业的组织架构、业务流程和运营支撑系统。

9. 物理世界与虚拟数字世界对接，用户“体验至上”

物理世界与数字世界，将以信息为纽带，办公、购物、医疗、教育、娱乐、交通、社交等行业的价值环节和生产要素将大规模涌入移动互联网产业。在互联网上构建“物理图谱”，将物理世界搬至互联网，将数字世界和物理世界合二为一，在网络上为物理世界的所有设备形成一个虚拟化的映射，通过虚拟增强现实技术，实现人与物之间的自然感知，让人与物、人与人、物与物之间进行更贴近人类行为方式本性的交互。

10. 网络安全将成为长期的技术及社会关注焦点

互联网虚拟社会具有隐匿性、快速传播和开放互动等特点，容易导致基于虚拟身份的网络诈骗；在点对点信息传播上，个人隐私、金融财产信息等也更容易通过手机上的社交工具、电子商务工具等泄漏。在M－ICT时代，“服务无处不在”的背景下，网络的安全问题将更为突出，在未来网络技术的发展中，无疑将得到更大的重视。当网络需要服务于社会生活的方方面面时，其对开放性的必然要求，将导致网络安全问题很难有一个一劳永逸的解决方案，这将是一个长期的技术及社会关注焦点。

1.4 通信技术发展趋势

通信技术的典型标志就是通信技术与数字信号处理技术、计算机技术、控制技术等相结合，其发展趋势可概括为数字化、综合化、融合化、宽带化、智能化和个人化。

1.4.1 通信技术数字化

数字化是“信息化”的基础，是现代通信技术的基本特性和最突出的发展趋势。数字通信具有抗干扰能力强、失真不积累、易于加密、适于集成化、利于传输和交换，以及可兼容性等优点。数字通信更加通用和灵活，为通信网的计算机管理创造了条件。

1.4.2 通信业务综合化

通信业务的综合化是现代通信发展的另一个显著特点，随着社会的发展和人们对通信业务种类需求的不断增加，单一的业务已经不能满足用户的需求。目前，各种增值业务在迅速发展，如果每出现一种业务就建立一个专用的通信网，并且各个独立网的资源不能共享，这必然会造成资源的浪费；另外，多网并存不利于管理。如果把各种通信业务以数字方式统一综合到一个网络中进行传输、交换和处理，即可达到一网多用的目的。

1.4.3 网络互通融合化

随着网络应用加速向 IP 汇聚，网络将逐渐向对 IP 业务最佳的分组化网的方向演进和融合，融合将成为未来网络技术发展的主旋律。从广义的角度来看，网络技术的融合以及市场发展的需求和宏观管制环境的变化最终将导致“三网融合”。所谓“三网融合”不是指三网在物理上的兼并合一，而是指高层业务应用的融合，即技术上互相渗透，网络层上实现互通，应用层上使用相同的协议。但运行和管理是分开的，三网将在 GII（全球信息基础结构）概念下，共同存在，向互通融合的趋势发展。“三网融合”有利于最大限度地共享现有资源。为推动“三网融合”，ITU（国际电信联盟）提出了 GII 概念，其目标是通过三网资源的无缝融合，构成一个具有统一接入和应用界面的高效网络，满足用户在任何时间、任何地点，以可接受的质量和费用，安全地享受多种业务（声音、数据、图像、影像等）。

从技术层面上来看，融合将体现在语音技术与数据技术的融合、电路交换与分组交换的融合、传输与交换的融合、电与光的融合。三网融合不仅使语音、数据和图像这三大基本业务的界限逐渐消失，也使网络层和业务层的界限在网络边缘处变得模糊。网络边缘的各种业务层和网络层正走向功能乃至物理上的融合，整个网络正在向下一代的融合网络演进，最终将导致传统的电信网、计算机网和有线电视网在技术、业务、市场、终端、网络乃至行业管制和政策方面融合。

需要注意的是融合并没有减少选择和多样化，当几个强有力的元素发生碰撞时并不是简单地融合成一体。相反，往往会在复杂的融合过程中产生新的衍生体，多样化将是自然的演进过程。网络的融合不仅没有消除底层电信网、有线电视网和计算机网络的存在，而且在业务层和应用层中繁衍出大量新的应用。图像、语音和数据也不会简单地融合在一个传统终端，而是更加有机地融合衍生出多样化、更有特色和个性化的终端来。

1.4.4 通信网络宽带化

通信网络的宽带化是电信网络发展的基本特征和必然趋势，为用户提供高速、全方位的信息服务是网络发展的重要目标。宽带化是指通信系统能传输的频率范围越宽越好，即每单位时间内传输的信息越多越好。由于通信干线已经或正在向数字化转变，宽带化实际是指通信线路能够传输的数字信号的比特率越高越好。（一个二进制位即“0”或“1”信号，称为 1 比特。数字通信中用比特率表示传送二进制数字信号的速率。）

1.4.5 网络管理智能化

网络管理是通信网络发展的必然产物，它随着通信网络的发展而发展。早期的网络主要是局域网，而 Internet 的出现打破了网络的地域限制，跨地域的广域网得到飞速发展，与此同时，基于网络的应用也越来越多，许多人们生活中的重要环节都可以利用网络方便、快捷地实现。网络管理不再局限于保证文件的传输，而是保障连接网络的网络对象（路由器、交换机、线路等）的正常运转，同时监测网络的运行性能，优化网络的拓扑结构。网络管理系统也因此越来越独立，越来越复杂，功能也越来越完备。

1.4.6 通信服务个人化

个人通信指的是每个人在任何时间和任何地点与任何其他人通信。个人通信能为属于某个人的终端提供广泛的移动性，把通信服务从终端推向个人。也就是说，通信是在人与人之间进行的，每个人都有一个通信号码，而不是每一个终端设备（如现在的电话、传真机等）有一个号码，通过这个号码就可以进行所需的通信。现在的通信，如拨电话、发传真，只是与某一设备（话机、传真机等），而不是与某人进行通信。如果被叫的人外出或到远方去，则不能与该人通话。未来的通信只需拨该人的通信号码，不论该人在何处，均可拨至该人并与之通信（使用哪一个终端决定于他所持有的或归其暂时使用的设备）。要达到个人化，需有相应终端和高智能化的网络，现尚处在初级研究阶段。

习题

1-1 简述一般通信系统的模型及其各组成部分、功能。

1-2 简述通信系统的分类。

1-3 通信系统的主要质量指标是什么？

1-4 通信系统中的信噪比是如何定义的？

1-5 简述常用的典型传输介质。

1-6 常见的通信方式有哪几种？

1-7 什么是串行传输和并行传输？什么是异步传输和同步传输？

1-8 多路复用的目的是什么？常用的多路复用技术有哪些？

第 2 章　数字通信技术基础

2.1　模拟信号数字化

2.1.1　模拟信号和数字信号

通信传输的消息是多种多样的，可以是符号、语音、文字、数据、图像等。各种不同的消息可以归结为两大类：一类为连续消息；另一类为离散消息。连续消息指状态连续变化或不可数的，如连续变化的语音、图像等；离散消息则是指消息的状态是可数的或是离散的，如符号、数据等。

消息传递需要载体，一般为电信号。按信号参量的取值方式不同，信号可以分为两类：模拟信号和数字信号。如果信号参量取值在一定范围内连续变化，或者说在一定取值范围内能取足够多个值（不一定在时间上也连续），那么就为模拟信号。例如，送话器输出的电压包含语音信息，并且在一定的取值范围内连续。

如果信号的参量仅可能取有限个值，则称为数字信号。数字信号有时也称为离散信号，这个离散是指信号的某一参量是离散变化的，例如电报信息、计算机输入/输出信号等。

2.1.2　数字通信的特点

目前，无论是数字通信还是模拟通信，在不同的通信业务中都得到了广泛的应用，但是数字通信的发展速度已明显超过模拟通信，成为当代通信技术的主流。相比于模拟通信，数字通信具有以下优点。

（1）抗干扰、抗噪声性能好

在数字通信系统中，以二进制传输为例，信号的取值只有两个，这样发送端传输的以及接收端需要接收和判决的电平也只有两个值：为‘1’码时取值为 1，为‘0’码时取值为 0。传输过程中由于信道噪声的影响，必然会使波形失真。在接收端恢复信号时，首先对其进行抽样判决，再确定是‘1’码还是‘0’码，并再生‘1’、‘0’码的波形。因此，只要不影响判决的正确性，即使波形有失真也不会影响再生后的信号波形。而在模拟通信中，如果模拟信号叠加上噪声，即使噪声很小，也很难消除。

数字通信的抗噪声性能还表现在微波中继通信时，它可以消除噪声积累。这是因为数字信号在每次再生后，只要不发生错码，它仍然像信源中发出的信号一样，没有噪声叠加在上面。因此，中继站再多，数字通信仍具有良好的通信质量。而模拟通信中继时，只能增加信号能量，不能消除噪声。

（2）差错可控

在数字通信系统中，可通过信道编码技术进行检错与纠错，降低误码率，提高传输质量。

（3）保密性好

与模拟信号相比，数字信号更容易加密和解密。因此数字通信具有更好的保密性。

（4）不同信源数据可以综合到一个数字通信系统中

由于计算机、数字存储、数字交换以及数字处理等技术的飞速发展，许多设备和终端接口采用数字信号，因此易于与数字通信系统相连接。这种灵活性可以使不同信源的信号综合到一起传输。

（5）数字电路易于集成

数字电路易于集成，能使通信设备微型化、轻型化，同时成本相对较低。

数字通信相对于模拟通信也有以下两个缺点：

① 一般需要较大传输带宽

以电话为例，一路数字电话一般要占用约 20 ~ 60 kHz 的带宽，而一路模拟电话仅占用 4 kHz 的带宽。在带宽相同的条件下，模拟通信对于频带利用率明显高于数字通信。

② 需要严格的同步系统

数字通信中，要准确地恢复信号，必须要求接收端和发送端保持严格同步，因而系统设备复杂，体积较大。

不过，随着微电子技术、数字集成技术和计算机技术的广泛应用与快速发展，数字系统设备体积将会越来越小。同时高效的数据压缩技术以及光纤通信的应用正逐步使带宽问题得到解决。因此，数字通信的应用必将越来越广泛。

2.1.3 脉冲编码调制技术

脉冲编码调制（Pulse Code Modulation，PCM）是一种将时间连续、取值连续的模拟信号变换成时间离散、抽样值离散的数字信号的过程。其本质是一种特殊的模－数转换方式，它通过串行比特流中的码字来表示模拟波形瞬间样本中所包含的信息。PCM 系统包括编码器和译码器两部分，其系统原理框图如图 2-1 所示。在发送端通过 PCM 编码器对模拟信号波形编码，经过抽样、量化、编码三个基本过程后模拟信号转变为二进制数字信号。通过数字通信系统进行传输后，由 PCM 译码器将数字信号恢复为原来的模拟信号。

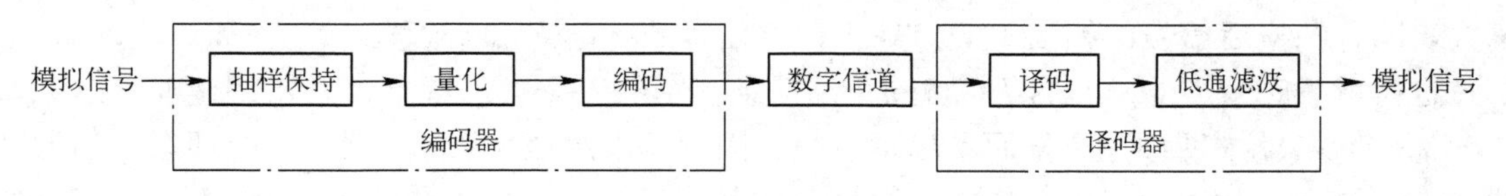

图 2-1 PCM 系统原理框图

PCM 系统有许多优点，因此它应用普遍。PCM 优点如下：

① 从各种类型的模拟信源（语音、视频等）编码得到的 PCM 信号可以与数据信号（来自数字 计算机）组合在一起，并在一个公共的高速数字通信系统中传输。这种信号的组合称为时分复用。

② 数字系统的噪声性能优于模拟系统。此外，还可以采用适当的编码技术来进一步减少系统输出的误比特率。

③ 可以在系统中广泛使用比较便宜的 PCM 数字电路。

想要获得 PCM 信号需要经过抽样、量化和编码这三个基本步骤。

2.1.3.1 抽样

1. 低通信号抽样定理

抽样就是对时间连续的模拟信号每隔一定时间 T 抽取一个瞬时幅度值（样值），从而把时间上连续的模拟信号变为一系列离散冲击脉冲序列的过程。抽样所得的离散冲击脉冲序列显然和连续的模拟信号波形不同，但是依据抽样定理可以确定，当抽样速率足够大时，这些抽样值通过一定方式能够还原出被抽样的模拟信号，即能够通过抽样所得的离散冲击脉冲序列准确地恢复出原模拟信号波形。抽样定理是模拟信号数字化的理论基础。

抽样定理：设频带限制在（0，ω_H）时间连续的模拟信号 $f(t)$，其最高截止频率为 ω_H，若抽样频率 $\omega_s \geqslant 2\omega_H$，则模拟信号 $f(t)$ 可以被这些抽样值恢复出来。

下面就来证明这个定理。

设有一个最高截止频率为 ω_H 的信号 $f(t)$（见图 2-2a），周期为 T 的单位脉冲 $\delta_T(t)$（见图 2-2c）。将 $f(t)$ 和 $\delta_T(t)$ 相乘，得到的信号就是均匀间隔为 T_s 的冲击脉冲序列，其强度等于相应的 $f(t)$ 瞬时值。这就表示出了对 $f(t)$ 的抽样，抽样后的信号用 $f_s(t)$ 表示，即

$$f_s(t) = f(t)\delta_T(t) \tag{2-1}$$

现用 $F(\omega)$、$F_s(\omega)$、$\delta_T(\omega)$ 分别表示 $f(t)$、$f_s(t)$、$\delta_T(t)$ 的频谱。根据卷积定理，$f_s(t)$ 的傅里叶变换等于 $F(\omega)$ 和 $\delta_T(\omega)$ 的卷积。因此可以得到 $F_s(\omega)$

$$F_s(\omega) = \frac{1}{2\pi}[F(\omega) * \delta_T(\omega)] \tag{2-2}$$

因为

$$\delta_T(\omega) = \frac{2\pi}{T_s}\sum_{n=-\infty}^{\infty}\delta_T(\omega - n\omega_s) \tag{2-3}$$

$$\omega_s = \frac{2\pi}{T} \tag{2-4}$$

则有

$$F_s(\omega) = \frac{1}{T_s}[F(\omega) * \sum_{n=-\infty}^{\infty}\delta_T(\omega - n\omega)] = \frac{1}{T_s}\sum_{n=-\infty}^{\infty}M(\omega - n\omega_s) \tag{2-5}$$

该式表明，抽样后信号的频谱 $F_s(\omega)$ 等于把原信号的频谱 $F(\omega)$ 搬移到 0、$\pm\omega_s$、$\pm 2\omega_s$、…处。这样就意味着 $F_s(\omega)$ 包含 $F(\omega)$ 的全部信息。由图 2-2 可以看出，只要 $\omega_s \geqslant 2\omega_H$ 或 $T_s \leqslant 1/2\omega_H$，$F(\omega)$ 就周期性地重复而不出现重叠，因而可以用截止角频率为 ω_H 的理想低通滤波器从 $f_s(t)$ 的频谱 $F_s(\omega)$ 中滤出原基带信号的频谱 $F(\omega)$，即不失真地恢复出原基带信号 $f(t)$。反之，若抽样频率 ω_s 低于 $2\omega_H$，或者说若抽样间隔 $T_s > 1/2\omega_H$，则 $F(\omega)$ 和 $\delta_T(\omega)$ 的卷积在相邻的周期内发生重叠，此时不能由 $F_s(\omega)$ 恢复出 $F(\omega)$。可见，$\omega_s = 2\omega_H$ 是最小的抽样角频率，被称为奈奎斯特速率，$T_s = 1/2\omega_H$ 是抽样的最大间隔，被称为奈奎斯特间隔。各点的波形和对应的频谱图如图 2-2 所示。

如果可由 $F_s(\omega)$ 恢复出 $F(\omega)$，则滤波器的输出为

$$F_s(\omega)H(\omega) = \frac{1}{T_s}F(\omega)$$

即

$$F(\omega) = T_sF_s(\omega)H(\omega) \tag{2-6}$$

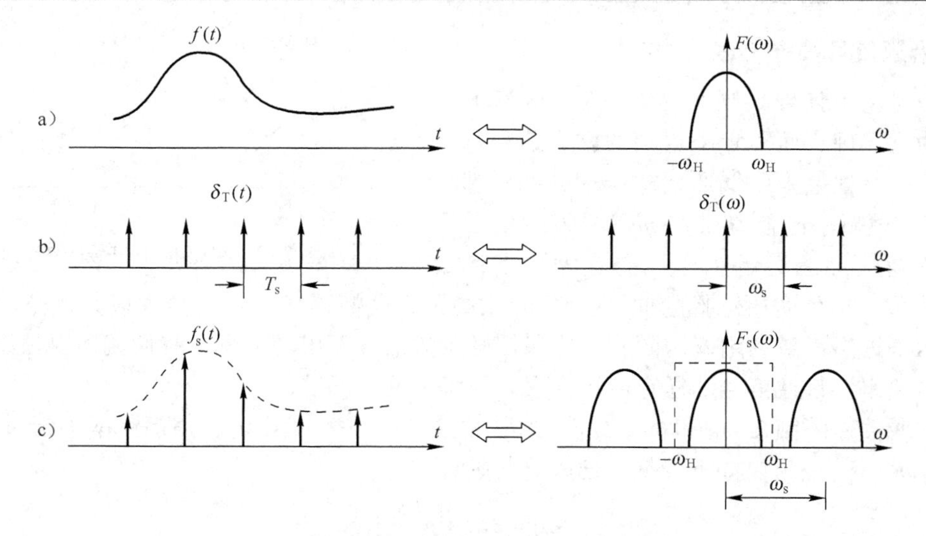

图 2-2　模拟信号的抽样过程

由于理想低通滤波器的传递函数为

$$H(\omega)\leftrightarrow h(t)=\frac{\omega_H}{\pi}\mathrm{Sa}(\omega_H t) \tag{2-7}$$

所以由时间卷积定理可得

$$F_s(\omega)\leftrightarrow f_s(t)=\sum_{n=-\infty}^{\infty}f(nT_s)\delta(t-nT_s) \tag{2-8}$$

故

$$\begin{aligned}f(t)&=T_sf_s(t)*\frac{\omega_H}{\pi}\mathrm{Sa}(\omega_H t)=\frac{T_s\omega_H}{\pi}\sum_{n=-\infty}^{\infty}f(nT_s)\delta(t-nT_s)*\mathrm{Sa}(\omega_H t)\\&=\frac{T_s\omega_H}{\pi}\sum_{n=-\infty}^{\infty}f(nT_s)\mathrm{Sa}[\omega_H(t-nT_s)]\end{aligned} \tag{2-9}$$

若以奈奎斯特速率进行抽样，即

$$\omega_s=2\omega_H \text{ 或 } T_s=\frac{2\pi}{\omega_s}=\frac{2\pi}{2\omega_H}=\frac{\pi}{\omega_H}$$

则

$$\frac{T_s\omega_H}{\pi}=1$$

在这种情况下

$$f(t)=\sum_{n=-\infty}^{\infty}f(nT_s)\mathrm{Sa}[\omega_H(t-nT_s)] \tag{2-10}$$

由式（2-10）可见，任何一个有限频带的信号 $f(t)$ 在时间域中都可以展开成以抽样函数 $\mathrm{Sa}(x)$ 为基本信号的无穷级数，即将每个抽样值和一抽样函数相乘后得到的所有波形叠加起来便是 $f(t)$。换句话说，任何一个带限的连续信号完全可以用其抽样值表示。这样就证明了低通抽样定理。但需要指出，在实际中，由于不存在严格的带限信号和理想的低通滤波器（即使存在，抽样频率为 $2\omega_H$ 时抽样值结果也不稳定），因此实际的抽样频率一般都大于 $2\omega_H$。

2. 带通信号抽样定理

上面讨论了频带限制在（0，ω_H）的低通型信号的抽样定理，而实际中遇到的许多信号都是带通型信号。如果采用低通抽样定理的抽样速率 $\omega_s \geqslant 2\omega_H$，对频率限制在 $\omega_L \sim \omega_H$ 的带通信号进行抽样，则一定能满足频谱不混叠的要求，如图 2-3 所示。但此时所选择的抽样速率 ω_s 太高了，这使得 $0 \sim \omega_L$ 的一大段频谱空隙得不到利用。为了提高信道利用率，同时又确保抽样后的信号不出现失真，我们就需要一个更为合适的抽样速率。带通信号抽样定律将会很好的解决这一问题。

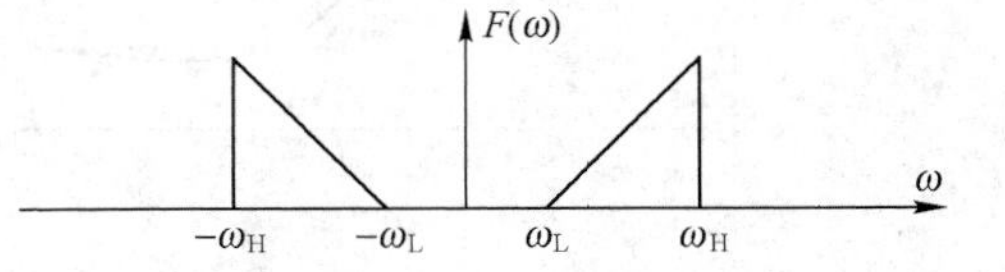

图 2-3　带通模拟信号的频谱

设带通信号限制在 ω_L 和 ω_H 之间，即其频谱最低频率大于 ω_L，最高频率小于 ω_H，信号带宽 $B = \omega_H - \omega_L$ 如果以如下的抽样速率进行抽样：

$$\omega_s = 2B\left(1 + \frac{k}{n}\right) \tag{2-11}$$

那么 $f(t)$ 可以完全由其抽样值确定。此时频谱空隙最小，且频谱不会重叠。

式（2-11）中，B 为信号带宽；n 为商 (ω_H/B) 的整数部分，$n = 1, 2, 3, \cdots$；k 为商 (ω_H/B) 的小数部分，$0 \leqslant k < 1$。

由 B 和 k 的表达式可知，式（2-11）可变为

$$\omega_s = \frac{2}{n}\omega_L + \frac{2B}{n} \tag{2-12}$$

根据式（2-12）可以画出 ω_s 与 ω_L 的关系曲线，如图 2-4 所示。

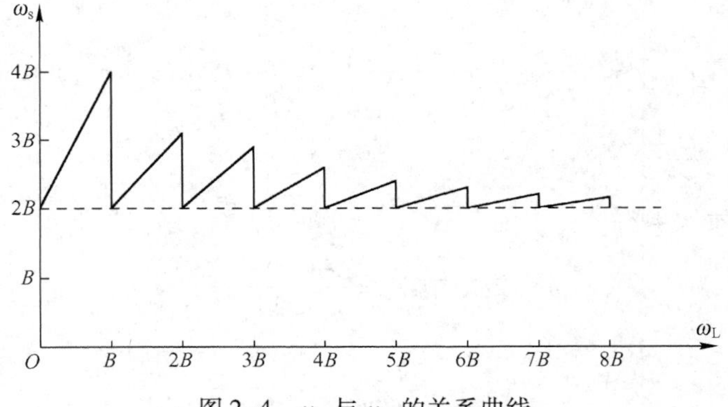

图 2-4　ω_s 与 ω_L 的关系曲线

从图 2-4 可以看出，当 $\omega_L = 0$ 时，$\omega_s = 2B$，就是低通模拟信号抽样的情况。当 $\omega_L >> B$，即 n 较大时，有 $\omega_s \approx 2B$。ω_L 很大意味着这个信号是一个窄带信号。许多无线电信号，例如无线电接收机的高频和中频系统中的信号，都是这种窄带信号。所以对这种信号的抽样，无论 ω_H 是否为 B 的整数倍，在理论上，都可以将 ω_s 取为略大于 $2B$。顺便指出，对频带受限的广义平稳的随机信号进行抽样，上述抽样定理也适用。

2.1.3.2　量化

模拟信号经过抽样后，虽然在时间上离散了，幅度取值是任意的、无限的（即连续的），但是，抽样值脉冲序列的幅度仍然取决于输入的模拟信号，它仍属于模拟信号，不能

直接进行编码。因此就必须对它进行变换，使其在幅度取值上离散化，这就是量化的目的。量化的过程可通过图 2-5 表示。其中，$f(t)$是模拟信号；抽样速率 $\omega_s = 1/T_s$；抽样值用"●"表示。第 k 个抽样值为$f(kT_s)$，$m_1 \sim m_7$ 表示 7 个电平，它们是预先规定好的，相邻电平间距离称为量化间隔。f_i表示第 i 个量化电平的终点电平，那么量化应该是

$$f_q(kT_s) = m_i, \quad f_{i-1} \leqslant f(kT_s) \leqslant f_i \tag{2-13}$$

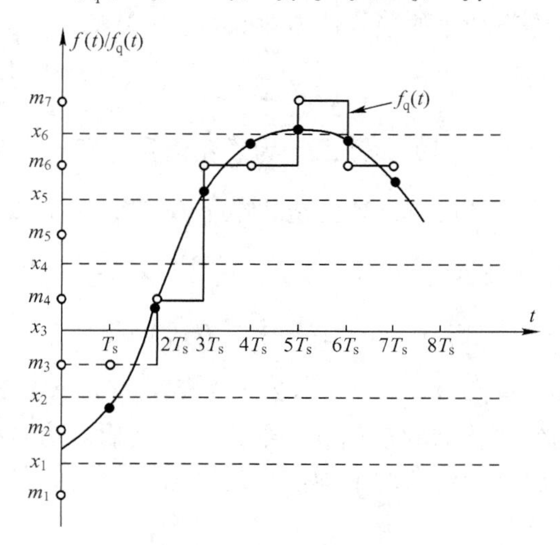

图 2-5　量化过程

例如，图 2-5 中，$t = 4T_s$ 时的抽样值$f(4T_s)$在f_5 和f_6 之间，此时按规定量化值为 m_6。量化器输出波形如图 2-5 中$f_q(t)$所示，其中

$$f_q(t) = f_q(kT_s), \quad kT_s \leqslant t \leqslant (k+1)T_s \tag{2-14}$$

由上面结果可知，$f_q(t)$阶梯信号是用 Q 个电平去取代抽样值的一种近似，近似的原则就是量化原则。量化电平数越大，$f_q(t)$就越接近$f(t)$。

$f_q(kT_s)$与$f(kT_s)$的误差称为量化误差，根据量化原则，量化误差不超过 $\pm\Delta/2$，而量化级数目越多，Δ 值越小，量化误差也越小。量化误差一旦形成，在接收端无法去掉，它与传输距离、转发次数无关，又称为量化噪声。

衡量量化性能好坏的最常用指标是量化信噪功率比 P_q/N_q，其中，P_q 表示$f_q(kT_s)$产生的功率；N_q 表示由量化误差产生的功率。P_q/N_q 越大，说明量化性能越好。

1. 均匀量化

量化间隔相等的量化称为均匀量化，设模拟信号的取值范围在 a 和 b 之间，量化电平数为 M，则在均匀量化时的量化时间间隔为

$$\Delta v = \frac{b-a}{M} \tag{2-15}$$

且量化区间的端点

$$x_i = a + i\Delta v \quad i = 0, 1, \cdots, M \tag{2-16}$$

若量化输出电平 q_i取量化间隔的中点，则

$$q_i = \frac{x_i + x_{i-1}}{2} \quad i = 1, 2, \cdots, M \tag{2-17}$$

显然，量化输出电平和量化前信号的抽样值一般不同，即量化输出电平有误差。这个误差常称为量化噪声，并用信号功率与量化噪声之比（简称信号量噪比）衡量此误差对于信号影响的大小。对于给定的信号最大幅度，量化电平数越多，量化噪声越小，信号量噪比越高。信号量噪比是量化器的主要指标之一。下面将对均匀量化时的平均信号量噪比作定量分析。

在均匀量化时，量化噪声功率的平均值 N_q 可以用下式表示：

$$N_q = E[(x_k - x_q)^2] = \int_a^b (x_k - x_q)^2 f(x_k)\mathrm{d}x_k = \sum_{i=1}^{M}\int_{x_{i-1}}^{x_i}(x_k - q_i)^2 f(x_k)\mathrm{d}x_k \quad (2\text{-}18)$$

式中，x_k 为模拟信号的抽样值，即 $x(kT)$；x_q 为量化信号，即 $x_q(kT)$；$f(x_k)$ 为信号抽样值 x_k 的概率密度；E 表示求统计平均值；M 为量化电平数；$x_i = a + i\Delta v$；$q_i = a + i\Delta v - \frac{\Delta v}{2}$。

信号 x_k 的平均功率可以表示为

$$S_0 = E(x_k^2) = \int_a^b x_k^2 f(x_k)\mathrm{d}x_k \quad (2\text{-}19)$$

若已知信号 x_k 的概率密度函数，可由式（2-18）和式（2-19）计算出平均信号量噪比。

【例 2-1】 设一个均匀量化器的量化电平数为 M，其输入信号抽样值在区间 $[-a,a]$ 内具有均匀的概率密度。试求该量化器的平均信号量噪比。

解 由式（2-18）得到

$$\begin{aligned}N_q &= \sum_{i=1}^{M}\int_{x_{i-1}}^{x_i}(x_k - q_i)^2 f(x_k)\mathrm{d}x_k = \sum_{i=1}^{M}\int_{x_{i-1}}^{x_i}(x_k - q_i)^2\left(\frac{1}{2a}\right)\mathrm{d}x_k \\ &= \sum_{i=1}^{M}\int_{-a+(i-1)\Delta v}^{-a+i\Delta v}\left(x_k + a - i\Delta v + \frac{\Delta v}{2}\right)^2\left(\frac{1}{2a}\right)\mathrm{d}x_k \\ &= \sum_{i=1}^{M}\left(\frac{1}{2a}\right)\left(\frac{\Delta v^3}{12}\right) = \frac{M(\Delta v)^3}{24a}\end{aligned}$$

因为

$$M\Delta v = 2a$$

所以有

$$N_q = \frac{(\Delta v)^2}{12}$$

另外，由于此信号具有均匀的概率密度，故从式（2-19）得到信号功率

$$S_0 = \int_a^b x_k^2 f(x_k)\mathrm{d}x_k = \frac{M^2}{12}(\Delta v)^2$$

所以平均信号量噪比为

$$\left(\frac{S_0}{N_q}\right) = M^2$$

或写成

$$\left(\frac{S_0}{N_q}\right)_{\mathrm{dB}} = 20\lg M(\mathrm{dB})$$

由上式可以看出，量化器的平均输出信号量噪比随量化电平数 M 的增大而提高。

在实际应用中，对于给定的量化器，量化电平数和量化间隔 Δv 都是确定的，所以，由

上例可知，量化噪声 N_q 也是确定的。但是，信号的强度可能随时间变化，像语音信号就是这样。当信号小时，信号的量噪比也小。所以，这种均匀量化器对于小输入信号很不利。为了克服这个缺点，改善小信号时的信号量噪比，在实际应用中常采用非均匀量化。

2. 非均匀量化

非均匀量化是一种在整个动态范围内量化间隔不相等的量化，在信号幅度小时，量化级间隔划分得小；信号幅度大时，量化级间隔也划分得大，以提高小信号的信噪比，适当减少大信号信噪比，使平均信噪比提高，从而获得较好的小信号接收效果。

实现非均匀量化的方法之一是采用压缩扩张（压扩）技术，如图 2-6 所示。它的基本思想是在均匀量化之前先让信号经过一次压缩处理，对大信号进行压缩而对小信号进行较大的放大。信号经过这种非线性压缩电路处理后，改变了大信号和小信号之间的比例关系，大信号的比例基本不变或变得较小，而小信号相应地按比例增大，即“压大补小”。这样，对经过压缩器处理的信号再进行均匀量化，量化的等效结果就是对原信号进行非均匀量化。接收端将收到的相应信号进行扩张，以恢复原始信号的相对关系。扩张特性与压缩特性相反，该电路称为扩张器。

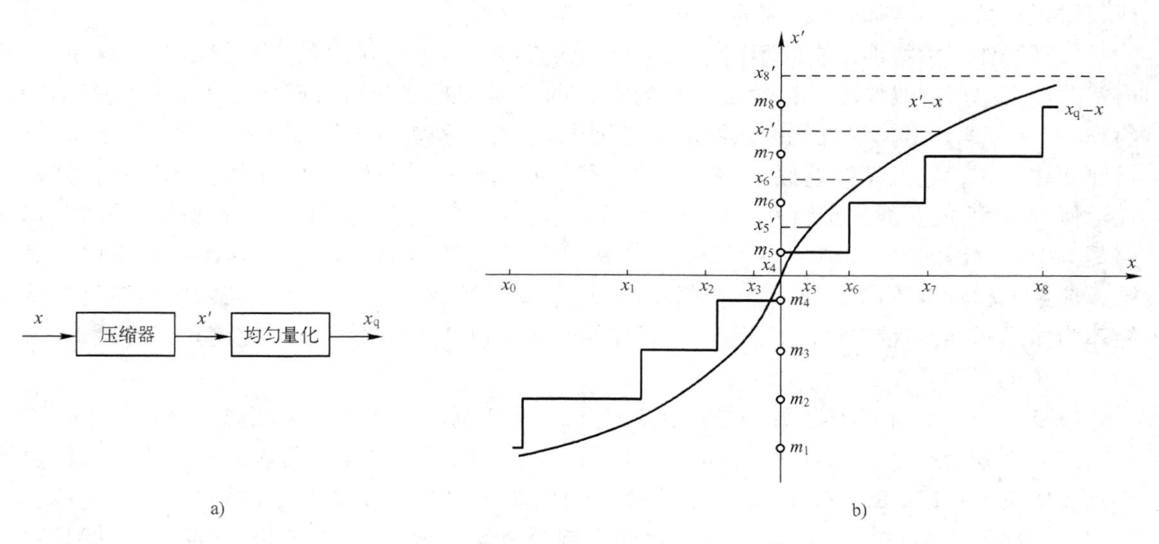

图 2-6　非均匀量化

a）非均匀量化框图　b）关系曲线

在 PCM 技术的发展过程中，曾提出许多压扩方法。目前，数字通信系统中采用两种压扩特性：一种是以 μ 作为参数的压缩特性，称为 μ 律压缩特性；另一种是以 A 作为参数的压缩特性，称为 A 律压缩特性。

（1）μ 律与 A 律压缩特性

μ 律归一化压缩特性表达式为

$$y = \pm\frac{\ln(1+\mu|x|)}{\ln(1+\mu)}, \quad -1\leqslant x\leqslant 1 \tag{2-20}$$

A 律归一化压缩特性表达式为

$$y=\begin{cases}\dfrac{Ax}{1+\ln A}, & 0\leqslant |x|\leqslant \dfrac{1}{A}\\ \pm\dfrac{1+\ln|x|}{1+\ln A}, & \dfrac{1}{A}<|x|\leqslant 1\end{cases} \tag{2-21}$$

式中，x 为归一化输入；y 为归一化输出；A、μ 为压缩系数。对 A 特性求导可得 $A=87.6$ 时的值为

$$\frac{dy}{dx}=\begin{cases}16, & 0\leqslant |x|\leqslant \dfrac{1}{A}\\ \dfrac{0.1827}{x}, & \dfrac{1}{A}<|x|\leqslant 1\end{cases} \tag{2-22}$$

当 $x=1$ 时，放大量缩小为0.1827，显然大信号比小信号下降很多，这样就起到了压缩的作用。对于 μ 律也有类似的结论。

目前广泛应用数字电路实现压缩律，这就是数字压缩技术。

（2）数字压缩技术

数字压扩技术是一种通过大量的数字电路形成若干段折线，并用这些折线来近似A律或 μ 律压扩特性，从而达到压扩目的的方法。

用折线作压扩特性，它既不同于均匀量化的直线，也不同于对数压扩特性的光滑曲线。虽然总地来说用折线作压扩特性是非均匀量化的，但它既有非均匀量化（不同折线有不同斜率），又有均匀量化（在同一折线的小范围内）。有两种常用的数字压扩技术：一种是13折线 A 律压扩，它的特性近似 $A=87.6$ 的 A 律压扩特性；另一种是15折线 μ 律压扩，其特性近似 $\mu=255$ 的 μ 律压扩特性。13折线 A 律主要用于英、法、德等欧洲各国的PCM 30/32路基群中，我国的PCM 30/32路基群也采用13折线 A 律压缩律。15折线 μ 律主要用于美国、加拿大和日本等国的PCM－24路基群中。CCITT建议G.711规定上述两种折线近似压缩律为国际标准，且在国际数字系统相互连接时，要以 A 律为标准。因此这里仅介绍13折线 A 律压缩特性。

13折线 A 律产生的具体方法是：在：x 轴0～1范围内，以1/2递减规律分成8个不均匀的段，其分段点为1/2、1/4、1/8、1/16、1/32、1/64和1/128。形成的8个不均匀段由小到大依次为：1/128，1/128，1/64，1/32，1/16，1/8，1/4和1/2。其中第一、第二两段长度相等，都是1/128。上述8段之中，每一段都要再均匀地分成16等份，每一等份就是一个量化级。注意：在每一段内，这些等份（即16个量化级）长度是相等的，但是，在不同的段内，这些量化级又是不相等的。因此，输入信号的取值范围0～1总共被划分为16×8=128个不均匀的量化级。可见，用这种分段方法就可使输入信号形成一种不均匀量化分级，它对小信号分得细，最小量化级（第一、二段的量化级）为(1/128)×(1/16)=1/2048，对大信号的量化级分得粗，最大量化级为1/(2×16)=1/32。一般最小量化级为一个量化单位，用 Δ 表示，可以计算出输入信号的取值范围0～1总共被划分为2048Δ 。对 y 轴也分成8段，不过是均匀地分成8段。y 轴的每一段又均匀地分成16等份，每一等份就是一个量化级。于是 y 轴的区间（0，1）就被分为128个均匀量化级，每个量化级均为1/128，如图2-7所示。

将 x 轴的8段和 y 轴的8段各相应段的交点连接起来，于是就得到由8段直线组成的折线。由于 y 轴均匀分为8段，每段长度为1/8，而 x 轴是不均匀分成8段的，每段长度不同，

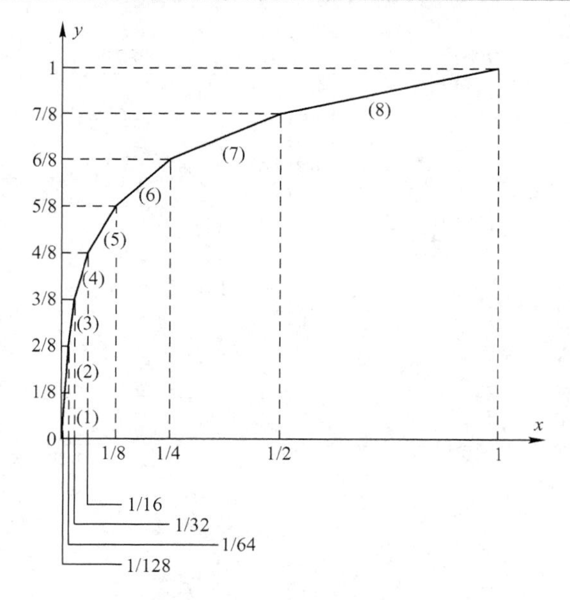

图 2-7　13 折线 A 律压缩特性

因此，可分别求出 8 段直线线段的斜率。

可见，第 1、2 段斜率相等，由此可看成一条直线段，实际上得到 7 条斜率不同的折线。以上分析是对正方向的情况。由于输入信号通常有正、负两个极性，因此，在负方向上也有与正方向对称的一组折线。因为正方向上的第 1、2 段与负方向的第 1、2 段具有相同的斜率，于是我们可将其连成一条直线段，由此，正、负方向总共得到 13 段直线，由这 13 段直线组成的折线，称为 13 折线，如图 2-8 所示。

由图 2-8 可知，第 1、2 段斜率最大，越往后斜率越小，因此 13 折线是逼近压缩特性的，具有压缩作用。13 折线可用式（2-21）表示，由于第 1、2 段斜率为 16，根据式（2-22）可知 $A=87.6$，因此，这种特性称为 $A=87.6$ 的 13 折线压扩律，或简称 A 律。

由图 2-8 还可以看出，这时的压缩和量化是结合进行的，即用不均匀量化的方法达到了压缩的目的，在量化的同时就进行了压缩，因此不必再用专用的压缩器进行压缩。此外，经过 13 折线变换关系之后，将输入信号量化为 2×128 个离散状态（量化级），可用 8 位二进制码直接加以表示。

采用 15 折线 μ 律非均匀量化，并编 8 位码时，同样可以达到电话信号的要求而有良好的质量。

2.1.3.3　编码和译码

已知模拟信号经过抽样量化后，还需要进行编码处理，才能使离散样值形成更适宜的二进制数字信号形式进入信道传输，这就是 PCM 基带信号。接收端将 PCM 信号还原成模拟信号的过程称为译码。这里仅讨论常用的逐次反馈型编码，并说明编码原理。

1. 编码码型

在 PCM 中常用折叠二进制码作为编码码型。折叠码是目前 13 折线 A 律 PCM 30/32 路设备所采用的码型。折叠码的第 1 位码代表信号的正、负极性，其余各位表示量化电平的绝对值。

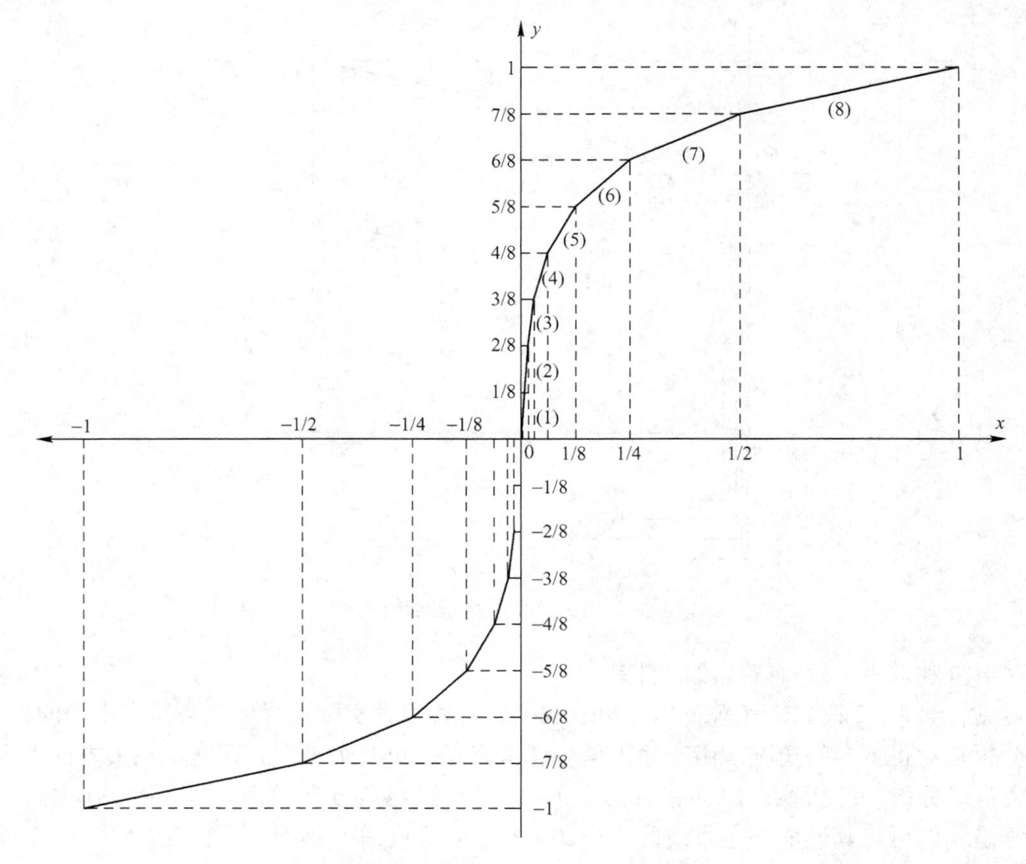

图 2-8 对称输入 13 折线压缩特性

目前，国际上普遍采用 8 位非线性编码。例如，PCM 30/32 路终端机中最大输入信号幅度对应 4096 个量化单位（最小的量化间隔称为一个量化单位），在 4096 个单位的输入幅度范围内，被分成 256 个量化级，因此需用 8 位码表示每一个量化级。用于 13 折线 A 律特性的 8 位非线性编码的码组结构如表 2-1 所示。

表 2-1 码组结构

极性码	段落码	段内码
M_1	$M_2M_3M_4$	$M_5M_6M_7M_8$

在表 2-1 中，第 1 位码 M_1 的数值“1”或“0”分别代表信号的正、负极性，称为极性码。从折叠二进制码的规律可知，对于两个极性不同，但绝对值相同的样值脉冲，用折叠码表示时，除极性码 M_1 不同外，其余几位码是完全一样的。因此在编码过程中，只要将样值脉冲的极性判出后，编码器便是以样值脉冲的绝对值进行量化和输出码组的。这样只要考虑 13 折线中对应于正输入信号的 8 段折线就行了。这 8 段折线共包含 128 个量化级，正好用剩下的 7 位码（$M_2,\cdots,M_8$）就能表示出来。

第 2 ~4 位码，即 $M_2M_3M_4$，称为段落码。8 段折线用 3 位码就能表示。具体划分如表 2-2 所示。注意：段落码的每一位不表示固定的电平，只是用 $M_2M_3M_4$ 的不同排列码组表示各段的起始电平。这样就把样值脉冲属于哪一段先确定下来了，以便很快地定出样值脉冲应纳入到这一段内的哪个量化级上。

表 2-2　段落码

段落序号	段落码		
	M_2	M_3	M_4
8	1	1	1
7	1	1	0
6	1	0	1
5	1	0	0
4	0	1	1
3	0	1	0
2	0	0	1
1	0	0	0

第 5～8 位码，即 $M_5M_6M_7M_8$，称为段内码。每一段中的 16 个量化级就是用这 4 位码表示的，段内码具体的分法如表 2-3 所示。由表 2-3 可知，4 位段内码的变化规律与段落码的变化规律相似。

表 2-3　段内码

电平序号	段内码				电平序号	段内码			
	M_5	M_6	M_7	M_8		M_5	M_6	M_7	M_8
15	1	1	1	1	7	0	1	1	1
14	1	1	1	0	6	0	1	1	0
13	1	1	0	1	5	0	1	0	1
12	1	1	0	0	4	0	1	0	0
11	1	0	1	1	3	0	0	1	1
10	1	0	1	0	2	0	0	1	0
9	1	0	0	1	1	0	0	0	1
8	1	0	0	0	0	0	0	0	0

这样，一个信号的正负极性用 M_1 表示，幅度在一个方向（正或负）有 8 个大段，用 $M_2M_3M_4$ 表示，具体落在某段落内的电平上，用 4 位段内码 $M_5M_6M_7M_8$ 表示。表 2-4 列出了 13 折线 A 律的每一个量化段的起始电平 I_{si}、量化间隔 Δ_i、段落码（$M_2M_3M_4$）以及段内码（$M_5M_6M_7M_8$）的权值（对成电平）。

表 2-4　13 折线 A 律幅度码与其对应电平

量化段序号 $i=1\sim8$	电平范围（Δ）	段落码			段落起始电平 I_{si}（Δ）	量化间隔 $\Delta_i(\Delta)$	段内码对应权值（Δ）			
		M_2	M_3	M_4			M_5	M_6	M_7	M_8
8	1024～2048	1	1	1	1024	64	512	256	128	64
7	512～1024	1	1	0	512	32	256	128	64	32

（续）

量化段序号 $i=1\sim8$	电平范围（Δ）	段落码			段落起始电平 I_{si}（Δ）	量化间隔 Δ_i（Δ）	段内码对应权值（Δ）			
		M_2	M_3	M_4			M_5	M_6	M_7	M_8
6	256～512	1	0	1	256	16	128	64	32	16
5	128～256	1	0	0	128	8	64	32	16	8
4	64～128	0	1	1	64	4	32	16	8	4
3	32～64	0	1	0	32	2	16	8	4	2
2	16～32	0	0	1	16	1	8	4	2	1
1	0～16	0	0	0	0	1	8	4	2	1

2. 编码原理

图2-9是逐次比较编码器原理图。它由抽样保持、全波整流、极性判决、比较器及本地译码器等组成。

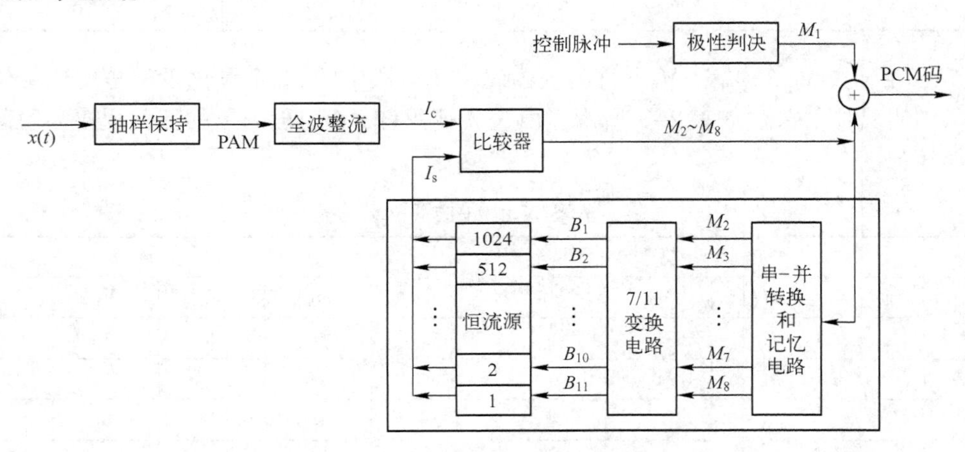

图2-9　逐次比较型编码器原理图

抽样后的模拟PAM信号，须经保持展宽后再进行编码。保持后的PAM信号仍为双极性信号，将该信号经过全波整流变为单极性信号。对此信号进行极性判决，编出极性码M_1。当信号为正极性时，极性判决电路输出“1”码，反之输出“0”码。比较器通过比较样值电流I_c和标准电流I_s，从而对输入信号抽样值实现非线性量化和编码。每比较一次，输入一位二进制代码，且当$I_c>I_s$时，输出“1”码；反之输出“0”码。

由于13折线法中用7位二进制码代表段落码和段内码，所以对一个信号的抽样值需要进行7次比较，每次所需的标准电流均由本地译码器提供。

除M_2外，$M_3\sim M_8$的判定值与先行码的状态有关，所以本地解码器产生判定值时，要把先行码的状态反馈回来。先行码（反馈码）$M_2\sim M_8$串行输入串-并变换和记忆电路，变为并行码输出。对于先行码（已编好的码），有确定值0或1；对于当前码（正准备编的码），取值为1；对于后续码（尚未编的码），M_i取值为0。开始编码时，M_2取值为1，$M_3\sim M_8$取值为0，意味着$I_s=128\Delta$，即对应8个段落的中点值。

在判定输出码时，第1次比较应先确定信号I_c是属于8大段的上4段还是下4段，这时权值I_s是8段的中间值$I_s=128\Delta$，I_c落在上4段，$M_2=1$；I_c落在下4段，$M_2=0$；第2次比较要确定第 1 次比较时 I_c 在 4 段的上两段还是下两段，当 I_c 在上两段时，$M_3=1$，否则，$M_3=0$；同理用 M_4 为“1”或“0”来表示 I_c 落在两段的上一段还是下一段。可以说，段落码编码的过程是确定 I_c 落在 8 段中的哪一段，并用这段的起始电平表示 I_s 的过程。

【例 2-2】 已知抽样值为 $+635\Delta$，要求按 13 折线 A 律编出 8 位码。

解　第 1 次比较：信号 I_c 为正极性，$M_1=1$。

第 2 次比较：串 - 并转换输出 $M_2 \sim M_8$ 为 100 0000，本地译码器输出为

$$I_{s2}=128\Delta$$

$$I_c=635\Delta>I_{s2}=128\Delta$$

$$M_2=1$$

第 3 次比较：串 - 并转换输出 $M_2 \sim M_8$ 为 110 0000，本地译码器输出为

$$I_{s3}=512\Delta$$

$$I_c=635\Delta>I_{s3}=512\Delta$$

$$M_3=1$$

第 4 次比较：串 - 并转换输出 $M_2 \sim M_8$ 为 111 0000，本地译码器输出为

$$I_{s4}=1024\Delta$$

$$I_c=635\Delta<I_{s4}=1024\Delta$$

$$M_4=0$$

第 5 次比较：串 - 并转换输出 $M_2 \sim M_8$ 为 110 1000，本地译码器输出为

$$I_{s5}=512\Delta+\frac{1024\Delta-512\Delta}{16}\times 8=768\Delta$$

其中，$\dfrac{1024\Delta-512\Delta}{16}=32\Delta$，表示 $M_2M_3M_4=110$ 出在第 7 段的量化间隔。

$$I_c=635\Delta<I_{s5}=768\Delta$$

$$M_5=0$$

第 6 次比较：串 - 并转换输出 $M_2 \sim M_8$ 为 110 0100，本地译码器输出为

$$I_{s6}=512\Delta+32\Delta\times 4=640\Delta$$

$$I_c=635\Delta<I_{s6}=640\Delta$$

$$M_6=0$$

第 7 次比较：串 - 并转换输出 $M_2 \sim M_8$ 为 110 0010，本地译码器输出为

$$I_{s7}=512\Delta+32\Delta\times 2=576\Delta$$

$$I_c=635\Delta>I_{s7}=576\Delta$$

$$M_7=1$$

第 8 次比较：串 - 并转换输出 $M_2 \sim M_8$ 为 110 0011，本地译码器输出为

$$I_{s8}=512\Delta+32\Delta\times 3=608\Delta$$

$$I_c=635\Delta>I_{s8}=608\Delta$$

$$M_8=1$$

因此，编码结果为 1110 0011，量化误差为 $635\Delta-608\Delta=27\Delta$。

根据上面的分析，编码器输出的码字实际对应的电平应为 608Δ，称为编码电平，也可按下面公式进行计算，

$$I_s = I_{si} + (2^3M_5 + 2^2M_6 + 2^1M_7 + 2^0M_8)\Delta_i \tag{2-23}$$

也就是说，编码电平等于样值信号所处段落的起始电平与该段内量值电平之和。

本地译码器中的7/11变换电路就是线性码变换器，因为采用非均匀量化的7位非线性码，因此可以等效变换为11位线性码。恒流源有11个基本权值电流支路，需要11个控制脉冲来控制，所以必须经过变换，把7位码变成11位码。其实质就是完成非线性到线性之间的变换，恒流源用来产生各种标准电流值I_s。

3. 译码原理

译码的作用是把收到的PCM信号还原成相应的PAM信号，即实现数－模变换。13折线A律译码器原理框图如图2-10所示。它与图2-9中的本地译码器很相似，不同的是译码器增加了极性控制部分和带有寄存读出的7/12位码变换电路。

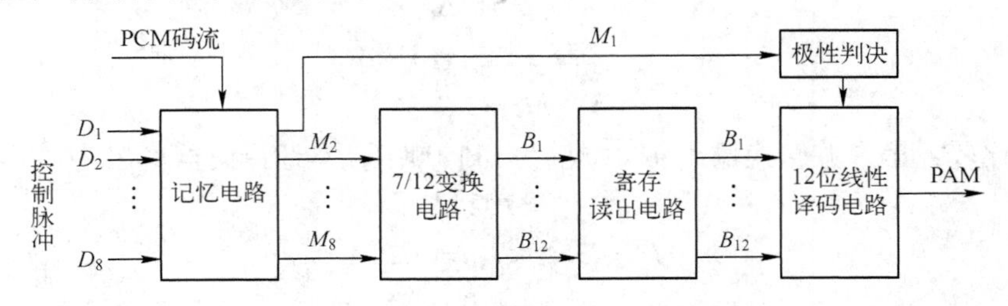

图2-10　13折线A律译码器原理框图

极性控制部分的作用是根据收到的极性码M_1是“1”还是“0”来辨别PCM信号的极性，使译码后的PAM信号的极性恢复成与发送端相同的极性。

7/12变换电路是将7位非线性码转变为12位线性码。在编码器的本地译码电路中采用7/11位码变换，使得量化误差有可能大于本段落量化间隔的一半，如在例2-2中，量化误差为27Δ，大于16Δ为使量化误差均小于段落内量化间隔的一半，译码器的7/12变换电路使输出的线性码增加一位码，人为地补上半个量化间隔，以改善量化信噪比。

【例2-3】 例2-2中的7位非线性码110 0011变为12位线性码为0100 1110 0000，PAM输出应为$608\Delta + 16\Delta = 624\Delta$，此时的量化误差为$635\Delta - 624\Delta = 11\Delta$。

解码电平也可以按照下式计算：

$$I_D = I_{eq} + \frac{\Delta_i}{2} \tag{2-24}$$

即解码电平等于编码电平加上量化间隔Δ_i的一半。最终的解码误差为

$$e_D = |I_D - I_c| \tag{2-25}$$

即解码误差等于解码电平与样值电平差的绝对值。

寄存读出电路是将输入的串行码在存储器中寄存起来，待全部接收后再一起读出，然后送入解码网络。这实质是进行了串－并转换。

2.2 时分复用

2.2.1 基本概念

时分复用（TDM）是将来自几个信源的抽样值按时间顺序交织在一起，从而使得这些

信源的信息可以在单个通信信道上串行传输。复用的目的是为了扩大通信链路的容量，在一条链路上传输多路独立信号，这样可以实现多路通信。在数字通信中，模拟信号的数字传输或数字信号的基带信号的多路传输一般都采用时分复用的方式来提高系统传输效率。

时分复用的基本原理可以用图 2-11 进行简单描述。假设有 N 路 PAM 信号进行时分多路复用，各路信号首先通过低通滤波器（LPF）使之变为带限信号，然后送到抽样器（电子开关），电子开关每经过 T_s 秒将各路信号依次进行抽样。根据抽样定理可知，只要抽样速率足够高，时间上连续的信号可以用它的离散抽样来表示。因此，这 N 路信号的抽样值按顺序存在于抽样间隔 T_s 之内，最后得到的复用信号就是 N 个抽样信号之和，即每路抽样信号在每个抽样周期中占用 T_s/N 的时间，其波形如图 2-11e 所示。在某些信源带宽有着显著差别的应用中，具有较大带宽的信源可以连接到抽样器的多个开关位置上，使得它们比带宽较低的信源更多地被抽样到。

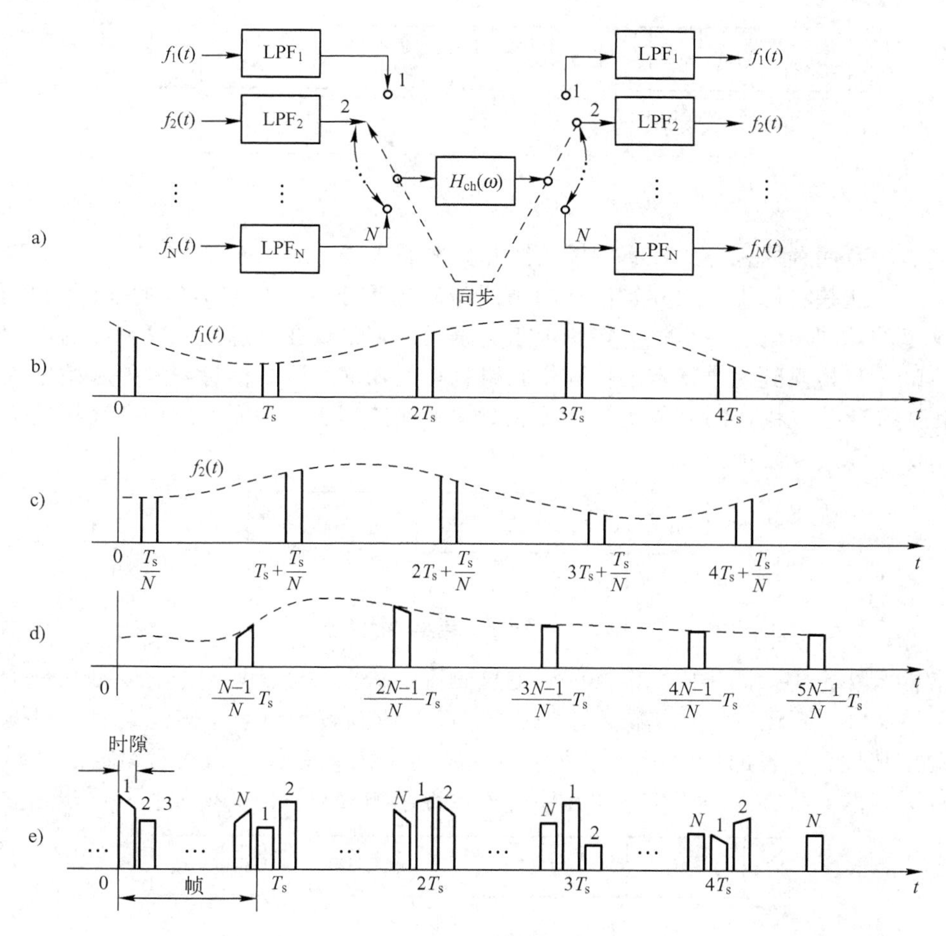

图 2-11 TDM 系统框图及波形

a）TDM 系统框图 b）第一路抽样信号 c）第二路抽样信号
d）第 N 路抽样信号 e）N 路抽样信号之和

在接收端，通过与发送端同步的分路开关将多路复用信号分离，分别得到每一路抽样信号，然后再用低通滤波器恢复各路 PAM 信号。

与频分复用相比，时分复用的优点有：便于实现数字通信、易于制造、适于采用集成电路实现、成本较低。

2.2.2 时分复用的同步技术

在时分复用（TDM）系统中，发送端的转换开关与接收端的分路开关必须严格同步，否则系统就会出现紊乱。绝大多数 TDM 系统采用帧同步技术。帧同步可以通过两种方式实现：第一种方法，发送端通过单独的信道传输帧同步信号；第二种方法，从 TDM 信号本身提取帧同步信号。由于第一种方法需要单独信道，故其经济性不如第二种方法。本节着重讨论第二种实现方法。

如图 2-12 所示，在具有 N 个信道的 TDM 系统中，可以将帧同步信号与信息字复用在一起传输，即在每帧的开始处传送一组特别的 K 位同步码。

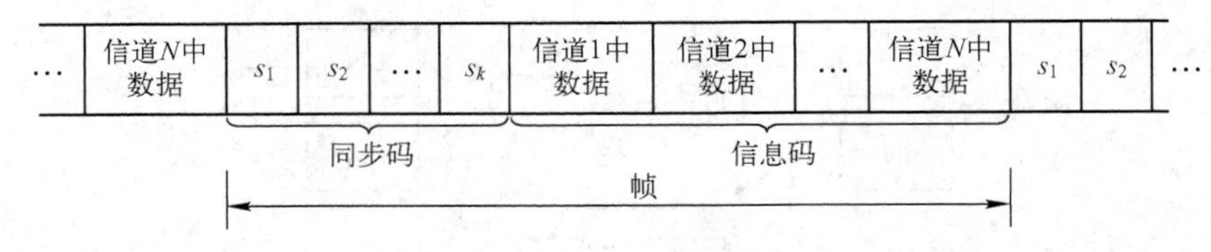

图 2-12　TDM 帧同步格式

帧同步码有两种插入方式：集中插入法和分散插入法。

集中插入法是将标志码组开始位置的帧同步码插入于一个信息码组的前面，如图 2-13 所示。这里的帧同步码是一组符合特殊规律的码元，它出现在信息码元序列中的可能性非常小。接收端一旦检测到这个特定的帧同步码组就马上知道了这组信息码元的起始位置。这种方法的优点在于建立同步时间较短。为了长时间地保持同步，则需要周期性地将这个特定码组插入每组信息码元之前。

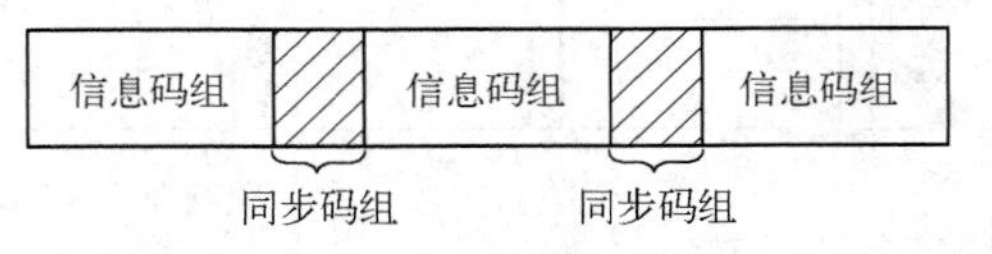

图 2-13　帧同步码集中插入法

分散插入法是将帧同步码分散插入到信息码流中，在每个信息码组之间插入一个帧同步码元。如图 2-14 所示。因此，需要花费较长时间接收到若干组信息码元之后，根据帧同步码元的周期特性，从长的接收码元序列中找到帧同步码元的位置，从而确定信息码元的分组。这种方式的好处在于对于信息码元序列连贯性影响较小，但需要较长的同步建立时间。

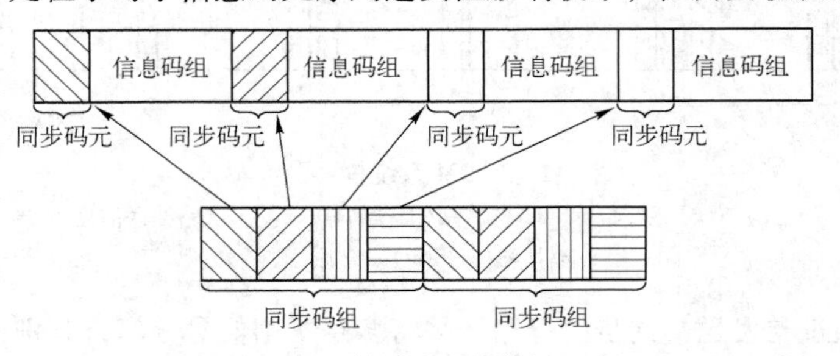

图 2-14　帧同步码分散插入法

A 律 PCM 系统和大多数 TDM 系统都采用集中插入法。集中插入法采用特殊的帧同步码组，通常要求具有特殊的自相关性质，以便从接收到的码元序列中识别出来。有限长度码组的局部自相关函数定义如下：

$$R(j) = \sum_{i=1}^{n-j} x_i x_{i+j} \quad (1 \leqslant i \leqslant n, j \in Z) \tag{2-26}$$

式中，n 为码组中码元个数；$x_i = \pm 1$，当 $1 \leqslant i \leqslant n$；$x_i = 0$，当 $i < 1$ 或 $i > n$；

帧同步码的 $R(j)$ 要求具有尖锐的自相关性质，显然，当 $j=0$ 时，$R(0) = \sum_{i=1}^{n} x_i x_i = n$；而当 $j \neq 0$ 时，$R(j)$ 较小，因此自相关函数仅在 $R(0)$ 出现峰值。

目前常用的一种群同步码叫做巴克码，巴克码是一种具有特殊规律的二进制码组，是有限长的非周期序列。它的特殊规律是：若一个 n 位的巴克码 $\{x_1, x_2, x_3, \cdots, x_n\}$ 的每个码元 x_i 取值为 +1，－1，则必然满足条件

$$R(j) = \sum_{i=1}^{n-j} x_i x_{i+j} = \begin{cases} n, & j = 0 \\ 0 \pm 1 & 0 < j < n \\ 0, & j \geqslant n \end{cases} \tag{2-27}$$

目前已经找到的巴克码组如表 2-1 所示，表中“+”表示 +1，“－”表示 -1。

表 2-5　巴克码组

位数 n	巴克码
1	+
2	+ +，+ −
3	+ + −
4	+ + + −，+ + − +
5	+ + + − +
7	+ + + − − + −
11	+ + + − − − + − − + −
13	+ + + + + − − + + − + − +

以 n 等于 5 为例，其局部自相关函数如下：

当 $j=0$ 时，$R0 = \sum_{i=1}^{5} x_i^2 = 5$

当 $j=1$ 时，$R1 = \sum_{i=1}^{4} x_i x_{i+1} = 1 + 1 - 1 - 1 = 0$

当 $j=2$ 时，$R2 = \sum_{i=1}^{3} x_i x_{i+2} = 1 - 1 + 1 = 1$

当 $j=3$ 时，$R3 = \sum_{i=1}^{2} x_i x_{i+3} = -1 + 1 = 0$

当 $j=4$ 时，$R4 = \sum_{i=1}^{1} x_i x_{i+4} = 1$

由于自相关函数是偶函数，根据计算结果可以做出 $R(j)$ 与 j 的关系曲线，如图 2-15 所示。

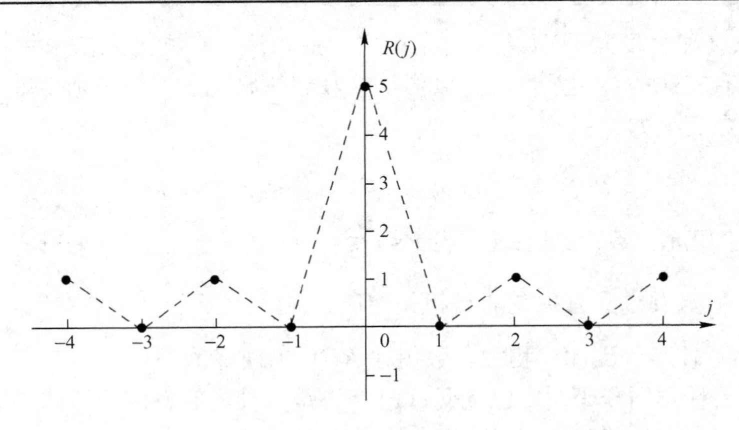

图 2–15 巴克码自相关曲线

由图 2–15 可以看出，自相关函数在 $j=0$ 时具有尖锐的单峰特性，这种特性正是集中插入帧同步码的主要要求之一。

帧同步码识别器是由移位寄存器、相加器和判决器组成，以 7 位巴克码为例，如图 2–16 所示，7 级移位寄存器，TDM 信号在时钟信号的驱动下逐级移入寄存器，移位寄存器的输出是否接反相器是由巴克码规律决定的。例如 7 位巴克码为“1110010”，第 1 位为 0，因此移位寄存器的第 1 级需要反相器，同理，第 3、4 级也需要加反相器；而第 2、5、6、7 位为 1，因此移位寄存器的第 2、5、6、7 级不需要反相器。当一帧信号到来时，首先进入帧同步码识别器的是帧同步码组，当 7 位巴克码全部出现在寄存器中时，由于反相器的存在，移位寄存器的每一级输出端都输出 1，相加后最大输出为 7；其余情况相加结果必然小于 7 。对于信息序列而言，存在与巴克码组相同的信息码组的可能性非常小。若判决器的判决门限电平为 6，则在 7 位巴克码最后一位 0 进入识别器时，识别器输出一个同步脉冲表示一帧的开头。这样，帧同步码识别器就恢复出了帧同步信号。

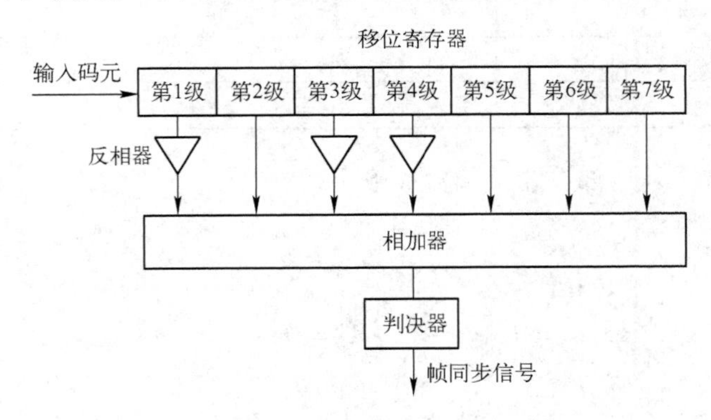

图 2–16 帧同步码识别器框图

当然，信息序列也会出现正好 7 位信息码与 7 位帧同步码相同的情况。这时就会出现假同步脉冲，这种现象称为假同步。为了避免假同步的发生，可以通过孔径窗口技术，减少出现假同步的概率。此外还可以对信息位进行编码，使信息码中不出现与同步码相同的比特串。

除了假同步，还有一种现象叫做漏同步。由于干扰的存在，接收同步码组中码元可能出现误码，从而使识别器漏掉该帧。防止漏同步可以通过降低判决门限实现。但是降低判决门限无疑会增加假同步发生的概率，因此需要综合考虑来设定判决门限。

2.3 数字复接技术

在数字通信中，为了扩大传输容量，通常将若干个低级别的支路比特汇集成一个高级别的比特流在信道中传输。这种若干个低级别的支路比特流合成为高级别比特流的过程称为数字复接。完成复接功能的设备称为数字复接器。在接收端，需要将复合数字信号分离成各支路信号，该过程称为数字分接，完成分接功能的设备称为数字分接器。由于在时分多路数字电话系统中每帧长度为 125 μs，因此，传输的路数越多，每比特占用的时间越少，实现的技术难度也就越高。

我国在 1995 年以前，一般均采用准同步数字序列（PDH）的复用方式。1995 年以后，随着光纤通信网的大量使用，开始采用同步数字序列（SDH）的复用方式。原有的 PDH 数字传输网可逐步纳入 SDH 网。

2.3.1 数字复接原理

数字复接实质上是对数字信号的时分多路复用。数字复接系统组成原理如图 2-17 所示。数字复接设备由数字复接器和数字分接器组成。数字复接器将若干个低等级的支路信号按时分复用的方式合并为一个高等级的合路信号。数字复接器将一个高等级的合路信号分解为原来的低等级支路信号。

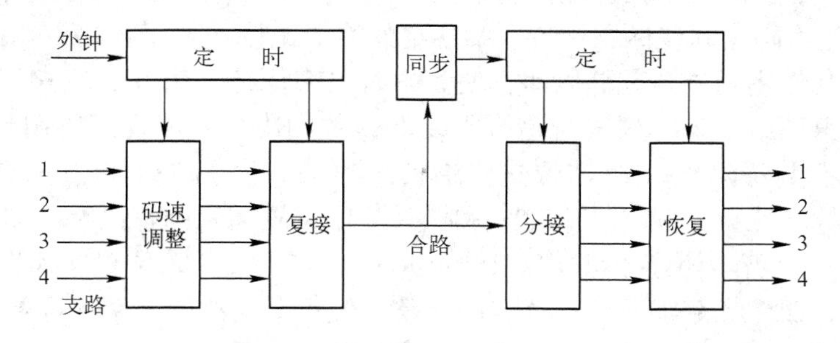

图 2-17 数字复接系统组成原理

在数字复接中，如果复接器输入端的各支路信号与本机定时信号是同步的，则称为同步复接器；如果不是同步的，则称为异步复接器。如果输入各支路数字信号与本机定时信号标称速率相同，但实际上有一个很小的容差，这种复接器称为准同步复接器。

在数字复接器中，码速调整单元就是完成对输入各支路信号的速率和相位进行必要的调整，形成与本机定时信号完全同步的数字信号，使输入到复接单元的各支路信号是同步的。定时单元受内部时钟或外部时钟控制，产生复接需要的各种定时控制信号。调整单元及复接单元受定时单元控制。在分接器中，合路数字信号和相应的时钟同时送给分解器。分解器的定时单元受合路时钟控制，因此它的工作节拍与复接器定时单元同步。同步单元从合路信号中提出帧同步信号，用它再去控制分解器定时单元。恢复单元把分解出的数字信号恢复出来。

2.3.2 正码速调整复接器

根据 ITU－T 有关帧结构的建议，复接帧结构分为两大类：同步复接帧结构和异步复接帧结构。我国采用正码速调整的异步复接帧结构。

下面以二次群复接为例，分析其工作原理。根据 ITU－T G.742 建议，二次群由 4 个一次群合成，一次群码率为 2.048 Mbit/s，二次群码率为 8.448 Mbit/s。二次群每一帧共有 848 个比特，分成四组，每组 212 比特，称为子帧，子帧码率为 2.112 Mbit/s。也就是说，通过正码速调整，使输入码率为 2.048 Mbit/s 的一次群码率调整为 2.112 Mbit/s。然后将四个支路合成为二次群，码率为 8.448 Mbit/s。采用正码速调整的二次群复接子帧结构如图 2-18 所示。

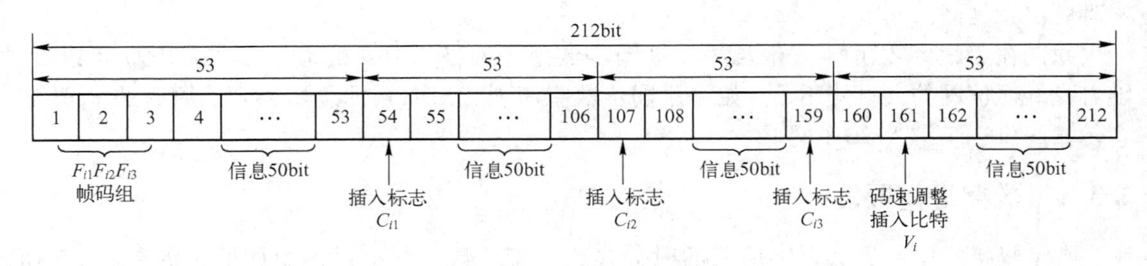

图 2-18　二次群复接子帧结构

由子帧结构可以看出，一个子帧有 212 bit，分为四组，每组 53 bit。第一组中的前 3 个比特 F_{i1}、F_{i2}、F_{i3}用于帧同步和管理控制，然后是 50 bit 信息。第二、三、四组中的第一个比特 C_{i1}、C_{i2}、C_{i3}为码速调整标志比特。第四组的第 2 比特（本子帧第 161 比特）V_i 为码速调整插入比特，其作用是调整基群码速，使其瞬时码率保持一致并和复接器主时钟相适应。具体方法是；在第一组结束时刻进行是否需要调整的判决，若需要进行调整，在 V_i 位置插入调整比特；若不需要调整，则 V_i 位置传输信息比特。为了区分 V_i 位置是否插入调整比特，用码速调整标志比特 C_{i1}、C_{i2}、C_{i3}来标志。若 V_i 位置插入调整比特，则在 C_{i1}、C_{i2}、C_{i3}位置插入 3 个“1”，若 V_i 位置传输信息比特，则在 C_{i1}、C_{i2}、C_{i3}位置插入 3 个“0”。

在复接器中，四个支路都要经过这样的调整，使每个支路的码率都调整为 2.112 Mbit/s，然后按比特复接的方法复接二次群，码率为 8.448 Mbit/s。

在分接器中，除了需要对各支路信号分路外，还要根据 C_{i1}、C_{i2}、C_{i3}的状态将插入的调整比特扣除。若 C_{i1}、C_{i2}、C_{i3}为“111”，则 V_i 位置插入的是调整比特，需要扣除；若 C_{i1}、C_{i2}、C_{i3}为“000”，则 V_i 位置是传输比特，需要扣除。采用 3 位码“111”和“000”来表示两种状态，具有一位纠错能力，从而提高了对 V_i 性质识别的可靠性。

二次群复接帧结构有一些主要参数。

1. 支路子帧插入比特数 m_s

我们知道，二次帧输入四路基群码率为 2.048 Mbit/s，经码速调整后支路码率达到 2.112 Mbit/s。因此，需要插入 64 kbit/s 才能达到标称支路码率。支路子帧长为 212 bit，传输－帧所需要时间为 212/2112000 s，则在 212 bit 内应插入的比特数为

$$m_s = \frac{212\ \text{bit}}{2112000} \times 64000 = 6.424\ \text{bit} \tag{2-28}$$

由子帧结构可知，212 bit 中有 3 bit 用于帧同步和管理控制，3 bit 用于码速调整控制标志。而真正用于码速调整的只有第 161 bit 码速调整插入比特。由此可见，码速调整插入比特只有一部分时间传输插入比特，还有一部分时间需要传输支路信息。

2. 帧频 F_s

帧频是指每秒传输的帧数。二次群标称码率为 8. 448 Mbit/s，帧长为 848 bit，则有

$$F_s=\frac{8448}{848}=\frac{2112}{214}=9.962\ \text{kHz} \tag{2-29}$$

3. 帧周期 T_s

帧周期为帧频的倒数，即

$$T_s=\frac{1}{F_s}=100.381\ \mu\text{s} \tag{2-30}$$

4. 标称插入速率 f_s

标称插入速率也称为码速调整频率，它是指支路每秒插入的调整比特数。调整后的支路码率为 2. 112 Mbit/s，其中包括输入基群码率 2. 048 Mbit/s 以及复接支路中每秒所传输的开销比特和调整比特。由子帧结构可知，每支路每帧有 6 bit 开销，因此每支路每秒插入的开销比特数为 $6F_s$，所以标称插入速率为

f_s = 支路标称码率 − 标称基群码率 − 6 × 帧频 = 2112 − 2048 − 6 × 90962 = 4. 228 kbit/s

5. 码速调整率 S

码速调整率为标称插入速率与帧频的比值，即

$$S=\frac{f_s}{F_s}=\frac{4.228}{9.962}=0.424 \tag{2-31}$$

其物理意义为：42. 4% 的帧有插入调整比特，即第 161 bit 为插入码速调整比特；57. 6% 的帧没有插入调整比特，即第 161 bit 为支路信息比特。

以上是二次群的复接原理，三次群或更高群的复接原理与二次群的复接原理相似，感兴趣的读者可参考有关书籍。

2. 4　PCM 实验

一、实验目的

① 培养学生熟练运用 MATLAB 语言进行通信系统仿真的能力。

② 加深学生对模似信号数字化知识点的理解。

③ 培养学生系统设计与系统开发的思想。

二、实验内容

输入信号为给定语音信号，对该信号进行抽样、量化和 13 折线 PCM 编码，经过传输后，接收端进行 PCM 译码。试用 MATLAB 编程实现：

① 画出 $A=1$ 时未编码的波形与 PCM 译码后的波形。

② 设信道没有发生误码，画出不同幅度下（A 取值为学号乘 0.5）PCM 译码后的量化信噪比曲线。

三、实验要求

① 独立完成课题设计题目。

② 对所设计的课题原理要有较深入的了解，画出原理框图。

③ 提出设计方案。

④ 通过编写程序完成设计方案。

⑤ 中间各个过程的仿真过程给出仿真结果。

四、系统原理

（1）PCM 编码原理

脉冲编码调制（PCM，Pulse Code Modulation）在通信系统中完成将语音信号数字化功能。是一种对模拟信号数字化的取样技术，将模拟信号变换为数字信号的编码方式，特别是对于音频信号。PCM 对信号每秒钟取样 8000 次，每次取样为 8 个位，总共 64 kbit/s。PCM 的实现主要包括三个步骤完成：抽样、量化、编码。分别完成时间上离散、幅度上离散、量化信号的二进制表示。根据 CCITT 的建议，为改善小信号量化性能，采用压扩非均匀量化，有两种建议方式，分别为 A 律和 μ 律方式，本实验采用 A 律方式。

由于 A 律压缩实现复杂，常使用 13 折线法编码，采用非均匀量化 PCM 编码示意图如图 2-19 所示。

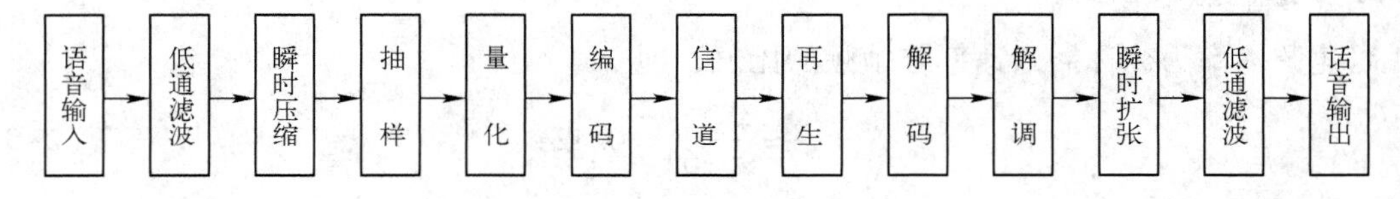

图 2-19　PCM 原理框图

（2）A 律 13 折线原理

实际中，非均匀量化的实际方法通常是将抽样值通过压缩再进行均匀量化。通常使用的压缩器中，大多采用对数式压缩。广泛采用的两种对数压缩律是 μ 压缩律和 A 压缩律。美国采用 μ 压缩律，我国和欧洲各国均采用 A 压缩律，因此，PCM 编码方式采用的也是 A 压缩律。

所谓 A 压缩律也就是压缩器具有如下特性的压缩律：

$$y = \frac{Ax}{1 + \ln A}, \quad 0 < X \leqslant \frac{1}{A} \tag{2-32}$$

$$y = \frac{1 + \ln Ax}{1 + \ln A}, \quad \frac{1}{A} \leqslant X < 1 \tag{2-33}$$

其中，$A = 87.6$。在实际中，A 律 13 折线应用比 μ 律 13 折线用得广泛。

（3）实验方案

1）PCM 编码函数设计流程图。

2）PCM 编码函数设计流程图。

3）PCM 译码函数设计流程图。

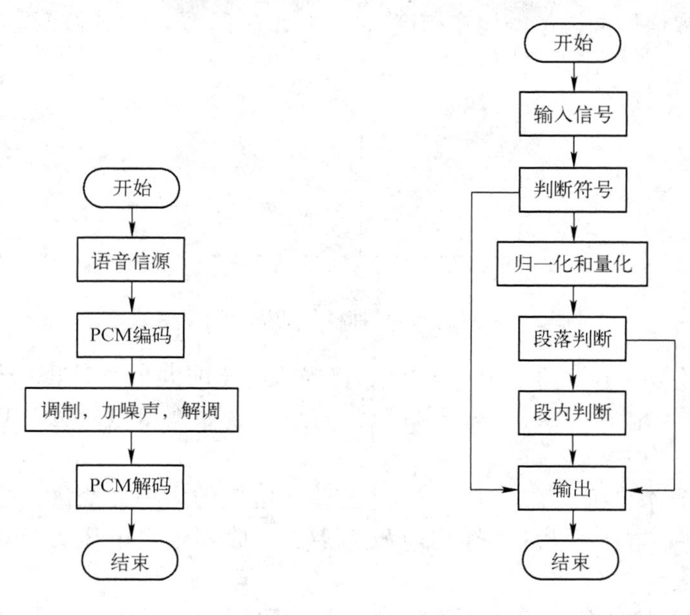

图2-20 主函数流程图　　图2-21 编码函数

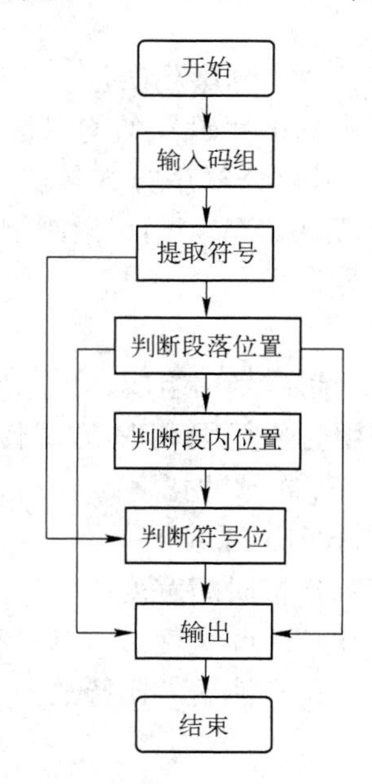

图2-22 译码函数

习题

2-1 已知一基带信号 $m(t)=\cos 2\pi t+2\cos 4\pi t$，对其进行理想抽样。

(1) 为了能在接收端不失真地从已抽样信号 $m_s(t)$ 中恢复 $m(t)$，试问抽样间隔应如何选择。

(2) 若抽样间隔取为 0.2 s，试画出已抽样信号的频谱图。

2-2　已知模拟信号抽样值的概率密度$f(x)$如图2-23所示。若按四电平进行均匀量化，试计算信号量化噪声功率比。

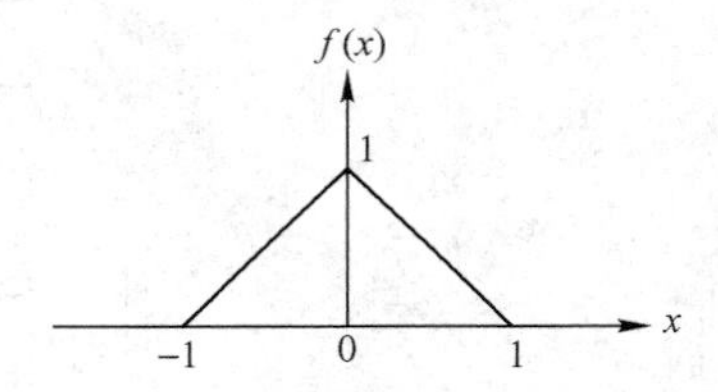

图2-23　模拟信号抽样值的概率密度函数

2-3　对于一个μ律压扩器，其$\mu=255$，已输入电压的大小为变量，绘出输出电压。假如用于压扩器的输入电压为0.1，输出电压为多少？假如输出电压为0.01，输出为多少？（设压扩器最大输入为1 V）

2-4　对于一个A律压扩器，其$A=90$，已输入电压的大小为变量，绘出输出电压。假如用于压扩器的输入电压为0.1，输出电压为多少？假如输出电压为0.01，输出为多少？（设压扩器最大输入为1 V）

2-5　采用13折线A律编码，设最小的量化间隔为1个量化单位，已知抽样值为-95量化单位。

（1）试求此时编码器输出码组，并计算量化误差（段内码用自然二进码）；

（2）写出对应于该7位码（不包括极性码）的均匀量化11位码。

2-6　有60路模拟话音信号采用频分复用方式传输。已知语音信号频率范围为0～4 kHz，副载波采用SSB调制，主载波采用FM调制，调制指数$m_f=2$。

（1）试计算副载波调制合成信号带宽；

（2）试求信道传输信号带宽。

2-7　已知一个基本主群由10个超群复用组成，试画出频谱结构，并计算频率范围。

2-8　有32路模拟话音信号采用时分复用PCM方式传输。每路语音信号带宽为4 kHz，采用奈奎斯特速率抽样，8位编码，PCM脉冲宽度为τ，占空比为100%。

2-9　对于标准PCM30/32路制式基群系统。

（1）试计算每个时隙时间宽度和每帧时间宽度。

（2）试计算信息传输速率和每比特时间宽度。

2-10　试计算二次群复接器的支路子帧插入比特数m_s和码速调整率S。

第3章　程控交换电话网

3.1　概述

程控交换电话网是用程控电话交换机来实现的一种电话通信网，电话通信系统只是表述两个电话用户间的通信，而要实现多个电话用户间的通信，则需要将多个电话通信系统有机地组成一个整体，使它们能够协同工作，即组成电话网。电话网一般由终端设备、传输系统、和交换设备三大部分组成。

终端设备是通信网中的源点和终点。电话机是最简单的终端设备，它的基本功能是将用户的语音信号转换为交变的电流信号，同时它可以完成简单的信令接收与发送。

传输系统是网络节点的连接体，也是信息与信号的传输通路，它由传输介质和各种通信装置组成。其功能是将电话机与交换机、交换机与交换机连接起来。

交换设备是电话网的核心。程控交换电话网中的交换设备为程控交换机，它的基本功能是将发出通话请求的不同电话用户连接起来，从而实现通话，即完成交换。同时交换设备的功能还有控制、管理及执行等。

但是只有以上三大设备还不能组成一个完善的程控交换电话网，当电话用户分布的区域较广时，就需要设置多个交换机，交换机之间用中继线连接；当范围更广时，就需要引入汇接交换机，协调多个交换机之间的工作，形成多级交换网络。如果将这些部件称为构成一个电话网的硬件，为使该网络达到高度的自动化和智能化，还需要一系列配套软件，如信令、协议和各种标准，正是这些软件使得用户之间、用户与网络之间、各个转接点之间有了共同的语言，从而达到任意两个电话用户之间都能快速接通和相互交换信息，并使得网络能够安全有序地运行。这样，电话用户只要接入到网络的任意节点，就能与网络中的任一电话用户进行通话了。

3.1.1　交换的基本概念

1. 交换的引入

电话通信的目的是在一定距离内进行信息的传递和交换。一个电话通信系统至少应当由发送或接收信息的终端和传送信息的传输介质组成，如图3-1a所示。这种只涉及到两个终端的通信方式称为点对点的通信，其系统构成如图3-1b所示。终端包含信息的消息（如语音、数据、图像等），转换成符合传输介质要求的电信号，同时也将来自传输介质的电信号还原成消息；传输介质是网络中传输信息的载体，它能将信号从一方传输到另一方。

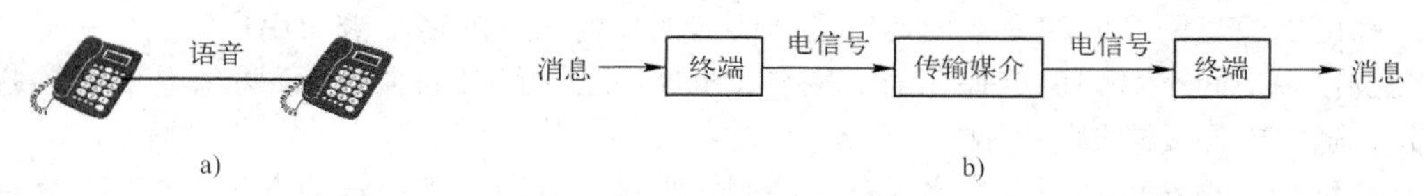

图3-1　点对点通信实例

当存在多个终端，同时希望它们中的任何两个都能够进行点对点的通信时，最直接的连接方式为全互连方式，即把所有的终端两两直接相连，如图 3-2 所示。这是一种最直接、最简单的处理方式，但这样需要的连接线为 $C_N^2 = N\times(N-1)/2$ 条。当 $N=6$ 时，六个用户要两两相连，则需要互连线 30 条，如图 3-2 所示。显然，这个方式很不经济，当用户较少且分布相对集中时还可以实现，当用户数量增至一定数量时根本无法实现；同时，当这些终端分别位于相距很远的两地时，互连则需要大量的长途线路；此外，每新增加一个终端，则需与前面已有的所有终端进行互连，工程浩大，实际操作中没有可行性。于是就引入了交换节点，即在用户分布范围内的中心位置安装一个设备，把每个用户的电话机或其他终端设备都用各自专用的线路连接在这个设备上，如图 3-3 所示。

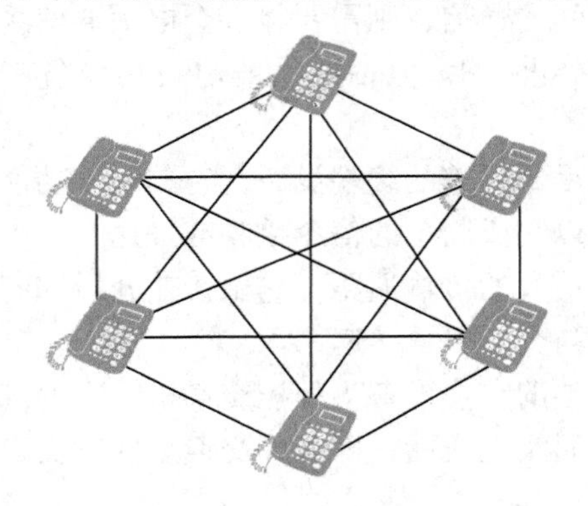

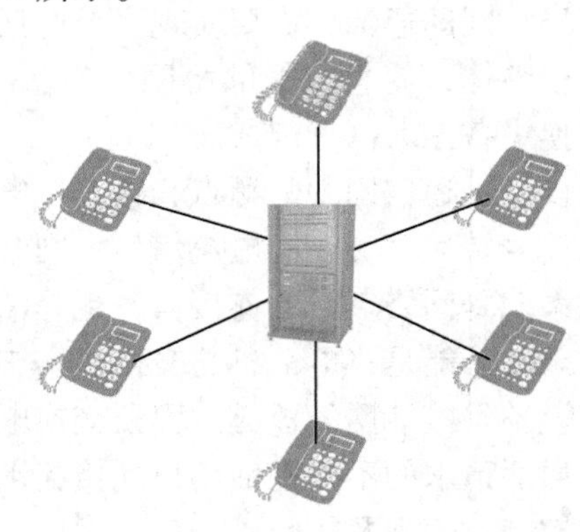

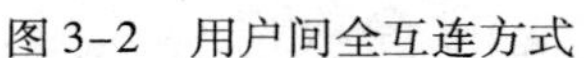

图 3-2 用户间全互连方式

图 3-3 用户间通过交换设备连接

该设备相当于一个开关，平时处于断开状态，当任意两个用户需要通信（交换信息）时，设备就把这两个用户间的通信线路连通，用户即可进行通信。通信完毕，该设备立即把两用户间的连线断开。由于该设备的作用主要是控制用户之间连接的通断，相当于普通的开关，因此在英文中就称为“Switch”，我们称其为交换设备（或交换机、交换节点）。

有了交换设备，电话网只需要与用户数量相同的连线就可以满足通信的基本要求了，以六部电话机的连接为例，采用交换设备后，只需六条电路，如图 3-3 所示，这就大大降低了线路的投资费用。这里虽然增加了交换设备，由于其利用率很高，总的费用还是得到了极大的降低，特别是汇接交换节点的引入，进一步节省了网络传输资源。目前长途电话网中的长途交换节点一般要分为多级，形成逐级汇接的交换网。

2. 交换的概念

在电话网中，交换机的作用是在任意选定的两部电话之间建立和（而后）释放一条通话链路。也就是说，交换机应能为连接到其上的任意两部电话之间建立一条通话链路，并能随时根据要求释放该链路。这样，任何一个主叫用户的信息，无论是语音、数据、文本、图像等，都可以通过网络中的交换设备发送到所需的任何一个或多个被叫用户。

交换：用户间有目的地传递信息，对信息的传递进行控制，将任意两条电话线连接起来，并能随时按照要求拆除连接。

交换技术：交换机和交换网络的信息控制、处理和互连技术，在网络的大量用户之间根据所需目的来相互传递信息。也可以说是交换机为完成其交换功能所采用的互通技术。目前主要分为两类：电路交换方式（或线路交换方式）和存储/转发交换方式（或信息交换方式）。其主要的交换方式分类为如图 3-4 所示。

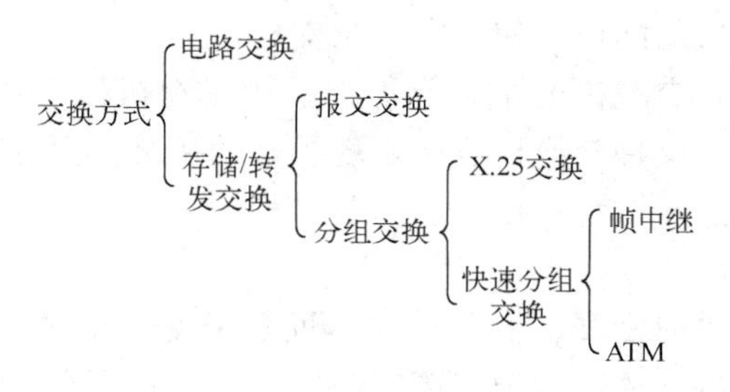

图 3-4　交换方式分类

3.1.2　交换技术的发展简史

1876 年，A. G. Bell 发明了第一部电话机，社会需求对语音交流的日益增长激励着业内的企业大笔的投入，电话交换技术水平不断提高，其一直处于迅速的变革和发展之中。总体来看，其历程可分为三个阶段：人工交换、机电交换和电子交换。

（1）人工交换。

电话发明以来，由于要求各地电话机之间灵活地交换连接，于是在 1878 年就出现了人工交换机，它主要的接续方式是话务员用塞绳把主、被叫用户的电话线路接通来完成交换工作，其效率是很低的。同年在美国投入使用了世界上第一部磁石式电话交换机，此系统的电话机配有干电池作为通话电源，用手摇发电机产生呼叫信号。为了克服交换机的容量限制及话务员操作和用户使用不便的问题，又出现了一种共电式电话交换机，即通话电源由交换局统一供给。人工电话交换机的特点是设备简单，安装方便，成本低廉；但是其容量小，需占用大量人力，话务员工作繁重，且容易出错，速度又慢，因此，人工交换机逐渐被自动交换机所取代。

（2）机电式自动交换。

自动交换机是靠使用者发送号码（被叫使用者的位址编号）进行自动选线的。世界上第一部自动交换机是 1891 年由美国人史端乔发明的，史端乔是美国堪萨斯城的一个殡仪馆老板，他发觉每当城里发生死亡事件时，用户往往向话务员说明要接通某一家“殡仪馆”，而那位话务员总是把电话接通到另一家殡仪馆，这使史端乔很生气，发誓要将电话交换自动化。功夫不负有心人，史端乔凭他那过人的聪明和毅力，终于发明了一种自动电话交换机。为了纪念史端乔的功绩，人们也称这种电话交换机为“史端乔交换机”，这是一台步进式 IPM 电话交换机，1892 年 11 月 3 日，世界上第一个步进式 IPM 自动电话局在美国印第安纳州拉波特设立，因此，自动电话交换机得到迅速发展，在世界各国装用，并相继生产了许多改进的机型。

1926 年，瑞典研制出了第一台纵横电话交换机，并在松兹瓦尔设立了第一个纵横实验电话局，拥有 3500 个使用者。从 20 世纪 30 年代起，美国等国家也开始大力研制和发展纵横式交换机，到 20 世纪 50 年代，纵横式交换机已达到成熟阶段。由于纵横式交换机采用了机械动作轻微的纵横接线器并采用了间接控制技术，使它克服了步进式交换机的许多缺点。特别是它能适用于长途自动交换，在此以后，纵横式交换机在各国得到了大量的推广和应用。这种间接控制方式将控制部分与话路部分分开，控制部分可以独立设计，灵活方便，功能强，接续速度快，直到今天其设计思想仍在使用。直到20世纪90年代，我国少数地区及其他相当多的国家的电话通信网仍在使用纵横制交换机。

步进制交换机和纵横式交换机的主要元件都采用具有机械动作的电磁元件构成，因此，它们都属于机电式交换机。这种交换机虽然实现了自动接续，但存在着速度慢、效率低、杂音大与机械磨损严重等缺点。

（3）电子式自动交换。

随着近代电子技术的飞速发展，机电式交换机采用硬件布线逻辑控制方式，灵活性差，控制逻辑复杂，很难随时按需求更改控制逻辑的缺点显得特别突出，因此人们开始把电子元器件应用到交换机中，逐步取代速度慢、体积大的电磁元件。于是出现了电子式交换机，它是随着半导体技术发展而来的，早期的电子交换机采用布线逻辑控制方式，即通过布线方法实现交换机的控制功能，其控制部分采用数字逻辑电路，话路部分仍采用机电式接续器件，所以也称为半电子交换机。1960年，美国贝尔系统试用储存程式控制（以下简称程控）交换机试验成功，并于1965年5月生产了第一部商用程控电话交换机。该机采用计算机作为中央控制设备，由计算机来控制接续工作，该交换机属于程控空间分隔电话交换机，这标志着电话自动交换控制技术已从机电式线控制发展到电子式程式控制，使交换技术发生了划时代的巨大变革。

1970年，法国首先在拉尼翁成功开通了世界上第一部程控数字电话交换系统E10，采用时分复用技术和大规模集成电路，这标志着电话交换技术从传统的模拟交换进入数字交换时代。随后，美国、加拿大、瑞典、英国等国相继使用程控数字交换机。程控数字交换机实现了交换机的全电子化，同时实现了由类比空间分隔交换向数字分时交换的重大转变。到了20世纪80年代，程控数字电话交换技术日渐完善，开始走向交换技术发展的主导地位。数字交换与数字传输相结合，可以构成综合数字网，不仅达到语音交换，还能完成非语音服务的交换。数字程控交换机维护管理方便、可靠性高、灵活性大及便于灵活增加各种新业务的特点逐渐展现出来，使电话交换跨入了一个新的时代，成为交换技术的主要发展方向。

我国的电话交换技术在艰难困苦中不断前行，1900年我国第一部市内电话在南京问世；1905年，俄国架设了一条烟台至牛庄的无线电台。直到1949年新中国成立，我国电话用户只有26万，普及率仅为0.05%。我国政府迅速恢复和发展电话通信网络，1958年北京电报大楼的建成是我国电信发展史上的一个重要里程碑。到1978年，电话普及率为0.38%，不及世界水平的十分之一。改革开放后，经济建设成为我国的中心任务，我国政府加快了基础电信设施的建设，至2007年11月，中国移动和固定电话用户数量突破9亿。我国大力发展程控交换技术，虽然起步较晚，但起点高，发展迅速。到2015年初，我国移动电话用户总数达12.86亿户，普及率达94.5部/百人，固定电话用户总数2.49亿户。

3.1.3 电话网

电话网是进行交互型语音通信、开发电话业务的电信网。它包括本地电话网、长途电话网、国际电话网等多种类型，是业务量最大、服务面最广的电信网。电话网经历了由模拟电话网向综合数字电话网的演变。除了电话业务，还可以兼容许多非电话业务，是电信网的基本形式和基础。

电话网采用电路交换方式，由发送和接收电话信号的用户终端设备（如电话机）、进行电路交换的交换设备（电话交换机）、连接用户终端和交换设备的线路（用户线）和交换设备之间的链路（中继线）组成。

3.1.3.1　电话网的等级结构

网络的结构是指对网络中各交换中心（局）的一种安排。从等级上考虑，其基本结构分为：等级网和无级网两种。在等级网中，赋予每个交换中心一定的等级，不同等级的交换中心采用不同的连接方式，低等级的交换中心一般要连接到高等级的交换中心。在无级网中，所有交换中的等级都相同，各交换中心采用网状网或不完全网状网相连。

我国电话网目前采用等级制，并将逐渐向无级网发展，其经历了人工网、模拟自动网和数字程控自动电话交换网三个阶段。自 1982 年 12 月我国第一个数字程控电话交换网开通后，电话网的规模迅猛发展，网络结构不断优化。我国电话网早期分为 5 个等级，包括长途网和本地网两部分，长途网由一级交换中心（C1 局）、二级交换中心（C2 局）、三级交换中心（C3 局）、四级交换中心（C4 局）组成，本地网由端局（C5 局）和本地汇接局（Tm 局）组成。其中汇接局起到汇集或疏通本地话务的作用。电话网的五级交换网等级结构图如图 3-5 所示，这种结构在电话网由人工向自动、模拟向数字过渡的过程中起到了很好的作用。随着通信行业的飞速发展，其存在的问题日益突出，主要是：① 转接段数多。如两个跨地区的县用户间的通信，则需经过 C2、C3、C4 等多级长途交换中心转接，接续时延长，接通率低，传输损耗大；② 可靠性差。网络中一旦有节点或电路出现故障，会造成网络局部阻塞。

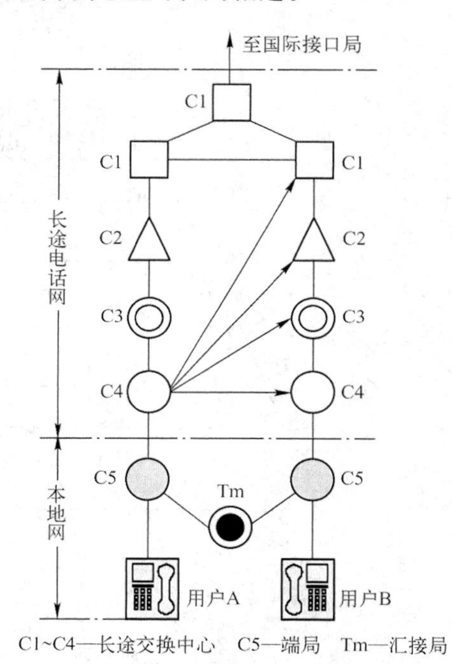

图 3-5　电话网的五级交换网等级结构图

随着通信技术的发展、长途骨干光缆的铺设和本地电话网的建设，我国长途电话网的等级结构已由四级向二级演变，整个电话网相应地由五级网向三级网过渡，即两级长途交换中心和一级本地交换中心，如图 3-6 所示。而且，将来的长途电话网将进一步向无级网结构演变，整个电话网也将由三个层面组成，即长途电话网平面、本地电话网层面和用户接入网平面。

长途两级网的等级结构如图 3-7 所示。其长途交换中心分为两个等级：省级（包括直辖市）交换中心 DC1，它构成长途两级网的高平面网（省际平面）；地（市）级交换中心 DC2，它构成了长途网的低平面网（省内平面）。DC1 以网状网相互连接，于本省各地市的 DC2 以星形方式连接；本省各地市的 DC2 之间以网状或不完全网状相连，同时辅以一定数量的直达电路与非本省的交换中心相连。以各级交换中心为汇接局，汇接局负责汇接的范围称为 *i* 汇接区。全国以省级交换中心为汇接局，分为 31 个省（自治区）汇接区。

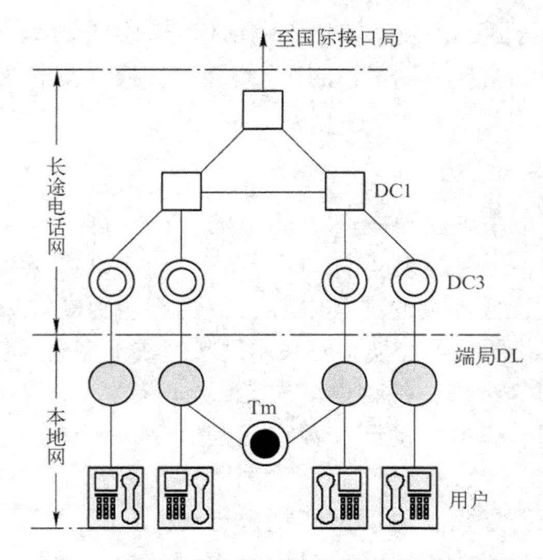

图 3-6 程控交换的三级交换网等级结构图

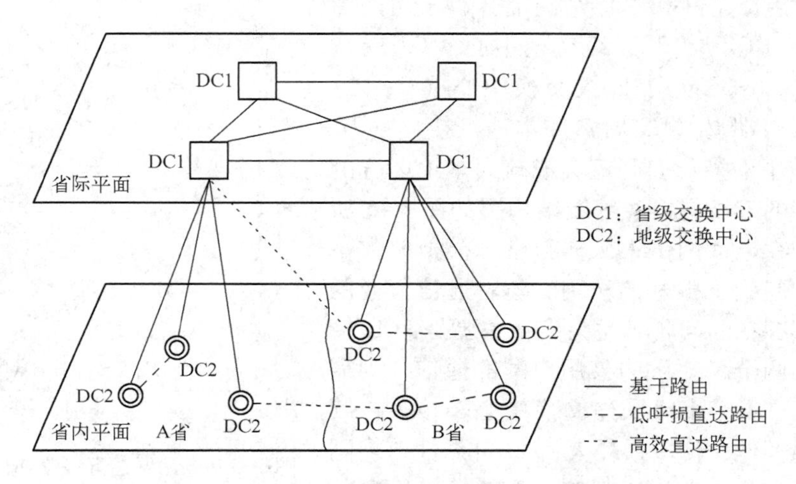

图 3-7 长途两级网的网络结构

各级长途交换中心的职能为：

① DC1 主要是汇接所在省的省际长途来去话话务，以及所在本地网的长途终端话务。

② DC2 主要是汇接所在本地网的长途终端来去话务。

本地电话网简称本地网，是在同一编号区范围内，由若干个端局，或由若干个端局和汇接局及局间中继器、用户线和话机终端等组成的电话网。它用来疏通本长途编号区范围内，任何两个用户间的电话呼叫和长途发话、来话业务。

近年来，随着电话用户的急剧增加，各地本地网建设速度大大加快，交换设备和网络规模越来越大，本地网网络结构也更加复杂。形成了以地级以上城市为中心的扩大本地网，城市周围的郊县与城市划在同一长途编号区内，其话务量集中流向中心城市。

本地网内可设置端局和汇接局。端局通过用户线与用户相连，它的职能是负责疏通本局用户的去话和来话话务。汇接局与所管辖的端局相连，以疏通这些端局间的话务；汇接局还与其他汇接局相连，疏通不同汇接区间端局的话务；根据需要，汇接局还可以与长途交换中心相连，用来疏通本汇接区内的长途转话话务。

由于各中心城市的行政地位、经济发展及人口的不同，扩大的本地网交换设备容量和网络规模相差很大，所以网络结构分为两种：网型网和二级网。

① 网形网　其中所有端局个个相连，端局之间设立直达电路，如图 3-8a 所示，这种网络结构适于本地网内交换局数目不太多的情况。其电话交换局之间通过中继线相连，中继线是公用的，利用率较高，它所通过的话务量也比较大，因此提高了网络效率，降低了线路成本。

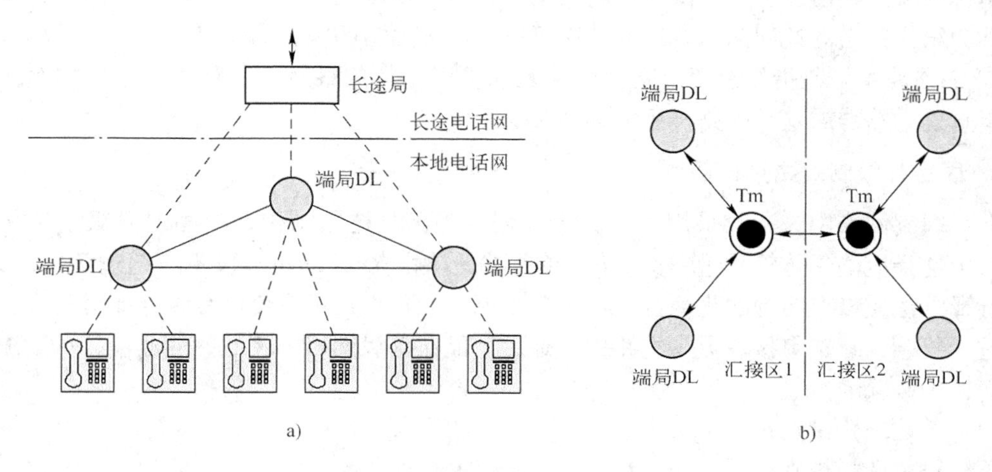

图 3-8　本地电话网网络结构

a）网形网结构　b）二级本地网汇接示意图

② 二级网　采用分区汇接制，把电话网划分为若干个“汇接区”，在汇接区内设置汇接局，下设若干个端局，端局通过汇接局与另一端局连接，构成二级本地网。根据不同的汇接方式，二级本地网又可分为去话汇接、来话汇接、来去话汇接等。其中来去话汇接如图 3-8b 所示。其中，Tm 除了汇接本区话务外，还汇接至其他汇接区的去话，也汇接从其他汇接区送来的话务。

3.1.3.2　电话网的路由设置原则

电话网中，路由选择是一个网络的体系、规划和运营的核心部分，它负责将呼叫从信源接续到信宿，即当呼叫请求产生时，网络要在两个用户之间建立一条端到端的语音通路，当该通路需经过多个交换中心时，交换机要在所有可能的路由中选择一条最优的路由进行接续。

1. 路由分类

路由按照呼损进行分类，分为低呼损路由和高效路由，其中低呼损路由又可分为基干路由和低呼损直达路由。按照选择顺序，则可分为首选路由和迂回路由。

① 基干路由　是指全部由基干电路构成的路由。由具有上下级汇接关系的相邻等级交换中心之间以及长途网和本地网的最高等级交换中心之间的低呼损电路群组成。这种路由呼损要求≤1%，路由上话务量不允许溢出到其他路由。

② 低呼损直达路由　是指由两个交换中心之间所建立的低呼损直达电路群形成的路由。

该路由可以疏通两交换中心间的终端话务和由这两个交换中心转接的话务。同时也不允许话务量溢出到其他路由上。

③ 高效直达路由　是指由高效直达电路群形成的路由。该路由上的电路群没有呼损指标，允许话务量溢出到规定的迂回路由上。同样地，高效直达路由可以疏通两交换中心间的终端话务机器转接的话务。

④ 首选路由和迂回路由　在两交换中心之间存在多个路由的情况下，其中第一次选择的路由称为首选路由，当第一次选择的路由遇忙时，可以迂回到第二或第三个路由，则该路由被称为第一路由的迂回路由。迂回路由可以是前三路由的组合。

⑤ 最终路由　是指任意两个交换中心之间可以选择的最后一种路由。它是由无溢呼的低呼损直达电路群或基干电路群组成的。

2. 固定等级制路由选择原则

在等级制网络中，一般采用固定路由计划，等级制选路结构，即固定等级制选路。首先，路由选择应确保传输质量和信令信号的可靠传输。最长的串接段不应超过 7 段。其次，路由选择方法应该有明确的规律性，不出现死循环。再次，不应使网络设计或对交换设备的要求过于复杂，首选串接段数少的路由。最后，能在低级网络中疏通的话务量，尽量不在高等级交换中心疏通。

（1）长途网路由选择

长途路由选择规则如下：

① 网中任一长途交换中心呼叫另一长途交换中心时所选路由局向最多为 3 个。

② 路由选择顺序为先选直达路由，再选迂回路由，最后选最终路由。

③ 在选择迂回路由时，先选择直接至受话区的迂回路由，后选择发话区的迂回路由。在发话区是从低级局往高级局的方向；而在受话区是从高级局往低级局的方向。

④ 在经济合理的条件下，应使同一汇接区的主要话务在该汇接区疏通，路由选择过程中遇低呼损路由时，不再溢出至其他路由，路由选择即终止。

（2）本地网路由选择规则

本地网路由选择规则如下：

① 先选直达路由，遇忙再选择迂回路由，最后选择基干路由。在路由选择过程中，当遇到低呼损路由时，不允许再溢出到其他路由上，路由选择结束。

② 数字本地网中，原则上端到端的最大串接电路数不超过三段，即端到端呼叫最多经过两次汇接。当汇接局间不能各个相连时，端到端的最大串接电路数可放宽到四段。

③ 一次接续最多可选择三个路由。

由于程控交换机的使用，网络结构将由静态分级汇接网向动态无级网发展。在分级汇接中，路由选择原则是先选直达路由，次选迂回路由，最后选择汇接路由。而在无级网络中，采用动态无级选路方式，利用话务量忙时分布的不一致性，根据交换点位置及业务忙闲，可随时间选择不同路由。

（3）电话网的编号计划

所谓编号计划指的是对电话网内的每一个用户都分配唯一的号码，使用户可以通过拨号实现本地呼叫、国内长途呼叫与国际长途呼叫的方案。其中包括国际电话网编号、国内长途电话网编号、本地电话网编号以及各种特种业务的编号等。目前全世界正在使用的用户编号计划体制主要有 ITU－T 的 E.164 以及 ITTF 的 IPv4 与 IPv6。

① 本地网编号计划

在一个本地电话网内，采用统一的编号，一般情况下采用等位制编码，号长根据本地网的长远规划容量来确定，但要注意本地网号码加上长途区号的总长度不超过 11 位（目前我国的规定）。

本地电话网号码由本地端局的局号和用户号码两部分组成。具体形式为：

PQR(局号)＋ABCD(用户号)

其中，$P\neq0$，1，9。

本地电话网号码总位长为7位或8位，局号一般由前3位（或4位）数组成，局内用户号由后4位数组成。在同一本地电话网范围内，用户之间呼叫时拨统一的本地用户号，例如直接拨 PQRABCD 即可。

② 长途电话网的编号

长途呼叫即不同本地网用户间的呼叫。国内长途呼叫号码由长途字冠“0”、长途区号和本地网号码三部分组成，即：

0＋国内长途区号＋本地电话号码

国内长途字冠为“0”，国内长途区号采用不等位制编号，长度有2位和3位两种形式。北京、上海、南京等11个城市的长途区号分别为：10，21，25等，其本地网号码最长可为9位。其他城市的区号为3位，其本地网号码最长可为8位。首位为“6”的长途区号除60，61留给台湾外，其他号码62X－69X共80个作为3位区号使用。随着我国通信事业的快速发展，只有8位的号码长度已经不能满足一些特大城市的需求。

国际长途呼叫时需在国内电话号码前加拨国际长途字冠“00”和国家号码，即：

00＋国家号码＋国内电话号码(长途区号＋本地号码)

国际长途字冠是呼叫国际电话的标志，国内电话局接到呼叫后接入国际电话网，其字冠由各国自行规定，我国规定为“00”。其中国家号码加国内电话号码的总位数不超过15位（不包括国际长途字冠00）。国家号码由1～3位数字组成，我国的国家号码为“86”。

③ 特种服务电话的编号

特种服务电话编号是公众特殊服务项目代码。分为紧急救助业务号码、社会公众服务号码和运营商客服号码。

紧急救助业务号码使用的是“1”字头的3位短号码，如匪警110、火警119、急救中心120、道路交通事故报警122等。

社会公众服务号码一般为“9”字头的5位短号码，如全网呼叫中心的就是95开头的号码，地网呼叫中心的就是96开头的号码。

运营商客服号码使用的是“1”字头的5位短号码，如中国移动为10086，中国联通为10010，中国电信为10000。

3.2 数字程控交换机

3.2.1 概述

1. 交换机的基本功能及基本组成

（1）交换机的基本功能

交换机是一种当用户有呼叫请求时能及时建立连接进行通信的专门设备，它的基本功能是建立连接用户与用户间或与另一个交换系统之间的电话电路。因此，其基本功能包括终端接口功能、连接功能、信令功能和控制功能，如图 3-9 所示。

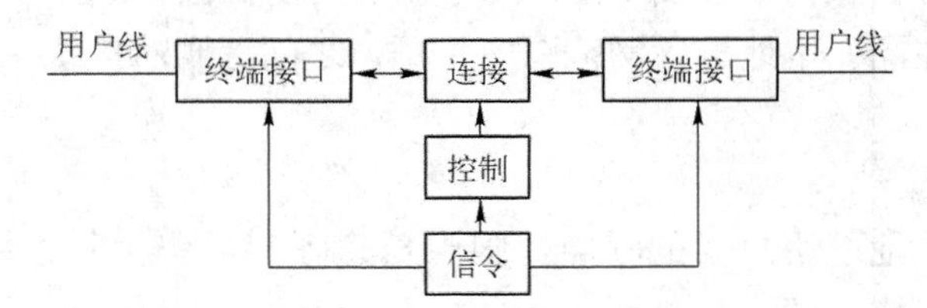

图 3-9　交换机的基本功能示意图

① 终端接口功能就是实现交换设备与外界用户终端和各种交换系统相连接。

② 连接功能又称交换接续功能，就电话网而言，交换机的功能就是实现任意入线和出线之间的互连，即实现任意两用户间的信息交换，这也就是连接功能。

③ 信令功能是传递控制信号的功能。通过信令使得不同类型的终端设备、交换节点设备和传输设备协同工作。

④ 控制功能接收用户话机发来的选择信号，完成主叫到被叫的接续，建立通话通路；并能随时拆除主、被叫间的连接通路；另外，还具有自动计费、自动测试和故障告警及处理等功能。

（2）交换机的基本组成

为实现交换机的上述基本功能，交换机应包含接口、交换网络、信令设备和控制系统四部分。它们之间的关系如图 3-10 所示。

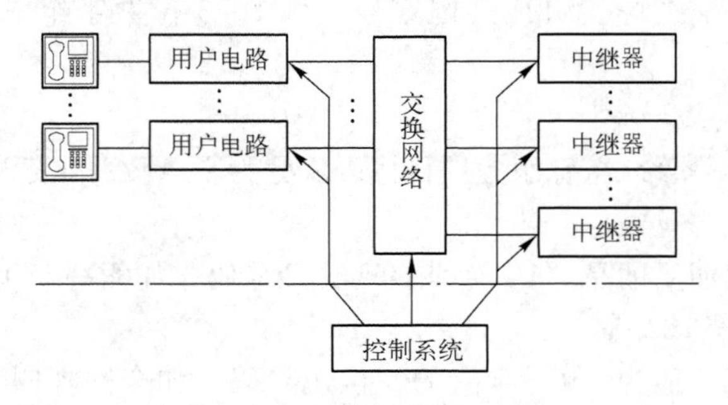

图 3-10　交换机的基本组成

① 接口　是交换机与其他系统之间及交换机内部各组成部分之间的连接部分。交换机与外界连接的部分称为外部接口设备（电路），包括用户电路接口和中继器接口。用户线和

中继线分别通过用户电路接口和中继器接口而接至交换网络。接口的作用是将来自不同终端或其他交换机的各种信号转换成统一的交换机内部工作信号，并按信号的性质分别将信令传送给控制系统，将消息传送给交换网络。

② 交换网络：它实现了交换机的连接功能。除了连接用户电路、中继器之外，还可连接各种外围模块。它可以完成任意两用户之间、任意一个用户与任意一个中继器之间和任意两中继器间的语音信号的传送。

③ 信令设备：它主要是用于产生各种规定信号音，并接收和发送各种信令信息。

④ 控制系统：是交换机的指挥中心，负责处理信令，并按信令的要求确定各个设备执行的动作。

2. 数字交换系统的特点

程控数字交换机是现代数字通信技术、计算机技术与大规模集成电路有机结合的产物。先进的硬件与日臻完美的软件综合于一体，赋予程控交换机众多的功能和特点。其具体特点如下：

① 体积小、重量轻、功耗低、成本低。用电子器件代替机械部件，减小了交换机的体积，降低了它的能量消耗，同时随着集成电路价格的降低也大幅度减少了成本。

② 采用SPC技术，通过改变软件方便地增加或修改交换机功能，能灵活地向用户提供众多的新服务功能，如来电显示、呼叫转移等业务，不再是单一的语音业务。

③ 维护管理方便、可靠性高。采用大规模集成电路或专用集成电路，极大地提高了可靠性，同时采用冗余技术或故障自动诊断措施，进一步提高了可靠性。由于检测和诊断故障的自动化，减少了维护工作量、节省了维护人员。

④ 便于利用电子科技的最新成果，使整机技术上的先进性得到发挥。如采用新型共路信号方式，使得信令传送速度快、容量大、效率高，并能适应未来新业务与交换网控制的特点，为实现综合业务网创造必要的条件。

⑤ 易于与数字终端、数字传输系统连接，实现数字终端、传输与交换的综合与统一，可以扩大通信容量、改善通话质量。

3.2.2 硬件结构

程控交换机是由计算机控制的实时交换系统，主要由硬件系统和软件系统组成。它是电话交换网的核心设备，主要功能是完成用户之间的接续。

数字程控交换机硬件系统可分为话路部分和控制部分。

话路部分包括数字交换网络和各种外围模块，如用户模块、中继模块和信令模块等。

控制部分用于完成对话路设备的控制功能。现在数字程控交换机中的控制部分一般都由各种计算机系统组成，采用存储程序控制方式。当交换机工作时，呼叫处理程序自动检测用户线和中继线的状态变化以及一些维护人员输入的命令，根据要求执行程序，控制交换机完成呼叫接续、维护和管理等功能。

按话路系统分，程控交换机有空分模拟式和时分数字式，分别称为模拟程控交换机和数字程控交换机。目前数字交换机已大量取代模拟交换机，交换技术已进入数字程控交换时代，本节主要讨论的也是数字程控交换机的硬件基本结构，如图3-11所示。

图中显示的是采用分级控制方式的交换机的硬件基本结构，话路部分以数字交换网络为

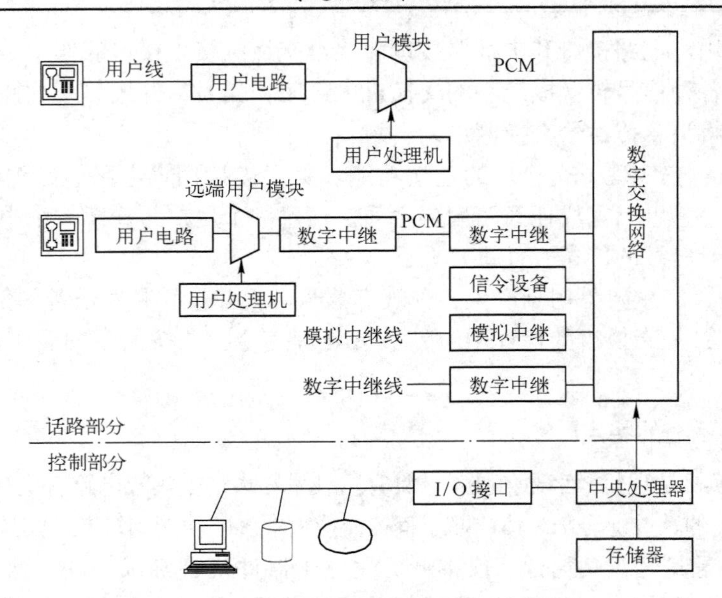

图 3-11　数字程控交换机硬件基本结构

核心，还包括用户模块、远端用户模块、数字中继器、模拟中继器、信令设备等。控制部分则是一个处理机系统，最简单的控制部分是一台处理机。

1. 数字交换网络

数字交换网络是数字交换机中对数字信号进行交换的部件，通常由数字接线器组合而成。数字接线器分为时间接线器和空间接线器两种。时间接线器由语音存储器和控制存储器组成，它们都是 RAM，由 CPU 对控制存储器写入控制信息，控制语音存储器工作。空间接线器由交叉矩阵和控制存储器组成，空间接线器和空分接线器的根本区别在于前者每次只闭合一个时隙的时间，而后者却在通话期间一直闭合。另外，数字交换网络也提供信令、信号音和处理机间通信信息的固定或半固定的连接。

2. 用户模块及远端用户模块

用户模块与远端用户模块功能完全相同，都是完成用户线终端与数字交换网络（选组级）之间的接口功能。这两种模块的结构基本一样，区别只是用户模块式交换机内的模块；而远端用户模块距离交换局远一些，是一个独立的设备。

用户模块又称用户级，是由用户电路、用户集线器和用户处理机组成，它通过用户电路直接连接用户的终端设备，与数字交换网络通过 PCM 链路相连。它的主要功能是向用户终端提供接口电路，完成用户话务的集中和扩散，以及对用户侧的话路进行必要的控制。

远端用户模块由于与母局间通常采用数字线路传输（如 PCM），并且本身具有话务集中的功能，能极大地降低用户线的投资，同时也提高了信号的传输质量。它和母局间需要有接口设备进行配合，用以完成数字传输所必要的码型转换和信令信息的提取及插入，且其间接口一般是内部接口，只有当远端用户模块和交换机由同一厂家生产时才能互连。

3. 中继器

中继器是数字程控交换机与其他交换机的接口。数字程控交换机通过中继器完成与其他交换设备的连接，进而组成整个电话网。按照连接的中继线类型，中继器分为模拟中继器和数字中继器，分别用来连接模拟中继线和数字中继线。

模拟中继器的主要功能有过电压保护、状态监视、二/四线转换、编译码和测试等，与模拟用户电路相比，减少了振铃控制和馈电电路，将用户线的状态监视改为对中继线上的线路信号的监视。随着我国电话网的数字化，模拟中继线越来越少，并且部分数字程控交换机中的中继器全部为数字中继器。模拟中继器逐渐退出电话网已是必然的趋势。

数字中继器是数字程控交换机为了适应数字环境而使用的中继设备，由于全网数字化进程的推进，数字中继器除了基本的传输信号功能外，还具有码型变换、帧定位、帧同步和复帧同步、时钟提取、信令提取和插入、告警处理等功能，从而协调整个电话网的正常高效运作。

4. 信令设备

信令设备的主要功能是接收和发送信令。其类型取决于交换机所采用的信令方式。数字程控交换机中的主要信令设备有四种。

第一种是信号音发生器，产生和用户进行“对话”的单频信号音，如拨号音、忙音、回铃音等。数字交换机中信号音发生器一般采用数字音存储方法，将拨号音、忙音和回铃音等音频信号进行抽样和编码后存放在只读存储器中，在计数器的控制下发出数字化信号音的编码，经数字交换网络而发送到所需的话路上去。

第二种是双音多频（DTMF）接收器，用于接收用户终端发出的 DTMF 信号。当用户拨号时，若产生的信号为直流脉冲，则由处理机通过扫描监视用户电路的状态变化识别，若是 DTMF 信号时，则由 DTMF 接收器来接收。

第三种为多频信号发生器和接收器，用来发送和接收局间的多频互控（MFC）信号，包括双音多频信号和局间多频信号。

第四种为共路信号部件，完成 No. 7 信令的硬件功能。

5. 控制系统

控制系统是程控交换机的智能核心，其主要任务是根据外部用户与内部维护管理的要求，执行存储程序和各种命令，以控制相应硬件实现交换及管理功能。它是计算机技术和数字通信系统的有机结合，具有很高的可靠性，开机后即能不间断地、稳定地长时间工作。数字程控交换机控制设备的主体是微处理器，且为多机联合控制，其所需控制的内容复杂，通常用分级的方式来处理。一般的数字程控交换机的控制系统分为三级，即用户处理级、呼叫处理级和测试维护处理级。

（1）用户处理级

用户处理级主要处理一些比较简单的但需频繁执行的工作，与中央处理器配合，完成对用户的控制，检测用户发出的呼叫请求。它定期地收集用户摘机、挂机状态，并向用户发布各种操作指令，如振铃、测试等。这部分工作常限于局部。

（2）呼叫处理级

呼叫处理级用于控制它所属的数字交换单元的交换业务处理，如呼叫处理、寻找空闲时间间隙、填写控制存储器、登记通话时间、定期对话路状态进行导通测试以及完成信令转换等。这部分涉及对整个交换机的控制。

(3) 测试维护处理级

这是最高级的管理控制，负责整个系统的资源管理、运行和维护等方面的功能，如修改用户的服务等级，进行话务、计费统计、进行故障诊断、告警处理和输出打印等各项业务。这些均是通过操作终端完成的，同时该级的另一大功能就是兼管各呼叫处理级间的通信。

6. 其他设备

数字程控交换机除了以上的部件外，还有一些辅助设备。它们有作为后备系统存储统计数据及话单计费等的磁带机、磁盘机；用于日常维护管理的显示单元、键盘及打印设备等；用于对用户、局内和局间的测试设备；用于同步各数字设备的时钟；用于交换局中语音通话子服务的录音通知设备以及其他的监视报警设备等。

3.2.3 软件系统

数字程控交换机使用事先编好的程序由计算机来控制整个系统的正常工作，其中程序及所有智能控制操作都是由软件来完成的，所以，软件在交换机中具有重要的作用。交换机软件可分为运行软件和支持软件两大部分。随着微电子技术的不断发展，硬件的成本不断下降，而软件系统恰好相反，新业务的不断引入和功能的不断完善，软件工作量也在不断增加。所以对于软件的部分的投入将越来越多，程控交换机的成本和质量（包括可靠性、BHCA、过载保护、可维护性等）在很大程度上将取决于软件，其支配地位愈来愈明显。

对于现在的电话网，其规模越来越大，由于业务量巨大，对实时性和可靠性要求高，维护难度大，所以对于运行软件也要求有较高的实时效率，不但能并行处理大量的呼叫，而且必须保证通信业务的不间断性。

1. 数字程控交换机对运行软件的基本要求

运行软件的基本任务是控制交换机运行，而交换机的根本目的是处理各种呼叫，所以软件的主要任务也是呼叫处理。对于运行软件有以下 4 个基本要求。

(1) 实时性要好

也就是说，程序运行速度要快，处理时间要短，各种数据及程序占用的存储空间要尽量小。数字程控交换机是一个实时系统，它要保证能够及时收集外部发生的各种事件，并及时地进行分析处理，且在规定的时间内做出响应，否则将会造成阻塞及信息丢失。所以运行软件应做到程序精炼、结构合理、安全可靠等。对于经常调用的程序，其运行时间要尽量少，而一些使用较少的程序和数据应尽量少占用存储空间，一些临时数据及程序应及时释放。对于那些非常烦琐而又占用很多机时的操作，应使用硬件通过布线逻辑来实现。

(2) 系统的并发性处理和多道程序运行能力要强

对于电话网中的一台交换机，大部分时间要同时处理多个用户的呼叫请求、多个用户的通话以及多个话路的拆除，还有可能多个管理和维护任务需要执行或正在运行。这就要求处理机能够在同一时刻执行多个程序，即软件程序的并发性处理能力要强。

软件系统的多道程序运行方式是由电话网的特点确定的，如果处理级按单到作业，由于处理机的速度非常快，执行一个任务耗时在微秒数量级，而等待外部事件发生往往需要较长的时间，且当同时又有大量的呼叫产生时，处理延迟将非常大，这就不能满足对于交换机的实时性的要求。采用多道程序运行方式，通过软件系统科学地进行任务调度，以需要为基础分配处理机时间，采用中断技术保证优先级高的任务优先执行，使多个呼叫处理程序按照轻重缓急分别执行。

（3）软件系统可靠性要高

软件系统的可靠性不仅体现在保证系统正常运行及从硬件或软件故障中恢复正常，还要保证系统要不间断地进行工作。典型的可靠性指标是99.98%的正确呼叫处理及40年内系统中断运行时间不超过两个小时。这在许多方面影响运行软件的设计。

为了提高系统的可靠性，一般采用两个措施：一是对关键设备（如中央处理机、交换网络等）采用冗余配置；二是采用各种措施及时发现已出现的错误。应及时发现系统中的故障，若为硬件故障，则隔离该部件，并启用备用设备；若为软件故障，则采用程序段的重新执行或再启动，予以恢复。现在采用的模块化层次化设计、机构化编程及高级语言等方法能减少设计过程中出错的可能，方便软件调试，在一定程度上提高了软件的可靠性。目前，普遍采用增加软件冗余的方法进行程控交换软件的设计。

（4）运行软件的可维护性及通用性要好

电话交换系统由于功能和容量不同而种类繁多，且电话软件非常复杂，因此给交换软件的生产、管理以及维护都带来了极大的困难，所以，要求交换机软件功能相同的尽量通用化，这样既节省了软件开发的人力物力，也为软件的维护带来了极大的便利。交换机的另一个特点是具有相当大的维护工作量，这不仅是对已有软件的完善，还要不断引进新的技术。随着业务的不断更新也需要相应的交换机软件进行运作，这就要求交换机软件具有良好的可维护性。采用模块化、机构化设计方法，数据驱动程控结构，编程时尽量采用有意义的标识符和符号常数，建立完备、清晰的文档资料，把易随硬件更新、扩充而变化的软件部分与其他部分分离，采用虚拟机、层次结构等，都有利于提高软件的可维护性。

2. 运行软件的基本结构

程控交换机的运行软件指存放在交换机处理机系统中，对交换机的各种业务进行处理的程序和数据的集合。所以它由程序和数据两大部分组成。根据功能不同，程序又分为系统程序和应用程序两部分。系统程序由操作系统和数据库系统构成，应用程序是直接面向用户进行服务的程序，它包括处理程序、维护程序和管理程序三部分。数字程控交换机的软件系统结构如图3-12所示。

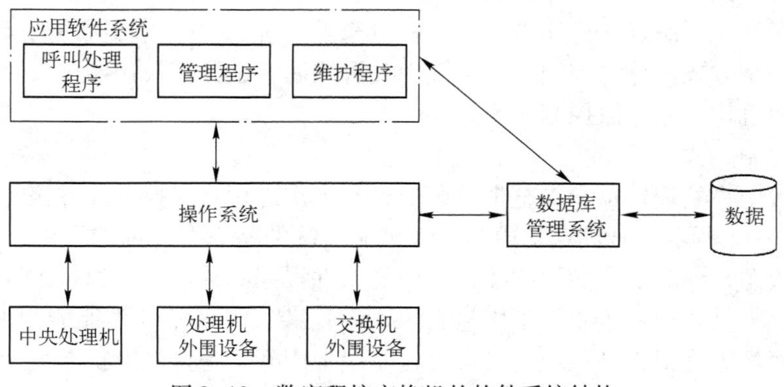

图3-12　数字程控交换机的软件系统结构

（1）程序

我们知道，程序有系统程序和应用程序两部分，系统程序主要指的是操作系统，它与普通计算机的操作系统类似，是交换机硬件和应用程序协作的平台。

操作系统主要由执行管理程序、系统监视和故障处理程序、故障诊断程序和人–机通信程序组成。

应用软件系统是直接和交换处理、管理与维护有关的程序。它包括呼叫处理程序、管理程序和维护程序。呼叫处理程序包括呼叫建立、监视、释放、计费及各种新业务的控制程序，交换机话路设备在其控制下完成主、被叫之间的通路接续。管理程序主要包括话务量统计、服务质量监视、计费、数据库管理及文件管理等功能。维护程序主要包括用户线测试、中继线测试、过负荷控制及话路设备故障定位等功能。

（2）数据

数字程控交换机中数据包含用户数据、局数据、交换数据以及动态数据等。

用户数据记录用户资料、话机类型、计费种类、用户地理位置、用户的服务等级、新功能的使用权和登记情况等，呼叫处理程序根据用户数据确定用户呼叫是否有权、如何驱动用户线、如何收号等，并可进行电话号码和设备码的相互转换。

局数据一般只限于本局应用，并以表格形式存放在存储器和数据区，反映了交换局在交换网中的地位和级别或本交换局与其他交换局的中继关系，包括硬件配置、编号方式、中继线信号方式等，内容常随不同交换局而异。

交换系统数据内容来源于厂家，主要根据交换局设备数据，交换网络组成、存储器地址分配、交换局的各种信号和编号等有关数据。

动态数据指和呼叫直接有关的瞬态数据，它动态记录呼叫过程中的变化信息，供呼叫处理程序使用和修改。动态数据存储于临时分配的内存区域，内容有资源的忙/闲状态、呼叫中各种资源之间的链接关系、特定的呼叫进程信息等。

操作系统、呼叫处理程序和用户数据、局数据、动态数据均存放于内存中，维护管理程序部分置于内存，大部分同交换系统数据一样置于磁盘中。常驻内存的程序和数据都有双重备份，并定期更新，保持一致。

3.2.4 处理机控制结构

数字程控交换机采用存储程序控制方式，主要是指控制系统中处理机的配置，其控制过程是由计算机按预先编制好的程序进行的，一般来说，对于大中型局所用的交换机可分为集中控制和分散控制方式。分散控制方式又分为分级控制和全分布控制两种。目前大、中容量的数字程控交换机均采用分散控制方式。

（1）集中控制方式

它是用一台中央处理机负责对整个系统的运行工作进行直接控制，并执行交换系统的全部功能，如图3–13所示。其优点是中央处理机对系统的状态有全面的了解，处理机能有效地使用各部分资源，同时各功能间的接口主要是软件程控间的接口，通过改变软件即可方便地改变其功能。不足之处在于软件工作量大，设计复杂，需采用处理能力强的高速处理机，同时系统较易瘫痪。为了提高系统的可靠性，一般采用冗余备份的双机系统，双机可采用同步双工方式工作、主/备方式工作或采用话务分担方式工作等。

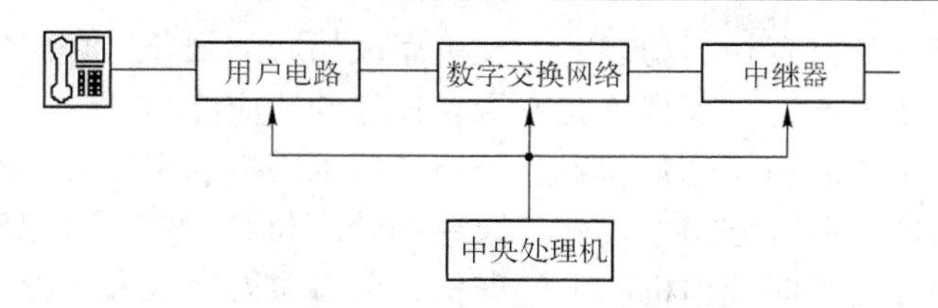

图 3-13　集中控制方式

（2）分散控制方式

它是采用多个处理机以一定的分工方式来完成整个交换机的控制功能，所以又称为多机系统。分散控制系统按照其控制原理和分工方式的不同，又可分为全分散控制系统和部分分散控制系统。

1）全分散控制系统　也可称为全分布控制、多机单级系统，典型的机型是 S12 和 UT30。其特点是整个系统中所有的处理机都处在同一级别，不同的处理机完成不同的功能，而系统中也没有负责数字交换网路控制的中央处理机。从严格严意义上来说，这种控制方式不包含任何中央处理的介入，然而在实际操作中，由于某些功能还适合于中央控制，如维护管理、7 号共路信令的信令管理等，所以不包含中央处理的全分散控制结构很难实现。全分散控制系统具有更为鲜明的模块化结构的特点，即使在发生故障时也能将故障限制在局部，不会由于某一个处理机的故障而造成整个系统的瘫痪，但也会带来处理机间的通信开销增大、交互控制更加复杂的问题。

2）部分分散控制系统　也称分级分散控制、多机单级系统，其基本特征是对处理机的分级，即将处理机按照控制的范围和完成的功能划分为若干个级别，而其中必然有一级处理机承担呼叫处理的主要任务，其功能接近于早期集中控制程序交换机中的中央处理机。图 3-11 所示的数字程序交换系统的功能结构，实际上就是分级分散控制结构，图中的控制部分可以理解为多级处理机结构。分级分散控制系统可将一定数量的一种或几种话路设备集合在一起，组成单元（模块），每个单元中的控制处理机相当于分级结构中的低级别处理机，用其来执行低层的呼叫处理功能，减轻了中央处理机的负担。

处理机间所采用的分工方式有功能分担、容量分担以及功能分担和容量分担相结合的混合分担方式。功能分担是让不同的处理机完成不同的功能。处理机大致可分为外围处理机和中央处理机两类，分别承担若干特定的功能，每个处理机只负责处理一部分程序，如图 3-14 所示。外围处理机又称预处理机，负责处理与话路设备关系密切、控制功能简单、重复次数多、实时性强的各种业务，如扫描用户线状态。中央处理机负责完成对交换网络和全局性的控制任务，负责控制复杂的、高级的呼叫处理工作，如号码分析、呼叫接续、故障诊断及处理等。其优点是每个处理机分工明确，控制方便，有利于软件设计。对于外围处理机，由于其控制功能简单，管辖范围小，可以选用功能较弱、速度较慢的低档次处理机，做到经济合理。并且当外围处理机出现故障时，只影响它所控制的用户，而不影响全局，因此系统的可靠性得到了加强。

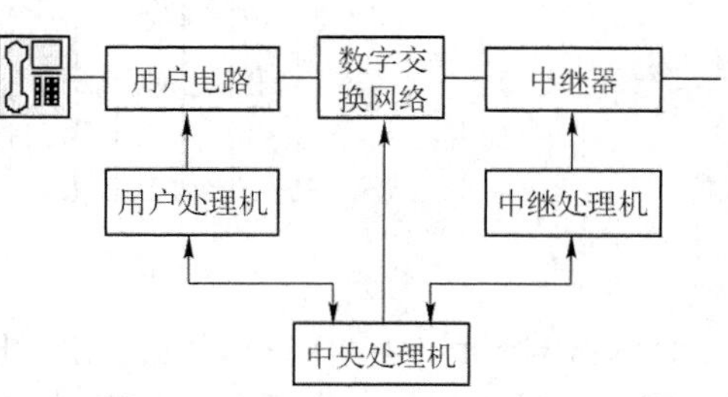

图 3-14　功能分担方式

容量分担是由若干台具有相同功能的处理机完成相同的任务，它们各自承担总任务量的一部分。其优点是灵活方便，对系统扩充容量有较好的适应能力。

在实际应用中，单纯的功能分担和容量分担只用于用户小交换机，对市话等大、中型交换机都采用二者相结合的混合分担方式。三级结构处理机结构如图 3-15 所示，它把中央处理机的功能进一步划分为呼叫处理机和主处理机，前者主要完成呼叫处理任务，后者只负责系统管理工作。

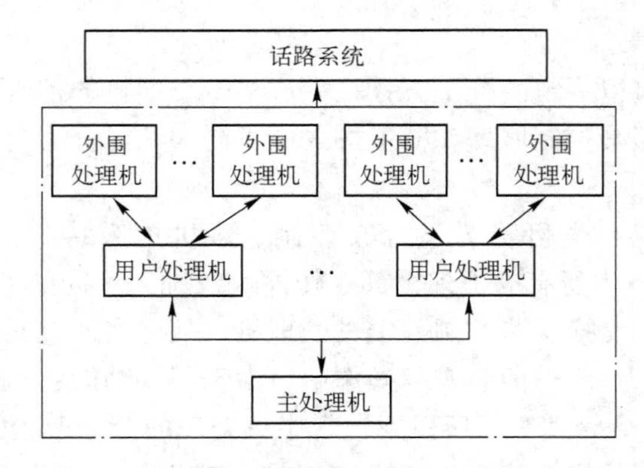

图 3-15　三级结构处理机的功能与容量分担

与集中控制方式相比，分散控制方式具有可靠性高、经济、易于软件设计、灵活等优点，但处理机之间的通信要占用一定的资源。

3.2.5　呼叫接续处理的控制原理

1. 呼叫接续的一般过程

一个呼叫接续的基本过程分为：呼出接续、收号、号码分析、接至被叫用户、振铃、被叫应答通话、释放七个步骤，其流程如图 3-16 所示。

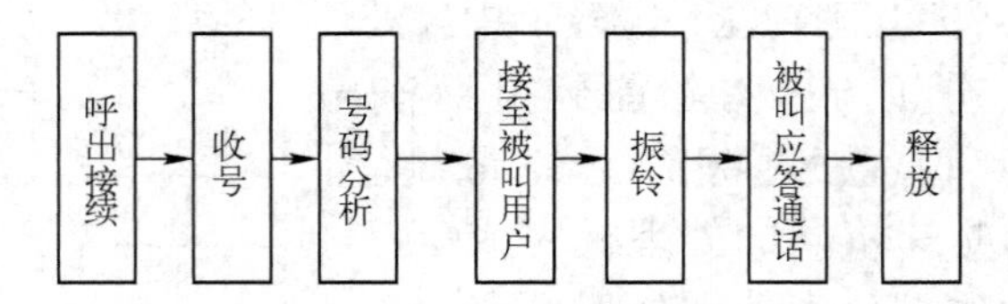

图 3-16　呼叫接续的一般过程

① 呼出接续　主叫用户摘机，用户电路检测到回路上状态的变化，交换机利用扫描器将主叫用户的摘机信号送至中央处理机。中央处理机通过软件查明主叫的用户线类别、话机类型和服务类别，从而确定主叫用户的合法性及需要提供的处理方式。然后处理机找出一个空闲的收号器，给主叫送出拨号音。交换机会为所有呼叫分配相应的存储区，以保持与其有关的所有信息。这是呼叫接续的第一个阶段。

② 收号　处理机通过扫描器对主叫用户所拨号码进行收号、计数、存储。同时进行“已收位”和“应收位”的对比计算。

③ 号码分析　处理机分析被叫号码以确定呼叫局向。根据被叫号码首位，确定是本局、出局、长途或特殊服务等呼叫类型。检查主叫用户的限制权限，确定是否允许接通。检测被

叫忙/闲状态，若闲，则占用，显示忙。

实际中往往是一边接收号码一边开始分析，因此第二阶段和第三阶段是交替进行的。

④ 接至被叫用户　检测主、被叫间的空闲链路，根据实际情况选择一条，通过驱动命令使硬件工作，并将所选定的通路识别码存在内存中。测试空闲音中继器。

⑤ 振铃　向被叫送铃流，向主叫送回铃音。同时监视主、被叫用户的状态变化。

⑥ 被叫应答、通话　被叫摘机应答，停送铃流和回铃音，驱动所选择的通路，为主被叫连通通话路由。检测挂机信号，在整个通话过程中均不断监视主被叫的回路状态，发现挂机信号，根据需要进行必要的特殊处理，如需进行第三方通话，用户会拍叉簧或按一下话机上的特殊按键，使用户回路产生短暂的中断，交换机监视到此变化后，作相应处理。

⑦ 释放　当任一用户挂机后，处理机控制进行拆线处理，即释放通话通路，停止计费，同时向后释放端送忙音。

2. 状态迁移

简单来说，数字程控交换机的呼叫接续就是在主叫和被叫用户之间建立一条通话回路，呼叫接续处理分析离不开对其控制原理、呼叫处理过程和程序的基本组成及层次结构等方面的综合考虑，这样就有必要引入事件、状态以及状态迁移的概念，以达到简洁明晰的目的。事件就是指交换机外部的一些变化，如用户摘机，拨号等。从图 3-16 可以看出，一次接续过程可以分成七个阶段，而每一个阶段都可以看成是一个状态，呼叫接续的过程就是交换机由一个稳定状态变化到另一个稳定状态，交换机的这种交换过程就称为状态迁移。

事件、状态以及状态迁移三者之间的关系是，交换从一个稳定状态向另一个稳定状态变化就产生了状态迁移，而事件正是引起状态迁移的激励，没有事件的产生，就不会有新的状态的出现，交换机在不断接收激励事件、处理状态迁移的过程中，就完成了接续的任务，因此可以说，交换系统的工作过程是以状态和状态之间的转移为基础的。

3. 呼叫接续程序的结构

呼叫处理程序由处于三个不同层次的软件模块组成，每个模块完成一定的功能，高层软件由低层提供支持。图 3-17 给出了呼叫处理程序的分层结构。

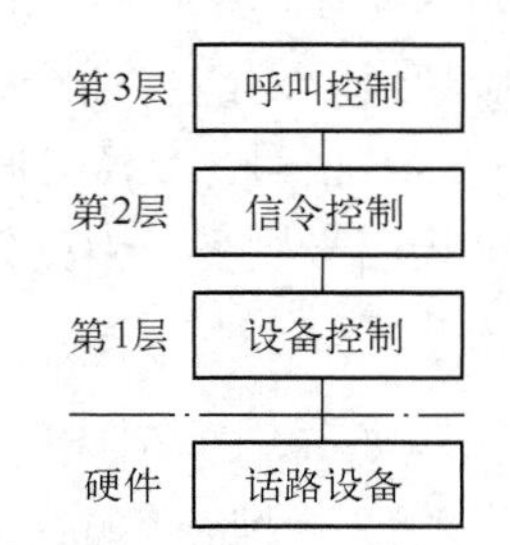

图 3-17　呼叫处理程序的分层结构

第一个层次是设备控制程序（硬件接口程序），它们是终端硬件设备与信令程序、呼叫控制程序之间的接口软件。

第二个层次的软件主要是信令处理程序。其主要功能是将外部的电路的状态变化译成相应的电话信令。

第三个层次的主要是呼叫控制程序和呼叫服务程序。它是呼叫处理程序的中枢。

我们已经知道，呼叫接续过程可以分成七个阶段，对应于这些状态变化，交换机需要相应的程序满足操作要求，呼叫处理程序的基本结构如图 3-18 所示。

由图 3-18 可以看出，呼叫处理程序由输入程序、内部处理程序和输出程序三部分组成。

输入处理程序：由输入程序识别输入信息，监视、识别用户线和中继线交换处理信息，这部分为数据采集部分。

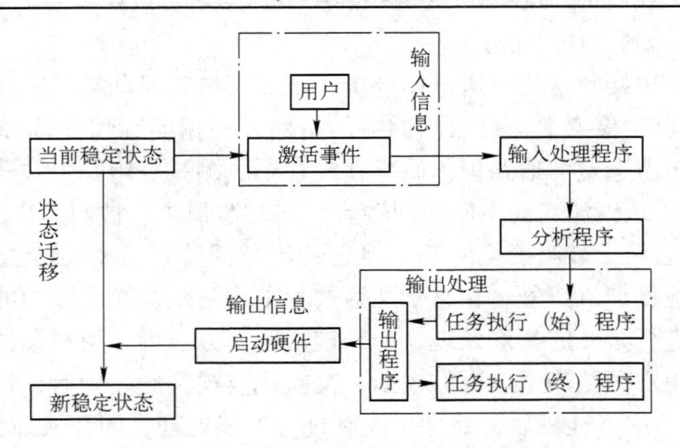

图 3-18　呼叫处理程序的基本结构

内部处理程序：对输入信息和现有状态进行分析，以确定下一步任务，决定执行什么任务，向哪个状态转移，这部分为数据处理部分。

输出处理程序：根据分析结果，发出控制命令驱动硬件设备执行，用硬件驱动改变状态。

习惯上把输入程序和输出程序称为输入输出程序，它与硬件有关；而把分析程序称为内部处理程序，它与硬件动作无直接关系，仅是中央处理机的内部处理信息的程序。

4. 呼叫接续程序的控制原理

呼叫接续过程涉及输入处理、分析处理、任务执行和输出处理等许多功能，这里以双音多频收号扫描为例，介绍呼叫接续程序的控制原理及方法。

双音多频收号扫描识别音频按键话机（DTMF 信号）的主叫用户拨号，计数和存储被叫号码，识别数字间隔及中途挂机。

如图 3-19 所示，按键话机送出的拨号号码由两个音频组成，这两个音频分别属于高频组和低频组。每组各四个按键，每个号码取其中一个频率组合（四中取一）组成双频信号，称为 DTMF 信号。DTMF 收号的识别主要根据“信号到来标志”SP（Speech）线确定，收到双音多频信号则 SP =0；无双音多频信号则 SP =1。当前扫描结果 SCN 则为 SP 的状态。

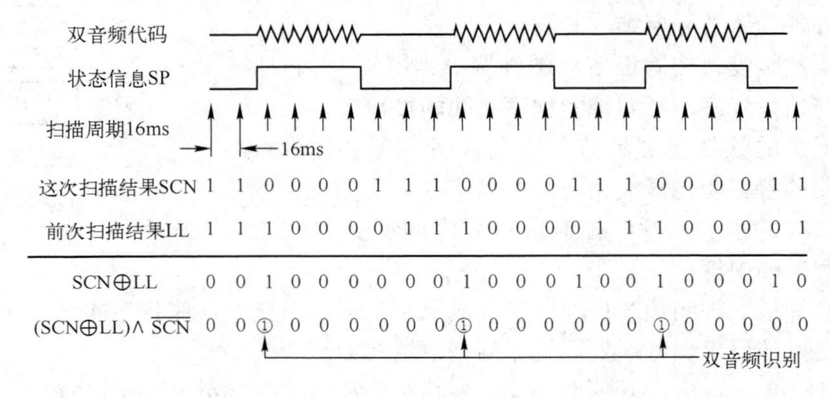

图 3-19　双音频号码识别原理

读代码识别公式：$(SCN \oplus LL) \wedge \overline{SCN} = 1$。

按键扫描程序的任务有两个：

① 确定读取代码的时间。

② 将收到的两个四中取一的代码转换成二进制数进行时存储。

多频收号扫描（MFC 信号）识别入局拨号，计数和存储被叫号码，识别数字间隔及中途挂机。多频收号扫描与音频收号扫描工作原理基本相同，只是 DTMF 收号扫描的信号是四中取一组成双频信号，而 FMC 的信号是采用六中取二或四中取二的方式编码。

3.3　支撑网

支撑网是指能使电信业务网正常运行的起支撑作用的网络。一个完整的电信网除有以传递电信业务为主的业务网之外，还需有若干个用来保障业务网正常运行、增强网路功能、提高网路服务质量的支撑网路。支撑网中传递相应的监测和控制信号。支撑网包括同步网、公共信道信令网、传输监控和网路管理网等。建设支撑网的目的是利用先进的科学技术手段全面提高全网的运行效率。中国电信网包括 7 号（No. 7）公共信道信令网、数字同步网以及电信管理网三大支撑网。

3.3.1　信令网

为满足通信技术发展、通信网的功能提升和通信业务扩展等需要，把相关控制功能进行综合而成的网。信令是通信设备（包括用户终端，交换设备等）之间传递的除用户信息以外的控制信号。信令网就是传输这些控制信号的网络。

1. 信令网的基本概念和分类

下面简单介绍一下信令、信令方式及信令系统的概念。

在通信网中，除了传递业务信息外，还有相当一部分信息是与具体业务无关的信号，它是设备通信过程中所需的控制信号，如占用、释放、设备忙闲状态、被叫用户号码等。这些控制信号就是信令。

传送信令要遵守一定的规约和规定，这些规约和规定就是信令方式。它包括具体信令的结构形式，信令在多段路由上的传送方式及控制方式等。

信令系统是指为了完成特定的信令方式所使用的通信设备的集合。

信令按照不同的标准可以划分为不同的种类，具体分类如图 3-20 所示。

- 按功能
  - 管理信令（维护管理信令）
  - 路由信令（地址信令）
  - 线路信令（监视信令）
- 按工作区域
  - 用户线信令
  - 局间信令
- 按传送通道
  - 公共信道信令
  - 随路信令
- 按传送方向
  - 前向信令
  - 后向信令

图 3-20　信令分类

管理信令：仅在局间中继线上传送，在通信网的运行中起着维护和管理的作用。

路由信令：由主叫用户发出的被叫用户号码，即被叫的地址信息。

线路信令：反映用户线或中继线的状态变化。

用户线信令：是用户和交换机之间的用户线上传送的信令，分为监视信令和地址信令。

局间信令：是交换机之间的中继线上的信令。

随路信令：是信令和语音在同一通路上传送，主要用于模拟交换设备。

公共信道信令：是把传送信令的通路和传送语音的通路分开，也叫共路信令。

前向信令：沿电话接线方向传送的信令。反之，从被叫向主叫发送的信令叫后向信令。

2. 信令网的组成及网络结构

（1）信令网的组成

信令网一般由信令点、信令转接点和信令链路组成。简单的信令网可以没有信令转接点。

信令点（SP）是信令消息的源点和目的地点，可以为各种交换局、各种特殊服务中心，如运行、管理、维护中心等。

信令转接点（STP）是将一条链路上的信令消息转发至另一信令链路上去的信令转接中心。分为只具有信令信息传递功能的专用独立型 STP 和具有信令点功能的综合型 STP。

信令链路（SL）是指信令网中连接两个信令点（或信令转接点）的信令数据链路及其传送控制功能实体组成的信令链路。

（2）信令网的连接方式

根据信令点之间的连接方式的不同，信令网分为直联信令网和准直联信令网。

直联信令网中，信令点间采用直联工作方式，即两个交换局之间的信令消息通过一条直达的公共信令链路来传送。由于未引入信令转接点，也称无级信令网，如图 3-21a 所示。

准直联信令网中，信令点之间的信令消息需要通过信令转接点转接方式来传送，且只允许通过预定的路由和信令转接点。也称分级信令网，如图 3-21b 所示。

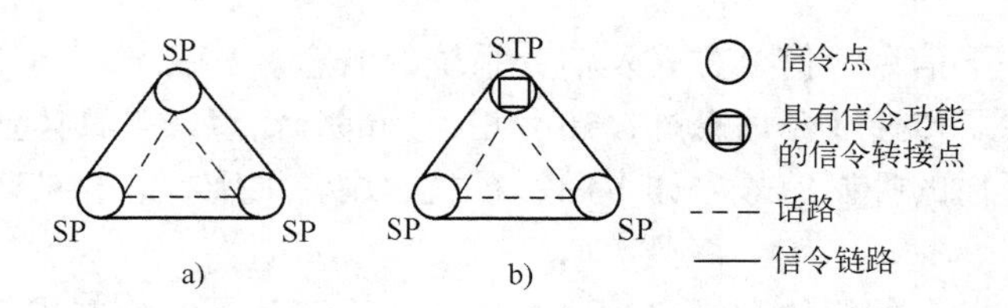

图 3-21　直联方式和准直联方式

a）直联信令网　b）准直联信令网

（3）信令网的结构

信令网结构分为无级信令网和分级信令网，如图 3-22 所示。

① 无级信令网

无级信令网是未引入信令转接点的信令网。在无级网中信令点间都采用直联方式，所有的信令点均处于同一等级级别。无级信令网按拓扑结构可分为线形、环状形、格式状、蜂窝状、网状等多种形式的网络，图 3-22a 给出了蜂窝状网的结构示意图。

无级信令网结构比较简单，但有明显的缺点，信令路由都比较少，而信令接续中所要经过的信令点数都比较多，除网格网以外的所有无级网都需要很多的综合信令转接点，信令传输时延大，技术性能和经济性能都很差；网状网虽无上述缺点，且具有信令路由多、信令消息传递时延短的优点，但当信令的数量较大时，局间连接的信令链路数量明显增加。由于技术和经济上的原因，无法大范围使用，所以在实际应用中未能得到采用。

② 分级信令网

分级信令网是引入信令转接点的信令网，按照需要可分为二级信令网和三级信令网，二级信令网是具有一级信令连接点的信令网，如图 3-22b 所示。三级信令网是具有二级信令连接点的信令网，如图 3-22c 所示。其特点是：网络容量大，且只要增加级数就能增加很多信令点；信令传输只经过不多的几个信令转接点转接，传输时延不大；网络设计和扩充简单。另外，在信令业务量较大的信令点之间，特别是信令转接点之间还可以设置直达短接链路，进一步提高性能和经济性。

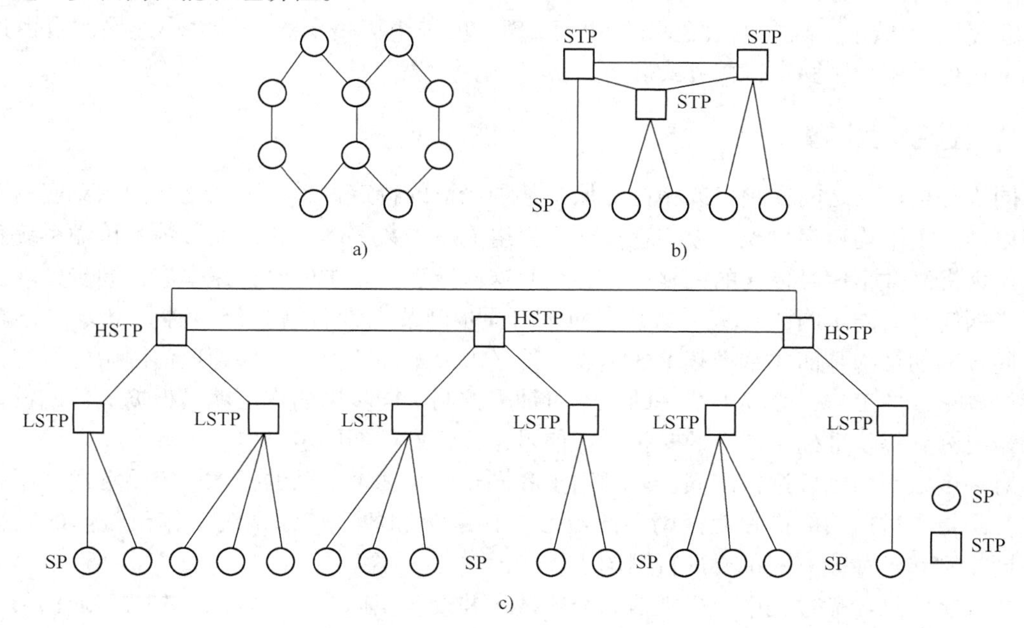

图 3-22 信令网的结构示意图

a）无级信令网（蜂窝状网） b）二级网 c）三级网

比较无级网和分级信令网的结构，分级信令网具有如下的优点：网络所容纳的信令点数多；增加信令点容易；信令路由多、信号传递时延相对较短。因此，分级信令网是国际、国内信令网常采用的形式。我国 7 号信令系统采用三级结构。

3. 我国信令网的结构

我国信令网采用三级结构方式，如图 3-22c 所示，其中，LSTP 为低级信令转接点，HSTP 为高级信令转接点。第一级（HSTP）负责转接它所汇接的第二级 LSTP 和第三级信令点的信令信息，HSTP 采用独立型信令转接点设备，目前它满足 NO. 7 信令方式中消息传递规定的全部功能。第二级（LSTP）负责转接它所汇接的第三级信令点的信令信息，LSTP 可以是独立式信令转接点，也可采用与交换局合设在一起的综合式的信令转接设备，采用独立信令转接点设备时，应满足 NO. 7 信令方式中消息传递规定的全部功能，采用综合式信令转接设备时，它除了必须满足独立式转接点的功能外，信令点部分应满足 NO. 7 信令方式中电话用户部分的全部功能。第三级（SP）是信令网中各种信令消息的源点和目的地点。信令点由各种交换局和特种服务中心（业务控制点、网管中心等）组成。

其中，HSTP 对应于“主信令区”，按省、市、自治区划分。每个主信令区设置一对

HSTP，以负荷分担方式工作。LSTP 对应于“分信令区”，省内每个地区为一个分信令区，设置一对 LSTP，以负荷分担方式工作。

我国信令网中采用以下连接方式：

① 第一级 HSTP 间采用 A、B 平面连接方式。它是网状连接方式的简化形式。A 和 B 平面内部各个 HSTP 网状相连，A 和 B 平面间成对的 HSTP 相连。

② 第二级 LSTP 至 LSTP 和未采用二级信令网的中心城市本地网中的第三级 SP 至 LSTP 间的连接方式采用分区固定连接方式。

③ 大、中城市两级本地信令网的 SP 至 LSTP 可采用按信令业务量大小连接的自由连接方式，也可采用分区固定连接方式。

3.3.2 数字同步网

同步是指信号之间在频率或相位上保持某种严格的特定关系，也就是它们相对应的有效瞬间以同一个平均速率出现。数字程控交换机组成一个数字网，它们通过数字传输系统互相连接。为提高数字信号传输的完整性，必须对这些数字设备中的时钟速率进行同步处理。数字同步网简称为同步网，它是一个物理网，由同步网节点设备（各级时钟）和定时链路组成。同步网的结构是面向基准频率的生成、传送、分配和监控，为保证通信网中的所有工作设备协调一致的工作，必须由统一的工作时钟来控制。同步网的作用就是根据通信网设备工作的需要为其提供准确、统一的时钟参考信号，保证通信网同步工作。

对一个数字网则要进行网同步。网同步和同步网是两个不同的概念，容易混淆。所谓网同步，是指通过适当的措施使全网中的数字交换系统和数字传输系统工作于相同的时钟速率。同步网和各种业务网都要进行网同步。

在数字信息传输过程中，要把信息分成帧，并设置帧标志码，因此，在数字通信网中除了传输链路和节点设备时钟源的比特率应一致外，还应该在传输和交换过程中保持帧同步。帧同步就是在节点设备中，准确地识别出帧标志码，从而准确地划分比特流的信息段。正确识别标志码一定要在比特同步的基础上。如果每个交换系统接收到的数字比特流与其内部时钟位置的偏移和错位，造成帧同步脉冲的丢失，这就会产生帧失步，产生滑码。为防止这一现象的发生，必须使两个交换系统使用某个共同的基准时钟速率。目前，各国公用网中交换节点时钟的同步有三种基本方式：主从同步方式、互同步方式和准同步方式。

数字网同步除了上述的时钟频率同步之外，还有一个相位同步问题。相位同步可用缓冲存储器来补偿。

1. 网同步的基本方式

（1）主从同步方式

主从同步方式是在网内某一主交换局内设置高精度和高稳定度的时钟源，并以其作为主基准时钟的频率，控制其他各局从时钟的频率，也就是数字网中的同步节点和数字传输设备的时钟都受控于主基准的同步信息。主从同步方式中同步信息可以包含在传送信息业务的数字比特流中，接收端从所接收的比特流中提取同步时钟信号；也可以用指定的链路专门传送主基准时钟源的时钟信号。各从时钟节点及数字传输设备内部，通过锁相环电路使其时钟频率锁定在主基准时钟源的时钟频率上，从而使网络内各节点时钟都与主节点时钟同步。

主从同步网主要由主节点时钟、从结点时钟及传送基准时钟的链路组成，其连接方式如图 3-23 所示。主从同步方式网络中的时钟分为多级，各级时钟具有不同的准确度和稳定性。但网络中有一个处于最高级的主基准时钟，作为同步网的主钟，去同步其他时钟。

图 3-23a 中是直接主从同步方式，各从时钟节点的基准时钟都由同一个主时钟源节点获取。一般在一个楼内的设备可用这种主从同步方式。图 3-23b 中是等级主从同步方式，主从同步方式采用一系列分级的时钟，每一级时钟都与其上一级时钟同步，在网中的最高一级时钟称为基准主时钟或基准时钟，这是一个高精度和高稳定度的时钟，它通过树状时钟分配网络逐级向下传输，分配给下面的各级时钟，然后通过锁相环使本地时钟的相位锁定到收到的定时基准上，从而使网内各交换节点的时钟都与基准主时钟局同步，达到全网时钟统一。

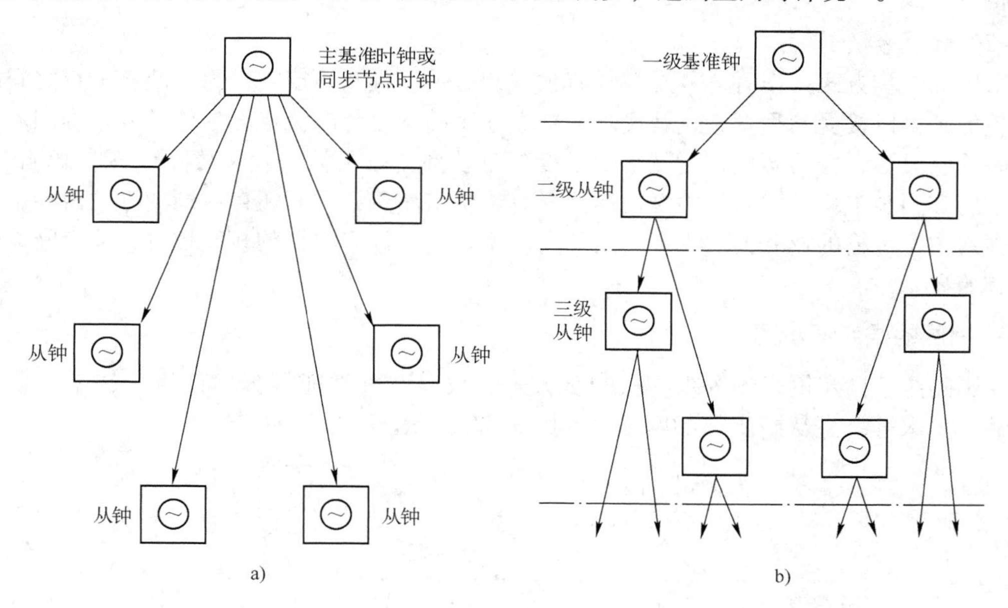

图 3-23 主从同步网的连接方式

a）直接主从同步方式 b）等级主从同步方式

等级主从同步方式的优点有：各同步节点和设备的时钟具有与主基准相同精度的时标，在正常情况下不会产生滑动，没有准同步方式由于失步所造成的周期性的滑动；除主基准时钟外，其余的从钟性能要求较低，所以建网费用低；组网灵活、适用于树形结构和星形结构的网络。其缺点有：任何故障或骚动都将影响同步信号的传送，而且骚动会沿着传输途径逐段累积；当等级主从同步方式用于较复杂的数字网络时，必须避免造成定时环路。

我国的数字同步网就是采用等级主从同步方式。

（2）互同步方式

网内各局相互连接时，各节点都有自己的时钟，但这些时钟源都是受控的，它们相互影响、相互控制，各局设置多输入端加权控制的锁相环电路，在各局时钟的相互控制下，最后使全网的时钟频率调整到一个统一的频率上，实现网内时钟的同步。采用互同步方式的网络示意图如图 3-24 所示。

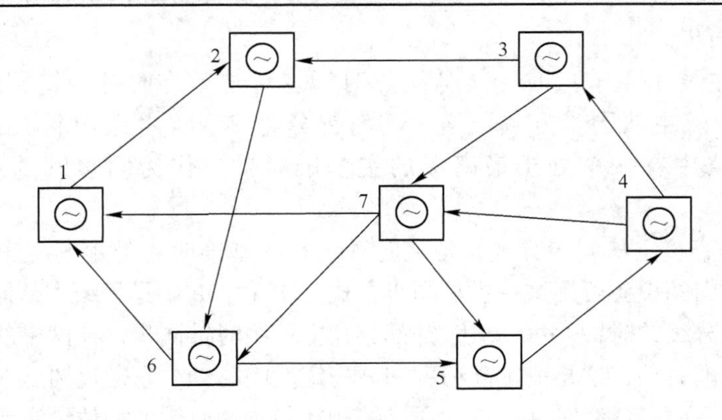

图 3-24　互同步方式的网络示意图

（3）准同步方式

采用准同步方式工作时，各局都具有独立的时钟，且互不控制，为了使各节点之间的时钟频差低到可以接受的程度，这就要求各结点采用高精度与高稳定度的原子钟。准同步方式网络简单、灵活，容易实现，对网络的增设与改动都比较灵活，发生故障也不会影响全网。但是采用准同步工作方式对时钟源性能要求高、价格昂贵；同时还存在周期性的滑动，为此要根据网中所传输的业务要求规定一定的滑动率；由于没有时钟的相互控制，节点间的时钟总会有差异。

2. 我国的数字同步网

我国的数字同步网采用等级主从同步方式，按照时钟性能划分为四级，这是一个“多基准钟，分区等级主从同步”的网络，如图 3-25 所示。

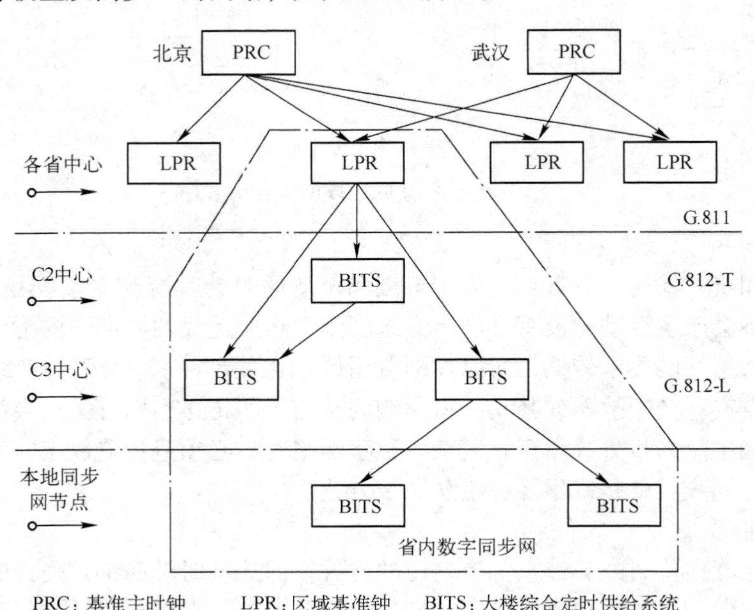

图 3-25　我国数字同步网的网络结构

同步网的基本功能是能准确地将同步信息从基准时钟向同步网内各下级或同级节点传递，通过主从同步方式使各从节点的时钟与基准时钟同步。我国同步时钟等级如表 3-1 所示。

表 3-1 同步时钟等级

<table>
<tr><th>类　型</th><th colspan="2">第　一　级</th><th colspan="2">基准时钟</th></tr>
<tr><td rowspan="2">长途网</td><td rowspan="2">第二级</td><td>A 类</td><td>一级、二级长途交换中心，国际局的局内综合定时供给设备时钟和交换设备时钟</td><td rowspan="2">在大城市内有多个长途交换中心时，应按它们在国内的等级相应地设置时钟</td></tr>
<tr><td>B 类</td><td>三级、四级长途交换中心的局内综合定时供给设备时钟和交换设备时钟</td></tr>
<tr><td rowspan="2">本地网</td><td colspan="2">第三级</td><td colspan="2">汇接局时钟、端局的局内综合定时供给设备时钟和交换设备时钟</td></tr>
<tr><td colspan="2">第四级</td><td colspan="2">远端模块、数字用户交换设备、数字终端设备时钟</td></tr>
</table>

第一级为基准时钟，由铯（原子）钟或 GPS 配铷钟组成。是数字网中最高等级的时钟，是其他所有时钟的唯一基准。

第二级为有保持功能的高稳时钟（受控铷钟和高稳定度晶体钟），分为 A 类和 B 类。上海、南京、西安、沈阳、广州、成都等六个大区中心及乌鲁木齐、拉萨、昆明、哈尔滨、海口等五个边远省会中心配置地区级基准时钟（LPR，二级标准时钟），此外还增配 GPS 定时接收设备，它们均属于 A 类时钟。全国 30 个省、市、自治区中心的长途通信大楼内安装的大楼综合定时供给系统，以铷钟或高稳定度晶体钟作为二级 B 类标准时钟。

第三级是具有保持功能的高稳定晶体时钟，设置于本地网的汇接局和端局，通过同步链路受二级时钟控制并与之同步。

第四级为一般晶体时钟，设置在远端模块、数字用户交换设备和数字终端设备中，通过同步链路与第三级时钟同步。

3.3.3 电信管理网

1. 概述

电信管理网（TMN）是现代电信网运行的支撑系统之一。为保持电信网正常运行和服务，对它进行有效管理所建立的软、硬件系统和组织体系的总称。电信网就是面向公众提供服务业务的，其管理一直是非常重要的，随着电信网的设备越来越多样化和复杂化，是规模最大的一种网络，这就要求电信网的管理必须要有效、可靠、安全地进行。为此提出了电信管理网作为管理现代电信网的基础。电信管理网主要包括网络管理系统、维护监控系统等。电信管理网的主要功能是：根据各局间的业务流向、流量统计数据有效地组织网络流量分配；根据网络状态，经过分析判断进行调度电路、组织迂回和流量控制等，以避免网路过负荷和阻塞扩散；在出现故障时根据告警信号和异常数据采取封闭、启动、倒换和更换故障部件等，尽可能使通信及相关设备恢复和保持良好运行状态。随着网络不断地扩大和设备更新，维护管理的软硬件系统将进一步加强、完善和集中，从而使维护管理更加机动、灵活、适时、有效。

TMN 的基本思想是提供一个有组织的体系结构，实现各种运营系统以及电信设备之间的互联，利用标准接口所支持的体系结构交换管理信息，从而为管理部门和厂商在开发设备以及设计管理电信网络和业务的基础结构时提供参考。其制定始于1985年，由国际电信联盟（ITU）提出。TMN与被管理的电信网之间的关系如图3-26所示。

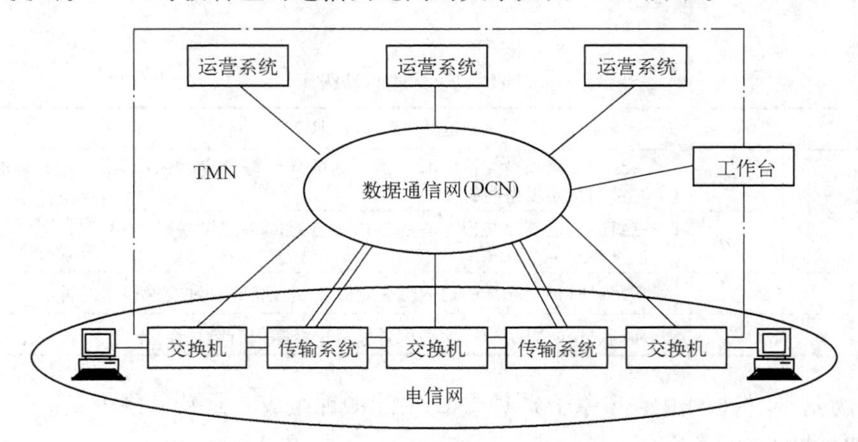

图3-26　TMN与电信网的总体关系

图中虚线框内的就是电信管理网，它由数据通信网、电信网设备的一部分、电信网操作系统和网络管理工作站组成。电信管理网与它所管理的电信网是紧密耦合的，但它在概念上又是一个分离的网络，它在若干点与电信网相接。另外，TMN有可能利用电信网的一部分来实现它的通信能力。TMN通过丰富的管理功能跨越多厂商和多技术进行操作，它能够在多个网络管理系统和运营系统之间互通，并且能够在相互独立的被管网络之间实现管理互通，因而互联的和跨网的业务可以得到端到端的管理。TMN逻辑上区别于被管理的网络和业务，这一原则使TMN的功能可以分散实现。这意味着通过多个管理系统，运营商可以对广泛分布的设备、网络和业务实现管理。

2. TMN的逻辑分层与管理功能

TMN从管理业务、管理功能和管理层次三个方面界定电信网络的管理。电信管理网的网络功能、层次与业务关系如图3-27所示。

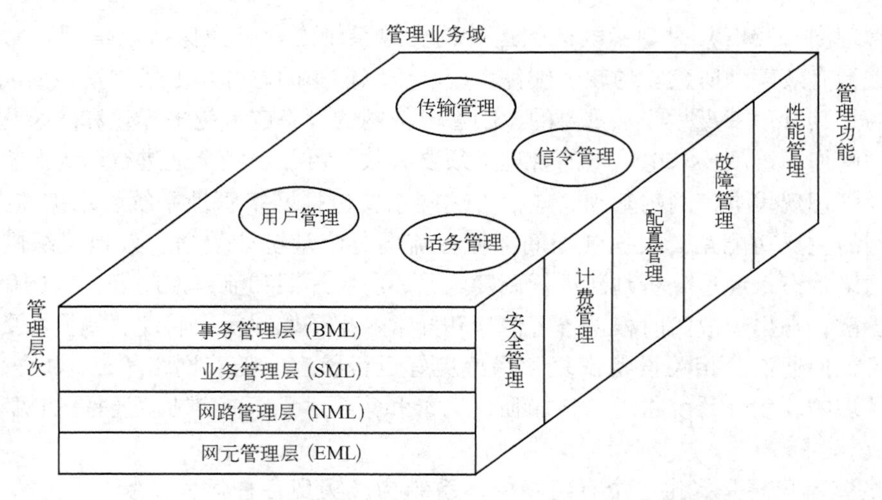

图3-27　电信管理网的管理功能、层次与业务关系

（1）TMN 的管理功能

与电信管理网相关的功能可分为一般功能和应用功能两部分。TMN 的一般功能是对 TMN 应用功能的支持，它包括传送、存储、安全、恢复、处理及用户终端支持等。TMN 的应用功能是指 TMN 为电信网及电信业务提供的一系列管理功能，主要可划分为五种管理功能。

① 性能管理功能　提供对电信设备的性能和网络或网络单元的有效性进行评价，并提出评价报告的一组功能，网络单元是指由电信设备和支持网络单元功能的支持设备组成，并有标准接口。

② 故障（或维护）功能　对电信网的运行情况异常和设备安装环境异常进行监测、隔离和校正的一组功能。

③ 配置管理功能　包括提供状态和控制及安装功能。对网络单元的配置、业务的投入、开/停业务等进行管理，对网络的状态进行管理。

④ 计费管理功能　可以测量网络中各种业务的使用情况和使用的费用，并对电信业务的收费过程提供支持。计费功能是 TMN 内的操作系统能从网络单元收集用户的资费数据，以便形成用户账单。这项功能要求数据传送非常有效，而且要有冗余数据传送能力，以便保持记账信息的准确。对大多数用户而言，必须经常以近实时方式进行处理。

⑤ 安全管理功能　主要提供对网络及网络设备进行安全保护的能力。主要有接入及用户权限的管理、安全审查及安全警告处理。

（2）TMN 管理功能的逻辑层次模型

为了方便对复杂电信网的管理，TMN 将管理功能分为不同的逻辑层次结构。从上至下分成四层。

① 事务管理层　是 TMN 的最高功能管理层，该层的管理通常由最高管理人员介入。一般是完成对目标的设定，而不是目标的实现。

② 业务管理层　主要功能是满足和协调用户的需求，按照用户的需求来提供业务，对用户的意见进行处理，对服务质量进行跟踪并提供报告以及与业务相关的计费处理等。

③ 网络管理层　其功能是对各网元互连组成的网络进行管理，包括网络连接的建立、维护和拆除，网络级性能的监视，网络级故障的发现和定位，通过对网络的控制来实现对网络的调度和保护。

④ 网元管理层　负责对各网元进行管理，包括对网元的控制及对网元的数据管理，如收集和预测处理网元的相关数据等。网元管理层下面直接与管理对象接口相接。

3. TMN 的功能体系结构

TMN 提供传送和处理有关电信网管理信息的手段。TMN 体系结构必须提供高度的灵活性，以满足网络本身的各种结构状况和主管部门的机构。结构状况是指：网络单元（NE）、NE 的数量和 NE 的通信容量。机构状况是指：工作人员的集中程度和管理实践。TMN 体系结构应使得不论运行系统的体系结构如何，NE 将以同样的方式运行。

电信管理网功能体系结构建立在提供一般功能的多个功能块之上，其结构如图 3-28 所示。它包括运行系统功能（OSF）、网元功能（NEF）、中介功能（MF）、工作站功能（WSF）、适配器功能（QAF）和数据通信功能（DCF）。这些功能模块向 TMN 提供一般功能，以使 TMN 能执行 TMN 管理功能。

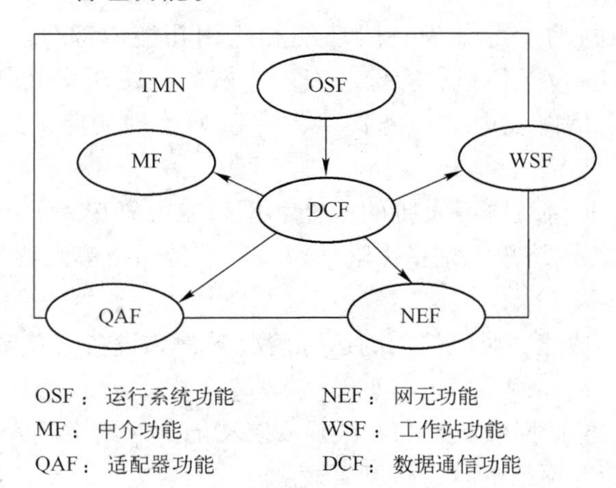

图 3-28 电信管理网功能体系结构

功能模块之间通过数据通信功能进行信息传递。

图 3-28 中显示，电信管理网包含运行系统功能、中介功能和数据通信功能的全部，另外也部分包含网元功能、工作站功能和适配器功能。

① 运行系统功能（OSF）模块 TMN 的管理功能由 OSF 完成，OSF 处理与电信管理有关的信息，以监视、协调和/或控制包括管理功能（即 TMN 本身）在内的电信功能。为了进行网络资源管理和通信业务管理，需多种类型的 OSF。按功能的抽象程度可分为商务 OSF、业务（客户）OSF、网络 OSF、基层 OSF 四类。

② 网元功能（NEF）模块 NEF 是为了使网络单元得到检测和控制与 TMN 进行通信的功能模块。NEF 提供电信功能和管理电信网所需要的支持功能。

③ 工作站功能（WSF）模块 WSF 为管理信息的用户提供解释 TMN 信息的手段，将管理信息由 F 接口形式转换为管理信息用户可理解的 G 接口形式。WSF 包含对人机接口的支持，但这种支持不属于 TMN 的内容。

④ 中介功能（MF）模块 MF 模块主要对 OSF 和 NEF（或 QAF）之间传递的信息进行处理，使其符合满足通信双方的相互要求。MF 模块的典型功能有协议变换、消息变换、信息变换、地址映射变换、路由选择、集线、信息过滤、信息存储以及信息选择等。

⑤ 适配器功能（QAF）模块 QAF 的作用是连接那些类 NEF 和类 OSF 的非 TMN 实体，完成 TMN 参考点和非 TMN 参考点之间的转换。

3.4 智能网

智能网是在原有通信网络的基础上为用户提供新业务而设置的附加网络结构，它是一种网络解决方案，将程控交换网络中的一些电信业务流程控制功能分离出来，便于集中管理。因为一般这些业务流程控制功能在通用计算机中实现，比以往的程控交换机更加容易操作，因此这种解决方案显得这个网络更加“智能”。

3.4.1　智能网概述

随着电信网络的发展，用户对业务的需求越来越高，用户希望提供的业务种类要多，要求使用方便快速，并希望提供灵活获取信息的手段，甚至希望自己参与管理。

一个电信网络不仅具有传递、交换信息的能力，而且还具有对信息进行储存、处理和灵活控制的能力，这些业务就称为智能业务。为了向用户提供各种新业务，又提出了智能网的概念。电话网的发展历程中有几个里程碑式的重要技术，它们是：20 世纪 20 年代的人工交换机技术，20 世纪 50 年代的机电式交换机技术，20 世纪 60 年代的模拟程控交换技术，20 世纪 70 年代的数字程控交换技术，20 世纪 80 年代的 7 号共路信令技术，20 世纪 90 年代就是智能网技术。

智能网（IN）是 1984 年 4 月由贝尔通信研究公司和美国技术公司提出，1992 年由 CCITT 标准化的一个概念，它是一个能快速、方便、灵活、经济、有效地生成和实现各种新业务的体系，这个体系可以为所有的通信网络服务。

智能网的目标不仅在于当前能向用户提供诸多的业务，而且着眼于未来也能方便、快速、经济地向用户提供新的业务。智能网包括建立集中的业务控制点和数据库、集中的业务管理系统和业务生产环境。

智能网中的"智能"是相对而言的，当电话网中采用了程控交换机以后，电话网也就有了一定的智能，如缩位拨号、呼叫转移等多种智能功能。但是，单独由程控交换机作为交换节点而构成的电话网还不是智能网，智能网与现有交换机中具有智能功能是不同的概念。

智能网依靠先进的 No. 7 信令和大型集中数据库来支持。它的最大特点是将网络的交换功能与控制功能分离，把电话网中原来位于各个端局交换机中的网络智能集中到了若干个新设的功能部件（智能网的业务控制点）的大型计算机上，而原有的交换机仅完成基本的接续功能。交换机采用开放式结构和标准接口与业务控制点相连，受业务控制点的控制。由于多网络的控制功能已不再分散于各个交换机上，一旦需要增加或修改新业务，无须修改各个交换中心的交换机，只需在业务控制点中增加或修改新业务逻辑，并在大型集中数据库内增加新的业务数据和用户数据即可。新业务可随时提供，不会对正在运营中的业务产生影响。未来的智能网可配备完善的业务生成环境，用户可以根据自己的特殊需要定义自己的个人业务。这对电信业的发展无疑是一次革命。

智能网有以下特点：

① 业务交换和业务控制分离，改变了由交换系统提供附加增值业务的传统方式，使得交换系统只负责交换和业务接入功能，不再为新业务的引入做任何改动，从而实现了业务由智能网集中提供 。

② 业务生成独立于业务运行环境，使得业务的提供不依赖于智能网系统提供商，因而开放的业务平台为业务的快速提供奠定了基础。

③ 网络功能模块化。智能网采用模块化的设计思想，对业务的提供采用与业务无关的构件（SIB）来实现。有利于新业务的设计和规范。

④ 通过独立于业务的接口，使功能部件之间实现标准通信，使不同厂家设备互连成为可能。智能网应用协议（INAP）已由 ITU－T 定义，用于各功能实体之间的通信。

⑤ 智能网与现有网络兼容，可以有效地利用现有网络资源完成智能功能。

⑥ 业务的提供与网络的发展无关。将来网络结构的变化不影响现有业务的提供，而且开放的网络接口使电话网、公用网、无线移动网、ISDN 可以方便地接入。

⑦ 多方参与业务生成。电信部门、业务提供者甚至用户都可以使用高级用户控制功能来修改和制定新业务。用户和网络终端不再是一对一的关系。业务直接提供给用户，只要用户持有信用卡、呼叫卡、个人身份证号码和用户号码，就可以在网络的任一部电话机上进行通话，不受时间、地点和终端的限制。

⑧ 具有容错运行机制。各个附加网络实体均有多种容错措施，故障时提供告警，选择最佳路由，保证安全可靠运行。

3.4.2 智能网概念模型

国际电信联盟远程通信标准化组织定义了分层的智能网概念模型，用来作为设计和描述智能网体系的框架。智能网概念模型如图 3-29 所示。根据不同的抽象层次，智能网概念模型分为四个平面：业务平面（SP）、全局功能平面（GFP）、分布功能平面（DEP）和物理平面（PP）。

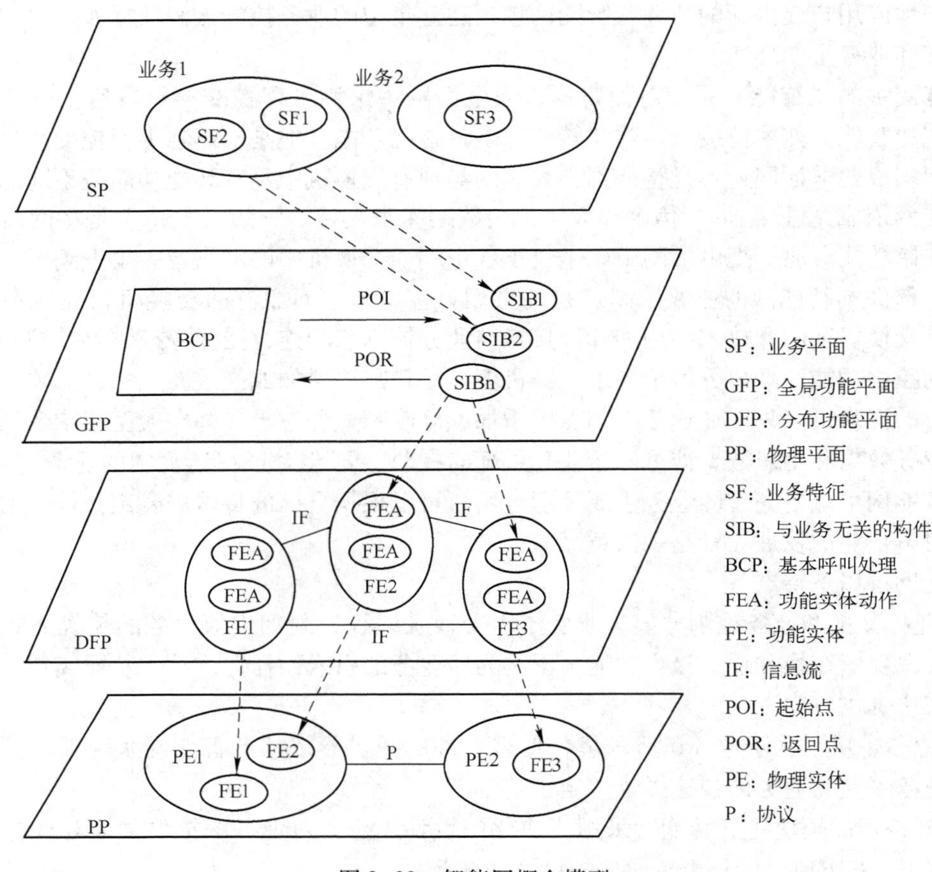

图 3-29　智能网概念模型

1. 业务平面

业务平面（SP）反映了智能网对用户提供的业务。业务平面只表示智能网面向业务的抽象，不包含任何网络业务如何实现的信息，所能看到的只是网络关于业务的一些行为。业务平面定义一系列的业务和业务特征。

业务是电信运营部门为满足用户对通信的需求而提供的通信能力。任何一种业务都具有它本身的业务特色，体现在用户使用业务时所感受到的最基本的业务单元之中。这个基本业务单元称为业务特征。业务特征也表示网络向用户提供的业务能力。

一种业务可以只具有一种业务特征，也可以具有几种业务特征。如免费电话业务至少需要两个业务特征：其一是有一个号码；其二为反向计费，由被叫集中计费，主叫用户无需付费；再如通用个人通信业务，需具有验证、跟踪呼叫、个人号码以及分摊计费四个业务特征。而有些业务则只需一个业务特征即可实现，如呼叫前转、大众呼叫等业务。此外，还可以选择所需要的其他业务特征来加强某种业务，以提供更丰富的能力。就电话业务而言，这就对应于在基本电话业务的基础上增加一些满足用户要求的性能，或者说是具有一些特色的电话业务。

根据 ITU－T Q.1200 系列建议，在智能网第一阶段（IN CS－1）中定义了 25 种标志性业务和 38 种业务特征。其 25 种标志性业务如表 3–2 所示。

表 3–2　IN CS－1 定义的 25 种标志性业务

业务名称	缩写	业务名称	缩写
1. 缩位拨号	ABD	14. 大众呼叫	MAS
2. 记账卡呼叫	ACC	15. 呼叫筛选	OCS
3. 自动更换记账卡	AAB	16. 附加计费	PRM
4. 呼叫分配	CD	17. 保密筛选	SEC
5. 呼叫转移	CF	18. 遇忙/无应答转移	SCF
6. 呼叫重选路由分配	CRD	19. 分离计费	SPL
7. 遇忙回叫	CCBS	20. 电话选举	VOT
8. 会议电话	CON	21. 呼入筛选	TCS
9. 信用卡呼叫	CCC	22. 全球接入号码	UAN
10. 目的地呼叫路由寻找	DCR	23. 全球个人通信	UPT
11. 跟踪呼叫	FMD	24. 用户定义的路由寻找	UDR
12. 被叫集中付费	FPH	25. 虚拟专用网	VPN
13. 恶意呼叫识别	MCI		

对于给定的业务而言，其包含的业务特征可分为两类：一类是核心业务特征，另一类是任选业务特征。核心业务特征是业务必须具备的特征，每种业务至少要包含一个核心业务特征。任选业务特征可以按需要来选用，用来进一步增强业务性能。两个不同的业务至少要有一个业务特征不相同，或者至少有一个业务特征的属性不同，即在一种业务中是核心性能，而在另一种业务中是任选性能。

需要指出的是，即使是同样的业务，各国在部署自己的智能网时，也可以赋予不同的业务特征，不必和 ITU－T 的规定相同。例如我国定义的 800 业务包含 2 个核心业务特征和 9

个任选业务特征。

(1) 核心业务特征

① 单一号码(ONE) 表示一个业务用户对应为唯一的一个号码(但可映射为多个终端)。

② 反向计费(REVC) 表示该业务呼叫是被叫付费。

(2) 任选业务特征

① 按发送端位置选路(ODR) 表示根据主叫所在的地理位置选择终接目标地址。例如:某800用户在上海、北京和广州设有分公司,从苏州拨打该800号码就将被接往上海分公司的电话。

② 按时间选路(TDR) 表示根据发话时间选择终接目标地址。例如:上述800用户在下班后只在北京设有值班话务员,则在上班时间按照主叫地理位置选择目的地,在下班时间一律接往北京。

③ 呼叫阻截(OCS) 表示阻止从某些地区发起该呼叫。例如:为了节省费用,800用户可以规定只允许本地用户拨打该号码,拒绝长途呼叫该号码。

④ 密码接入(AUTZ) 表示主叫必须通过密码认证后才能使用该业务。例如:该800号码只是给企业内部员工出差时使用的,因此使用前必须要输入密码。

⑤ 有条件呼叫前转(CFC) 表示当业务控制点给出的目的终端忙或无应答时,可以另行选择一个终端,以提高800呼叫的接通率。

⑥ 呼叫分配(CD) 表示可以按照给定的原则将呼叫分配给相应的目的终端。例如:某连锁店申请了800业务,它可以根据各连锁店的规模大小分配接受800呼叫的比例。

⑦ 呼叫提示(OUT) 表示该业务可向主叫发送提示信息,例如指示主叫如何按键操作的录音通知等。

⑧ 呼叫间隙(GAP) 表示在规定的时间间隔内呼叫该800号码的数量限制。例如,可根据设置的话务员数目确定允许的来话呼叫密度,防止使用者过长时间地等候。

⑨ 呼叫限制(LIM) 表示转接至某目的地的呼叫次数的限制,以防止该目的地遇忙,无效占用网络资源。

2. 全局功能平面

全局功能平面(GFP)主要是面向业务设计者,也是面向业务生成的平面。它包括的功能部分有基本呼叫处理部分(BCP)、业务独立构件(SIB)、BCP和SIB之间的起始点(POI)与返回点(POR)。在业务平面中的一个业务特征需要总功能平面中几个SIB来实施。在这个平面上把智能网看作一个整体,即把SSP、SCP、IP等功能部件合起来作为一个整体来考虑其功能。ITU-T在这个平面上定义了一些标准的可重用功能块,称为业务无关构成块(SIB),每个功能块完成某个标准的网络功能,如号码翻译SIB、登记呼叫记录SIB等。利用这些标准的功能块可以像搭积木一样搭配出不同的SF,进而构成不同的业务。例如800号码业务,在设计业务逻辑时必然要用到号码翻译SIB,这时需指明该SIB的输入数据是800号码,而该SIB的输出结果就是翻译后的真正被叫号码。一个SIB可以被重复使用来定义各种不同业务的SF,不同的SIB组合方法再配以适当的参数就构成了不同的业务。将SIB组合在一起所形成的SIB链接关系就称为该业务的"全局业务逻辑(GSL)",不同的

GSL可以调用同一个SIB，同一个GSL也可多次调用同一个SIB，不同的GSL实现不同的业务。SP中的一个SF需要GFP中的几个SIB来实施。

采用上述原理，业务设计者只需描述一个业务需要用哪些SIB、这些SIB之间的先后顺序以及每个SIB的输入/输出参数等，即可完成一个业务的设计，这就使得业务的设计既标准又快速、灵活，为迅速地设计、开发新业务打下了基础。

图3-30给出了采用SIB来定义800号业务的业务逻辑的例子，图中的每个方块是一个SIB。为描述简便起见，这里的800号业务只完成简单的号码翻译功能。

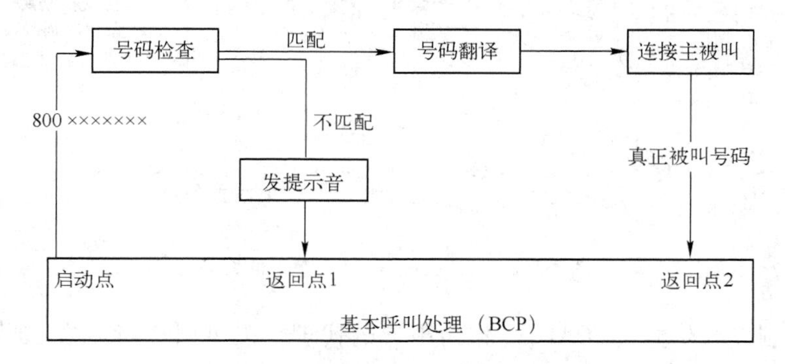

图3-30 800号码业务的业务逻辑

启动点是从交换机上报IN业务呼叫事件，启动800号业务的业务逻辑；返回点1是当检查的呼叫号码不匹配时，要返回交换机给用户发提示音；返回点2则是业务逻辑命令交换机根据译码结果连接主被叫，完成本次智能呼叫。

需要指出的是，图中的基本呼叫处理（BCP）是一个特殊的SIB，每个逻辑业务中都必须用到。BCP实际上就是交换机中的呼叫处理功能，负责向业务逻辑上报发生的各种智能呼叫事件，之后再接收由业务逻辑发回来的呼叫控制命令，完成一次呼叫。

3. 分布功能平面

分布功能平面（DFP）是在IN中如何分布各种功能的一种模型。它描述智能网内部各功能实体的划分及其实现，并定义了功能实体的实现模型和规定了功能实体间的信息流。

在分布功能平面上有各种不同的功能实体（FE），每个功能实体完成智能网的一部分特定功能，如呼叫控制功能、业务控制功能等。各个功能实体之间采用标准信息流进行联系。功能实体，以及信息流的规范描述都与它们的物理实现无关。它们为智能网开发者提供了一个逻辑上的高层模型，只说明一个功能实体需具有什么样的功能，而不关心这些功能将由哪种语言或硬件平台来实现。

分布功能平面中的功能实体确定了对应的物理实体的性能，每一个功能实体必须转换到一个物理实体中，但一个物理实体可以包括一个或多个功能实体。

在全局功能平面中，智能网被视为一个整体，所定义的每个SIB都完成某种独立的功能，但并不关心这种功能具体是由哪些部分智能网设备来实现的。分布功能平面则对智能网的各种功能加以划分，从网络设计者的角度来描述智能网的功能结构。

CS-1的分布功能平面结构如图3-31所示。其中SSF和CCF始终位于一起，即添加了SSF功能的程控交换机中，必须也添加CCF功能。单独的CCF对应于常规的程控交换机，

CCAF 位于接有终端电话用户的端局或汇接局中。各类功能实体之间的接口共有 13 种，用 A ~ M 表示。其中的功能实体有下面几种类型。

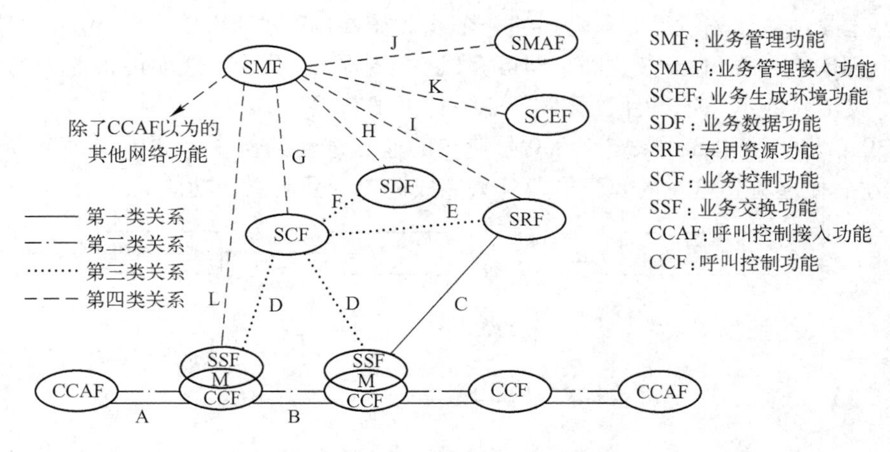

图 3-31　CS－1 的分布功能平面结构

① 呼叫控制接入功能（CCAF）　作为用户的代理，提供用户与网络呼叫控制功能之间的接口。相当于交换机中的用户－网络接口。

② 呼叫控制功能（CCF）　通常就是数字程控交换机，它处理所有的呼叫，不管是基本业务还是智能业务，还能识别出一个将由智能网来处理的业务。

③ 业务交换功能（SSF）　是 CCF 和 SCF 之间的接口。负责智能业务的识别并与 SCF 的业务逻辑交互操作，提供 CCF 和 SCF 之间的通信，并进行二者之间的消息格式转换。

④ 业务控制功能（SCF）　即智能网呼叫业务逻辑，提供智能网业务的控制。SCF 在控制过程中需要与其他功能实体交互，包括 SSF/CCF、SRF 和 SDF。SCF 由 SMF 来管理。

⑤ 业务数据功能（SDF）　它是智能网的数据库，存放各种用户、网络和业务数据。

⑥ 专用资源功能（SRF）　提供智能网业务处理过程中所需的专用数据，进行必要的媒体处理。如双音频数据接收器、发送语音提示、进行语音合成、接收用户的二次拨号等。

⑦ 业务生成环境功能（SCEF）　用来定义、开发和测试智能网业务，并使其装载到业务管理功能中。SCEF 的装载输出包括业务逻辑、业务管理逻辑、业务数据模型和业务触发信息。

⑧ 业务管理功能（SMF）　管理智能网业务的开通、运行和维护。凡要提供的新业务均由 SMF 下载到 SCF。

⑨ 业务管理接入功能（SMAF）　提供业务管理者与 SMF 之间的接口，是对业务管理系统进行操作的人机界面，为操作员和用户设置的，使其可以通过 SMF 来管理智能网业务。

4. 物理平面

物理平面（PP）用来标志各个物理实体，以及这些实体之间的接口，描述分布功能平面上划分的各功能实体物理上组合成实际应用系统的各种可能方案，以及规定系统各物理实体间实现分布功能平面中信息流的具体信息协议，指明功能实体与物理实体之间的映射关系。这里指的可能方案即通常所说的智能网体系结构。

物理实体是从网络实施者的角度来考虑的。它表明了分布功能平面中的功能实体可以在哪些物理节点中实现。

智能网一般由业务交换点（SSP）、业务控制点（SCP）、信令转接点（STP）、智能外设（IP）、业务管理系统（SMS）、业务生成环境（SCE）等几部分组成，如图3-32所示。

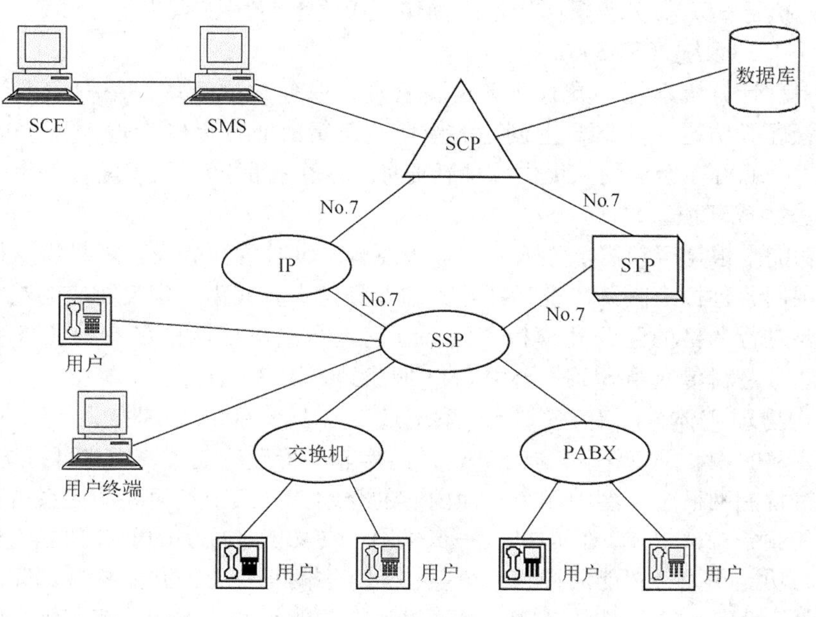

图3-32　智能网的总体结构

（1）业务交换点（SSP）

SSP具有呼叫处理功能和业务交换功能。呼叫处理功能接收用户呼叫、执行呼叫建立和呼叫保持等基本接续功能；业务交换功能接收、识别智能业务呼叫，并向SCP报告，接收SCP发来的控制命令。SSP一般以原有的数字程控交换机为基础，升级软件，增加必要的硬件以及NO.7信令网的接口。目前我国智能网采用的SSP一般内置IP，SSP通常包括业务交换功能（SSF）和呼叫控制功能（CCF），还可以含有一些可选功能，如专用资源功能（SRF）、业务控制功能（SCF）、业务数据功能（SDF）等。

（2）业务控制点（SCP）

SCP是智能网的核心。它存储用户数据和业务逻辑，其主要功能是接收SSP送来的查询信息，并查询数据库，进行各种译码。它根据SSP送来的呼叫事件启动不同的业务逻辑，根据业务逻辑向相应的SSP发出呼叫控制指令，从而实现各种各样的智能呼叫。SCP一般由大、中型计算机和大型实时高速数据库构成，要求具有高度的可靠性，双备份配置。若数据库作为独立节点设置，则称为业务数据点（SDP）。目前我国智能网采用的SCP一般内置SDP，一个SCP含有业务控制功能和业务数据功能。

（3）信令转接点（STP）

STP实际上是NO.7信令网的组成部分。在智能网中，STP双备份配置，用于沟通SSP与SCP之间的信令联系，其功能是转接NO.7信令。它通常是分组交换机，在网中的配置是双备份的。

（4）智能外设（IP）

IP是协助完成智能业务的特殊资源，通常具有各种语音功能，如语声合成、播放录音通知、进行语音识别等。IP可以是一个独立的物理设备，也可以是SSP的一部分。它接受SCP的控制，执行SCP业务逻辑所指定的操作。IP含有专用资源功能（SRF）。

（5）业务管理系统（SMS）

SMS是一种计算机系统。具有业务逻辑管理、业务数据管理、用户数据管理、业务监测和业务量管理等功能。在SCE上创建的新业务逻辑由业务提供者输入到SMS中，SMS再将其装入SCP，就可在通信网上提供该项新业务。一个智能网一般仅配置一个SMS。

（6）业务生成环境（SCE）

SCE的功能是根据客户需求生成新的业务逻辑。SCE为业务设计者提供友好的图形编辑界面。客户利用各种标准图元，设计新业务的业务逻辑，并为之定义相应的数据。业务设计好后，还需要进行严格的验证和模拟，以保证它不会给电信网中已有的业务带来损害。此后，才将此业务逻辑传送给SMS，再由SMS加载到SCP上运行。

除了上述物理实体外，有些智能网系统还单独具备业务管理接入点（SMAP），通常SMAP包含在SMS中，SMAP中含有SMAF，使得业务管理者或某些用户可以访问SMS。

以上是对智能网概念模型中四个平面内容的介绍，其四个平面间的关系可概括为：业务平面由业务和业务特征组成，它们可进一步采用全局功能平面中的业务独立构件来加以描述和实现；全局功能平面将智能网视为一个整体，其中的每个业务独立构件都完成某种标准的网络功能，每个业务对立构件的功能又是通过分布功能平面上不同功能实体之间协调工作来完成的，不同功能实体之间的协调是通过标准的智能网接口（IF）来实现的，以上三个平面之间的逻辑从上到下逐层细化。但分布功能平面和物理平面之间的关系则说明了各个功能实体是在哪些物理实体中实现的，是软件功能在硬件设备上的定位关系。

3.4.3 智能网的发展与应用

智能网技术首先在固定电话网中得到了应用。在国外，经过多年发展，固定智能网技术已经成熟，智能网设备主要由爱立信、西门子、阿尔法特、北电等跨国电信公司提供。

我国从1992年开始研究智能网技术。以北京邮电大学、原邮电部传输所等为代表的一些院所开始对智能网的体系结构、协议标准、试验系统等展开研究，并迅速完成了一些有价值的研究成果。在国家“863”计划的支持下，1995年北京邮电大学率先开发出国内第一个基于IN CS－1的智能网系统CIN02，1998年又完成了基于IN CS－2的智能网系统CIN03并迅速转入实际应用。随后几年，在国家科技部和信息产业部的支持下，华为公司等通信设备厂商相继开发出一系列具有自主知识产权的智能网设备，并在中国电信、中国移动和中国网通等运营公司的网络上大规模投入使用。我国自主开发的设备占国内固定智能网市场份额95%以上，并进入国际市场。智能网技术成为我国电信制造业自主研发与应用最成功的项目之一。

智能网的具体实现中，其组网结构主要有嵌入网和叠加网两种。

嵌入网是指对通信网中所有交换机都进行改造，使之具有业务交换点功能。每个业务交换点均与一个业务控制点相连。嵌入网方式可以直接监视并控制各交换局下用户的行为，因而可以大大改善智能网的服务性能，并有利于扩大智能业务的种类。其结构示意图如

图 3-33 所示。

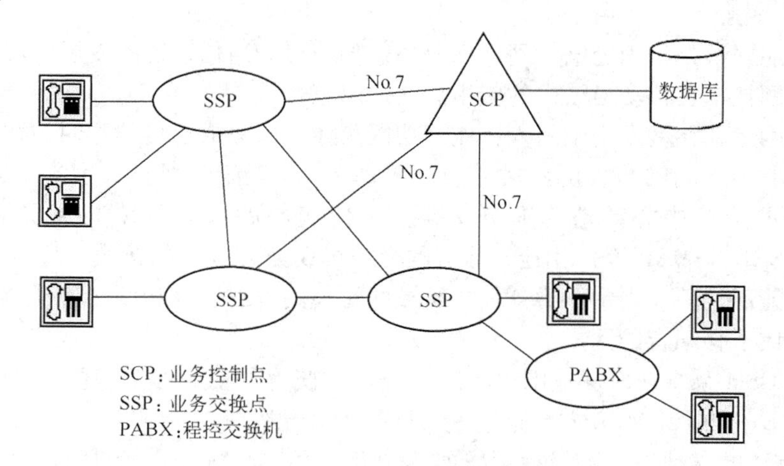

图 3-33 嵌入网结构示意图

叠加网是将电话网服务范围内的某种智能呼叫全部汇接至一个交换局，将该交换局配以适当的软、硬件，使之具有业务交换点功能，并将它与业务控制点相连。在叠加网方式下，必须为每种智能业务规定一特殊字头。如被叫付费业务为 800 号，呼叫卡业务为 200 号等。

叠加网的示意图如图 3-34 所示。

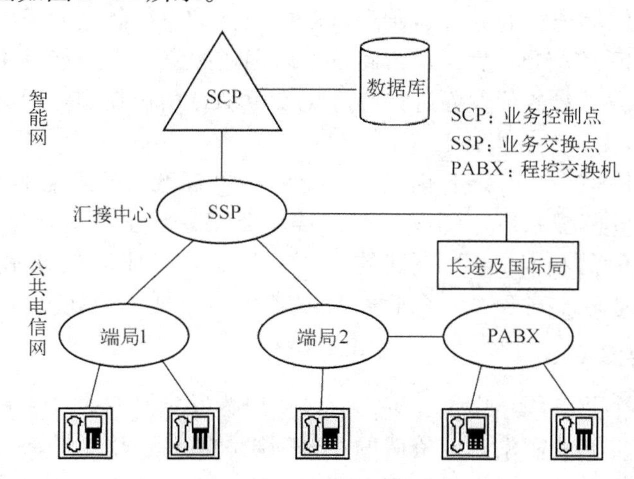

图 3-34 叠加网的示意图

其工作方式为：当一用户拨叫智能业务时，根据字头，用户所在交换机将该呼叫连接至叠加网中具有业务交换点功能的汇接中心（该汇接中心专门用于处理智能业务），汇接中心利用 No. 7 信令或多频互控信号接收用户所拨的号码，以及主叫用户号码等信息，以后的全部呼叫过程（包括呼叫以及计费）均由汇接中心管理，而与主叫局无关。

采用叠加网方式，可提供智能业务的性能和种类将受到信令系统以及编号资源的限制，但这种方式较嵌入网投资小，速度快。一般在一个城市（或一个本地网）设立一个处理智能业务的汇接中心即可迅速提供一些急需的智能业务。如果一个城市的智能业务量很大，则这样的汇接中心可以设置几个。

1. 移动智能网

早期的智能网都是给固定电话网提高业务，随着移动通信系统的发展，市场与技术的需求促进了智能网技术在移动通信中的应用。

移动智能网是在移动网络中引入智能网功能实体，以完成对移动呼叫的智能控制的一种网络。它是现有的移动网与智能网的结合。借助于 No.7 信令网和大型集中式数据库的支持，将移动网的交换中心改造为业务交换点，使底层的移动网络与高层的智能网设备（SCP、SMP、SCE、SMAP 等）相连，原有的交换机仅完成基本的接续功能，业务的实现集中到新设的功能部件——由中小型计算机组成的智能网设备上，从而将移动交换与业务分开实现，从而形成了移动智能网。

由于早期 GSM 系统在全球范围内的广泛应用，使得早期的移动智能网研究主要集中在 GSM 体系上，ETSI 的 CAMEL 方案是这一领域的主流方案。

应用于 GSM 的移动网络增强型逻辑的客户化应用（CAMEL）的目标是解决 GSM 移动通信网与智能网互联问题。CAMEL 为网络运营商提供一种机制向用户提供非标准的 GSM 业务，甚至在以后漫游出归属位置时，也可以向用户提供在归属区内时同样的业务。CAMEL 也采用分阶段方法制定标准。其中，CAMEL1 和 CAMEL2 分别于 1997 年和 1998 年推出，适用于 GSM 系统；CAMEL3 和 CAMEL4 适用于 GPRS 网络。CAMEL 标准充分重用固定智能网技术，只定义网络结构和控制协议。但是和固定智能网不同的是，CAMEL 并不定义任何业务特征，也不定义任何标志性业务，运营商可以根据标准自行制定业务规范。

在 GSM 系统中引入 CAMEL 后，运营商就可以通过建立一个智能网平台，定义和实施新的增值业务，而且不需要对各项业务进行标准化就可满足用户在实际国际漫游的同时享受与归属网络同样的服务。

北美的移动智能网称为“无线智能网”（WIN）。其标准由美国电信工业协会（TIA）负责制定，可以在 AMPS 模拟系统、CDMA 和 TDMA 数字系统上部署。同样，WIN 也采用分阶段方法制定标准。但是和 CAMEL 不同的是，WIN 是业务驱动的技术，各个阶段的 WIN 有其特定适用的智能业务，对于每一个业务 WIN 都制定了详细的规范。

2. 综合智能平台体系结构

智能网可以为各个业务网路提供业务，它既可以为固定网提供业务也可以为移动网提供业务，为了满足业务发展的需求以及资源的充分利用和共享，引出了一种新的智能网应用体系——综合智能网的体系。为了提供综合智能网，需要有一个提供综合智能网业务的平台，包括用于综合智能平台的业务控制点（ISCP）、业务交换点（ISSP）、业务管理点（ISMP）。但是这些业务节点可能就是原来网路中存在的智能网节点，也可以是根据业务和网络的情况新建的相应的智能网节点。提供综合业务的智能网节点称为综合智能网的节点。综合智能网的节点的主要功能与普通的智能网的功能相同，但是由于要提供一些综合的功能，因此在功能上有以下特点。

（1）SCP 的附加功能要求

SCP 具有访问数据库的功能；支持多种协议，可与第三方的服务器连接，使第三方能够通过综合智能网提供业务；具有 SCP 间的互访功能；具有与 RADIUS 服务器互通的功能以及具有转移控制（TOC）的功能。

（2）SDP的主要功能

ISDP如充值中心，具有综合的业务数据功能，当ISCP在运行业务逻辑的过程中需要到独立的数据库提取数据或修改数据信息时，则会向ISDP发送相应的操作。

3. 综合智能网能够提供的典型新业务

（1）预付费统一账号业务

这种业务的提出首先是由多业务网路的经营者提出的，预付费统一账号业务的特点是预付费和统一的账号。预付费与现在的卡类的预付费业务是相同的，是一种用户预先付费的业务。而统一账号业务是在一个多业务运营的环境下使用一个预付费的账号可以提供多种服务，如可用于固定用户的卡类呼叫、移动用户的预付费呼叫、IP电话呼叫、拨号上网业务等，即用户买一张卡就可以有多种用途，改变了一张卡只能提供一种业务的状况，给用户提供了方便。用户除了可以使用CDMA预付费手机或GSM预付费手机拨打电话和接收电话外，也可以使用固定智能网中的预付费业务（记账卡业务）、个人通信业务、IP电话业务和拨号上网业务等。用户使用这些业务所发生的费用都从一个统一的账号实时扣除，并且用户可以通过充值卡和银行卡对这个统一账号进行充值。由于一个账号可以同时支持多种呼叫，而且会在同一个时间发生这些呼叫，因此在同一个账号下同时存在多个呼叫时，系统应能按照预先设定的规则分配呼叫的余额，并且在通话过程中控制呼叫的费用。

（2）综合VPN业务

综合VPN业务是一个利用公用网的资源提供虚拟专用网的业务。它的主要特点是VPN集团的成员可包括多个业务网的用户，如可包括固定网用户、GSM用户、CDMA的用户和IP用户，或只包括其中一个或两个网的用户。综合VPN业务打破了单个业务网组VPN集团的界限，给VPN的组网带来了灵活性，综合VPN业务是利用综合智能网提供的。

4. 智能网与Internet

智能网与Internet互通的设想最初是国际互联网工程任务组（IETF）提出的，并于1997年7月成立了PINT（PSTN/Internet Interworking）工作组，专门研究智能网与Internet的互通，研究如何通过Internet（主要是web方式）访问、控制和增强PSTN业务。但PITN只讨论了Internet侧发起的PSTN业务，PSTN与Internet之间不需要建立承载关系。而IETF成立的另一个相关工作组SPIRITS研究支持将PSTN侧的事件报告给Internet域中的实体的体系结构和协议，考虑从PSTN侧触发Internet域的业务。另外ITU-T于1997年9月在其第十一研究组内成立了一个专项研究小组，主要研究如何利用智能网结构来支持IN/Internet互通业务，包括业务、结构、管理和安全等方面的内容，并将这方面的研究纳入了IN CS-3及CS-4研究计划的范围。在IN CS-4文稿中，已经提出了智能网支持Internet的增强型高能结构模型，该结构模型中可以支持目前智能网与Internet互通所提出的所有业务，但该模型中的某些功能节点的构成和接口协议还需要进一步完善。

除了IETF和ITU-T两个标准化组织以外，欧洲EURESCOMP916-PE计划等也在研究和实验智能网对H.323协议的支持，使得现有的PSTN智能业务也被IP电话用户使用。

5. 智能网向下一代网络的演进

无论是从2G到3G，3G到4G，还是从PSTN到NGN，通信系统的特性决定了网络的演进必然是平滑过渡、长期渐进的过程。现有的各类智能网系统（包括固定智能网、移动智能网、综合智能网等）也应随着网络的发展实现平滑演进，并最终走向融合。

首先，在业务的开发、接入、管理等方面，一方面引入 Internet 标准化协议和接口（XML/VXML）实现向 Internet 领域的逐步开放，另一方面通过不断标准化的外部接口协议实现与网管、计费及企业信息网等的互连互通，在丰富业务能力的同时为网络的平滑演进奠定基础。

其次，随网络的演进，智能网作为核心网络实体融入 3G 系统中，除继续提供传统的基于电路交换的话音增值业务，还将通过对新增控制业务（Parlay API，SIP 等）的开发，提供基于分组交换的语音和多媒体增值业务，实现语音与数据增值业务的融合。

最后，作为未来通信系统业务系统的关键技术，智能网将完全过渡到 OSA 框架结构中，以 API 形式的接口向第三方 SP 提供多种业务能力特征（SCF），并向各种网络用户提供无缝智能业务，实现各类智能网系统的最终融合和业务网络的完全开放。

3.5 电话网关实验

3.5.1 实验环境

1. 公用电话交换网络

自从 1870 年电话出现以来，电话通信以其通信迅速、使用简便、通信质量好，系统容量大的优点，占据了日常电信业务的很大一部分。目前大量使用的普通电话网（公用电话交换网络 PSTN）主要采用电路交换技术和 No. 7 信令。公用电话网由若干个交换局、局间中继、用户线和电话终端组成，采用电路交换方式，为用户提供实时的电话业务。

2. 双音多频电话机

双音多频（DTMF）电话机使用音频按钮盘，按国际电报电话咨询委员会建议，键盘设 16 个按钮，选用了音频范围的 8 个频率，如图 3-35 所示，697、770、852、941 Hz 四个频率为低频组；1209、1336、1477、1633 Hz 四个频率为高频组。每按一个按钮，话机就同时产生并发送相对应的一个高频组频率与一个低频组频率，因此称为双音多频自动电话机。

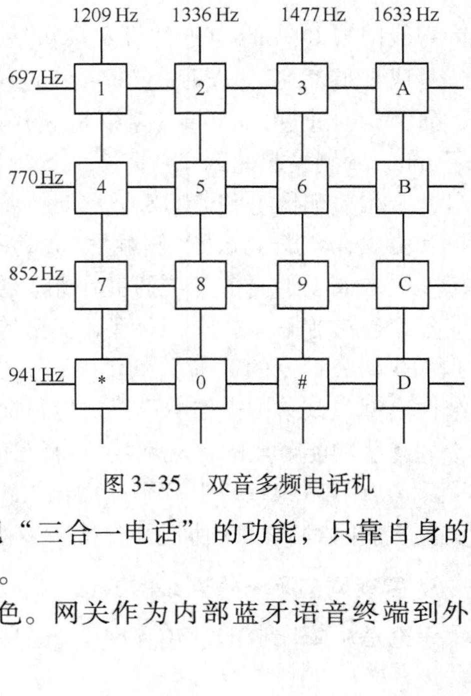

	1209 Hz	1336 Hz	1477 Hz	1633 Hz
697 Hz	1	2	3	A
770 Hz	4	5	6	B
852 Hz	7	8	9	C
941 Hz	*	0	#	D

图 3-35 双音多频电话机

3. 基于蓝牙技术的 PSTN 接入系统

在蓝牙的各种应用中，“三合一电话”是指蜂窝手机、PSTN 网电话、企业内部电话三种功能集成在一部具有蓝牙功能的语音终端上，要实现“三合一电话”的功能，只靠自身的蓝牙功能是不可能的，它还需要蓝牙电话网关的支持。

无绳电话应用模型定义了网关和终端两个角色。网关作为内部蓝牙语音终端到外部

PSTN 电话网的接入点，处理内部蓝牙语音终端与外部网络的信息交流并对无线用户组成员进行管理。终端是用户终端，该终端可以是一个无绳电话、带有无绳电话模型的蜂窝电话或带有无绳电话功能的个人电脑。

PSTN 接入系统的设计利用的是蓝牙规范无绳电话应用模型。无绳电话应用模型的基础是蓝牙二元电话控制协议规范（TCS 二进位的：电话技术控制协议规格二进位的）。它是一种面向比特的协议，定义了蓝牙设备间建立语音和数据呼叫的控制信令，以及处理蓝牙 TCS 设备群的移动管理进程。TCS 信令和 PSTN 信令的转换是通过拨号电路和并口检测功能实现的。呼出操作中，网关收到包含电话号码的 TCS 信令后拨号电路 PSTN 电话网拨号。在空闲状态网关在不停地检测并口，当检测到 4 秒高，1 秒低电平信号时网关应用程序就接收到外部来电。

4. 无绳电话的连接步骤

（1）物理链路连接过程

在物理链路连接过程中，网关的应用层首先应当在初始化时对基带进行设置，在设置时应满足通用连接应用模型中规定的安全模式，该安全模式还要求在建立过程中进行鉴权，只有拥有与网关连接权力（拥有网关的个人密码）的终端才能与网关建立联系。在收到另一蓝牙设备提出的建链请求后，网关应用层应当根据自身的情况（当前已建立的物理链路的数目等）选择是否拒绝该请求。如果同意接受对方的建链请求，网关应用层还应当要求进行角色转换。这是因为在无绳电话应用模型中，网关应当充当主设备。而在鉴权过程中，网关应用层还应给出自身的密码，以便拒绝一部分不合法的用户建链请求。

（2）服务发现过程

对于网关的应用层来说，只需要在进行初始化的时候，将网关提供的服务在 DBM 当中注册。在整个服务发现过程之中，网关的应用层并不介入该过程。终端查询与之建立物理连接的设备是否具备无绳电话服务，如果存在才继续建立逻辑链路，否则断开物理链路。

（3）TCS 逻辑链路建立过程

服务发现过程结束后，在物理链路之上建立逻辑链路。在无绳电话应用模型中，逻辑链路就是 TCS 链路，它应当由终端的应用层来发起。在网关和终端建立起了逻辑链路后，应长时间地保持逻辑链路。

（4）无绳链路建立过程

无绳电话是在逻辑链路的基础上由网关或终端的应用层发起的。其触发条件有两种：一是外部网络来电话，二是向外拨打电话。

（5）与外部网络的连接过程

网关应用层控制拨号电路对外部 PSTN 拨号，从而与外部网络用户建立呼叫连接。网关通过并口检测到外部来电，也属于与外部网络的连接。这实际上是 TCS 信令与 PSTN 电话网信令的一种转化过程。

5. 呼叫建立过程和呼叫清除过程

呼叫建立过程由发起呼叫一方发出呼叫请求，被叫一方发出连接请求。连接请求分为两部分，首先是语音链路连接请求，二是电话控制（TCS）链路连接请求。呼叫清除首先要断开连接（语音链路和 TCS 链路），然后释放信道资源，回到空闲状态。

3.5.2 实验目的

① 理解电话网接入系统的实现模式。
② 了解 PSTN 电话网关和无线语音终端的工作过程。
③ 加深对无线语音传输的理解。

3.5.3 实验设备

① 具有 WINDOWS 98/2000/NT/XP/7 操作系统的计算机　2 台
② 蓝牙模块 SEMIT 6603　2 台
③ 话筒　2 只
④ 耳机　2 只
⑤ 网关接入模拟软件　1 套

3.5.4 实验步骤

（1）硬件连接

关闭计算机和蓝牙模块电源，用 2 根串口线分别连接两台计算机和蓝牙模块 SEMIT 6603 的串口，将送话器和耳机插入蓝牙模块上对应插孔。将蓝牙模块的 USB/串口选择开关打到串口上。检查无误后接通电源。

（2）运行软件

在一台计算机上运行“电话网接入实验（网关）”程序，选择使用的串口，进入网关实验界面。在另一台计算上运行“电话网接入实验（终端）”程序，选择使用的串口，进入电话终端实验界面。

（3）建立链路

点击终端程序的“建立连接”按钮，进入建立连接界面，首先点击“查询设备”按钮查询周围的蓝牙设备，查询结束后选择要连接的蓝牙设备，建立物理连接。然后点击“服务查询”查询其他蓝牙设备提供的服务，查询结束后，建立相应的逻辑链路。

（4）网关接入

点击终端程序的“拨打电话”按钮，模拟拨话。通过蓝牙上连接的送话器和耳机，检测拨话是否接通。观测右边窗口的信令转移情况，并记录信令转移的步骤，观测左下方窗口中的电话线上波形。

习题

3-1　简述我国现有的电话网结构。
3-2　介绍数字程控交换机的路由种类及选择方式。
3-3　简要说明采用分级控制的数字程控交换机的结构。
3-4　简述数字程控交换机交换软件的基本组成。
3-5　试简要叙述交换技术发展过程中的几个重要阶段。

3-6 数字程控交换机可分为集中控制和分散控制两种控制方式，试分别说明其优缺点。

3-7 试描述程控交换机的基本接续过程，并用用户状态迁移图表示呼叫接续过程。

3-8 画图说明我国信令网的等级结构。

3-9 时钟的同步方式主要有哪几种？

3-10 我国数字同步网可划分为哪几级时钟？

3-11 简述电信管理网的组成。

3-12 智能网的核心思想及目标是什么？

3-13 业务控制和交换控制分离的含义是什么？为什么它有助于业务的快速引入？

3-14 说明概念模型中四层平面之间的映射关系。

3-15 简述智能网在实现过程中其组网结构有哪两种？

3-16 试分析移动智能网有哪些优点？

第 4 章　数据通信技术

4.1　数据通信概述

4.1.1　数据通信的特点

在电信领域中，信息一般可分为语音、数据和图像 3 大类型。数据是具有某种含义的数字信号的组合，如字母、数字和符号等。这些字母、数字和符号在传输时，可以用离散的数字信号准确地表达出来，例如可以用不同极性的电压、电流或脉冲来代表。数据通信是在数据信道上进行传输这样的数据信号，数据信号到达接收地点后再正确地恢复出原始发送的数据信息。

数据通信和电报、电话通信相比，数据通信有如下特点：

① 数据通信是人–机或机–机通信，计算机直接参与通信是数据通信的重要特征。

② 由于数据传输的准确性和可靠性要求高，因此必须采用严格的差错控制技术。

③ 数据传输速率高，要求接续和传输响应时间短。

④ 通信持续时间差异大。

数据通信的发展与原有通信网资源有着密切的关系。在发展初期，主要利用专线构架多种专用系统。这一阶段发展速度很快，致使租用线路紧张，不能满足使用要求，因此就开始考虑利用电报、电话网进行数据通信。20 世纪 60 年代初，美国首先对电话网进行调查、测试和研究，在电话网中开放了数据业务，到 20 世纪 60 年代中期，西欧、日本等技术先进的国家也先后在电话网开放了数据业务。随着数据业务的增长和通信技术的快速发展，到 20 世纪 70 年代，一些国家逐步建立起了公用数据网。

4.1.2　数据通信系统构成

数据通信系统包括两方面内容：一个方面是研究信道的组成、连接、控制以及使用，另一个方面是研究信号如何在信道上传输和控制。

任何一个数据通信系统都是由数据终端设备（DTE）、数据电路终端设备（DCE）和传输信道 3 部分组成，如图 4–1 所示是数据通信系统的基本构成。由图 4–1 可看出，远端的 DTE 设备通过数据电路与计算机系统相连，数据电路由传输信道和 DCE 组成。

DTE：用于发送和接收数据的设备称为数据终端设备。DTE 可能是大、中、小型计算机或 PC，也可能是一台只接收数据的打印机，DTE 属于用户范畴，其种类繁多，功能差别较大。从计算机和计算机通信系统的观点来看，终端是输入/输出的工具；从数据通信网络的角度来看，计算机和终端都称为网络的数据终端设备。

DCE：用来连接 DTE 与数据通信网络的设备称为 DCE，该设备是作为用户设备入网的

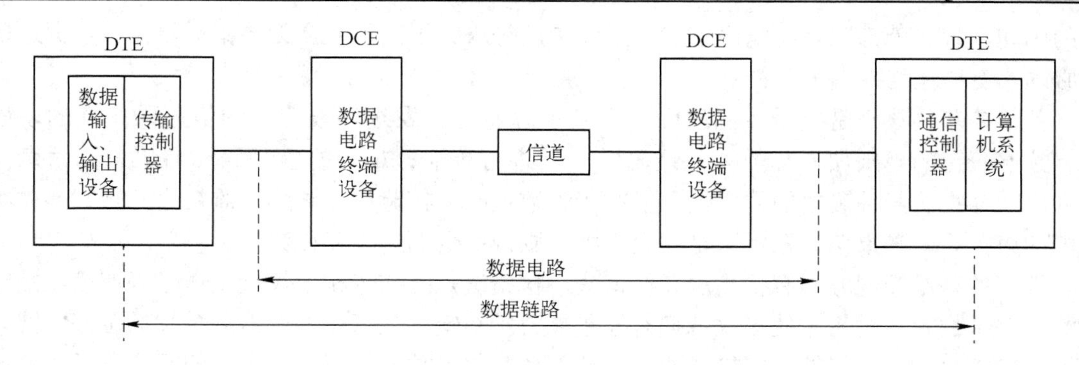

图 4-1　数据通信系统模型

连接点。DCE 的功能就是完成数据信号的变换。因为传输信号可能是模拟的，也可能是数字的，DTE 发出的数据信号不一定适合在信道传输，所以需要把数据信号变成适合信道传输的信号。如果使用模拟信道传输数据，要对数据信号进行数模变换，方法就是调制，而接收端收到信号后要进行相应的反变换，即模数变换，这就是解调，而实现调制与解调的设备称为调制解调器，因此调制解调器就是模拟信道的数据电路终端设备。利用数字信道传输信号时不需调制解调器，但 DTE 发出的数据信号也要经过某些变换才能有效而可靠地传输，对应的 DCE 即数据服务单元，其功能是完成码型和电平的转换，使信道特性均衡，形成同步时钟信号，控制连接的建立、保持和拆除，维护测试等。

数据电路指的是在线路或信道上加入信号变换设备之后形成的二进制比特流通路，它由传输信道及其两端的 DCE 设备组成。数据链路是在已建立的数据电路基础上，通过发送方和接收方之间交换“握手”信号，经双方确认后方可开始数据传输。

传输信道从不同角度有不同的分类方法，比如可分为模拟信道与数字信道，有线信道与无线信道。

数据通信和传统的电话通信的重要区别之一是，电话通信必须有人直接参加，摘机拨号，接通线路，双方都确认后才开始通话。在通话过程中有听不清楚的地方还可要求对方再讲一遍等等。在数据通信中也必须解决类似的问题，才能进行有效的通信。但由于数据通信可能没有人直接参加，就必须对传输过程按一定的规程进行控制，以便使双方能协调可靠地工作。通信线路的连接、收发双方的同步、工作方式的选择、传输差错的检测与校验、数据流的控制、数据交换过程中可能出现的异常情况的检测和恢复等操作过程，都是按双方事先约定的传输控制规程来完成的，具体工作由图 4-1 所示的传输控制器和通信控制器来完成。由图 4-1 可知，数据电路加上传输控制规程就是数据链路。实际上，通信双方要真正有效地进行数据传输，必须首先建立数据链路。正是由于数据链路要遵循严格的传输控制规程，因此使得它所提供的数据传输质量要比数据电路所提供的数据传输质量好得多。

4.1.3　差错控制技术

数据传输中出现差错有多种原因，一般可分为内部因素和外部因素。内部因素有噪音脉冲、脉动干扰、衰减、延迟失真等；在通信系统中，差错可能产生在每一个环节，但实际上干扰主要来自信道。造成传输差错的主要原因是信道上存在的噪声以及信道特性不理想而造成的码间干扰。外部因素有电磁干扰、工业噪声等。为了确保数据无差错地传输，数据通信网必须具有检错与纠错的功能。

差错控制的核心是差错控制码元，其基本思想是在发送端被传送的信息码序列的基础上，按照一定的规则加入若干“冗余码元”后进行传输；加入的监督码元与原来的信息码序列之间存在着某种确定的约束关系。在接收数据时，校验信息码元与监督码元之间事先约定的约束关系，如果该关系不满足约定规则，则说明数据传输存在错误。

常见的差错控制方式有检错法和纠错法。检错法是指在传输中仅仅发送足以使接收端能检测出差错的冗余码元，使接收端拥有检错能力。纠错法是指在发送信息时发送足够的冗余码元，使接收端不仅能够拥有检错能力，还能拥有纠错功能，但发送大量的冗余码元将会使传输效率下降。

1. 检错技术

常见的检错技术有奇偶校验和循环冗余校验。

（1）奇偶校验

最简单的检错法为奇偶校验，它是在待发送数据后加入一位冗余码元，实现差错检测。如果是偶校验，则要在待发送数据后增加一位冗余码元，使待发送数据中“1”的个数为偶数。如果是奇校验，则要在待发送数据后增加一位冗余码元，使待发送数据中“1”的个数为奇数。接收端通过检测接收到的数据中“1”的个数来判断是否有差错发生。

对于低速传输来说奇偶校验是一种令人满意的检错法。通常偶校验用于异步传输或低速传输，奇校验用于同步传输。实现奇偶校验的方式还有水平冗余校验、垂直冗余校验、水平垂直冗余校验等多种，但基本原理相同。例如信息码如果是0110001，由于目前信息码中有奇数个（3个）“1”，因此奇校验码为01100010，偶校验码为01100011。

奇偶校验虽然拥有一定的差错检测能力，但并不是十分安全可靠。如果有偶数个数据位在传输中出现差错，接收端将无法检测出差错的数据。同时，奇偶校验只有差错检测能力，没有纠错功能。但是据统计，在低速率通信系统中，所发送的数据块中出现1个比特错误的概率大于95%，因此，奇偶校验差错控制方法在低速率通信系统中是十分有效的。

（2）循环冗余校验

为了实现多位差错检测，最精确、最常用的检错技术是循环冗余校验（CRC），发送方对待发送的数据块进行CRC编码，生成相应的CRC冗余码元；接收方收到数据和冗余码元后进行同样的计算，如两者不一致，就表示有差错发生。

循环冗余校验（Cyclic Redundancy Check，CRC），因为检错能力强，编、译码电路简单，因而在数据通信中得到了广泛应用。CRC码是一种典型的线性分组码。线性分组码是将信息序列划分为等长（k位）的数据块，在每个数据块后增加n位冗余码元，构成一个新的二进制码元序列，共（$k+n$）位，最后发送出去，在冗余码元与信息码元之间满足线性关系。在接收端，则根据接收到的信息码和CRC冗余码元之间所遵循的规则进行检验，如果不满足规则，说明数据传送过程中出现了差错；如果满足规则，则可以以极高的概率认为传送过程中没有出现差错。这样的抗干扰编码方式称为线性分组码。在线性分组码中，码元序列的前半部分是需要传送的原始信息码元，后半部分是冗余码元。

循环冗余校验的基本思想是：给定一个 k 比特的帧或信息，发送装置产生一个 n 比特的校验位，称为帧校验序列（Frame Check Sequence，FCS），使得产生的这个由 $k+n$ 个比特组成的码字可被双方事先商定的整数整除，然后接收装置将收到的码字除以同样的数，如果没有余数，则认为没有错误。循环冗余检验（CRC）和帧检验序列（FCS）并不是同一个概念。CRC 是一种检错方法，而 FCS 是添加在数据后面的冗余码，在检错方法上可选用 CRC，但也可以不选用 CRC。

2. 纠错法

数据通信中常用的纠错法主要有 3 种：自动重发请求（Auto Request repeat，ARQ）、前向纠错（Forward Error Correction，FEC）和混合纠错（Hybrid Error Correction，HEC）。

（1）自动重发请求

自动重发请求（ARQ）是一种差错发生后由发送端自动重发出错数据的常用纠错法。在这种方式中，所发送出的码字只需拥有检错能力，而纠错能力不是必需的。

当发送方向接收方发送一个数据块时如果没有差错，则接收方回送一个肯定应答，即 ACK 应答指令；如果接收方检测到差错，则回送一个否定应答的 NAK 应答指令，请求发送端重发，发送方在缓存器中存有已发送数据块的副本，直到确认数据无差错之后才会将该副本从缓存区中移出。

优点：设备简单，容易实现。缺点：需要具备双向信道，而且有一定的重发时延，适合于延时小、误码率低的信道，如有线信道。

（2）前向纠错

在前向纠错法（FEC）中，发送方将发送能使接收方实现检错和纠错的冗余码元。一种经典的前向纠错法是汉明码纠错法，汉明码是贝尔实验室的科学家查理德·汉明发明的。这种方式要求所发出的码字具有较强的纠错能力，但是算法较为复杂且开销较大。

因此，前向纠错法应用于不能使用反向信道发送 ACK 或 NAK 应答信息的传输系统（例如单工传输）或用于线路传播延时较长的信道（例如卫星传输）。汉明码常用于要求重发在经济上不切实际的传输系统中，例如卫星通信传播时延为 0.5 s，而且重发费用巨大。

（3）混合纠错

上述的 ARQ 和 FEC 方式各有其优点，而混合纠错（HEC）方式是将以上两种方式综合使用。在实际通信系统中，差错控制方式的选择，要视具体传输系统情况而定。

4.2　数据交换技术

数据交换技术是指通过一定的设备，如交换机等，将不同的信号或者信号形式转换为对方可识别的信号类型从而达到通信目的的一种交换形式，网络交换技术主要有电路交换技术、报文交换技术和分组交换技术。

4.2.1 电路交换

电路交换是最早出现的一种交换方式，主要用于电话业务。电路交换的基本过程包括呼叫建立、信息传送（通话）和连接释放3个阶段，如图4-2所示。

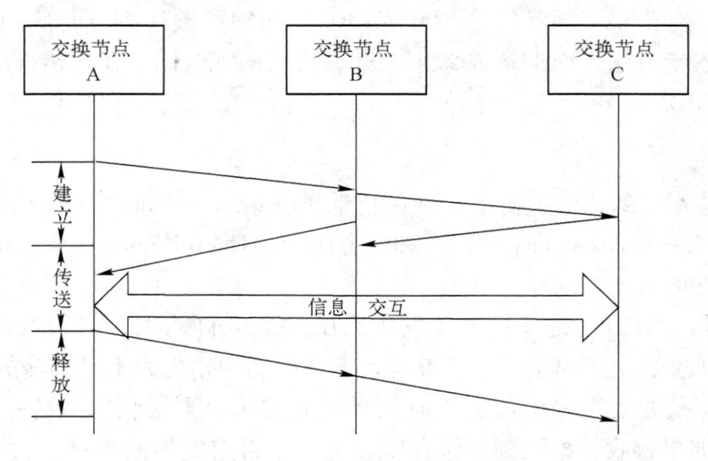

图4-2 电路交换的基本过程

在双方开始通信之前，发起通信的一方（通常称为主叫方）通过拨号将被叫方的地址通知交换节点，交换节点根据被叫方地址在主叫方和被叫方之间建立一条物理电路，呼叫建立完成。然后主叫方和被叫方可以在建立好的电路上进行通话，通信过程中双方所占用的电路将不能被其他用户使用。通信完成后，主叫方和被叫方通知相应交换节点释放通信电路，这个过程称为连接释放。这种交换方式就称为电路交换方式。

由上述过程可知，电路交换对实时性要求较高，是一种实时性的交换。当任一用户呼叫另一用户时，需要首先在两个用户之间建立电路连接；如果没有空闲的电路，呼叫就不能建立，也就无法进行后续通话。因此，对于电路交换，需要有足够的物理电路，以使呼损率能够满足规定要求。

电路交换在通信前要先建立连接，在通信过程中将一直维持这一物理连接，即使没有信息传送也要占用电路，因而电路的利用率低。由于通信前要预先建立连接，故有一定的连接建立时延，但在连接建立后可实时传送信息，传输时延一般可忽略不计。此外，由于没有差错控制措施，用于数据交换时可靠性不高。

电路交换的主要优点如下：

① 通信线路为通信双方用户专用，数据直达，所以传输数据的时延非常小。

② 通信双方之间的物理通路一旦建立，双方可以随时通信，实时性强。

③ 通信时按发送顺序传送数据，不存在失序问题。

④ 电路交换既适用于传输模拟信号，也适用于传输数字信号。

⑤ 信息传输时延非常小，实时性强。不存在失序问题，控制较简单。

⑥ 信息以数字信号的形式在数据信道上进行“透明”传输，交换机对用户的数据信息不存储、处理，交换机在处理方面的开销比较小，对用户的数据信息不用附加控制信息，使信息的传送效率较高。

⑦ 信息编码方法、信息格式以及传输控制程序等都不受限制，与交换网络无关，即可向用户提供透明的通路。

⑧ 电路交换的交换设备（交换机等）及控制较为简单。

电路交换的主要缺点如下：

① 电路交换的平均连接建立时间对计算机通信来说偏长。

② 电路交换连接建立后，物理通路被通信双方独占，即使通信线路空闲，也不能供其他用户使用，因而信道利用率低。

③ 电路交换时，数据直达，不同类型、不同规格、不同速率的终端很难相互进行通信，也难以在通信过程中进行差错控制。

因此电路交换方式通常适合于固定比特率的电话交换、高速传真等业务，而不适合于突发业务和对差错敏感的数据类业务。

4.2.2 报文交换技术

人们为了解决电路交换方式中各种不同类型和特性的用户终端之间不能互通的问题，克服信道利用率低的缺点，提出了报文交换技术。与电路交换的原理不同，报文交换不需要为通信双方预先建立实际的物理连接，而是将接收的报文暂时存储，然后按一定的策略将报文转发到目的用户。

报文交换不需要为通信双方预先建立一条专用的通信线路，不存在连接建立时延，用户可随时发送报文。

由于采用存储转发的传输方式，使之具有下列优点：

1）在报文交换中便于设置代码检验和数据重发设施，加之交换节点还具有路径选择功能，就可以做到某条传输路径发生故障时，重新选择另一条路径传输数据，提高了传输的可靠性。

2）在存储转发中容易实现代码转换和速率匹配，甚至收发双方可以不同时处于可用状态。这样就便于类型、规格和速度不同的计算机之间进行通信。

3）提供多目标服务，即一个报文可以同时发送到多个目的地址，这在电路交换中是很难实现的。

4）允许建立数据传输的优先级，使优先级高的报文优先转换。

此外，由于通信双方不是固定占有一条通信线路，而是在不同的时间一段一段地部分占有这条物理通路，因而大大提高了通信线路的利用率。

报文交换的主要缺点如下：

① 由于数据进入交换节点后要经历存储、转发这一过程，从而引起转发时延（包括接收报文、检验正确性、排队、发送时间等），而且网络的通信量越大，造成的时延就越大，因此报文交换的实时性差，不适合传送实时或交互式业务的数据。

② 报文交换只适用于数字信号。

③ 由于报文长度没有限制，而每个中间节点都要完整地接收传来的整个报文，当输出线路不空闲时，还可能要存储几个完整报文等待转发，要求网络中每个节点有较大的缓冲区。为了降低成本，减少节点的缓冲存储器的容量，有时要把等待转发的报文存在磁盘上，进一步增加了传送时延。

④ 利用“存储 - 转发”方式传送数据，所以要求交换系统有较高的处理速度和较大的存储能力。

4.2.3 分组交换技术

电路交换的信道利用率低，且不同编码方式、不同速率、不同通信协议用户终端之间不能直接相互通信。报文交换虽然可以进行码型和速率的变换，拥有差错控制功能，但会导致传输时延变长，对实时性要求较高的数据通信系统不能满足实时性通信需要，而分组交换技术则能够较好地解决这些问题。

分组交换和报文交换的基本思想类似，分组交换是把用户需要传送的信息分成若干个较小的数据块，称为分组（Packet）。这些分组长度较短，并且拥有统一的格式。每个分组包含首部和数据两部分，其中首部用于控制和选路。分组交换以分组为基本单位在网络中以“存储 - 转发”的方式进行传输。每个交换节点首先对收到的分组进行暂存，检测分组在传输中是否出现差错，如果没有错误，解析分组首部中的路由信息，进行路由选择，并在选择的路由上进行排队，等到信道有空闲时才转发给下一个交换节点或目的用户终端。

分组交换的主要优点如下：

① 加速了数据在网络中的传输。因为分组是逐个传输，可以使后一个分组的存储操作与前一个分组的转发操作并行，这种流水线传输方式减少了报文的传输时间。此外，传输一个分组所需的缓冲区要比传输一份报文所需的缓冲区小得多，这样因缓冲区不足而等待发送的机率及等待的时间也必然少得多。

② 简化了存储管理。因为分组的长度固定，相应的缓冲区的大小也固定，在交换节点中存储器的管理通常被简化为对缓冲区的管理，相对比较容易。

③ 减少了出错几率和重发数据量。因为分组较短，其出错几率必然减少，每次重发的数据量也就大大减少，这样不仅提高了可靠性，也减少了传输时延。

④ 由于分组短小，更适用于采用优先级策略，便于及时传送一些紧急数据，因此对于计算机之间的突发式的数据通信，分组交换显然更为合适。

分组交换的主要缺点如下：

① 尽管分组交换比报文交换的传输时延少，但仍存在存储转发时延，而且其节点交换机必须具有更强的处理能力。

② 分组交换与报文交换一样，每个分组都要加上源、目的地址和分组编号等信息，使传送的信息量大约增大 5% ~10%，一定程度上降低了通信效率，增加了处理的时间，使控制复杂，时延增加。

③ 当分组交换采用数据报服务时，可能出现失序、丢失或重复分组，分组到达目的节点时，要对分组按编号进行排序，复杂度较高。

4.3 因特网

4.3.1 因特网基础

网络互联是指将不同的子网连接起来，使不同子网中的用户相互之间能够直接通信，就像在同一个网络中一样，能够实现通信和资源共享功能。因特网泛指由多个计算机网络互联而成的虚拟网络。

Internet 与普通意义上的局域网或广域网不同，它不隶属于某一个国家或某一个集团，没有具体的网络结构，而是由遍布世界的广域网/局域网、公用网/专用网、校园网/企业网、以太网/令牌环网、有线网/无线网等形形色色的计算机网络通过使用 TCP/IP，通过路由器互连所构成的全球范围的计算机虚拟互联网络。Internet 是一个源于美国、现已连通世界、由多个网络互联而成的网络；同时，Internet 是集合各个领域、各个学科以及各种信息资源为一体的供用户共享的资源数据网。从通信的角度看，Internet 通过使用统一的标准协议 TCP/IP 连通全球范围内多个国家、部门、机构的计算机网络，从功能的角度看，Internet 使用的 TCP/IP 将通信过程按照功能的不同进行了严格的分层，使各层功能相对比较简单，为协议标准化和市场推广提供了良好的基础。现在 Internet 已经是全球最大、最流行的计算机资源网，覆盖了世界上近 200 个国家和地区，为几十亿的网络用户提供涉及各个领域的信息资源共享。Internet 作为应用业务和社会生活的承载者，已经成为国家信息基础设施之一。

Internet 的发展可分为以下几个阶段。

（1）Internet 雏形阶段

1968 年，美国国防部提出一种设想：能否建立一个类似蜘蛛网的网络系统，其特点是没有中心，一旦战争爆发，即使一部分网络被破坏，其他网络仍然可以正常工作。为此，美国国防部在其下属的高级研究项目署成立一个专家小组，专门研究这个所谓的“蜘蛛网”系统。用了不到一年时间，美国国防部就建起了 ARPANet（也称为 ARPA 网），该系统可以不需要中心控制系统，在局部系统遭到破坏的情况下，整个系统照常运转，这就是 Internet 的雏形。

（2）TCP/IP 网络

1972 年，全世界计算机业和通信业的专家学者在美国华盛顿举行了第一届国际计算机通信会议，会议决定成立 Internet 工作组，负责建立一种能保证计算机之间进行通信的标准规范。

到 1974 年，TCP/IP 问世。TCP/IP 定义了一种在计算机网络间传送报文（文件或命令）的方法。随后，美国国防部决定向全世界无条件地免费提供 TCP/IP，即向全世界公布解决计算机网络之间通信的核心技术，TCP/IP 核心技术的公开最终导致了 Internet 的大发展。

到 1980 年，世界上既有使用 TCP/IP 的美国军方的 ARPA 网，也有很多使用其他通信协议的各种网络。为了将这些网络连接起来，美国人温顿·瑟夫提出一个想法：在每个网络内部各自使用自己的通信协议，在和其他网络通信时使用 TCP/IP。这个设想最终导致了 Internet 的诞生，并确立了 TCP/IP 在网络互联方面不可动摇的地位。

（3）Internet 的发展阶段（NSFNET）

1986 年 NSF 投资在美国普林斯顿大学、匹兹堡大学、加州大学圣地亚哥分校、伊利诺斯大学和康纳尔大学，建立了 5 个超级计算中心，并通过 56 kbit/s 的通信线路形成了 NSFNET 的雏形。1989 年 7 月，NSFNET 的通信线路速度升级到 1.5 Mbit/s，并且连接 13 个骨干节点。从 1986 年至 1991 年，NSFNET 的子网从 100 个迅速增加到 3000 多个，发展非常迅速。

（4）Internet 的商业化阶段

20 世界 90 年代初，商业机构开始进入 Internet，使 Internet 开始了商业化的新进程，也成为 Internet 大发展的强大推动力。1995 年，NSFNET 停止运作，Internet 已彻底商业化。这种把不同网络连接在一起的技术的出现，使计算机网络的发展进入一个新的时期，形成由网络实体相互连接而构成的超级计算机网络，人们把这种网络形态称为 Internet（互联网络）。

1994 年中国国家计算机与网络设施（The National Computing and Networking Facility of China，NCFC）联合设计组通过美国 Sprint 公司连入 Internet 的 64kbit/s 国际专线开通，实现了与 Internet 的全功能连接。从此中国被国际上正式承认为真正拥有全功能 Internet 的国家。

随着商业网络和大量商业公司进入 Internet，网上商业应用取得了高速发展，同时也使 Internet 能为用户提供更多的服务，使 Internet 迅速普及和发展起来。近几年来，Internet 在规模和结构上都有了很大的发展，已经发展成为一个多元化的、名副其实的“全球网”。

4.3.2 IP 地址和域名

1. MAC 层的硬件地址

在局域网中，硬件地址又称为物理地址或 MAC 地址。大家知道，在所有计算机通信系统的设计中，如何实现系统标识都是一个核心问题。在系统标识过程中，地址是为唯一识别某个系统的非常重要的标识符。

IEEE 802 标准在局域网中规定了一种 48 位的全球地址（一般都简称为“地址”），并将该地址固化在每张网卡上的 ROM 中，从而使每台插入网卡的计算机在网络中能够拥有唯一的标识。

假定连接在局域网上的一台计算机的网卡坏了，我们更换了一个新的网卡，那么这台计算机在局域网中的“地址”也就改变了。尽管这台计算机的地理位置没有变化，所接入的局域网也没有任何改变，但其地址却发生了改变。

假定我们将位于南京的某局域网上的一台笔记本计算机转移到北京，并连接在北京的某局域网上。虽然这台计算机的地理位置改变了，但只要计算机中的网卡不变，那么该计算机在北京的局域网中的“地址”仍然和它在南京的局域网中的“地址”一样。

2. IP 地址

（1）IP 地址的基本概念

如果要把因特网建成一个单一的、抽象的网络，就需要首先建立一个全局的地址系统，解决因特网中不同主机、路由器及其他网络设备在整个因特网范围内拥有唯一地址标识的问题。

TCP/IP 网络层使用的唯一地址标识符称为 IP 地址，IP 地址将为因特网中的每一个主机或路由器的每一个接口都分配一个在全世界范围内唯一的 32 位标识符。IP 地址现在由因特网名称与数字地址分配机构（Internet Corporation for Assigned Names and Numbers，ICANN）进行分配。

在讨论网络层具体功能时，将数据的发送方和接收方分别称为源主机和目的主机，源主机和目的主机的 IP 地址分别称为源 IP 地址与目的 IP 地址。源主机在发送 IP 报文时，需要将源 IP 地址和目的 IP 地址封装到 IP 报文中，然后将该报文发送给路由器进行分组转发。当路由器收到该 IP 报文时，能够依据目的 IP 地址为该 IP 报文实现路由选择，根据路由选择的结果将该 IP 转发给下一跳。该 IP 报文经过多次转发后，到达目的主机。目的主机收到该 IP 报文后，可根据报文中的源 IP 地址分析出该报文是由谁发送出的，以便能够给源主机回复报文。由此可知，通过使用 IP 地址能够有效实现 IP 报文的发送和接收，而对源主机和目的主机来说则不需要知道要经过哪些路由器，只需要知道源 IP 地址和目的 IP 地址就可以了。

（2）IP 地址的表示方法

对于主机或路由器等网络设备来说，IP 地址是 32 位的二进制代码。为了提高可读性，通常把 32 位的 IP 地址分为 4 个字节（每个字节 8 位），然后把每个字节用等效的十进制数字表示，并且在每个字节之间用点分割。这种表示方法称为点分十进制记法（Dotted Decimal Notation）。具体表示方法如图 4-3 所示，显然，64.55.32.31 比 01000000 00110111 00100000 00011111 读起来方面很多。

机器中存放的IP地址	01000000001101110010000000011111			
IP地址以字节为单位表示的二进制码	01000000 00110111 00100000 00011111			
每个字节用十进制表示的IP地址	64	55	32	31
采用点分十进制表示的IP地址	64 . 55 . 32 . 31			

图 4-3　IP 地址表示方法

（3）IP 地址编址方法的发展

IP 地址的编址方法经历了三个历史阶段，这三个阶段分别是：

- 分类的 IP 地址。这是最基本的编址方法，在 1981 年通过了相应的标准协议。
- 子网划分。对最基本编址方法进行了改进，其标准协议在 1985 年获得通过。
- 构造超网。这是比较新的无分类编址方法，在 1993 年提出后得到了推广应用。

（4）IP 地址的类别

为了更好地实现对 IP 地址的管理，在因特网协议（IP）中将 IP 地址划分为若干个固定的类别，每一类地址均由两个固定长度的字段构成。其中第一个字段称为网络号（net - id），用来唯一标识主机或路由器位于因特网中的哪一个网络；第二个字段称为主机号（host - id），其用来在具体网络中对某个主机或路由器进行唯一标识。由此可见，一个 IP 地址可以在整个因特网范围内唯一标识一个主机或路由器。这种两级的 IP 地址结构可以记为：

IP 地址 = {<网络号>, <主机号>}

根据两个字段取值的不同，可将 IP 地址分为 5 类。5 类 IP 地址的具体划分过程如图 4-4 所示，由图 4-4 可知：

- A 类 IP 地址网络号字段为 1 个字节，其第 1 位为类别位，数值为 0；
- B 类 IP 地址网络号字段为 2 个字节，其第 1 - 2 位为类别位，数值为 10；
- C 类 IP 地址网络号字段为 3 个字节，其第 1 - 3 位为类别位，数值为 110；
- D 类 IP 地址第 1 - 4 位为类别位，数值为 1110；D 类地址用于多播；
- E 类 IP 地址第 1 - 4 位为类别位，数值为 11110；E 类地址保留使用。

这里需要指出，由于 IP 地址资源有限，近年来无分类 IP 地址编址方法得到了广泛使用，A 类、B 类和 C 类地址的区分已成为历史，但由于很多文献和资料仍然使用传统的分类方式，因此我们仍然从这种最基本的编址方法讲起。

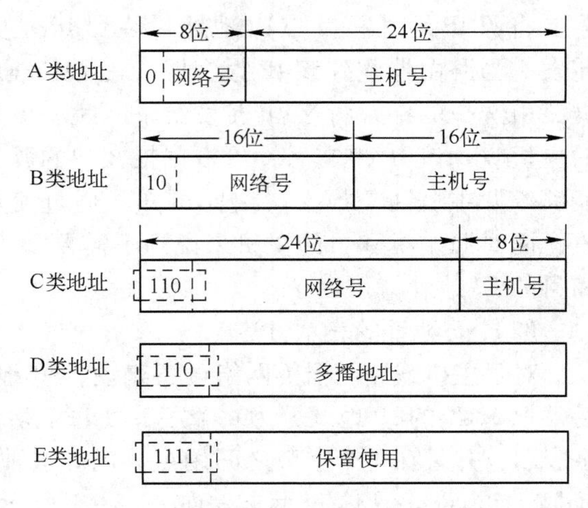

图 4-4　不同类别的 IP 地址结构

（1）A 类 IP 地址

A 类 IP 地址网络号长度为 8 位，但只有 7 位可供使用（A 类地址的第一位固定为“0”）。由于网络号为全 0 和全 1 的两个地址是保留地址，因此能够分配的网络号为 126 个（$2^7-2=126$）。网络号为全 0 的地址表示“本网络”，网络号为全 1 的地址用于本地软件环回测试。若主机发送一个目的地址为环回地址（例如：127.0.0.1）的 IP 报文，则本主机中的 IP 软件就能处理数据报文中的数据，而不会把数据发送到任何网络中。因此目的地址为环回地址的 IP 报文永远不会出现在任何网络中，该地址可用于测试网卡功能是否正常。A 类 IP 地址的主机号为 24 位，因此每个 A 类网络中可连接的主机数理论上为 $2^{24}=16777216$。但是主机号为全 0 和全 1 的两个地址不能分配，保留使用。主机号为全 0 的地址表示该主机所连接网络的网络地址，主机号为全 1 的地址表示该网络上的所有主机。因此实际上一个 A 类 IP 地址允许连接 16777214 个主机。整个 IP 地址空间拥有 $2^{32}=4294967296$ 个地址，而整个 A 类地址空间共有 2^{31} 个地址，拥有整个地址空间 50% 的地址。

A 类地址空间大，适用于拥有大量主机的大型网络。但是，一个组织或机构不大可能拥有如此之多的主机，当其拥有 A 类地址时，很多地址都将无法被利用，从而造成 IP 地址资源的浪费。

（2）B 类 IP 地址

B 类地址的网络号字段为 16 位，但只有 14 位可用于分配，因此可供分配的网络号有 $2^{14}-1=16383$。B 类 IP 地址的主机号为 16 位，因此每个 B 类网络中可连接的主机数理论上为 $2^{16}=65536$。主机号为全 0 或全 1 的地址保留使用，因此实际上一个 B 类 IP 地址允许连接 65534 个主机或路由器。整个 B 类地址空间共约有 2^{30} 个，占整个 IP 地址的 25%。

B 类地址空间较大，但是存在于 A 类地址相似的问题。对于一个组织或结构，拥有 65534 台主机的可能性比较低，因此很多 B 类地址资源也都存在利用率偏低的问题。

（3）C 类 IP 地址

C 类地址的网络号字段为 24 位，但只有 21 位可用于分配，因此可供分配的网络号有 $2^{21}-1=2097151$。C 类 IP 地址的主机号为 8 位，因此每个 C 类网络中可连接的主机数理论上为 $2^8=256$。主机号为全 0 或全 1 的地址保留使用，因此实际上一个 C 类 IP 地址允许连接 254 个主机或路由器。整个 C 类地址空间共约有 2^{29} 个，占整个 IP 地址的 12.5%。

C 类地址特别适用于一些小公司与普通的研究机构，IP 地址利用率较高。

A、B、C 类 IP 地址分配范围如表 4-1 所示，在表 4-2 中给出了一些特殊的 IP 地址，这些地址只在特殊情况下使用。

表 4-1 IP 地址的分配范围

网络类别	最大可分配的网络数	第一个可分配的网络号	最后一个可分配的网络号	每个网络中的最大主机数
A	$2^{7}-2=126$	1	126	16777214
B	$2^{14}-1=16383$	128. 1	191. 255	65534
C	$2^{2}-1=2097151$	192. 0. 1	223. 255. 255	254

表 4-2 一般不使用的特殊 IP 地址

网络号	主机号	源地址使用	目的地址使用	代表的意思
0	0	可以	不可	在本网络中的本主机
0	host - id	可以	不可	在本网络中的某个主机 host - id
全 1	全 1	不可	可以	只在本网络中进行广播，各路由器收到此报文均不转发
net - id	全 1	不可	可以	对 net - id 上的所有主机进行广播
127	非全 0 或全 1 的任何数	可以	可以	用作本地软件环回测试之用

3. 子网的划分与子网掩码

(1) 划分子网的基本思路

① 对于一个拥有多个物理网络的单位来说，需要为每个所属的物理网络分配一个子网号。在分配子网号的过程中，其只需要向 IP 地址管理机构申请到一个网络号就可以了，至于内部物理网络对应的子网号如何分配则由本单位自己决定。本单位以外的网络或路由器是无法知道这个单位内部有没有划分子网或划分了多少个子网的，对外部来说，这个单位仍然是表现为一个网络。

② 划分子网的过程就是从地址块主机号中借位的过程。在基本编址方式中，IP 地址由网络号和主机号构成，网络号需要向 IP 地址管理机构申请，申请成功得到的网络号是不允许修改的，而主机号则可以自主分配。因此，划分子网时用到的子网号只能从主机号中借用若干位，当然主机号也会相应减少相同的位数。于是两级的 IP 地址结构在单位内部就变成了三级的 IP 地址：网络号、子网号和主机号。表示为：

IP 地址 = {网络号,子网号,主机号}

③ 从其他网络发送给本单位某个主机的 IP 数据报文，是不能直接路由到该主机所在子网的。因为外部路由器并不知道本单位内部子网的情况，外部路由器认为这个主机所在的网络是一个整体，是一个网络。所以外部路由器会把该报文转发到本单位网络上的路由器。此路由器属于本单位所有，掌握了整个子网的分配情况。其收到该报文后，根据目的网络号和子网号找到目的主机，并将 IP 数据报文交付给目的主机。

下面通过例子来说明划分子网的概念。图 4-5 表示某单位拥有一个 A 类地址，网络地址是 80. 0. 0. 0（网络号是 80，占 8 位）。凡目的地址为 80. *. *. * 的 IP 数据报文都将被发送到这个网络的出口路由器 R2 上。现在将本单位网络划分为四个子网，假定子网号占用了 8 位，主机号相应的就减少 8 位，为 16 位。所划分的 4 个子网分别为：80. 0. 0. 0，

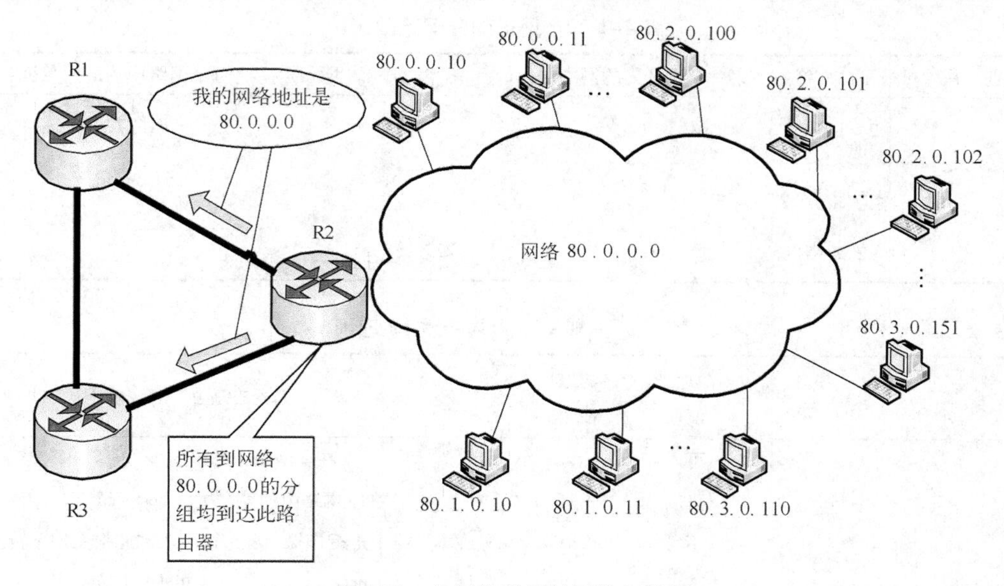

图 4-5 未划分子网的网络拓扑图

80.1.0.0.0，80.2.0.0，80.3.0.0，如图 4-6 所示。在划分子网后，外部路由器 R1 和 R3 并不掌握 4 个子网的路由信息，在他们看来，不管划分多少个子网，这个单位仍然是一个网络 80.0.0.0。所有发往这个网络的 IP 数据报文都将转发到路由器 R2 上。R2 在收到数据报文后，再依据数据报文的目的地址将其转发到相应的子网。

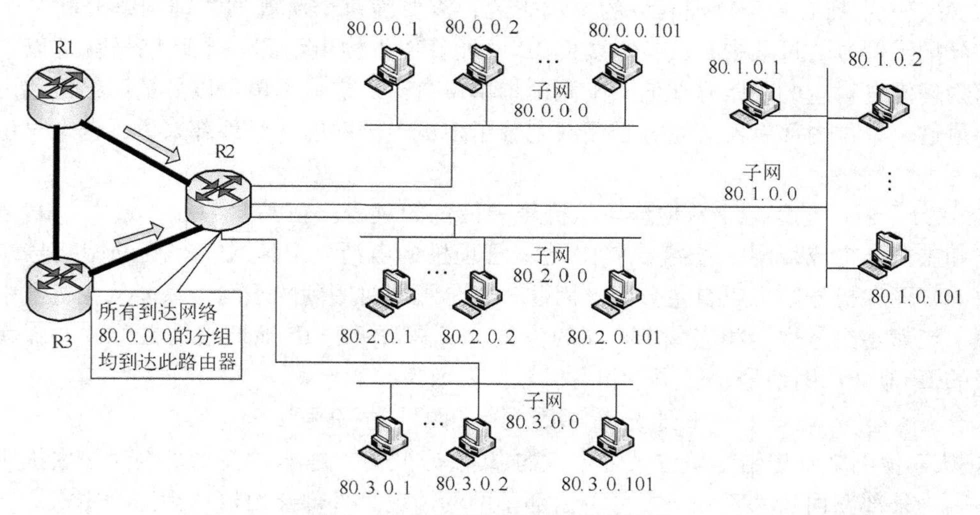

图 4-6 划分子网后的网络拓扑图

总之，划分子网是将 IP 地址由两级的地址结构变成了三级的地址结构，其主要就是从主机号中借用若干位作为子网号的过程，原有的网络号并不发生改变。

（2）子网掩码的定义

通过上述例子，我们已经比较清楚地知道，当外部路由器收到发往某单位内部主机的 IP 报文时，会将报文转交给该单位的出口路由器 R2，问题是 R2 如何将该 IP 报文转交给目的主机呢？

我们知道，在IP报文首部中只有源IP地址和目的IP地址，R2通过对IP报文首部的解析只能获得目的IP地址，而通过目的IP地址，由IP基本编址规则可以获得目的主机所在网络的网络号，但却无法知道目的主机所在网络是否划分了子网。因此，仅仅依靠IP首部是无法完成IP报文交付的，必须要引入一种机制，能够有效判断出某IP地址所在网络是否划分了子网，以及子网号是多少。这个任务主要通过子网掩码（Subnet Mask）来完成，下面通过一个例子来具体说明子网掩码的概念。

在图4-7a中，某主机IP地址为80.3.2.3，是两级的IP地址结构，属于A类地址，其网络号为8位，主机号为24位；在图4-7b中是同一主机的三级IP地址结构，从原来24位的主机号中借用了8位作为子网号，而主机号相应减少8位，变为16位。这里需要注意的是，子网号为3的网络的网络地址是80.3.0.0，而在图4-7a中IP地址对应的网络地址是80.0.0.0，也就是说，一个子网的网络地址就是保留原有IP地址的网络号和子网号，主机号则全部设置为0。

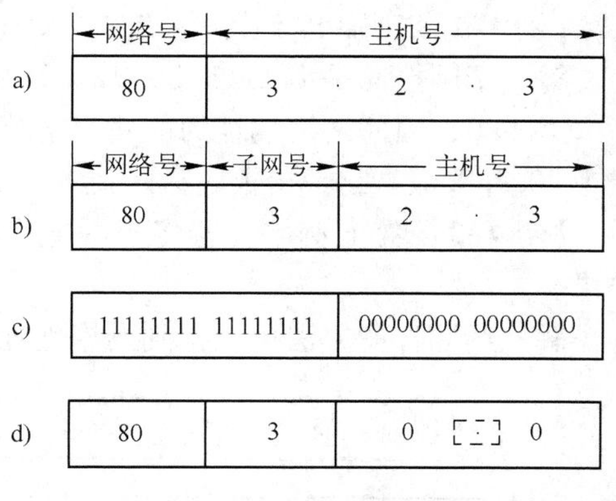

图4-7　子网网络地址的计算过程

那么如何判断一个IP地址对应的网络号和子网号有多少位呢？子网掩码可以解决这个问题，具体如图4-7c所示。子网掩码有32位，由一串1和跟随的一串0组成。网络号和子网号在子网掩码中对应1，主机号在子网掩码中对应0。在实际划分子网的过程中，虽然RFC文档没有规定子网掩码中的一串1必须是连续的，但一般在实际使用中要求子网掩码的一串1应当是连续的。换句话说，在主机号中借位作为子网号时，要从左往右借，以便能够确保网络号和子网号对应的位是连续的，从而使子网掩码中的一串1也是连续的。

通过上述例子，我们知道了子网掩码的定义，那么如果给出一个IP地址和该IP地址所对应网络的子网掩码，如何计算该网络的网络地址呢？获取某IP对应的网络地址只需要将该IP地址和子网掩码作逐位相“与”（AND）运算即可，计算结果就是所需要的网络地址，具体如图4-7d所示。

（3）子网掩码的使用

使用子网掩码的好处在于：不管网络有没有划分子网，只要提供IP地址和对应的子网掩码，就能够通过逐位的“与”运算得到相应的网络地址。这样在路由器对收到的IP分组进行路由选择时可以采用同样的算法通过网络地址查找路由。在前面讲到的路由表中，每个项目主要由目的网络地址和下一跳地址构成，现在需要使用子网掩码计算目的主机IP所在网络的网络地址，而IP报文首部中没有子网掩码字段，因此就需要对路由表每个项目内容进行修改，包含：目的网络地址、子网掩码和下一跳地址。

这里有一个问题需要说明一下，在不划分子网的情况下，是不是就不需要使用子网掩码了呢？答案是不行的，主要是为了方便路由器查找路由表。现在因特网标准规定：所有网络都必须使用子网掩码，在路由表中每个项目也必须有子网掩码这一项。如果一个网络没有划分子网，则就使用其默认的子网掩码，在默认子网掩码中1的位置对应该IP地址的网络号，0对应IP地址的主机号。对于不划分子网的网络来说，其IP地址和默认子网掩码作逐位与运算，同样能够得到其对应的网络地址。因此，统一使用子网掩码，使用相同的算法，不管有没有划分子网，都能够计算出相应的网络地址，从而能够简化路由器的路由查找算法，提高路由查找的效率。常见几类地址的子网掩码分别为：

- A 类地址的默认子网掩码是 255.0.0.0。
- B 类地址的默认子网掩码是 255.255.0.0。
- C 类地址的默认子网掩码是 255.255.255.0。

【例 4-1】 已知 IP 地址是 80.3.72.51，子网掩码是 255.255.0.0，试求网络地址。

解 子网掩码是 11111111 11111111 00000000 00000000，子网掩码的前 16 位均为 1，后 16 位均为 0，因此网络地址的前两个字节为 80.3，而后两个字节都为 0，计算得到的网络地址为 80.3.0.0，具体如图 4-8 所示。

【例 4-2】 在上例中，若将子网掩码改为 255.255.128.0，试求网络地址，并讨论所得结果。

解 用同样的方法可以得到网络地址为 80.3.0.0，如图 4-9 所示，结果同例 4-1。

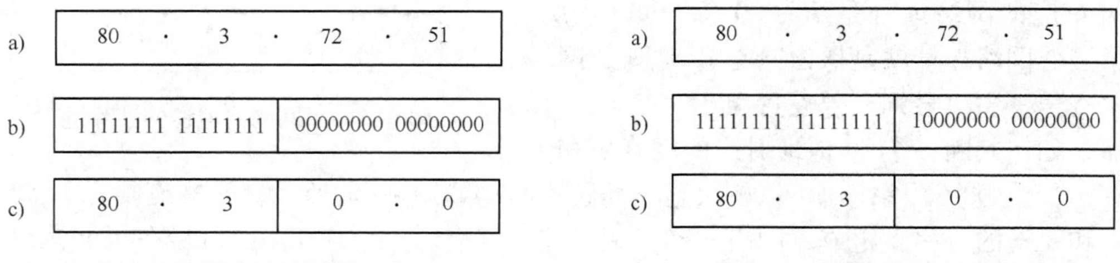

图 4-8 网络地址计算过程　　图 4-9 网络地址计算过程

尽管例 4-1 和例 4-2 计算得到的网络地址相同，但其表示的含义存在较大差别。在例 4-1 中网络地址为 80.3.0.0，网络号和子网号共计 16 位，主机号有 16 位，可容纳 65534 台主机；而例 4-2 中网络地址虽然也是 80.3.0.0，但主机号只有 15 位，可容纳 32766 台主机，网络能够容纳的主机数存在较大差异。

总之，子网掩码是因特网的一个重要属性，可由 IP 地址计算对应的网络地址。下面将通过一些例子来介绍划分子网的过程。

4. 域名

IP 地址可以唯一的确定一台主机，但由于 IP 地址是数字型标识，难以理解和记忆。为了解决这一问题，Internet 在 IP 地址的基础上发展出一种符号化的地址方案，来代替点分十进制的 IP 地址表示方式。每一个符号化的地址都与特定的 IP 地址对应，这样访问网络资源就能够使用符号化的地址，这个与 IP 地址相对应的字符型地址，称之为域名。

一个公司如果希望在网络上建立自己的网站，就必须取得一个域名，域名是上网单位和个人在网络上的重要标识，便于他人识别和检索某一企业、组织或个人的信息资源，从而更好地实现网络上的资源共享。

以一个常见的域名为例进行说明，例如：www.hpu.edu.cn，该域名是由四部分组成，标号“hpu”是这个域名的主体，而最后的标号“cn”代表的是一个 cn 国际域名，是顶级域名，“edu”是一个二级域名，表示该单位是一个教育机构，“www”是一个四级域名，表示该服务器是一个万维网服务器。

域名系统（Domain Name System，DNS）规定，域名中的标号都由英文字母和数字组成，每一个标号不超过63个字符，也不区分大小写字母。标号中除连字符“-”外不能使用其他的标点符号。级别最低的域名写在最左边而级别最高的域名写在最右边。由多个标号组成的完整域名总共不超过255个字符。近年来，一些国家也纷纷开始使用采用本民族语言构成的域名，如德语、法语等。我国也开始使用中文域名。域名分为国际域名和国内域名。国际域名，可按照国家的不同来分配不同的后缀，这些域名即为该国的国内顶级域名。例如中国是cn，美国是us，日本是jp等。

域名虽然便于人们记忆，但主机之间只能通过IP地址识别，因此想要通过域名访问某站点，必须找到该域名对应的IP地址。IP地址和域名之间的转换工作称为域名解析，域名解析需要由专门的域名解析服务器来完成，DNS（Domain Name System）就是域名解析服务器。

域名系统（DNS）是Internet的一项内核服务，它将建立一个域名和IP地址相互映射的一个分布式数据库，能使人更方便地访问Internet，而不用去记住能够被机器直接读取的IP地址。DNS是具有树形结构的命名空间，其核心功能是完成域名到IP地址的转换。如果Internet的DNS系统发生了故障，将会导致大量网站不能正常访问。

4.3.3　网络互联协议

网络互联协议（IP）的核心任务是通过互联网络传送数据报文，当在不同主机间传送报文时，发送方主机首先构造一个带有全局网络地址的数据报文，并在待传送数据前加上报文首部。若目的主机和发送方主机属于同一个网络，IP报文可直接通过本地网络发送至目的主机。若目的主机在其他网络中，则发送的数据报文需要通过路由器转发，路由器收到报文后，首先将分组拆开，解析IP报文的首部，根据首部中的目的IP地址为其选择路由，并根据选择的路由进行分组转发。经过多个路由器转发后，最终，目的主机收到IP报文。目的主机收到IP数据报文后，剥离首部，将获得的数据重组为原始数据报文，再送至高层进行处理。网络互联协议（IP）不保证服务的可靠性，也不会对遗失或丢弃的报文进行重发。端到端的流量控制、差错控制和排序等工作，均由高层协议负责。

网络互联协议（IP）主要用于解决网络异构问题，能够实现不同结构网络主机用户之间的互通，例如将LAN与WAN互联。尽管这两类网络中采用的第二层网络协议不同，但通过网络层的网络互联协议（IP），可使LAN中的LLC帧和WAN中的X.25分组之间完成数据交换，IP提供点到点无连接的数据报文传输机制。TCP/IP是为解决网络异构问题而设计的，其宽容性主要体现在IP层中。各种网络的帧格式，地址格式的差别很大，TCP/IP通过IP数据报文和IP地址将它们统一起来，向上层提供统一的IP数据报文，有效屏蔽了网络结构之间的差别。使物理帧的差异对上层协议不复存在，达到屏蔽底层，提供一致性的目的。

网络互联协议（IP）主要功能如下。

① 寻址　IP协议必须能唯一的标识互联网络中的每一个实体，也就是要为网络中的每一个实体赋予一个全局的IP地址。

② 路由选择　路由选择功能可设置在源主机中，也可设置在路由器中。

③ 分段和重新组装　由于LAN规定的MAC帧的最大长度远大于X.25分组网中分组的最大长度。因此，由LAN发送往WAN的IP数据报文应首先进行分段；由WAN发送往LAN

的帧，则需要将分段的数据报文在接收端重新组装。

与 IP 配套使用的还有三个协议地址解析协议（ARP）、反向地址解析协议（RARP）和 Internet 控制报文协议（ICMP）。

4.3.4 传输层协议

从 Internet 体系结构可知，传输层位于应用层和网络层之间，起到承上启下的作用。一方面它接收来自应用层的数据报文，进行必要的处理，加上首部信息，形成本层的协议数据单元（Protocol Data Unit，PDU），然后传递给网络层；另一方面，在接收端它接收来自网络层的数据报文，去掉本层的首部，并根据首部的信息进行处理，提取出数据部分，并将之提交给应用层。

网络层只提供两个主机之间的数据传输，没有涉及应用程序及进程的概念。IP 协议能够将数据报文从一个主机传送到另一个主机，而一个主机发送数据的可能有多个应用进程，应用进程之间的通信即是端到端的通信，端到端的通信是要靠传输层协议来完成的。根据应用环境的不同，传输层包含两种不同的传输协议，即面向连接的 TCP 和无连接的 UDP 协议。

传输层协议使用端口来唯一标识应用进程，TCP 和 UDP 都使用了端口来标识进程，可以将端口等效为通信的起点和终点，在通信中只要找到了端口就能找到相应的进程。端口范围是 0 ~ 65535，可分为以下两种类型：

（1）服务器端使用的端口

这里又分为两类，最重要的一类叫做熟知端口（Well - known Port）或系统端口，数值为 0 ~ 1023。它们现在由 ICANN 管理，这些端口分配给了 TCP/IP 最重要的一些应用程序，让所有的用户都知道。当一种新的应用程序出现后，ICANN 必须为它分配一个熟知端口，否则因特网上的其他应用进程就无法和它通信。

另一类叫做登记端口，数值为 1024 ~ 49151。这类端口是为没有熟知端口号的应用程序使用的。使用这类端口号必须在 ICANN 按照规定的手续登记，以防止重复。

（2）客户端使用的端口

由于这类端口仅在客户进程运行时才动态选择，因此又叫做动态端口或短暂端口，数值为 49152 ~ 65535。这类端口是留给客户进程暂时使用的。当服务器进程收到客户进程的报文时，就知道了客户进程所使用的端口，就可以把数据发送给客户进程。通信结束后，刚才已使用过的客户端口就不复存在。这个端口就可以供其他客户进程以后使用。

4.3.5 应用层协议

Internet 的应用层协议主要有 FTP、HTTP、SMTP、Telnet 等。FTP 用于实现文件传送，HTTP 用于获取万维网页面，SMTP 用于发送和接收电子邮件，Telnet 是一个简单的远程终端协议。

1. FTP

在网络环境中经常需要将一个文件从一台计算机复制到另一台计算机中，但这往往是很困难的。这是因为众多的计算机厂商研制出的文件系统多达数百种，有的文件系统差别非常大。经常遇到的问题是：①计算机存储数据的格式不同；②文件命名规则不同；③对于相同的功能，操作系统使用的命令不同；④为防止非法读取文件而采取的措施不同。

FTP（File Transfer Protocol，文件传送协议）是TCP/IP体系中应用层的一个重要协议。FTP只提供文件传输的一些基本服务，其主要功能是减少或消除不同操作系统下处理文件的不兼容性。例如，显示文件目录是文件管理的一个基本内容，如果主机A的用户要在自己的屏幕上列出另一个主机B的文件目录，假定A的操作系统是DOS，显示目录列表的命令是DIR，而主机B运行的是UNIX操作系统，其显示目录列表命令是LS。当主机A的用户输入DIR命令时，主机A中的FTP进程就将DIR命令转换成网络标准命令LIST。LIST就作为TCP净荷中的数据，传送到主机B。主机B中的FTP进程将LIST命令转换为UNIX操作系统能够识别的LS命令，得到目录显示结果。

2. HTTP

HTTP（Hyper Text Transfer Protocol，超文本传输协议）是万维网发展的一个重要环节，是万维网能够可靠地交换各种信息的基础。HTTP定义了浏览器（即万维网客户进程）怎样向万维网服务器请求万维网文档，以及服务器怎样把文档传送给浏览器。

浏览器访问万维网服务器的一般工作过程为：每个万维网服务器都持续不断地运行一个服务器进程，它通过TCP的熟知端口80监听浏览器向它发出连接请求；用户如果要上网访问浏览器，就通过URL指向某个万维网服务器发出连接请求；该服务器监听到浏览器的连接请求，双方建立起TCP连接；浏览器向服务器发送浏览某个文档的请求，服务器做出响应并返回浏览器所请求的文档；最后，双方释放TCP连接。

3. Telnet

Telnet（远程登录协议）是一个简单的远程终端协议，用户首先和远程主机建立一条TCP连接，使用Telnet注册到远程主机上。Telnet能将用户的击键传送到远程主机，同时也能将远程主机的输出通过TCP连接返回到用户屏幕。这种服务是透明的，双方都感觉到好像键盘和显示器是直接连接在一起一样。

Telnet使用Client/Server模式。在本地系统运行Telnet客户端进程，而在远程主机则运行Telnet服务器进程。和FTP类似，服务器中的主进程等待新的请求，当接收到新的请求时，将产生相应的从属进程来处理每一个连接。为了使得Telnet能够兼容不同的操作系统，它就必须适应许多计算机和操作系统的差异。为了适应这种差异，Telnet定义了网络虚拟终端（Network Virtual Terminal，NVT）。客户端软件将用户的击键和命令不直接通过网络传输，而是首先转换成NVT格式再传送给服务器，服务器软件将收到的数据和命令从NVT格式再转换成远程系统所需的格式。

4. SMTP

SMTP（Simple Mail Transfer Protocol，简单邮件传输协议）是一组用于由源主机到目的主机传送邮件的规则，由它来控制信件的中转方式。使用SMTP时，收信人可以是和发信人连接在同一个本地网络上的用户，也可以是因特网上其他网络的用户，或者是与因特网相连但不是TCP/IP网络上的用户。

SMTP没有规定发信人应如何将邮件提交给邮件服务器，以及邮件服务器应如何将邮件投递给收信人。至于邮件内部的格式、邮件如何存储以及邮件系统应以多快的速度来发送邮件，SMTP也都未做出规定，SMTP所规定的是在两个相互通信的SMTP进程之间应如何交换信息。由于SMTP使用客户/服务器方式，因此负责发送邮件的SMTP进程就是SMTP客户，而负责接收邮件的SMTP进程就是SMTP服务器。

SMTP设计基于以下通信模型：针对用户的邮件发送请求，首先在发送方SMTP和接收方SMTP之间建立一条TCP连接，提供一条全双工的双向可靠信道。接收方SMTP可以是最终接收者也可以是中间传送者。SMTP命令由发送方SMTP发出，由接收方SMTP接收，而接收方SMTP的应答信息则反方向传送。一旦传送通道建立，SMTP发送者发送MAIL命令指明邮件发送者。如果SMTP接收者可以接收邮件则返回OK应答。SMTP发送者再发出RCPT命令确认接收方是否准备好接收邮件。如果SMTP接收者能够接收，则返回OK应答；如果不能接收，则发出拒绝接收应答，双方将如此重复多次。当接收者收到全部邮件后会接收到特别的序列，如果接受者成功处理了邮件，则返回OK应答，邮件发送结束。

SMTP协议中只能传送可打印的ASCII码字符，要传送非ASCII码字符，则需要使用多用途互联网邮件扩充（Multipurpose Internet Mail Extensions，MIME），在一个MIME邮件中可以同时传送各种类型的数据，包括多媒体数据。

4.3.6 Internet的应用

Internet发展到今天，已不单纯是一个计算机网络，它包括了知识、信息、经济、军事等几乎所有的内容。主要应用如下。

（1）FTP

FTP是文件传输协议的简称，FTP使得运行任何操作系统的计算机都可以在Internet上发送和接收文件。

（2）E-mail

电子邮件（E-mail）是Internet上使用最广泛的一种服务，它可以发送文本文件、图片、语言、程序等。有了电子邮件，人们可以在短时间内将信件发给远方的朋友。它使用方便，传送快速，费用低廉，得到了广泛使用。

（3）Telnet

远程登录是指在网络通信协议Telnet的支持下，用户可以很方便地使用远程主机资源。为了区别不同的用户，每个用户在使用系统之前，必须申请一个账号（用户名），每当用户试图进入系统时，系统要检查用户的账号和口令，如果账号和口令正确，则登录成功。用户利用本地主机就可以实时使用远程计算机开放的资源，这些资源包括硬件、软件、图书馆目录、数据库以及各种信息服务等。现在各个学校的bbs基本上都是采用Telnet方式登录。

（4）WWW

WWW（World Wide Web）的设计初衷是为了让科学家们能够以更方便的方式彼此交流思想和研究成果，而现在它已发展成为一种最受欢迎的浏览工具。

WWW是一种将检索技术与超文本技术结合起来，在全球范围内完成信息浏览和检索的工具。它通过链接访问一个一个的页面，Internet中的页面有成千上万个，每一个页面与其他页面相连，其他页面又与另外的页面相连，形成一种网状的页面结构。WWW采用了超文本链接方式进行检索，超文本是一种能与其他文档相链接的文档方式，与其他文档的链接是没有特定顺序的。只需选择感兴趣页面上的链接便可以跳到相关的页面上去，而新的页面又有指向其他页面的链接。

WWW在Internet上使用得如此广泛，以至于国际上许多大公司、大机构都建立了自己的网站。它不仅能够通过文字、图像、声音、动画等多媒体数据展示公司网站信息，还可以使用单一界面存取各种网络信息。

（5）USENET

现实社会中，人们通过广播、报纸、电视等新闻媒体了解当今世界的动态和发展。在Internet社会中，也提供这种服务，这便是USENET。

随着Internet的迅速发展，Internet还可以提供IP网上的语音业务，尤其是SKYPE的应用，由于其低廉的价格给传统的PSTN网络带来了很大的冲击。此外利用Internet可以实现电子商务、电子办公、远程教育、远程医疗、网络游戏等非常丰富的应用。

4.3.7 IPv6

1. IPv6的提出

互联网IPv4技术，最大的问题是网络地址资源有限，从理论上讲，IP地址是32位，可编址1600万个网络、40亿台主机。但采用A、B、C三种编址方式后，可用的网络地址和主机地址数目大打折扣，以致目前的IP地址近乎枯竭。其中北美占有3/4，约30亿个，而人口最多的亚洲只有不到4亿个，中国只有3千多万个，只相当于美国麻省理工学院的数量。地址不足，严重制约了我国及其他国家Internet的应用和发展。

一方面是地址资源数量受限，另一方面是随着电子技术及网络技术的发展，计算机网络已经进入人们的日常生活，需要连入全球互联网的不仅包括电脑主机，还有各种需要通过网络控制的终端设备。在此背景下，IPv6应运而生。单从数字上来说，IPv6所拥有的地址容量达到2^{128}个。这不但解决了网络地址资源数量的问题，同时也为除计算机外的设备连入互联网扫清了数量限制上的障碍，为物联网的发展铺平了道路。

现有的因特网除了IP地址空间耗尽问题外，另一个问题是骨干路由器中路由表过于庞大。这两个问题直接导致了下一代Internet协议IPv6的诞生。IPv6能够很好地解决上述问题，与IPV4相比，还具有地址空间管理、分组处理效率高的特点，对移动性、安全性和服务质量（QoS）的支持等均有诸多明显的优势。随着Internet的发展，IPv6协议最终将取代IPv4协议，这一点已经在业界达成共识。

IPv6是IP的一个新版本，其整体架构与IPv4并没有根本上的不同。例如，IPv6仍然按照无连接方式转发分组；IPv6路由器也需要运行路由协议；所有的网络设备也都需要配置一个合法的IPv6地址等。IPv6可以被看成是一个更简单、更易于扩展和更高效的网络互联协议。

由于IPv6协议拥有巨大的地址空间，即插即用易于配置，并且能够对移动性提供内在支持。事实上，随着物联网的发展，将会有巨大数量的各种细小设备接入到因特网中，IPv6为物联网的发展提供了一种廉价的解决方案。随着为各种设备增加网络功能成本的下降，可以预见IPv6将在连接路由各种简单装置的超大型网络中运行良好，这些简单设备不仅仅是手机和 PDA，还可以是存货管理标签机、家用电器、信用卡等。

2. IPv6 的主要功能和特点

在 IPv6 中保留了 IPv4 中很多成功的设计特性，同 IPv4 类似，IPv6 也是无连接的。在每个数据报文中都包含目的地址，由路由器来完成路由选择和报文转发；IPv6 的数据报文首部中包含有最大跳数，即数据报文被路由器丢弃前允许经过的最大跳数；IPv6 还保留了 IPv4 可选项中提供的大多数通用性功能。

尽管 IPv6 保留了 IPv4 的基本思想，但仍对很多细节进行了修改，其新特性可以归纳如下：

① 地址空间　每个 IPv6 地址包含 128 位，取代原来的 32 位，从而形成的地址空间大的足以适用几十年全世界因特网的发展，从根本上解决了 IP 地址资源枯竭的问题。

② 首部格式　IPv6 的数据报文首部与 IPv4 完全不一样，几乎每个字段都做了改变，或被替换掉了。

③ 扩展首部　不像 IPv4 那样只使用一种首部格式，IPv6 将不同的信息编码到各个不同的首部中。IPv6 由基本首部、零个或多个扩展首部和数据部分构成。

④ 支持实时业务　IPv6 含有一种机制，能使发送方与接收方通过底层网络建立一条高质量的通路，并将数据报文与这一通路联系起来。这种机制主要是为了满足音频和视频应用对服务质量的要求。

⑤ 可扩充的协议　IPv6 没有像 IPv4 那样规定所有可能的协议特征，取而代之的是，设计者们提供了一种新的方案，允许发送者向数据报文中添加额外的附加信息。这种扩充方案使得 IPv6 比 IPv4 更加灵活，这也意味着能在设计中按需要增加新的功能。

⑥ IPv6 支持移动性　移动设备的迅速普及带来了一项新的要求：设备必须能够在下一代 Internet 上随意更改位置但仍维持现有连接。为提供此功能，需要给移动节点分配一个地址，通过此地址总可以访问到它。在移动节点位于本地时，它连接到本地并使用其本地地址。在移动节点远离本地时，本地代理（通常是路由器）在该移动节点和正与其进行通信的节点之间传递信息。

4.4 网络互连设备

4.4.1 网络互连设备分类

从协议层次来看，不同的网络互连设备可以在不同层次上实现网络互连。

- 中继器（Repeater）：物理层互连设备。
- 网桥（Bridge）：数据链路层互连设备。
- 路由器（Router）：网络层互连设备。

这 3 类不同设备，实际上是实现互联网在某个层次上的协议转换。转换的规则是：处于第 i 层的互连设备，其第 i 层及以上各层的网络协议必须相同，而 $i-1$ 层及以下各层协议可以不同。

4.4.2　集线器

集线器（Hub）又称集中器，是一种多口中继器，集线器的主要功能是对接收到的信号进行再生、整形，放大，以扩大网络的传输距离。集线器工作于参考模型的物理层。集线器与网卡、网线等传输介质一样，属于局域网中的基础设备，采用 CSMA/CD 访问方式。

集线器属于纯硬件网络底层设备，基本上不具有类似于交换机的“智能记忆”能力和“学习”能力。集线器也不具备交换机所具有的 MAC 地址表，所以它发送数据时都是没有针对性的，而是采用广播方式发送。也就是说当集线器要向某节点发送数据时，不是直接把数据发送到目的节点，而是把数据报文发送到与集线器相连的所有节点上。

4.4.3　网桥

网桥能够将两个相似的网络连接起来，并对网络数据的流通进行管理。网桥工作于数据链路层，不但能扩展网络的通信距离或通信范围，而且还可以提高网络的可靠性和安全性。例如：网络 1 和网络 2 通过网桥连接后，网桥接收到网络 1 发送的数据报文，检查数据报文中的目的地址，如果目的地址属于网络 1，则网桥知道发送方和接收方是在同一个网络中，网桥就将其丢弃；相反，如果目的地址属于网络 2 的地址，网桥就将该数据报文通过网络 2 所在的接口转发给网络 2。通过这种机制就可利用网桥隔离信息，将网络划分成多个网段，也可隔离出安全网段，防止其他网段内的用户非法访问。由于网络的分段，各网段相对独立，一个网段的故障不会影响到另一个网段的运行。

网桥具有不受冲突域限制而扩展网络规模的功能，网桥连接的两个网络，其对应层次采用相同的协议，网桥可以是专门的硬件设备，也可以由计算机加装的网桥软件来实现，此时计算机上会安装多个网络适配器（网卡）。

4.4.4　路由器

随着网络规模的扩大，网桥在路由选择、流量控制及网络管理等方面已远远不能满足要求。路由器是网络层的互连设备，它具有路由选择、支持多种路由选择协议、流量控制、网络管理等功能，因而互连功能更强。

路由器的一个作用是连通不同的网络，另一个作用是为数据提供路由选择。选择合适的路径，能够大大提高通信速度，减轻网络系统通信负担，节约网络系统资源，提高网络系统畅通率，从而让网络系统发挥出更大的效益。

一般来说，网络互连需要由路由器来完成。因此，可以说路由器是因特网的神经系统，路由器的主要工作就是为经过路由器的每个数据帧寻找一条最佳传输路径，并将该数据报文有效地传送到目的主机。由此可见，选择最佳路径的策略即路由选择算法的优劣是路由器性能好坏的关键所在，为了完成这项工作，在路由器中保存着各种传输路径的相关信息，即路由表，供路由器选择路径时使用。路由表中保存着子网的网络地址信息、子网掩码信息和下一个路由器的地址信息等内容。路由表可以由系统管理员来静态设置，也可以由系统动态学习修改；可以由路由器自动调整，也可以由主机控制。典型路由器的结构如图 4-10 所示。

由图 4-10 可见，路由器的结构由分组转发和路由选择两部分组成。其中路由选择部分是由路由选择处理机来完成的，路由选择处理机的功能是根据所选定的路由选择协议生成路

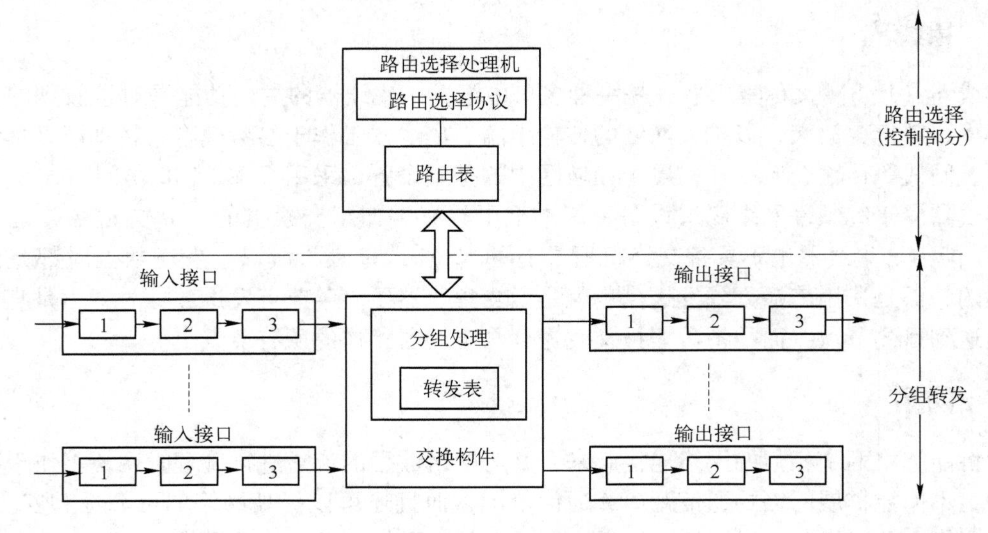

图 4-10 路由器结构

由表，同时按照一定的时间间隔和相邻路由器交换路由信息以便能够不断更新和维护路由表。

分组转发部分由输入接口、输出接口和交换构件几部分组成。其中交换构件又称为交换组织，它的作用就是根据转发表（Forwarding Tabe）对分组进行转发，转发表由路由表生成，其将某个输入接口进入的分组从一个合适的输出接口转发出去。

路由器可用于连接多个网络，当数据需要从一个网络传输到另一个网络中时，可通过路由器来完成，因为路由器具有识别网络地址和路径选择功能。路由器只接受源站或其他路由器的信息，属于网络层的一种互连设备，它不关心各子网使用何种硬件设备，但其运行的软件使用的网络层协议需要保持一致。

4.5 局域网

4.5.1 局域网概述

随着计算机硬件价格的下跌和性能的不断提高，微处理器在处理能力上得到了较大改善，从而使人们在信息收集和信息处理等方面发生了很大的变化。微型计算机或智能终端普遍应用于社会组织中，使得在一个区域内，如办公大楼、工厂、机构等，微型计算机使用的数量增长很快。如何将某一区域内的主机实现网络互联也就成为一个急需解决的问题。互连这些系统的要求也随之出现，实现区域内主机的网络互联具有以下几个方面的优势：

① 系统之间能够交换数据。

② 在实际系统应用中能够提供后备服务。

③ 能够共享昂贵的资源。因为像硬盘和打印机等设备与微机系统相比还是比较昂贵，所以由多个用户共享可使信息处理系统的开销下降。

某一区域内的网络互联系统称为局域网。局域网是一种在小区域内提供各类数据通信设备互连的通信网络。互连的数据通信设备可以是计算机、智能终端、传感器、电话、电视收发器等。一个局域网的地理范围相对较小，比如是一座大楼、一所大学或军事基地等，也可以跨越几座建筑楼。

局域网一般为某个单位或机构专用，而不是公共设施。从技术上来说，局域网的典型特征如下：

① 局域网覆盖的地理范围有限，它能够满足机关、公司、校园、工厂等有限范围内的计算机、终端和各类信息处理设备的连网需求。

② 通信速率高，速度能够达到 1 ~ 100 Mbit/s，当前速率为 1 Gbit/s 的局域网已经问世，由于通信距离近，一般使用基带传输方式。

③ 误码率低，局域网的误码率一般在 $10^{-8} \sim 10^{-11}$。

④ 可根据不同要求采用不同的传输媒体，包括双绞线、同轴电缆、光纤等。

⑤ 多采用广播通信方式。

影响局域网性能的主要技术要素有：网络拓扑结构、传输媒体和媒体访问控制方法。其中传输媒体和拓扑结构是局域网的主要要素，它们在很大程度上决定了可以传输的数据类型、通信能够达到的速度、效率，以及网络能够提供的应用种类。

在现有技术水平上，适用于局域网的有线传输媒体主要有 3 种，分别是：双绞线、同轴电缆和光纤。常用的局域网拓扑结构有 5 种，如图 4-11 ~ 图 4-15 所示，分别是星形网络、环形网络、总线型网络、树形网络以及混合型网络，每种拓扑结构都拥有相应的网络产品。

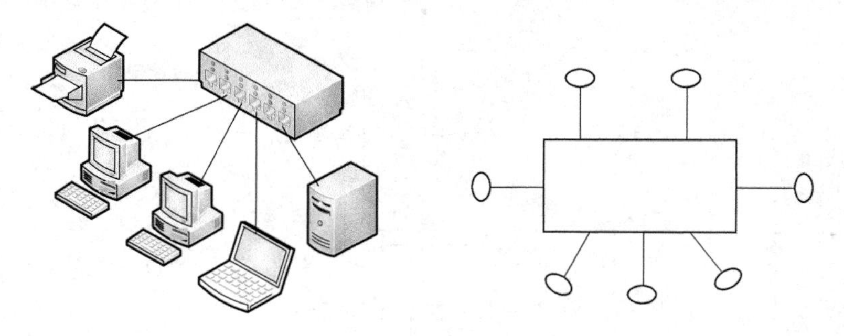

图 4-11　星形拓扑结构

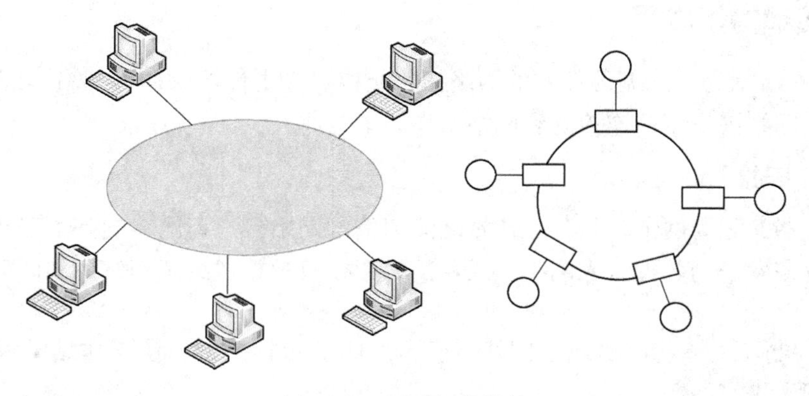

图 4-12　环形拓扑结构

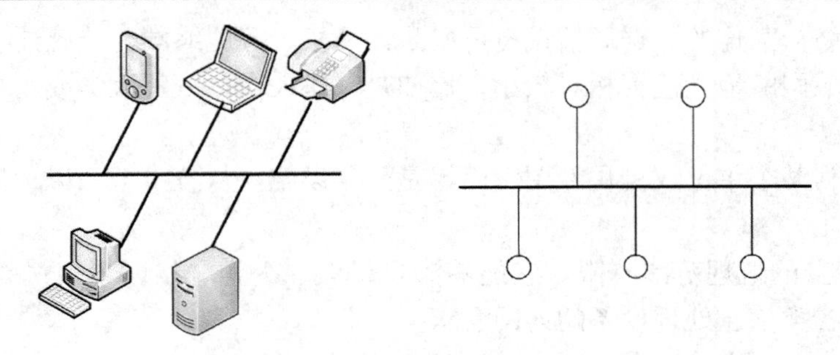

图 4-13　总线型拓扑结构

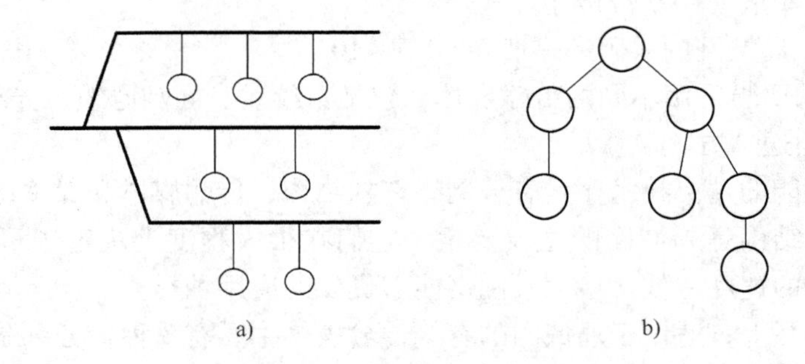

a)　　b)

图 4-14　树形拓扑结构
a）由总线结构派生　b）树形结构

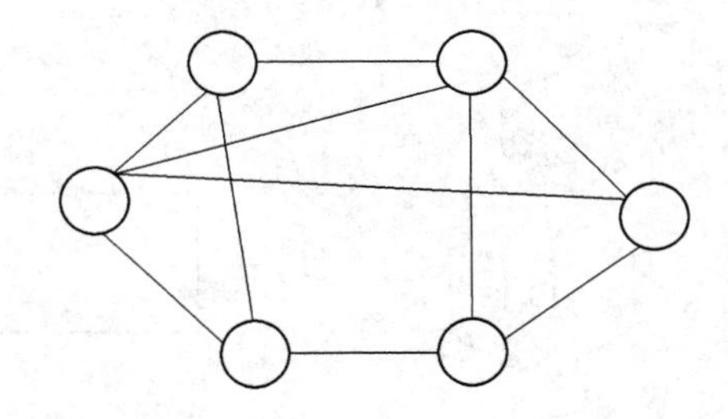

图 4-15　网状拓扑结构

4.5.2　局域网的组成

如图 4-16 所示为总线型局域网的网络拓扑结构。它由传输媒体、网络适配器（网卡）、网络服务器、网络工作站、连接器和网络操作系统构成。

1. 网络适配器

网络适配器又称为网卡，是各工作站之间通信的网络接口。网卡的基本任务是将工作站或其他网络设备发送的数据送入网络，或从网络中接收数据送给工作站。为此，网卡应具有以下功能。

① 接口控制功能　能够实现工作站与网卡之间的数据交换，使工作站掌握网卡的工作状态，并对网卡进行控制。

② 数据链路控制功能　将需要发送的数据封装成帧，能够实现帧的发送与接收，对接收到的帧拥有差错检测能力，发送数据帧时将并行数据转换成串行数据，接收数据帧时将串

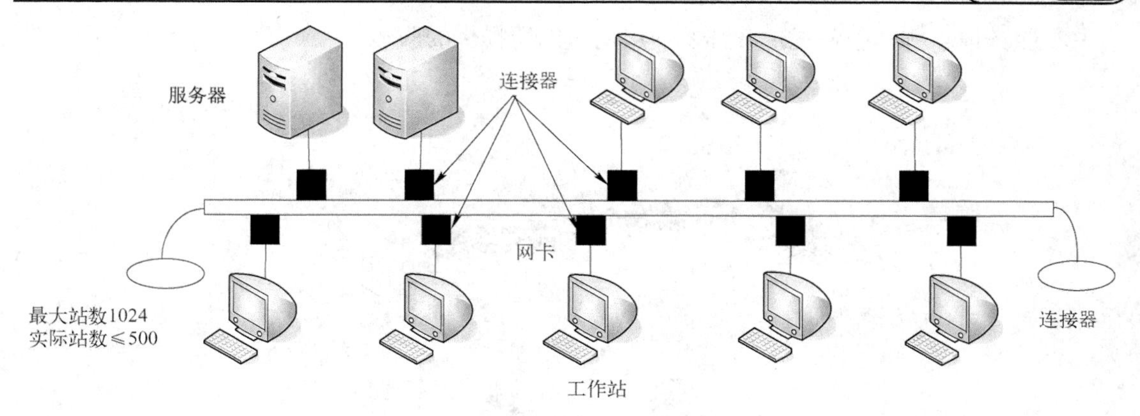

图 4-16　总线型局域网的组成

行数据转换成并行数据。

③ 数据缓冲管理功能　网卡设置有缓冲区，存放待发送数据和刚接收的尚未提交的数据，以减少工作站对发送数据和接收数据操作的干预。

④ 曼彻斯特代码的转换功能　在局域网中使用的信道码为曼彻斯特码。发送数据时，网卡将输出的串行码转换为曼彻斯特码；接收数据时，对收到的曼彻斯特码进行解码。

2. 网络工作站

工作站是连接到局域网上的可编址设备，其工作是对用户数据进行处理。计算机、智能终端均可作为局域网的工作站。

3. 网络服务器

服务器能够向网络用户提供通信和资源共享服务。在局域网中可设置文件服务器、打印服务器、数据库服务器或电子邮件服务器等。

4. 操作系统

在局域网硬件确保数据传输能力的基础上，为网络用户管理共享资源、提供网络服务的局域网系统软件称为局域网操作系统。在局域网上配置操作系统是为方便用户通信，并能够使用户更好地使用网络。操作系统的功能包括网络通信、共享资源管理、各种网络服务、网络管理、提供网络接口等。

局域网的信息处理模式有以下两种，分别是客户服务器方式和对等连接方式。

（1）客户服务器方式

这种方式在局域网上是最常用的，也是传统的方式。我们在上网发送电子邮件或在网站上查找资料时，都是使用客户服务器方式（有时写为客户 - 服务器方式或客户/服务器方式）。

客户（client）和服务器（server）都是指通信中所涉及的两个应用进程。客户服务器方式所描述的是进程之间服务和被服务的关系。在图 4-17 中，主机 A 运行客户程序而主机 B 运行服务器程序。在这种情况下，A 是客户而 B 是服务器。客户 A 向服务器 B 发出请求服务，而服务器 B 向客户 A 提供服务。这里最主要的特征就是：

① 客户是服务请求方，服务器是服务提供方。

② 服务请求方和服务提供方都要使用局域网所提供的服务。

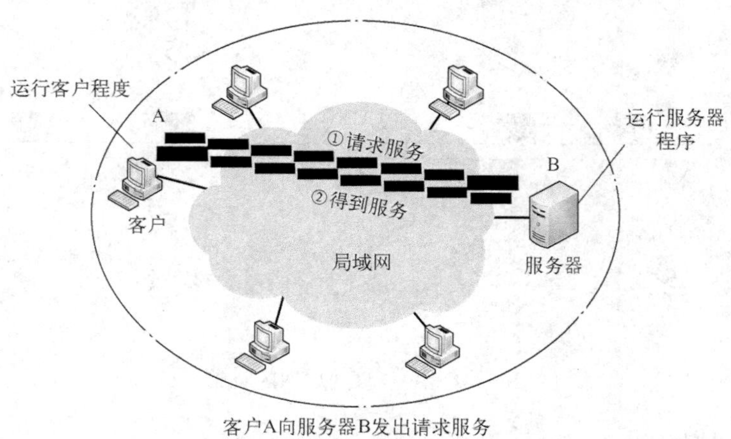

图 4-17 客户服务器连接方式

（2）对等连接方式

对等连接（Peer－to－Peen，P2P）是指两个主机在通信时并不区分哪一个是服务请求方还是服务提供方。只要两个主机都运行了对等连接软件（P2P 软件），它们就可以进行平等的对等连接通信。这时，双方都可以下载对方已经存储在硬盘中的共享文档。因此这种工作方式也称为 P2P 文件共享。

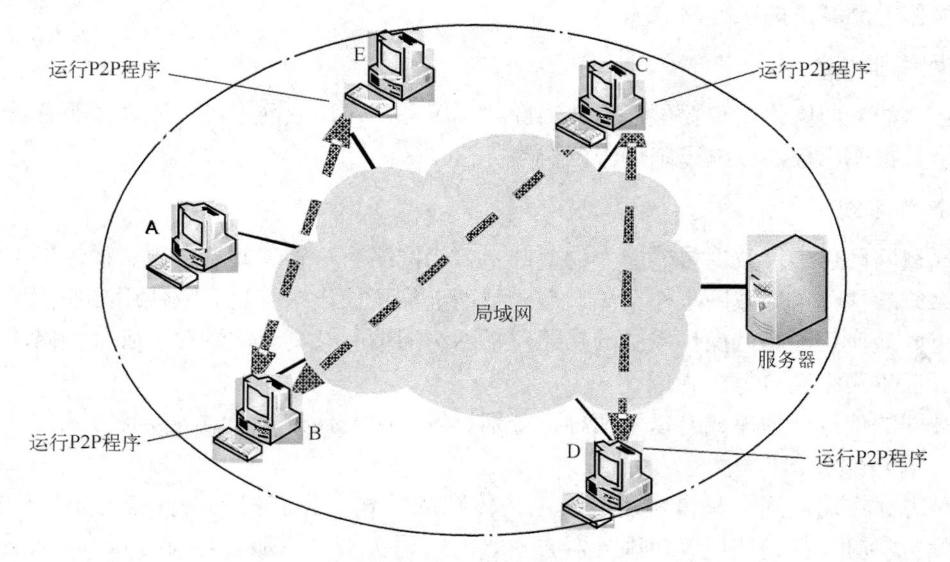

图 4-18 对等连接方式

4.5.3 以太网

局域网技术中最著名和应用最广泛的是以太网（Ethernet），它是局域网的主流网络技术。1975 年在美国施乐（Xerox）公司 Palo Alto 研究中心工作的 Robert Metcalfe 和他的同事 David Boggs 研制成功了以太网，它以共用的总线作为共享的信道来传输数据，当时的数据率为2.94 Mbit/s。最初的以太网用无源电缆作为总线来传送数据，并以曾经在历史上表示传播电磁波的以太（Ether）来命名。1980年，DEC公司、Intel公司和施乐公司合作，共同提出了以太网规范，这就是著名的以太网蓝皮书，也称为DIX（DIX是这三个公司名称的首字母）1.0版以太网规范。1982年又修改为第二版规约，称为DIX以太网，即DIX Ethernet V2。1983年，在DIX以太网基础上，IEEE 802委员会的802.3工作组制定了第一个IEEE的以太网标准IEEE 802.3，数据率为10 Mbit/s。DIX以太网和IEEE 802.3以太网是以太网发展中的两个历史性的规范，有着非常重大的影响。

早期的以太网速率只有10 Mbit/s的吞吐量，使用同轴电缆或双绞线等作为传输介质，在广播信道中使用的控制协议是载波侦听多点接入/冲突检测（Carrier Sense Multiple Access/Collision Detection，CSMA/CD）的访问控制方法，这种10 Mbit/s的以太网称为标准以太网。以太网可以使用粗同轴电缆、细同轴电缆、非屏蔽双绞线、屏蔽双绞线和光纤等多种传输媒体进行数据传输，并且在IEEE 802.3标准中，为不同的传输媒体制定了不同的物理层标准，在这些标准中前面的数字表示传输速度，单位是“Mbit/s”。常见的以太网技术标准有10Base-2、10Base-5、10Base-T。

以太网通常使用专门的网络接口卡接入网络，网络接口卡可通过电路板上的电路实现。以太网使用收发器与网络媒体进行连接。收发器可以完成多种物理层功能，其中包括对网络碰撞进行检测。收发器可以作为独立的设备通过电缆与终端站连接，也可以直接被集成到终端站的网卡当中。

以太网使用的是广播信道，网络上传播的数据每一个工作站的网卡都能收到，网卡收到一个数据帧后，首先会解析数据帧的目的MAC地址，如果目的MAC地址与网卡地址相同，则接受，否则将该帧丢弃。网卡接受的数据将传递给高层协议进行处理。

以太网采用CSMA/CD协议在广播信道中实现一对一的数据传送，CSMA/CD是一种争用型的媒体访问控制协议。它起源于美国夏威夷大学开发的ALOHA网所采用的争用型协议，并进行了改进，使之具有比CSMA/CD协议更高的信道利用率。

CSMA/CD协议的工作原理如下：局域网中的各个工作站都能独立地完成数据帧的发送与接收。每个工作站在发送数据帧之前，首先要对信道进行载波侦听，如果信道空闲，则允许发送数据帧。如果存在两个以上的工作站同时监听到信道空闲并发送数据帧，则在信道中发送的数据帧将产生碰撞，使发送的数据帧都成为无效帧，导致发送失败。因此，每个工作站必须有能力随时检测冲突是否发生，一旦发生冲突，则应立刻停止发送，以免带宽因传递无效帧而被白白浪费。检测到发生碰撞的工作站在等待一个随机的时间段后，再重新争用信道，重发数据帧。从CSMA/CD协议的工作过程和原理来看，帧长太短或总线太长就有可能检测不到冲突。因此，在以太网中规定凡长度小于64字节的帧都是无效帧。

随着技术的发展需要局域网提供更高的传输速率，IEEE 802工程组对100 Mbit/s以太网的各种标准（比如：100BASE-TX/100BASE-T4、中继器、全双工等标准）进行了研究。1995年3月，IEEE宣布了100BASE-T快速以太网标准（Fast Ethernet），开启了快速以太网时代。

在百兆以太网（100 Mbit/s）问世不久的1996年初，IEEE 802.3委员会成立了千兆网工作组，开始致力于更高速的千兆以太网（1000 Mbit/s或1 Gbit/s）的研究，并在1997年通过了吉比特以太网的标准802.3z，它在1998年成为正式标准。吉比特以太网的标准

802.3z 具有以下几个特点：

① 允许在全双工和半双工两种方式下工作。

② 使用 IEEE 802.3 协议规定的帧格式。

③ 在半双工方式下使用 CSMA/CD 协议。

④ 与 10BASE－T 和 100BASE－T 技术向后兼容。

千兆以太网的特征类似于 100Mbit/s 以太网，它仍采用 CSMA/CD 的 MAC 访问技术，支持共享式、交换式、半双工和全双工的操作，主要用于主干网和服务器（需要 1000 Mbit/s 网卡）。

千兆以太网的传输距离取决于使用的媒体：

① 当 1000BASE－Cx 使用两对短距离的屏蔽双绞线电缆时，传输距离为 25 m。

② 当 1000BASE－Sx 使用 850 nm 激光器和纤芯直径为 62.5 μm 和 50 μm 的多模光纤时，传输距离分别为 275 m 和 550 m。

③ 当 1000BASE－Lx 使用 1300 nm 激光器和纤芯直径为 62.5 μm 和 50 μm 的多模光纤时，传输距离分别为 550 m。当使用纤芯直径为 10 μm 的单模光纤时，传输距离为 5000 m。

④ 1000BASE－T 使用 4 对 5 类 UTP 双绞线，传输距离为 100 m。

千兆以太网主要用于主干网和连接服务器，如交换机到交换机、交换机到服务器（需要 1000 Mbit/s 网卡）。在实际组建企业网时，一般都将几种不同性能的交换机（10M 交换机、100M 交换机、1000M 交换机）结合起来使用，采用层次结构，1000M 交换机作为主干设备（为最高层），100M 交换机作为中间层设备，10M 交换机作为用户端交换机。

千兆以太网所表现出来的优势主要在于：

① 低价位的高带宽，可以与传统以太网、快速以太网平滑互联。

② 利用以太网的知识即可管理、监视和维护千兆以太网。

③ 千兆以太网是组建核心骨干网的技术。

目前，千兆以太网的应用越来越广泛，人们越来越多地选择千兆以太网交换机作为企业网或校园网的主干设备，组建局域网。在千兆以太网被企业 LAN 接受的同时，它也正在向城域网 MAN 扩展，在广域网 WAN 上将散布在整个城市的大楼或校园连接在一起。适用 MAN 和 WAN 的千兆以太网是一种经济可行的高带宽解决方案，能够提供接入灵活性并实现与光纤网络的连接。

4.5.4 无线局域网

1. 概述

随着便携式计算机和移动通信设备数量的增长和价格的下降，以及人们生活节奏的加快，计算机网络面临着许多新的挑战。由于传统网络的各类设备被网络连线所禁锢，无法实现可移动网络通信的功能，很难满足当前人们对通信网络的要求。无线局域网（Wireless Local Area Network，WLAN）可提供移动接入的功能，实现移动数据交换，给网络用户提供了许多方便，使他们能够随时随地收发信息。

所谓无线局域网就是在各个工作站和设备之间不再使用通信电缆，而是采用无线的通信方式。一般来讲，凡是采用无线传输媒体的计算机局域网都可称为无线局域网。它使用无线电波作为数据传输媒体，传送距离一般为几十米，无线局域网用户可通过一个或更多无线接入点（AP）接入到无线局域网中。无线局域网主要在以下场合使用：

① 难于布线的环境：比如大楼内部布线以及楼宇之间的通信；

② 高峰时段临时所需的局域网：例如会议中心、展览馆、休闲娱乐中心等；

③ 流动人员需临时获得信息的区域。

在 1997 年 IEEE 制定了无线局域网协议标准 IEEE802. 11，它提供了 WLAN 的 IEEE802 物理层和 MAC 子层的规范。IEEE802. 11 支持 1 Mbit/s 和 2 Mbit/s 的信息传输速率。后来又相继出现了 IEEE802. 11a、IEEE802. 11b 和 IEEE802. 11g，它们定义了新的物理层标准，分别支持 54 Mbit/s、11 Mbit/s 和 54 Mbit/s 的信息传输速率，它们的 MAC 层和 IEEE802. 11 是一样的。

2. 网络组成和组网方式

（1）网络组成

无线局域网主要由以下几部分组成：

① 移动站点（Mobile Station）　网络最基本的组成部分。实际上移动站点就是一个无线网络接口设备，用于连接 AP 或其他站点。

② 接入点（Access Point，AP）　是访问接入点，通过无线信道访问分布式系统提供的服务。与以太网中集线器的作用类似，无线 AP 拥有一个以太网接口，用于实现无线与有线的连接。

③ 基本服务集（Basic Service Set，BSS）　基本服务集 BSS 是网络最基本的服务单元，它类似于无线移动通信的蜂窝小区。一个基本服务集 BSS 包括一个基站和若干个移动站其中基站称为接入点（Access Point，AP），它们共享 BSS 内的无线传输媒体，使用 IEEE802. 11 WLAN 媒体接入控制 MAC 协议通信。

④ 分配系统（Distribution System，DS）　分配系统用于连接不同的基本服务集。分配系统使用的媒体逻辑上和基本服务集使用的媒体是截然分开的，尽管它们物理上可能会是同一个媒体，例如同一个无线频段。

⑤ 扩展服务集（Extended Service Set，ESS）　使用分配系统 DS 连接的一组 BSS。一个服务集可以是独立的，也可以通过 AP 连接到一个主干分布系统 DS，然后再接入到另一个基本服务集，从而构成一个 ESS，如图 4-19 所示。

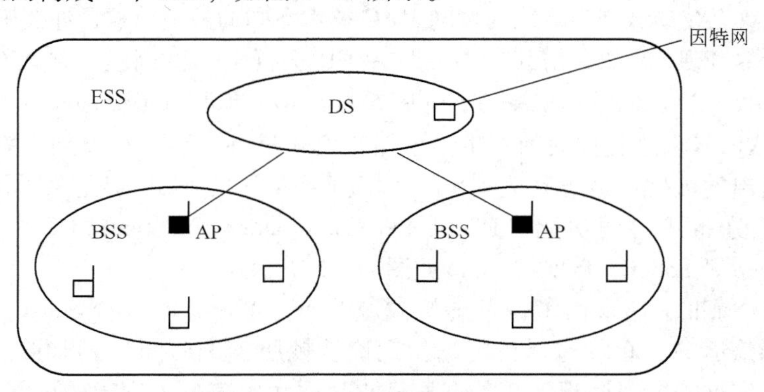

图 4-19　IEEE802. 11 的基本服务集 BSS 和扩展服务集 ESS

⑥ 关口（Portal） 用于将无线局域网和有线局域网或其他网络联系起来。

（2）组网方式

无线局域网有分布式（自组织）和集中式两种组网方式，如图4-20所示。

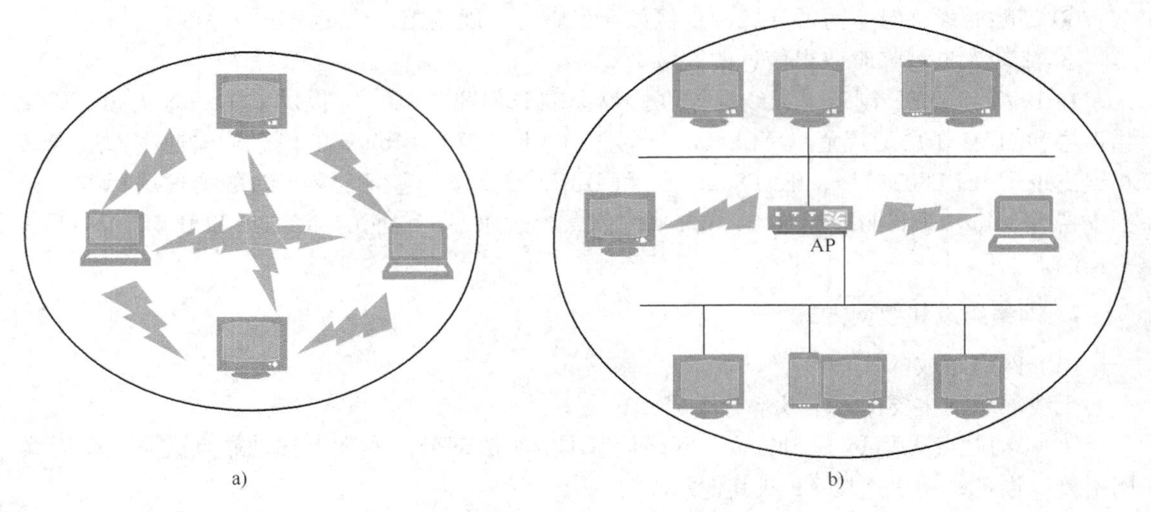

图4-20 无线局域网的组网方式
a）分布式 b）集中控制

① 分布式组网（自组织模式） 在分布式组网方式中，主机可以在无线通信覆盖范围内移动并自动建立移动站点到移动站点的连接。主机之间通过争用信道直接进行数据通信，而无需其他设备进行路由选择。

② 集中式组网 所有无线节点以及有线局域网均要与一个接入点（Access Point，AP）设备连接。接入点设备负责无线通信管理工作，例如给无线节点分配无线信道的使用权；实现无线通信与有线通信的转换；起到与有线局域网网桥和路由器相似的作用。

3. 无线局域网的媒体访问控制机制

无线局域网的MAC层和IEEE 802.3协议的MAC层非常相似，都是在一个在广播信道上实现多个用户的数据传送，发送者在发送数据之前首先对网络的可用性进行判断。所不同的是，无线局域网内冲突发生和检测的方法与有线局域网不同，主要差别表现在所谓的隐蔽站和暴露站之间。导致无线局域网与有线局域网MAC技术不同的另一因素是冲突确认的难度。

有鉴于此，在IEEE 802.3协议中对CSMA/CD进行了一些调整，在无线局域网中采用了新的协议CSMA/CA（Carrier Sense Multiple Access with Collision Avoidance）。CSMA/CA协议利用ACK确认信号来避免冲突的发生，也就是说，只有当客户端收到网络上返回的ACK信号后才确认送出的数据已经正确达到目的。IEEE 802.3的MAC层定义了两种媒体访问控制机制，分别是分布式协调功能（Distribated Coordination Function，DCF）和点协调功能（Point Coordination Function，PCF），具体如图4-21所示。

IEEE 802.11标准中还采用了一种虚拟载波监听（Virtual Carrier Sense）机制，就是让源站将它要占用信道的时间（包括目的站发回确认帧所需的时间）通知给所有其他站，以便使其他所有站在这一段时间都停止数据发送，从而大大减少了碰撞的可能。“虚拟载波侦听”表示其他站并没有对信道进行监听，而是由于其他站收到了“源站的通知”才不发送

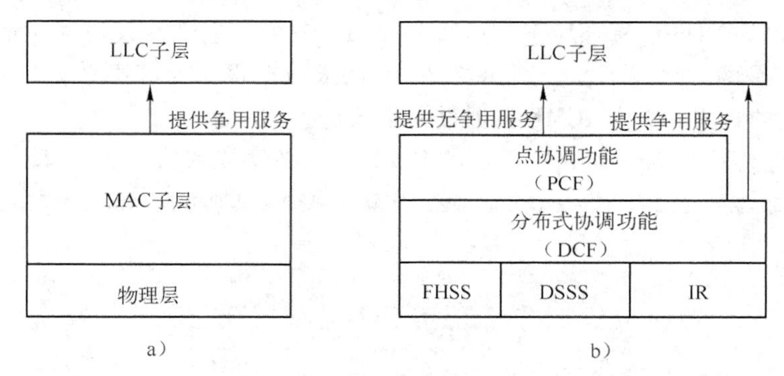

图4-21 IEEE 802.11WLAN体系结构
a) 局域网层次及服务 b) WLAN层次及服务

数据。其效果就好像是其他站都对信道进行了监听。所谓“源站的通知”就是源站在其MAC帧首部中的第一个字段“持续时间”中填入了在本帧结束后还要占用信道多少时间(以微秒为单位),其中包括目的站发送确认帧所需的时间。

4.6 实验

4.6.1 协议报文捕获及分析实验

1. 实验目的

① 理解IP报文格式。

② 理解ICMP报文格式。

2. 实验内容

使用报文捕获工具获取ICMP报文和IP报文,然后使用报文分析工具对ICMP报文和IP报文进行协议分析。

3. 实验条件

① 报文捕获工具——Wireshark协议分析软件。Wireshark是一个源码开放的网络分析系统,也是目前最好的网络协议分析器,支持UNIX、Windows等多种平台。它主要是通过监听网络中的数据来实现协议分析、网络故障诊断等功能。它首先会让用户选择需要针对哪一个网卡进行数据捕获,然后设置打算捕获报文的数据类型,开始捕捉数据。当捕获结束后,可以对捕获到的数据报文进一步设置相应的过滤条件对数据进行过滤分析。

② 应用协议环境:每个学生所使用的PC(安装Windows XP操作系统)处于同一个子网中,并且都能够访问互联网。

4. 实验步骤

(1) ICMP分析

① 主机A(IP地址为IP1)与主机B(IP地址为IP2)是属于同一个子网内的两台计算机。

② 在主机A上打开Wireshark,指定源IP地址为主机A的地址,目的IP地址为主机B的地址。在Wireshark中使用的过滤字符串为“icmp”,开始捕获ICMP报文。

③ 在主机 A 的 DOS 仿真环境下，运行 ping IP2 命令向主机 B 发送回送请求报文，在主机 B 连网和未连网两种情况下，分别捕获 ICMP 请求数据报文与应答数据报文（如有），记录并分析各字段的含义，并与 ICMP 数据报文格式进行比较。

④ 在连网情况下，Wireshark 中显示的 ICMP 报文各字段数值如图 4-22 所示。

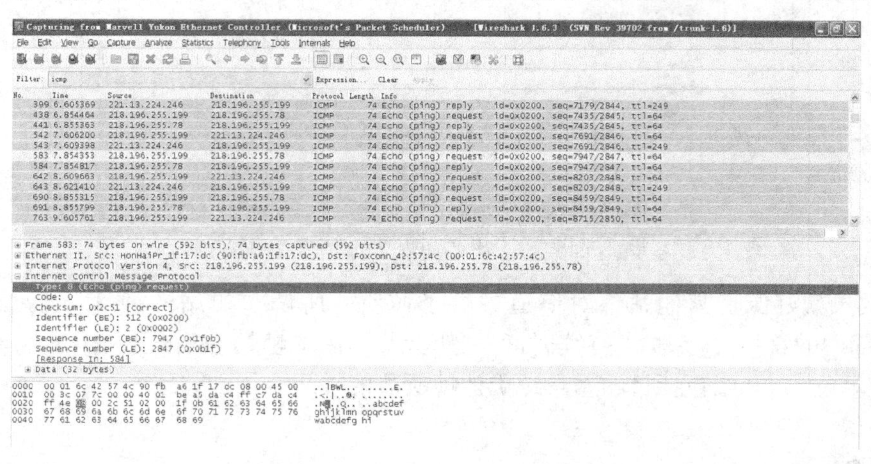

图 4-22　ICMP 报文

（2）IP 分析

① 主机 A 的 IP 地址为 IP1。

② 在主机 A 上打开 Wireshark，指定源 IP 地址为主机 A 的地址，在 Wireshark 中使用的过滤字符串为“ip”，开始捕获 IP 报文。

③ 主机 A 能够访问因特网，在主机 A 上打开 IE 浏览器，访问 http://www.163.com，主页打开后关闭浏览器，就能够捕获到相应的 IP 数据报文，记录并分析各字段的含义，并与 IP 数据报文格式进行比较。捕获到的 IP 报文格式如图 4-23 所示。

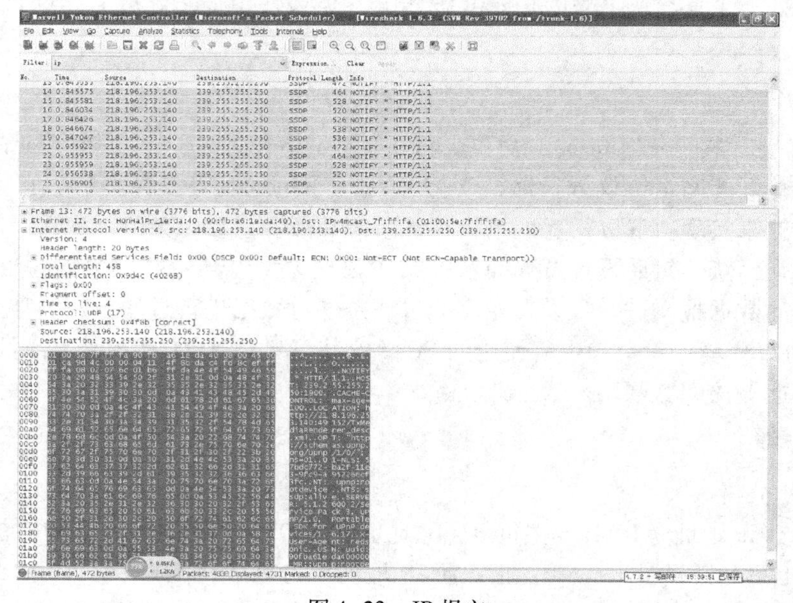

图 4-23　IP 报文

4.6.2 无线局域网组网实验

1. 实验目的

① 了解无线局域网。

② 掌握无线局域网的组网方法。

2. 实验理论

（1）无线局域网的概念

无线局域网是由移动工作站和无线接入点（AP）构成。简单地说，无线局域网就是可以通过无线方式进行数据发送和接收的局域网，通过部署安装无线路由口或无线 AP，在计算机上安装无线网卡就可以实现无线连接。

（2）无线局域网的特点

与传统有线局域网相比，无线局域网具有安装便捷、使用灵活、经济、易于扩展等优点。

（3）无线局域网的工作模式

无线局域网是通过接入点（AP）互连各个移动终端来达到组网的目的，也就是说，可以把 AP 看做是传统局域网中的集线器，可以实现无线网络内部及无线网络与有线网络之间的互通，通常能够覆盖几十个用户。

3. 实验条件

实验设备：一个无线路由器、一台带无线网卡的笔记本电脑、一台台式机、一个 PS 电话分离口和一个 ADSL Modem。

4. 实验内容

① 认识无线局域网的基本概念。

② 无线局域网组网。

5. 实验步骤

① 连接硬件设备。把电话外线连上分离器，然后分离器输出端有两个端口，其中一个端口接 ADSL Modem，一个端口接固定电话机；再使用网线将网口和 ADSL Modem 的一端连接，另一端与无线路由器的 WAN 口相连，最后用网线把台式机连接到无线路由器的 LAN 口上。具体接线方式如图 4-24 所示。

② 设置笔记本的 IP 地址。在控制面板的“无线网络连接”的图标上单击鼠标右键，选择“属性”命令。在弹出的对话框中选择“常规”选项卡，并双击“Internet 协议”，在弹出的页面的“IP 地址”文本框中输入“192. 168. 1. 3”，子网掩码是“255. 255. 255. 0”，默认网关为“192. 168. 1. 1”，DNS 服务器设置为自动获取。

③ 设置台式机 IP 地址。台式机的“IP 地址”改为“192. 168. 1. 4”，确保不能与笔记本的 IP 地址相同，其余设置和笔记本电脑的配置方法相同。

④ 检测网络是否畅通。在笔记本电脑和台式机操作系统的“运行”框中输入“ping 192. 168. 1. 1”，用于检测笔记本电脑、台式机与无线路由器之间的连通性是否良好。如果网

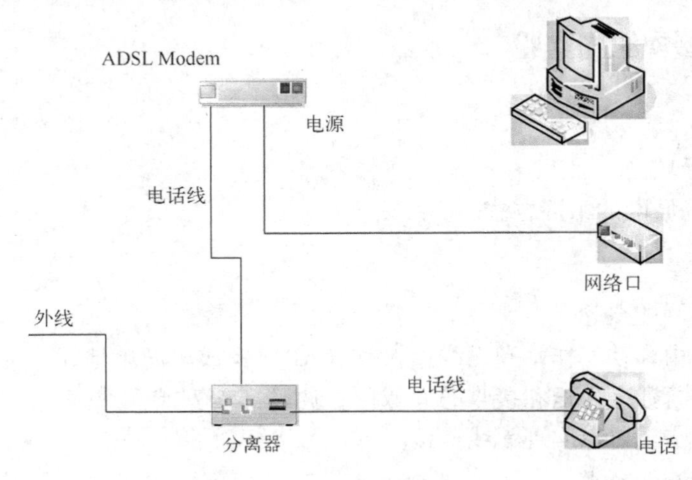

图 4-24　硬件设备接线图

络不通，则需检查上面步骤中的设置是否有误。

⑤ 设置自动拨号。现在的无线路由器大多支持自动拨号功能，可以让用户省略手动拨号这一烦琐过程。打开笔记本的 IE 浏览器，在地址栏输入“192. 168. 1. 1”，在无线路由器的管理界面中选择“快速设置”，出现“设置向导”，然后选中“ADSL 虚拟拨号”单选按钮。单击“下一步”按钮，在“上网账号”和“上网口令”中输入账号和口令。依次单击“下一步”和“保存”按钮。以后要上网，只需打开宽带 Modem、无线路由器和计算机电源开关即可，而不用手动拨号。通过以上的设置，就可以利用无线局域网上网了。

⑥ 检测笔记本电脑和台式机之间是否能够通信；在笔记本电脑的“运行”框中输入“ping 192. 168. 1. 4”，用于检测笔记本电脑与台式机之间的连通性是否良好。如果网络不通，则需检查上面步骤中的设置是否有误。

⑦ 使用笔记本电脑访问 http://www. hpu. edu. cn，如果能够打开学校主页，则说明上述配置正确，如果不能访问，则检查步骤⑤中拨号设置是否正确，路由器是否进行了正确拨号。

习题

4-1　简要说明数据通信的概念、特点及构成。

4-2　举例说明差错控制的基本原理。

4-3　数据通信的物理层有哪些功能？物理层接口的特性有哪些？

4-4　常用的传输介质有哪些？

4-5　试比较电路交换和分组交换的优缺点，以及它们各自适合的业务。

4-6　简述 TCP/IP 的网络结构。

4-7　说明 IP 地址与硬件地址的区别。为什么要使用这两种不同的地址？

4-8　简述计算机局域网的概念和特点。

4-9　网桥的工作原理和特点是什么？网桥与以太网交换机有何异同？

4-10　试比较说明中继器、网桥和路由器的功能。

4-11　试辨认以下 IP 地址的网络类别。

（1）128. 86. 99. 3

（2）32. 42. 240. 17

（3）189. 194. 76. 253

（4）192. 52. 69. 248

（5）89. 34. 0. 1

（6）200. 34. 61. 2

4-12　某主机的 IP 地址为 130. 252. 20. 168，子网掩码为 255. 255. 255. 0，求此主机的网络号、子网号和主机数。

4-13　一个自治系统有 4 个局域网，其连接图如图 4-25 所示。LAN1 至 LAN4 上的主机数分别为：81，140，3 和 15。该自治系统分配到的 IP 地址块 40. 148. 118/23。试给出每一个局域网的地址块（包括前缀）。

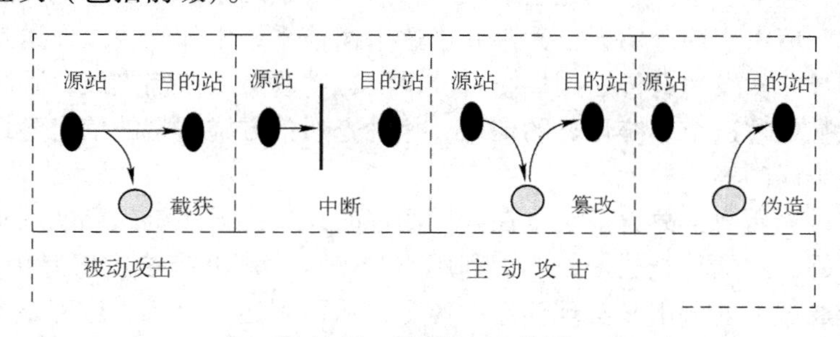

图 4-25　习题 4-13 的图

4-14　有如下的 4 个/24 地址块，试进行最大可能的聚合。

（1）252. 156. 132. 0/24

（2）252. 156. 133. 0/24

（3）252. 156. 134. 0/24

（4）252. 156. 135. 0/24

4-15　什么是端口，其作用是什么？

4-16　说明 TCP 和 UDP 的区别和特点。

4-17　因特网的域名结构是怎么样的？它与目前的电话网的号码结构有何异同之处？

4-18　设想有一天整个因特网的 DNS 都瘫痪了（这种情况不大会出现），试问还可以给朋友发送电子邮件吗？

第5章 光纤通信

5.1 光纤通信概述

5.1.1 光纤通信发展简史

在现实生活中，光与我们如影随形、息息相关。在人类发展的初期阶段，人们利用手势进行通信，实现了最早、最简单的光通信系统。这种方式的通信系统不能在黑暗中进行，仅能在光线较强的环境中实现。白天，太阳充当这个通信系统中的光源。发送者的信息通过反射的太阳辐射携带，从发送者传送到接收者。手的运动改变或调制光波，眼睛则是信息的接收检测装置，大脑处理这个系统传送的信息。这种光通信方式携带的信息容量低，传输距离有限，而且产生错误的概率较大。

烽火戏诸侯这一历史典故，证明早在我国商周时期，光波系统就已使用狼烟作为信息载体，应用于军事领域。这种光通信方式，利用改变烟火形态的方法输出要传递的相关信息，烟火形态的改变通过反射太阳光实现信息的传送，从而到达接收者。这种系统所需要的编码方法，通过“通信员”和“信息用户”的学习、培训，也在使用中不断得到发展，与现代数字通信系统中使用的脉冲编码相似。

1880年，贝尔发明了一种称为“光电话”的光通信系统。这种系统使用从一个调制声音的薄膜镜面反射的太阳光携带双方的通话信息。在接收端，被调制的光波投射到一个光导的硒电池上，可以将信息转换成电流信号。于是，近代第一个利用光电信息进行电话接收的系统产生了。然而，尽管光电话工作得相当好，但由于光源和传输介质的限制，从来没有获得商业上的成功。

电灯的发明，使人们可以构造简单的光通信系统，例如闪光、船只到船只和船只到陆地的通信链路、汽车转向信号以及交通管治灯光等。事实上，任何类型的指示灯都是一个基本的光通信系统。

然而，上述所有系统的信息容量都非常低。1960年激光器的发明，为实现大容量光通信创造了契机。激光器可提供窄带光辐射源，适于用做信息载体。激光器可以与传统电信系统中的射频信号源相比较。在发明激光器后，非导引的光通信系统（无光纤、通过光束在大气中传输进行的通信系统）很快得到了发展。但是，这种系统的正常工作要取决于洁净的大气、在发送机和接收机之间需要可直视的传输路径；在不知不觉的情形下看到光束时，可能对人的眼睛造成伤害等，这些都是这种光通信方式的缺点。尽管非导引光通信的使用受到上述因素的制约，但是早期的应用却激起了人们对可以引导光束传输的光系统的兴趣，以克服上述困难、实现被导引光束可以在拐角处转弯，并且可以埋于地下。

1966年，英籍华裔科学家高锟（Charles Kao）首次提出了光纤传输光信号的理论。他研究了光在石英玻璃中严重损耗的问题，发现玻璃纤维的损耗不是固有的，而是由于光纤中含有过量的铬、铜、铁与锰等金属离子和其他杂质，及拉制光纤时的工艺造成了纤芯、包层分界面的不均匀及其所引起的折射率不均匀两方面的原因造成的。通过降低光纤材料中的杂质含量和改善光纤的加工工艺，可以使光纤成为实用的光传输介质。

随后，在1970年，康宁（Coming）公司研制出衰减为20 dB/km的低损耗光纤。同年，贝尔（Bell）实验室成功研制出体积小、功耗低、效率高、可以连续工作在室温的铝镓砷（AlGaAs）半导体激光器，为光纤通信提供了理想的光源。这两项研究成果的成功出现，使光纤通信得到了快速发展，开启了光纤通信技术的新时代。

自20世纪70年代至今，在光纤通信技术的发展过程中，已历经了5代：

（1）1972～1973年，在0.85 μm波段，光纤的传输损耗已下降到2 dB/km左右；与此同时，光纤的带宽不断增加，光纤的生产从带宽较窄的阶跃型折射率光纤转向带宽较宽的渐变型折射率光纤；此外，光源的寿命不断增加，光源和光电检测的性能不断改善，这些都为光纤传输系统的诞生与成熟创造了有利条件。1976年，美国贝尔（Bell）实验室在亚特兰大建成了世界上第一条光纤通信实验系统，其传输速率为44.7 Mbit/s，只能传输数百路电话。该系统经过现场实验和全面性能测试后，1977年5月，美国电报电话公司在芝加哥市内相距7 km的两个电话局之间敷设了世界上第一条短距离的光纤通信线路，开始了光纤通信的商业化进程。在此时期内，光纤通信系统采用工作波长为850 nm、光纤损耗为2.54 dB/km的多模光纤，光源采用铝镓砷半导体激光器，通信传输速率为50～100 Mbit/s，中继距离为8～10 km，光电探测器采用硅材料制作，被称为第一代光纤通信。

（2）大约在1980年，进入了工作波长为1310 nm、使用多模光纤传输的第二代光纤通信时代。1310 nm波段是石英光纤的第二个低损耗窗口，且有最低的色散，相应的光源为铟镓砷磷（InGaAsP）/铟磷（InP）半导体激光器，光探测器采用锗（Ge）材料，传输速率为100 Mbit/s，中继距离为20～50 km。起初，由于多模光纤的模间色散，使系统的传输速率限制在100 Mbit/s以下。单模光纤较多模光纤色散低得多，损耗也更小（可降至0.3～0.5 dB/km），采用单模光纤能克服这种限制。1981年，一个实验室演示了传输速率为2 Gbit/s、传输距离为44 km的单模光波实验系统。1983年，实现了使用单模光纤在1310 nm波长传输的第二代光纤通信，中继距离为50～100 km。这一代光纤通信成功应用于长途干线和越洋通信中，如日本敷设了一条从北海道到冲绳岛纵贯南北的光缆线，全长3400 km，采用24芯单模光纤光缆，传输速率为400 Mbit/s。美国也从东西海岸各敷设了一条光缆干线，长度分别为600 km和270 km，芯数为144芯。后来，在1985年，又敷设了2002 km的南北干线，增设了总长为50 km的光缆，把美国22个州连接形成了长途光缆干线网。国际上第一条海底光缆于1986年在北海海底敷设，它连接了英格兰和比利时。美国到欧洲的跨大西洋海底光缆在1988年敷设，长度为5600 km，到欧洲后分成两个分支，一路经500多千米到英国，另一路经300多千米到法国，它的语音信道为80000路，为了补偿信号衰减，沿光缆每隔50 km安装了一个转发器。

（3）20世纪80年代后期，进入了使用单模光纤在1550 nm波段上传输的第三代光纤通信时期。之前使用磷砷化镓铟激光的光纤通信系统常常遭遇到脉波延散（Pulse Spreading）问题，而科学家则设计出色散迁移光纤（Dispersion - Shifted Fiber）来解决这些问题，这种光纤在传递1550 nm的光波时，色散几乎为零，损耗为0.2 dB/km，其可将激光的光谱限制在单一纵模（Longitudinal Mode）。这些技术上的突破使得第三代光纤通信系统的传输速率达到2.5 Gbit/s，而且中继器的间隔可远达100 km左右。

（4）在这个时期，掺铒光纤放大器（Erbium - doped Optical Fiber Amplifier，EDFA）的出现成为光纤通信发展史第四代光纤通信技术的标志。1986年，英国南安普顿大学制作了最初的掺铒光纤放大器，进一步减少了中继器的需求。当作为掺铒光纤放大器的泵浦源，980 nm和1480 nm的大功率半导体激光器研制成功后，掺铒光纤放大器趋于成熟，进入了实用化阶段。掺铒光纤放大器研制成功的意义不仅在于可进行全光中继，它还多方面推动了光纤通信的发展。尤其是在波分复用（Wavelength Division Multiplexing，WDM）光纤通信系统中的应用，波分复用是将一根光纤分割成多个光信道，从而成为充分利用光纤带宽、有效扩展通信容量的一种光纤通信方式，这项技术可大幅增加传输速率，使光纤通信进入了高速通信阶段。掺铒光纤放大器及WDM技术的发展让光纤通信系统的容量以每6个月增加一倍的方式大幅跃进，到了2001年时已经到达10 Tbit/s的惊人速率，足足是20世纪80年代光纤通信系统的200倍之多。近年来，传输速率已经进一步增加到14 Tbit/s，每隔160 km才需要一个中继器。

（5）第五代光纤通信系统发展的重心在于扩展波分复用器的波长操作范围。传统的波长范围，也就是一般俗称的“C band”约是1530～1570 nm之间，新一代的无水光纤（dry fiber）低损耗的波段则延伸到1300～1650 nm间。另外一个发展中的技术是引进光孤子（Optical Soliton）的概念，利用光纤的非线性效应，让脉波信号能够抵抗色散而维持原本的波形。自1995年光纤通信的发展进入第五代以来，通过采用密集波分复用（DWDM）对光纤系统传输容量进行扩容，至2002年时商用DWDM系统容量已达到160×10 Gbit/s（1.6 Tbit/s），实验室水平为256×42.7 Gbit/s（10.932 Tbit/s）。

进入21世纪以来，IP业务爆发式增长，变为吞噬网络带宽的主流业务。IP业务具有突发性、自相似性和不对称性等特征，要求光网络能够动态地按需提供带宽，实现资源的最佳利用；要求光网络能够实施实时的流量工程，具有更加完善的保护和恢复功能，更强的互操作性和扩展，以减少不断增加的网络运维费用等。这些要求的实质是要赋予现有光网络更多的智能化，因此，在OTN的研究基础上如何提升网络的智能化程度成为新的研究热点，具有高度私密的自动交换光网络（ASON）成为光网络发展的主要方向。

ASON是能够智能化地、自动完成光网络交换连接功能的新一代光传送网。ASON引入智能的控制平面，通过控制平面的信令、路由、链路管理和自动发现机制，自动按需连接，同时提供可行、可靠的保护恢复机制，实现故障情况下连接的自动重构。

由于数据业务增长的强大推动，基于电路交换的光网络正在向以数据为中心的新一代网络进行演变。光网络与数据网的融合、光标记交换、光突发变换（OBS）和光分组交换（OPS）、网络的异构互连、多业务/多层次环境下网络的控制、管理和生存性等都是与未来信息网密切相关的重要课题。

在爆炸式增长的数据业务驱动下，光纤通信继续向大容量、长距离传输的方向发展，支撑大容量WDM长距离传输的各种技术（如低噪声放大技术、非线性光学效应的抑制、群速度色散和偏振模色散的补偿、新型调制格式和纠错编码等）将成为新的研究热点。

5.1.2　光纤通信的特点

自 1970 年以来的 40 多年间，光纤通信以惊人的速度迅速地发展，为国家信息基础设施提供了宽敞的传输通路。光纤通信之所以能得到如此迅速的发展，与光纤通信的优越性是分不开的，光纤通信的主要优点如下：

（1）通信容量大

从理论上讲，一根有头发丝粗细光纤的潜在带宽可达 20 THz。采用这样的带宽，只需一秒钟左右，即可将人类古今中外全部文字资料传送完毕。目前虽然远远未达到如此高的传输容量，但传输速率为 400 Gbit/s 的系统已经投入商业使用。

（2）传输距离远

光纤的传输损耗极低（商用化石英光纤在光波长为 1.55 μm 附近损耗也低至 0.2 dB/km 以下），若配用适当的光发送与接收设备，无中继传输距离可达几十、甚至上百公里，这是传统的电缆（1.5 km）、微波（50 km）等传统方式无法与之比拟的。此外，已在进行的光孤子通信实验，已达到传输 120 万个话路、6000 km 无中继的水平，在不久的将来甚至可实现全球无中继的光纤通信。

（3）适应性强

光纤耐腐蚀、不怕高温与潮湿、不怕外界强电和电磁辐射环境的干扰，可挠性强（弯曲半径大于 25 cm 时其性能不受影响），解决了电通信中的电磁干扰问题，具有较强的环境适应能力。

（4）无辐射、保密性能好

光波在光纤中传输时只在光纤芯区进行，没有电磁辐射，也没有光泄露出去，具有极好的保密性能。

（5）线径细、重量轻，利于敷设和运输

在施工过程中，光纤既可以直埋、管道敷设，又可用于水底和架空。

（6）成本低廉、材料来源丰富

制造光纤的最基本原材料 SiO_2（也就是沙子），是地球上取之不尽、用之不竭、蕴藏最丰富的物质。不但价格十分低廉，而且可以节约有色金属铜，利于环境保护。

当然，光纤通信也存在它自身的缺点，如光纤具有质地脆、机械强度低，要求比较好的切断、接续技术，分路、耦合比较麻烦等缺点。

5.2　光纤通信系统

5.2.1　光纤与光缆

5.2.1.1　光纤

1. 基本概念

光纤是光导纤维（Optical Fiber，OF）的简称，是由透明材料制成纤芯，然后在纤芯周围采用比纤芯材料折射率稍低的材料制成包层将纤芯包覆起来，通过包层界面对光进行全反射的一种非常细的低损耗导光纤维。光纤一般由玻璃或塑料制成，具有束缚和传输从可见到红外区域内光的功能，是光信号在纤芯中传播前进的媒介物。前香港中文大学校长高锟和 George A. Hockham 首先提出光纤可以用于通信传输的设想，高锟因此获得 2009 年诺贝尔物理学奖。

2. 光纤的结构

光纤是高透明电解质材料制成的非常细（外径为 125～200μm）的低损耗导光纤维，如图 5-1 所示。一般通信用光纤的横截面结构如图 5-1a 所示。从图中可以看出，光纤主要是由纤芯、包层和涂敷层构成。纤芯是由高透明固体材料（如高二氧化硅玻璃、多组分玻璃和塑料等）制成。纤芯的外面是包层，由折射率相对纤芯较低的石英玻璃、多组分玻璃或塑料制成，从而形成一种光波导效应，使光信号被束缚在纤芯中传输。光纤的导光能力取决于纤芯和包层的性质。

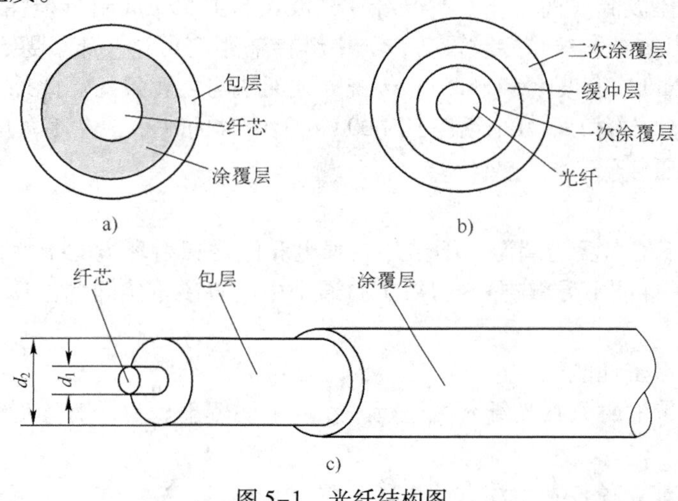

图 5-1　光纤结构图

（1）纤芯

纤芯位于光纤的中心部位。直径 $d_1=4\sim50$ μm，单模光纤的纤芯为 4～10 μm，多模光纤的纤芯为 50 μm。

纤芯的成分是高纯度 SiO_2，掺有极少量的掺杂剂（如 GeO_2、P_2O_5）作用是提高纤芯对光的折射率（n_1），以传输光信号。

（2）包层

包层位于纤芯的周围。直径 $d_2=125$ μm，其成分也是含有极少量掺杂剂的高纯度 SiO_2。而掺杂剂（如 B_2O_3）的作用则是适当降低包层对光的折射率（n_2），使其略低于纤芯的折射率，即 $n_1>n_2$，这样光信号在包层界面上由于发生全反射而被封闭在纤芯中传输。

（3）涂覆层

光纤的最外层为涂覆层，包括一次涂覆层、缓冲层和二次涂覆层。

一次涂覆层一般使用丙烯酸酯、有机硅或硅橡胶材料；缓冲层一般为性能良好的填充油膏；二次涂覆层一般多用聚丙烯或尼龙等高聚物。

涂覆的作用是保护光纤不受水汽的侵蚀和机械的擦伤，同时又增加了光纤的机械强度与柔韧性，起着延长光纤寿命的作用。涂覆后的光纤其外径约 1.5 mm。通常所说的光纤为此种光纤。

3. 光纤的分类

根据光纤原材料的不同，光纤可分为以下几种类型。

（1）玻璃光纤

光纤的损耗很低，这与光纤的生产技术和工艺水平以及对光纤本质的研究是分不开的。玻璃光纤又可根据掺杂不同，分为石英系玻璃光纤、氟化物玻璃光纤、硫系玻璃光纤三种类型。其中，石英光纤的纤芯和包层是由高纯度的二氧化硅（SiO_2）为主要原料，通过不同的掺杂量来控制纤芯和包层的折射率分布制成的光纤。例如用 $GeO_2 \cdot SiO_2$ 和 $P_2O_5 \cdot SiO_2$ 作芯子，用 B_2O_3 作包层。目前，石英（玻璃）光纤具有低损耗、宽带宽、高强度和高可靠性等优点，应用最为广泛，光纤通信中主要使用石英光纤。

（2）晶体光纤（Photon Crystal Fiber，PCF）

PCF 与普通单模光纤不同，它是由周期性排列空气孔的单一石英材料构成的，所以又被称为多孔光纤（Holey Fiber）或微结构光纤（Micro - structurecd Fiber）。PCF 的结构是在石英玻璃光纤中沿轴向均匀排列空气孔，从光纤端面看，存在周期性的二维结构，如果其中 1 个孔遭到破坏和缺失，则会出现缺陷，光能够在缺陷内传播，如图 5-2 所示。

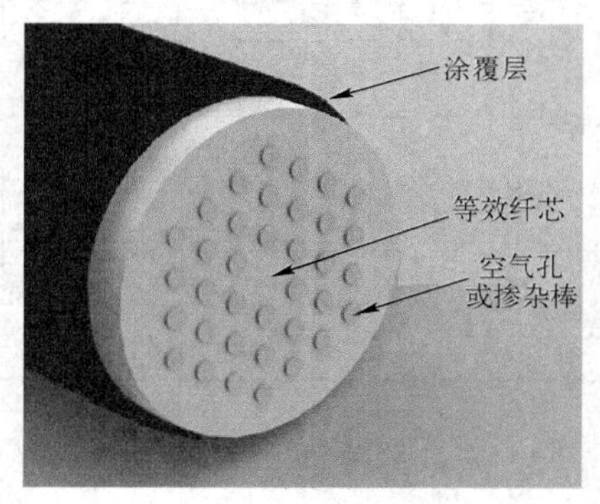

图 5-2　PCF 结构示意图

光子晶体光纤是一种特殊的波导形式，光的传播方向平行于二维光子晶体柱（或空气洞）的方向。由于这种波导可以在较大波长范围内实现单模工作，可以调节零色散点的位置，有的结构还可以实现大功率激光传输等，因此它是目前光通信技术研究的一个热点。

（3）塑料光纤（Plastic Optical Fiber，POF）

塑料光纤是用高度透明的聚苯乙烯或聚甲基丙烯酸甲酯（PMMA）等制成的。它的特点是制造成本低，芯径较大，与光源的耦合效率高，耦合光纤的光功率大，使用方便。但由于损耗较大，带宽较小，因此这种光纤只适用于短距离通信。目前，通信的主干线已实现了以石英玻璃光纤为媒质的通信，但在接入网和光纤入户（FT - TH）工程中，由于石英玻璃光纤的纤芯太细（6 ~ 10 μm），光纤的耦合和对接需要高精度的对准技术，难度大，因此对于距离短、接点多的接入网用户而言成本较高。POF 由于芯径大（0.2 ~ 1.5 mm），可以使用廉价而又简单的注塑连接器，并且其韧性和可挠性较好，数值孔径大，可以使用廉价的激光光源，适合在接入网中应用。POF 是 FT - TH 工程中具有希望的传输介质之一。

根据光纤横截面上折射率分布的情况分类，光纤可分为阶跃折射率型和渐变折射率型（也称为梯度折射率型）。对于阶跃折射率光扦，在纤芯中折射率分布是均匀的，在纤芯和包层的界面上折射率发生突变；而对于渐变折射率光纤，折射率在纤芯中连续变化。

根据光纤中的传输模式数量分类，光纤又可分为多模光纤和单模光纤。在一定的工作波长下，多模光纤能传输许多模式的介质波导，而单模光纤只传输基模。

多模光纤可以采用阶跃折射率分布，也可以采用渐变折射率分布；单模光纤多采用阶跃折射率分布。因此，石英光纤大体上也可以分为多模阶跃折射率光纤、多模渐变折射率光纤和单模阶跃折射率光纤 3 种，它们的结构、尺寸、折射率分布及光传输的示意如表 5-1 所示。

表 5-1　3 种主要类型的光纤

光纤类型与折射率分布、光的传输	芯径/μm	包层直径/μm	频带宽度	接续成本
a）多模阶跃折射率光纤	50/100	125	较大 <200 MHz · km	接续较易 成本费用最小
b）多模渐变折射率光纤	50	125	大 200 MHz · km ~3 GHz · km	接续较易 成本费最大
c）单模阶跃折射率光纤	<10	125	很大 >3 GHz · km	接续较难 成本费较小

4. 光纤的传输

（1）多模阶跃折射率光纤中光的传输

可以用射线光学理论分析多模光纤中光的传输问题。

在多模阶跃折射率光纤的纤芯中，光沿直线传输，在纤芯和包层的界面上光发生反射。由于包层的折射率 n_2 小于纤芯的折射率 n_1，所以存在着临界角 α_c，如图 5-3 所示。当光线在界面上的入射角 α 大于 α_c时，将产生全反射现象。若 $\alpha < \alpha_c$，入射光有一部分反射，另一部分通过界面进入包层，经过多次反射以后，光能量很快衰减。因此，只有满足全反射条件的光线才能携带能量传向远方。

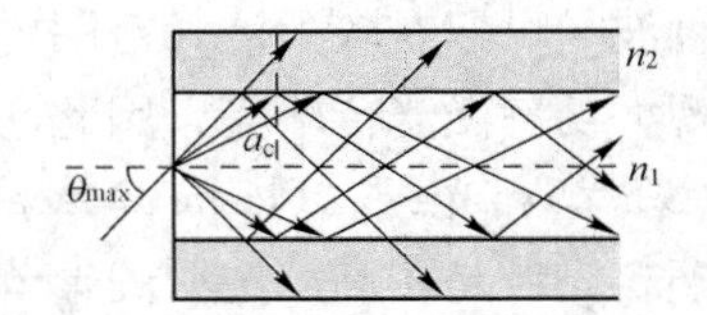

图 5-3　阶跃折射率光纤的子午光线

临界角 α_c 由下式决定：

$$\alpha_c = \arcsin \frac{n_2}{n_1} \tag{5-1}$$

若光源发射的光经过空气以后耦合到光纤中，那么满足光纤中全内反射条件光的最大入射角 θ_{max} 满足

$$\sin\theta_{max} = n_1 \sin(90° - \alpha_c) = \sqrt{n_1^2 - n_2^2} \tag{5-2}$$

定义光纤的数值孔径为

$$\mathrm{NA} = \sqrt{n_1^2 - n_2^2} \tag{5-3}$$

数值孔径（NA）表示光纤的集光能力。

实际上，光的全反射现象远非射线光学描述得这么简单。全反射仅仅是能量全反射，在靠近界面的包层介质中仍具有电磁波，只是透射波的场分量沿垂直于界面的方向按指数规律衰减，即所谓的倏逝波。而且透射波的波矢量有平行于界面的分量，从而构成了表面波。

Goos－Hänchen 的实验证实了光表面波的存在，证明入射波并不是抵达界面时就在该点反射，而是反射点离入射点有一段距离。

在多模阶跃折射率光纤中，满足全反射但入射角不同的光线的传输路径是不同的，结果使不同的光线所携带的能量到达终端的时间不同，从而产生了脉冲展宽，这就限制了光纤的传输容量。

从射线光学的观点可以计算多模阶跃折射率光纤中子午光线的最大群时延差。子午光线是处在一个子午面（包含光纤轴线的平面）内，经过光纤的轴线在周围边界面间作内部全反射的光线，如图 5-4 所示。设光纤的长度为 L，光纤中平行轴线的入射光线的传输路径最短，为 L；以临界角入射到纤芯和包层界面上的光线的传输路径最长，为$\frac{L}{\sin\alpha_c}$。因此，最大时延差为

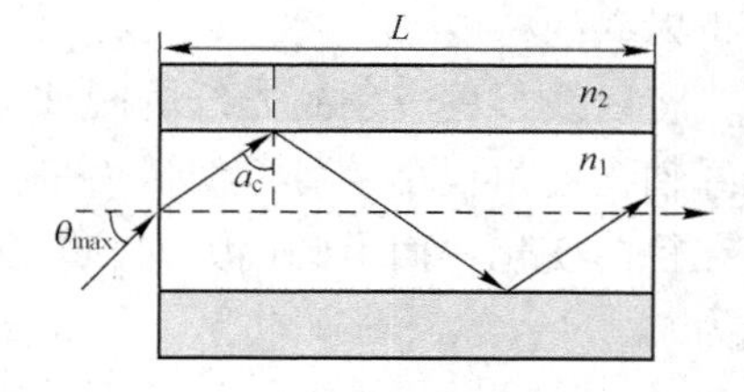

图 5-4　子午光线在光纤中的传播

$$\Delta\tau_d=\frac{\frac{L}{\sin\alpha_c}-L}{c/n_1}=\frac{Ln_1}{c}\cdot\frac{n_1-n_2}{n_2} \tag{5-4}$$

定义光纤的相对折射率差为

$$\Delta=\frac{n_1-n_2}{n_2} \tag{5-5}$$

单位长度光纤的最大群时延差为

$$\Delta\tau_d=n_1\frac{\Delta}{c} \tag{5-6}$$

群时延差限制了多模阶跃折射率光纤的传输带宽，使它的传输带宽一般小于 200 MHz · km。为了减小多模光纤的脉冲展宽，人们制造了渐变折射率光纤。

（2）多模渐变折射率光纤中光的传输

渐变折射率光纤的折射率在纤芯中连续变化。适当地选择折射率的分布形式，可以使不同入射角的光线有大致相等的光程，从而大大减小群时延差。渐变折射率光纤的脉冲展宽可以减小到仅有阶跃折射率光纤的 1/100 左右。

光纤的光学特性取决于它的折射率分布。在渐变折射率光纤中，纤芯中折射率的分布是变化的，而包层中的折射率通常是常数，用 n_a 表示。纤芯中折射率分布可用方程式表示。故渐变折射率光纤的折射率分布可以表示为

$$n(r)=\begin{cases}n_0\left[1-\Delta\left(\frac{r}{a}\right)^g\right] & r<a\\ n_a & r\geqslant a\end{cases} \tag{5-7}$$

式中，g 是折射率变化的参数；a 是纤芯半径；r 是光纤中任意一点到轴心的距离；Δ 是渐变折射率光纤的相对折射率差，即

$$\Delta=\frac{n_0-n_a}{n_0} \tag{5-8}$$

阶跃折射率光纤也可以认为是 $g=\infty$ 的特殊情况。使群时延差减至最小时最佳 g 值在 2 左右，称为抛物线分布。下面用射线光学理论分析渐变折射率光纤中子午光线和偏射线的传

输性质。

① 近轴子午光线。光线在介质中的传输轨迹应该用射线方程表示，即

$$\frac{\mathrm{d}}{\mathrm{d}s}\left(n\frac{\mathrm{d}r}{\mathrm{d}s}\right)=\nabla n \tag{5-9}$$

式中，r 是轨迹上某一点的位置矢量；s 为射线的传输轨迹；$\mathrm{d}s$ 是沿轨迹的距离单元；∇n 表示折射率的梯度。

将射线方程应用到光纤的圆柱坐标中，讨论抛物线分布的光纤中的近轴子午光线，即和光纤轴线夹角很小、可近似认为平行于光纤轴线（z 轴）的子午光线。由于光纤中的折射率仅在径向变化，而沿圆周方向和 z 方向是不变的。因此，对于近轴子午光线，射线方程可简化为

$$\frac{\mathrm{d}^2r}{\mathrm{d}z^2}=\frac{1}{n}\frac{\mathrm{d}n}{\mathrm{d}r} \tag{5-10}$$

式中，r 是射线离开轴线的径向距离。

对抛物线分布，有

$$\frac{\mathrm{d}n}{\mathrm{d}r}=-\frac{n_0\Delta}{a^2}\cdot 2r \tag{5-11}$$

将式（5-11）代入式（5-10），得

$$\frac{\mathrm{d}^2r}{\mathrm{d}z^2}=-\frac{2n_0r}{na^2}\cdot\Delta \tag{5-12}$$

对近轴光线，$\frac{n_0}{n}\approx 1$，因此式（5-12）可近似为

$$\frac{\mathrm{d}^2r}{\mathrm{d}z^2}\approx\frac{2r}{a^2}\cdot\Delta \tag{5-13}$$

设 $z=0$ 时，$r=r_0$，$\frac{\mathrm{d}r}{\mathrm{d}z}=r_0'$，式（5-13）的解为

$$r=r_0\cos\left[(2\Delta)^{1/2}\frac{z}{a}\right]+r_0'\frac{a}{(2\Delta)^{1/2}}\sin\left[(2\Delta)^{1/2}\frac{z}{a}\right] \tag{5-14}$$

这就是抛物线分布的光纤中近轴子午光线的传输轨迹。图 5-5 显示了当 $r_0=0$ 和 $r_0'=0$ 时这些光线的轨迹。可以看出，从光纤端面上平行入射的光线或从光纤端面上同一点发出的

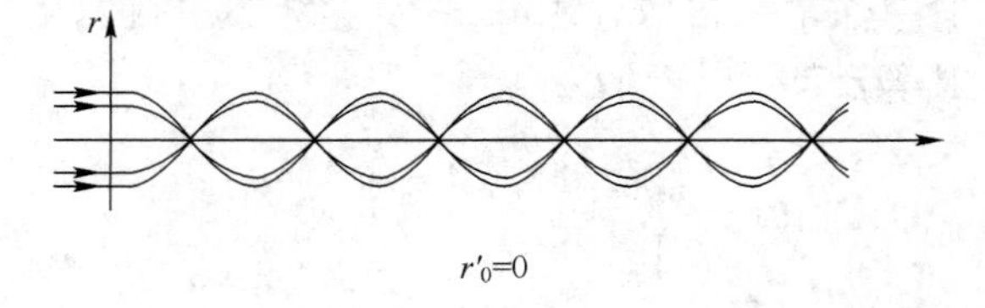

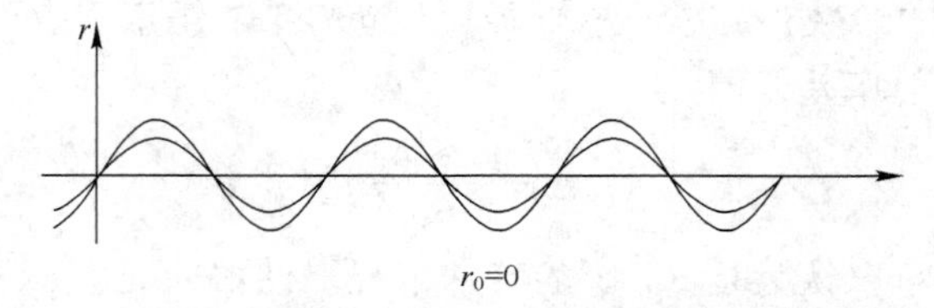

图 5-5　抛物线分布光纤中的近轴子午光线的传输轨迹

近轴子午光线经过适当的距离后又重新汇聚到一点，也就是说，它们有相同的传输时延，有自聚焦性质。

如果不作近轴光线的近似，分析过程就会变得比较复杂，但从射线方程同样可以证明，当折射率分布取双正割函数时，所有的子午光线具有完善的自聚焦性质。自聚焦光纤的折射率分布为

$$n(r)=n_0\operatorname{sech}(\alpha r)=n_0\left(1-\frac{1}{2}\alpha^2r^2+\frac{5}{24}\alpha^4r^4+\cdots\right) \tag{5-15}$$

式中，$\alpha=\frac{\sqrt{2\Delta}}{a}$，可见抛物线分布是 sech($ar$)分布忽略高次项的近似。

② 偏射线。除子午光线外，多模光纤中还存在着偏射线。偏射线是不在一个平面内的空间曲线，它不与光纤轴线相交。图5-5给出了两种偏射线在垂直于光纤轴线平面上的投影。可以看出，偏射线在两个焦散面之间振荡，并且与焦散面相切，在焦散面之内是驻波，之外则作衰减。对阶跃折射率光纤，外焦散面就是纤芯和包层的界面，内焦散面的位置与入射角度有关。对渐变折射率光纤，外焦散面并不一定与纤芯和包层的界面重合。

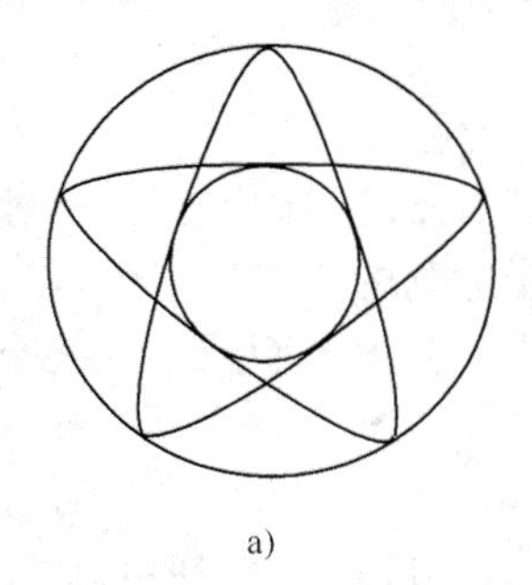
a)

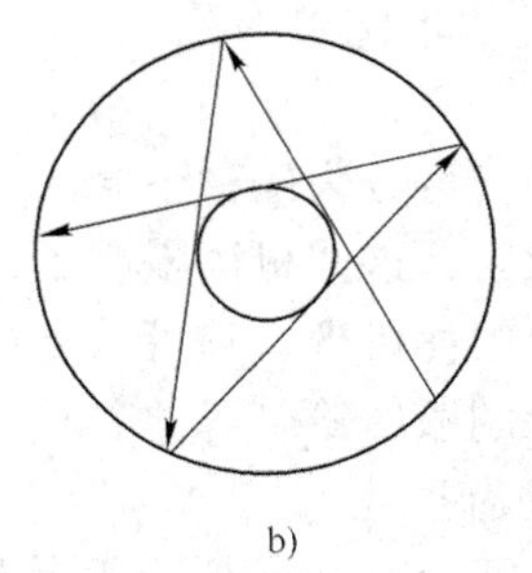
b)

图5-6 多模光纤中的偏射线
a）阶跃折射率光纤中的偏射线 b）渐变折射率光纤中的偏射线

在渐变折射率光纤中，如果两个焦散面重合，偏射线则成为螺旋线。螺旋线的特点是仅仅改变角度 α 和距离 z，而 r = 常量，所以它必然满足条件

$$\frac{\mathrm{d}r}{\mathrm{d}z}=0 \tag{5-16}$$

从这个条件出发，利用圆柱坐标系中的射线方程，可以推导出：若要传输螺旋线，光纤纤芯折射率分布应为

$$n(r)=n_0[1+(\alpha r)^2]^{-\frac{1}{2}}=n_0\left(1-\frac{1}{2}\alpha^2r^2+\frac{3}{8}\alpha^4r^4-\cdots\right) \tag{5-17}$$

若仅保留零次项和二次项,则上式也可近似为抛物线分布。

螺旋线不能产生自聚焦,不同角度入射的螺旋线不汇聚在一点,它们仍然有群时延差存在。

总结以上的分析可知,要想子午线聚焦,折射率分布须用 $n(r)=n_0\operatorname{sech}(\alpha r)$ 的形式，但在这种分布形式中，偏射线并不能得到自聚焦性质；要想得到螺旋线，折射率分布应为 $n(r)=n_0[1+(\alpha r)^2]^{-\frac{1}{2}}$。螺旋线不能自聚焦，所以射线光学理论很难得出最佳的折射率分布。由于以上分析所得的两种折射率分布形式都和抛物线分布形式接近，所以 $g=2$ 的抛物线分布

是目前通用分布形式。但它不一定是最优的分布规律，并不一定能使群时延差达到最小值。

5. 光纤的损耗

损耗和色散是光纤的两个主要传输特性。

传输损耗是光纤很重要的一项光学性质，它将在很大程度上决定传输系统的中继距离。损耗的降低依赖于加工工艺的提高和对石英材料特性的深入研究。

（1）产生损耗的原因

对于光纤来说，产生损耗的原因比较复杂，它不像金属波导那样容易计算损耗量的大小，具体的损耗量往往通过实验进行测定。这里简要说明光纤损耗的产生机理。

不论是哪种类型的石英光纤，损耗的产生都是由以下因素造成的。

① 纤芯和包层物质的吸收损耗，包括石英材料的本征吸收和杂质吸收。

② 纤芯和包层材料的散射损耗，包括瑞利散射损耗以及光纤在强光场作用下诱发的受激喇曼散射和受激布里渊散射。

③ 光纤表面的随机畸变或粗糙产生的波导散射损耗。

④ 光纤弯曲产生的辐射损耗。

⑤ 外套损耗。

这些损耗机理又可分为两种不同的情况：一是石英光纤的固有损耗机理，如石英材料的本征吸收和瑞利散射，这些机理限制了光纤损耗所能达到的最小极限值；二是由于材料和工艺所引起的非固有损耗机理，它可以通过提纯材料或改善工艺而减小，甚至消除其影响，如杂质的吸收、波导的散射等。

（2）光纤的固有损耗

光纤材料的本征吸收和本征散射是光纤的固有损耗机理。光纤材料有两个本征吸收频带：一个在红外波段，其吸收峰在 8 ~ 12 μm 波长区域，对光纤通信的影响不大；另一个在紫外波段，其尾巴会拖到 0.7 ~ 1.1 μm 的波段，对光纤通信产生一定的影响。

光纤材料的本征散射主要是指瑞利散射，它是由于光纤中折射率在微观上的随机起伏所引起的。石英光纤在加热拉制过程中，由于热骚动使原子得到的压缩不均匀，造成物质密度的不均匀，进而使折射率不均匀，这种不均匀性在冷却过程中被固定下来。这种均匀度与波长相比是小尺寸的，因此产生的散射称为瑞利散射。瑞利散射按 $1/\lambda^4$ 的比例产生损耗，在较长的波长上传输时，瑞利散射损耗大大减小。理论和实验指出，熔融二氧化硅的瑞利散射极限值在波长为 0.63 μm 和 1 μm 和 1.3 μm 处分别为 4.8 dB/km、0.8 dB/km 和0.3 dB/km。

图 5-7 是一根典型石英光纤的频谱损耗曲线，从图中可以清楚地看到各种固有损耗机理在不同波长时的影响。可见在长波长（1.3 ~ 1.55 μm）光纤的损耗是很小的。

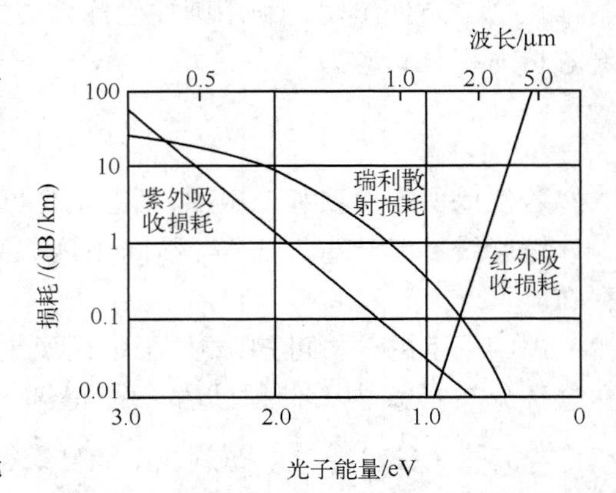

图 5-7　掺锗二氧化硅光纤固有损耗机理

（3）光纤的非固有损耗

一种重要的非固有损耗机理是杂质吸收，光纤中的金属离子和 OH^- 离子都有自己的吸收峰和吸收带，从而增加光纤的损耗。尤其是 OH^- 离子的振动吸收是造成 0.95 μm、1.24 μm 和 1.39 μm 处出现损耗峰的主要原因。只有使光纤中的 OH^- 根含量低于 1×10^{-9} 以下时，OH^- 的吸收损耗才可以忽略。因此，高度提纯光纤材料，是减小光纤损耗的一种重要途径。

光纤波导宏观上的不均匀性也会增加光纤的损耗，称之为波导散射损耗。波导散射损耗是由于波导尺寸、结构上的不均匀以及表面畸变引起模式转换或模式耦合所造成的。由于存在一定的不均匀性，一部分导模可能转换成辐射模，而产生附加损耗。另外，当入射光功率很强时，光纤会呈现非线性，诱发出受激喇曼散射和受激布里渊散射，这也会增加光纤的损耗。波导散射可以通过改善制造工艺来解决，受激喇曼散射和受激布里渊散射可以通过限制耦合进光纤的功率，使进入光纤的光功率在阈值以下而对传输不产生影响。

光纤的弯曲会产生一定的辐射损耗。光纤在绞合成缆以及光缆敷设过程中，总存在一定的弯曲，如果制造光缆时处理不当，会因光纤的轻微弯曲而产生较大的附加损耗。

另外，由于在包层里电磁场并没有完全消失，所以在光纤的塑料外套里需要把这些剩余的电磁场吸收掉，以免产生串话，因而存在着的外套损耗。但所有这些非固有损耗机理可以通过对光纤和光缆的精心设计和精心制作而减小到可以忽略的程度。随着光纤制造工艺的改进，光纤的传输损耗逐年降低，如图 5-8 所示。

0.85 μm、1.3 μm 和 1.55 μm 左右是光纤通信中常用的低损耗窗口（见图 5-9）。0.85 μm 的窗口是最早开发的，因为首先研制成功的半导体激光器（GaAlAs）的发射波长刚好在这一区域。随着对光纤损耗机理的深入研究，人们发现在长波长（1.3 μm 和 1.55 μm）光纤的传输损耗更小。因此，长波长光纤通信受到重视并得到非常迅速的发展。实际上，对高纯度的石英光纤，在 1.1 ~ 1.6 μm 的整个波段内，光纤的传输损耗都可以达到很低。

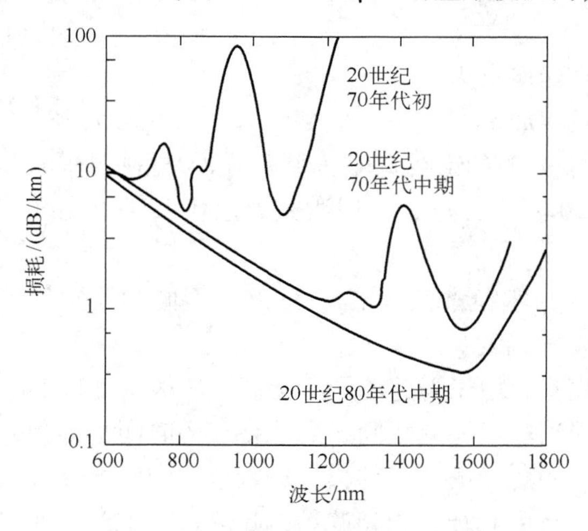

图 5-8 不同时期光纤的损耗 - 波长曲线

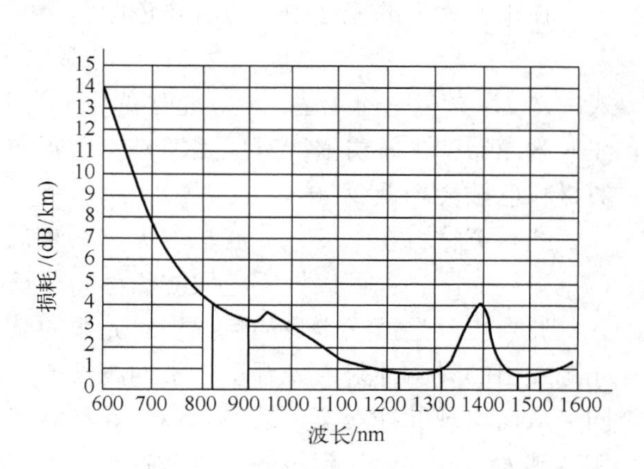

图 5-9 光纤通信的 3 个低损耗窗口

6. 光纤的色散

由于色散的存在，光脉冲在传输过程中将被展宽，这极大地限制了光纤的传输容量或传输带宽，从机理上说，色散可分为模式色散、材料色散以及波导色散。

前面已从射线光学的观点简单分析过多模光纤中各种子午光线的群时延差（群时延色散）。从波动光学理论进行分析，多模光纤中各模式在同一频率下有不同的群速度，因而形成模式色散。适当地选择光纤折射率的分布形式，使 g 取最佳值，可以使所有模式的群速度几乎相等，从而大大减小模式色散。g 的最佳值与玻璃组分及波长有关，如图 5-10 所示。当 g 取最佳值时，光纤具有很小的模式色散，若采用发射光谱很窄的分布反馈激光器作为光源，光纤有很宽的基带宽度，如图 5-11 所示。

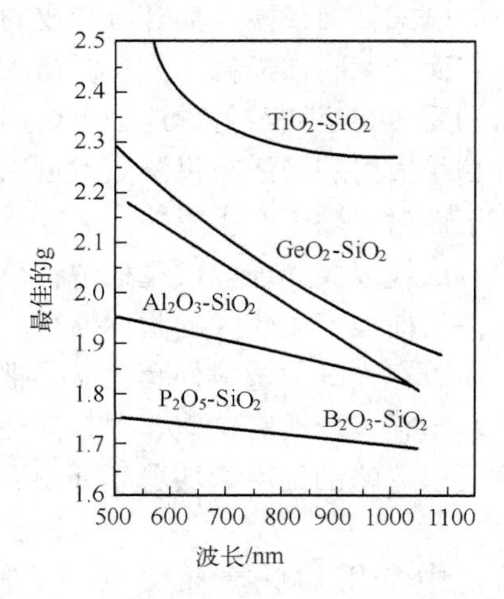

图 5-10 不同掺杂的石英光纤的最佳折射率分布参数

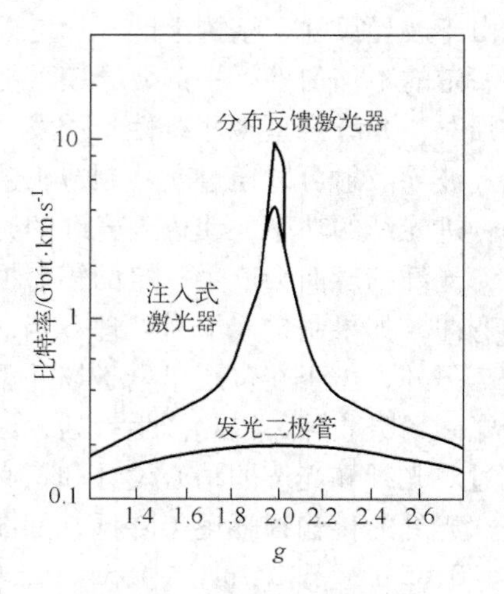

图 5-11 光纤带宽随 g 变化

材料色散是石英的折射率随波长改变引起的。石英材料的$\frac{\mathrm{d}n}{\mathrm{d}\lambda}$，$\frac{\mathrm{d}^2 n}{\mathrm{d}\lambda^2}$都是波长的函数，而实际的半导体光源有一非零的光谱宽度，结果使不同波长光的传输时延不同，产生材料色散。

在长度为 L 的光纤中，因材料色散引起的群时延展宽为

$$\Delta\tau_{\mathrm{c}} = (L/c)\lambda \cdot \delta\lambda(\mathrm{d}^2 n/\mathrm{d}\lambda^2) \tag{5-18}$$

式中，c 为真空中的光速；n 为折射率；$\delta\lambda$ 为 $1/e$ 点光源的谱线宽度。用 GaAlAs 材料制作的注入激光器，其发射谱线宽度是发光二极管的 1/20 左右，那么，用激光器取代 LED，光纤的材料色散会降低 20 倍。

纯石英材料在 1.27 μm 波长时无材料色散，称为零色散波长 λ_0。可以用不同的元素给石英光纤掺杂，也可以把零色散波长移向较长的波长区域。

波导色散是模式本身的色散。对光纤的某个模式，由于群速不同，把有一定波谱宽度的光源发出的光脉冲射入光纤后，不同波长的光传输路径不完全相同，到达终点的时间也不相同，从而出现脉冲展宽，故引起色散。具体来说，入射光的波长越长，进入包层中的光强比例就越大，这部分光走过的距离就越长。这种色散是由光纤中的光波导引起的，由此产生的脉冲展宽现象叫做波导色散。波导色散不仅与光源的谱线宽度有关，而且与光纤结构的导引效应有关，较细的芯径产生较大的波导色散，而且较细的芯径有增大零色散波长 λ_0 的作用。

材料色散和波导色散都表现为某一模式对不同波长光传输的时延不同，在测量上很难分开，有时也统称为模内色散。但它们的物理机理并不一样，材料色散是由于材料的$\frac{\mathrm{d}^2 n}{\mathrm{d}\lambda^2}\neq 0$所引起的，而波导色散是因为某一模式的$\frac{\mathrm{d}^2\beta}{\mathrm{d}\lambda^2}\neq 0$ 所形成的。一般情况下，波导色散引起的

脉冲展宽并不很大。

在多模光纤中，模式色散的影响是主要的，而且使用的光源越接近单色，模式色散就越占主导地位。这就是说，光源的谱线宽度严重影响材料色散与波导色散，对模式色散的影响则会很小。从图5-10也可以看出，当 $g=g_{最佳}$ 时，使用发射谱线不同的光源，光纤的带宽也很不一样。对于发射谱线很窄的分布反馈激光器，只要 g 取最佳值使模式色散减为最小，光纤就带宽就可达到很宽；但对发射谱线很宽的发光二极管，由于材料色散和波导色散很大，g 取最佳值对光纤的带宽并没有太大的改善。

对于目前大量使用的单模光纤，主要存在材料色散、波导色散和偏振模色散。偏振模色散是由于沿两个不同偏振方向传输的同一模式的群时延差所造成，其值通常很小，但当单模光纤工作在零色散波长（即材料色散和波导色散相抵消）时，偏振模色散的影响就变得不能忽视了。

5.2.1.2 光缆

1. 光缆的基本概念及作用

光缆（Optical Fiber Cable）是为了满足光学、机械或环境的使用要求，利用置于包覆护套中的一根或多根光纤作为传输媒质并可以单独或成组使用的通信线缆组件。

光缆内的加强件及外保护层等附属材料的作用主要是保护光纤并提供承缆、敷设、储存、运输所需的机械强度，防止潮气及水的侵入及环境、化学的侵蚀和生物体的啃咬等。

2. 光缆的分类

光缆是光纤的具体应用形式。随着光纤通信从局间通信到城内与城际之间通信、干线通信再到光纤入户的发展，光缆结构、制造工艺、敷设方法、接续技术等方面取得了一系列技术上的重大进步，并进而丰富了光缆产品品种，扩大了光缆的使用范围。

根据缆芯结构、光纤状态、敷设方式、使用环境等的不同，图5-12归纳了光纤通信工程中常用的光缆分类方法。

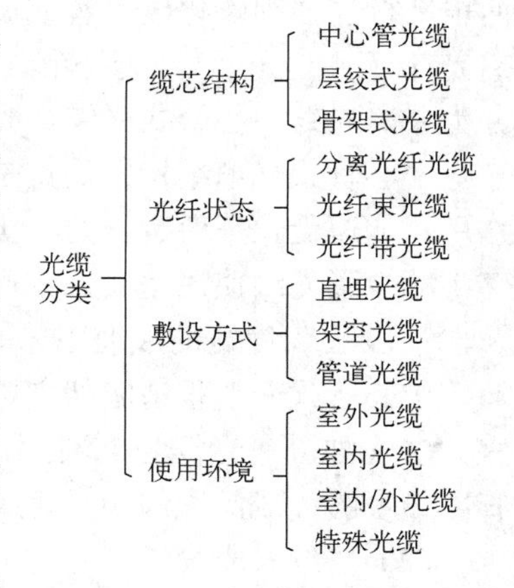

图5-12 光缆分类方法

按照容纳纤芯数量的多少，光缆可以分为中心管式、层绞式和骨架式三大基本结构。中心管式光缆容纳的纤芯数小于12；层绞式光缆容纳的纤芯数为12～144，由于纤芯选择范围较宽，在国内外通信工程中得到广泛使用；骨架式光缆结构紧凑，其可容纳的纤芯数为数百甚至数千。

依据光纤状态不同，光缆可以分为分离光纤光缆、光纤束光缆和光纤带光缆。分离光纤光缆是由独立光纤组成的光缆；光纤束光缆是由扎束光纤组成的光缆：光纤带光缆是由黏成光纤带组成的光缆。光缆中单位截面的光纤密度大小顺序是，光纤带光缆 > 光纤束光缆 > 分离光纤光缆。

按照敷设方式不同，光缆可以分为直埋光缆、架空光缆和管道光缆。直埋光缆是直接埋地光缆；架空光缆是架设电线杆上的光缆；管道光缆是置入保护管道内的光缆。

根据使用环境不同，光缆可以分为室外光缆、室外/内光缆、室内光缆和特殊光缆。

以上光缆的分类方法仅仅是为了简单说明光缆外在归属问题，而结构特点才能真正揭示光缆的本质特征。

3. 光缆的基本结构

图 5-12 所示的光缆的分类方法仅仅是从缆芯结构、光纤状态、敷设方式、使用环境不同等角度阐述了光缆的结构特点。虽然光缆的结构类型非常多，但是其基本结构一般是由缆芯、加强件（加强钢丝）、填充物和外护套组成的。此外，根据需要还可能有防水层、缓冲层、绝缘金属导线等构件。

在光缆基本结构的基础上，可以将光缆进一步细分为室外光缆、室内光缆和特殊光缆。室外光缆普遍采用松套管结构，光纤被放置在一个起到缓冲和保护作用的松套管中，具有一定的自由移动空间。这样光缆在施工安装和路由器移动时，光纤在松套管中移动时可以减小外界机械应力作用和环境温度变化引起的微弯曲影响。室内光缆一般采用紧套结构，其理由是：室内空间非常宝贵且使用环境较好。在紧套结构室内光缆中，光纤被缓冲和保护紧套层紧紧包裹，以确保光缆具有较小的尺寸，但是受到温度变化的影响很大。特殊光缆是顺应特殊使用环境要求，采取了一些针对性保护措施的光缆。例如，光缆外护套采用尼龙 12、无卤阻燃光缆等特殊光缆。

在实际的通信工程中，光缆结构的选择主要取决于光缆路由情况、敷设方式和性能要求等条件。简而言之，不同的结构赋予光缆不同的机械、环境和特殊保护性能。研究光缆结构特点和使用性能的目的，是为了能够根据实际使用环境，正确地设计、制造和选择合理的光缆结构。

4. 室外光缆

（1）中心管式光缆

中心管式光缆是光纤松套管位于光缆中心的光缆。它的结构是由一根二次被覆光纤松套管或螺旋形光纤松套管，无绞合直接放在缆中心位置，纵包阻水带和双面覆塑钢（铝）带，两根平行加强圆磷化碳钢丝或玻璃钢圆棒位于聚乙烯护层中组成的。按松套管中放入的是分离光纤（独立光纤）、光纤束（光纤扎束）、光纤带（光纤粘带），中心管式光缆可进一步分为分离光纤中心管式光缆、光纤束中心管式光缆和光纤带中心管式光缆。

中心管式光缆结构的优点是光纤位于中心管和光缆最安全的中心位置。当光缆受到机械作用，如遭受拉、弯、压力、机械应力作用时能够非常好地保护光纤。光纤集中在一根管松套中减少了光纤使用空间，进而带来了光缆结构简单、尺寸小（光缆截面小）、重量轻，以及“一步法”简捷的成缆工艺等诸多优点。

中心管式光缆很适宜架空敷设，也可用于管道或直埋敷设，它的缺点是缆中光纤芯数不宜太多（如分离光纤为 12 芯、光纤束为 36 芯、光纤带为 216 芯），松套管挤塑工艺中松套管冷却不够，成品光缆中松套管会出现后缩，光缆中光纤余长不易控制。

（2）层绞式光缆

层绞式光缆是由若干根光纤松套管围绕中心加强件呈一层或多层分布的光缆。通常，层绞式光缆结构是由 4 根或更多根二次被覆光纤松套管（或部分填充绳）绕中心金属加强件绞合成圆整的缆芯，缆芯外先纵包复合铝带并挤上聚乙烯内护套，再纵包阻水带和双面覆膜皱纹钢（铝）带，最后套上一层聚乙烯外护层组成。层绞式光缆的结构特点是光缆中容纳的光纤数多（分离光纤144芯，光纤带720芯以下），光缆中光纤余长易控制，光缆的机械、环境性能好，它适宜于直埋、管道敷设，也可用于架空敷设。层绞式光缆结构的缺点是光缆结构复杂，生产工艺环节多，工艺设备较复杂，材料消耗多等。

按照松套管中放入的光纤形态如分离光纤、光纤带的不同，层绞式光缆又可分为分离光纤层绞式光缆和光纤带层绞式光缆。

（3）骨架式光缆

骨架式光缆是将光纤带放置于若干个U形或SZ形螺旋架槽的光缆。骨架式光纤带光缆结构如图5-13所示，它是一种全干式光纤带光缆，即利用“干式”光缆阻水带或阻水纱代替“湿式”填充阻水油膏的光缆。

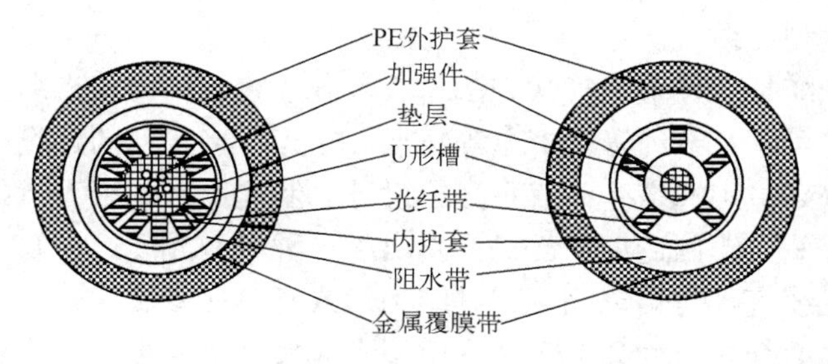

图5-13　骨架式光纤光缆结构

骨架式光纤带光缆结构是将4芯或6芯或8芯光纤带，以矩阵形式叠放在U形螺旋骨架槽或SZ形螺旋骨架槽中，骨架沿光缆连续旋转，使放置于槽内的光纤带具有足够的余长，以保证光缆的抗拉、弯曲和温度特性。以绕包方式将阻水带缠绕在骨架上，使骨架与阻水带形成一个封闭的受体。骨架既具有高的抗侧压能力，又可以防止开剥光缆时损伤光纤。阻水带的作用是：当阻水带遇水后，阻水粉吸水膨胀产生一种阻水凝胶屏障。阻水带外再纵包双面的覆塑钢带，金属带处挤上乙烯外护层。在金属带与阻水带之间放置撕裂绳，以便于护套开剥。

骨架式光纤带光缆的优点是结构紧凑、缆径小、光纤芯密度大（由几十上百乃至数千芯）、施工接续中无需消除阻水油膏，接续效率高。全干式骨架式光纤带光缆特别适用于在城域光网络骨干环路和接入网汇聚层的分路、局间中继、有线电视网络的馈线需要大芯数光缆时用做光传输的馈线光缆。骨架式光纤带光缆的缺点是制造设备复杂（需要专用的骨架生产线），工艺环节多，生产技术难度大等。

（4）无卤阻燃光缆

随着国内光纤通信事业的迅速发展，通信用室外光缆和室内光缆都得到了广泛应用，并对这些光缆的性能提出了更高的要求，在人口稠密及一些特殊场合，如商贸大厦、高层住宅、地铁、核电站、矿井、船舶、飞机中使用的光缆都应考虑阻燃化。特别是接入网的骤然兴起，大大地推动了人们对敷设入室内的光纤提出无卤附燃要求的迫切性。

无卤阻燃光纤是指其护套采用了低烟、阻燃护套料的光缆，为确保无卤阻燃场所的通信设备及网络的可靠运行，必须切实解决聚乙烯护层遇火易燃、滴落会造成火灾的隐患，以及陪燃聚氯乙烯护层在火灾中易释放大量黑色浓烟和有毒气体，造成“二次”环境污染和逃离困难等问题，20世纪90年代以来，国内众多光缆厂家开发出无卤阻燃光缆（生态光缆），并陆续敷入要求无卤阻燃的各种场所。

无卤阻燃光缆属于广义的生态光缆之一。生态光缆是从环境保护和节能减排的角度出发，积极研究开发对于人体和环境没有任何污染的环保新材料，并利用这些新型材料来制造光缆，以达到保护人类及其环境的目的。

光缆阻燃有两个方面的含义：一方面是指光缆及其材料的阻燃性，包括可燃性、发热量、延燃性、熔滴性、发烟量等；另一方面是指在火灾过程中，光缆处于高温及燃烧条件下仍保持正常传输信号的能力，即所谓耐火性。要达到光缆阻燃的目的，需要用适当的结构并选用性能优良的合适材料。

无卤阻燃光缆的结构形式包括层绞式、中心管式、骨架式或室内软光缆，既可以是金属加强件光缆，也可以是非金属加强件光缆。

（5）微管气吹微型光缆

微管气吹微型光缆是一种采用气吹方法，放入微型管道的微型光缆。微管气吹微型光缆具有施工快捷、保护可靠、节约管道资源等特点。在光纤接入网的建设中，如何减少光缆占用通信管道空间和提高施工速度，一直是光缆设计、制造商和施工人员的共同研究热点。

目前，国内外一些光缆制造厂商已经开发出了一种微型光缆，再辅之以微管安放和气吹施工的技术。微型光缆直径与铅笔相当，其结构形式有：松套层绞式、全介质中心管式和不锈钢中心管式。光缆的纤芯数为 2 ~ 72 芯。微型光缆具有尺寸小巧、质量轻便、气吹安置性能好、抗机械应力和环境温度作用等优点，能够满足各种室外环境使用。特别是利用气吹装置可以进行快速施工，通过节省通信管道空间和提高施工效率，大大降低光纤接入网的建设成本。

微型光缆与高密度聚乙烯（High Density Polyethylene，HDPE）微型子管之间有一定的摩擦系数，光缆的重量要准确，同时光缆应该具有一定的硬度。由于微管 + 气吹 + 微型光缆具有节约城市通信管道空间、施工快捷等优点，这种光缆受到了国内外电信运营商的青睐。中国移动、中国电信和中国联通等公司都在积极利用这种光缆来构筑自己的城域光网络、接入光网络和智能建筑物。

5. 室内/外两用光缆

室内/外两用光缆是室内/外都可以使用的光缆。室内/外光缆都是全阻水光缆，它是专门为用于光纤接入网中两个建筑物之间光传输线路而设计的光缆。这种光缆进入楼内时，可以省去所需的过渡接续或直接终接。

室内/外两用光缆结构简单，易于施工；能耐受室内、室外两种环境；防水、抗老化，在 -40 ~ +80℃范围内保证正常工作；低烟阻燃、柔软、耐弯折、易穿管道；可消除室内/外光缆交接。

随着 FTTH 的建设发展，在用户终端（家庭、楼道）会需要一种像电线一样方便使用的光缆。该光缆中设置了金属编织网构成的软管，使光缆抗压、抗拉、抗折性能显著提高，同时可防止动物噬咬破坏；弯曲柔韧性好，最小曲率半径可达缆径的 10 倍；具有阻燃性；尺寸小，施工方便。

6. 室内光缆

室内光缆是指那些仅限于室内使用的光缆。随着国内外光纤接入网的建设需要，从 20 世纪 90 年代中期开始，国内外光缆制造厂家在室内光缆的研制方面取得了一些研究成果。

例如，单芯室内光缆、双芯或多芯室内光缆、双芯悬吊式布线光缆等。

因室内光缆无需接地或防雷保护，故室内光缆都是全介质结构，保证了通信系统的抗电磁干扰性能。与室外光缆所不同的是，室内空间非常宝贵，使用环境较好，所以室内光缆的结构特点应为尺寸小、重量轻、柔软、耐弯，易于分支及阻燃等。

室内光缆主要有以下几种类型。

(1) 单芯室内光缆

单芯室内光缆是只包含一根光纤，仅供室内使用的光缆。单芯室内光缆是用于室内通信设备互连线和综合布线的光缆。单芯室内光缆中可以是只包含一根单模光纤或一根多模光纤的光缆。

单芯光缆通常采用紧套或松套两种结构。紧套单芯光缆的紧套层一般采用尼龙塑料。松套单芯光缆的松套管采用高分子塑料。光缆中往往附有加强构件，以增强光缆的机械性能。单芯光缆的加强构件是沿着径向均匀地螺旋层绞或纵向放置在经过紧套或松套的光纤外的芳纶纱或其他合适的纤维束。根据结构不同，被套塑的光纤可分为紧套光纤和松套光纤。

紧套光纤是指光纤与被覆层紧密结合的光纤。松套光纤则是指光纤保护管中自由活动的光纤。紧套光纤是通过紧套工艺制成的。紧套工艺的任务是将一次被覆热固化硅橡胶光纤与二次被覆的尼龙紧密挤制成一个光纤单元。紧套光纤通常采用一纤一套的方式。因紧套光纤的机械保护作用是由硅橡胶提供的，故紧套光纤又可以作为室内光缆的制造单元使用。

为了满足不同使用环境的要求，单芯光缆可以选择不同的材料，如聚氯乙烯、阻燃聚烯烃、聚氨酯等作为外护层。单芯光缆用做尾缆或跳线时，单模光纤光缆外护层宜选用黄色或橘色；多模光纤光缆外护层宜选用蓝色、绿色或灰色。

(2) 双芯或多芯室内光缆

双芯室内光缆是通信设备互连线和综合布线所使用的室内用光缆。双芯室内光缆中只包含两根单模光纤或多模光纤。双芯室内光缆也可以采用紧套或松套结构。双芯室内光缆有紧套 8 字形扁结构、紧套圆形结构、松套 8 字形扁结构和松套中心管式的圆形结构。双芯或多芯室内光缆中应包含有加强构件，以增强光缆的机械性能。

(3) 双芯悬挂式光缆

双芯悬挂式光缆的结构紧凑，柔软、易施工，光缆易于固定；两单元在入户处分离，光纤单元直接入户，消除室内外光缆转接；敷设时无须架设吊线和挂钩，施工效率高，施工费用低；适合独立住户光缆架空引入使用。

(4) 室内布线光缆

室内布线光缆适合室内布线使用，性能稳定可靠；采用小弯曲半径光纤生产，具有优良的抗弯性能；施工安全可靠，可像铜缆一样对待，不易出现施工故障；无须工具即可开剥光缆，光缆易于固定，安装成本低；光缆现场成端。

室外光缆、室内/室外光缆、室内光缆是按照光缆的具体使用环境而划分的光缆类型。就结构而论，室外光缆使用环境恶劣，对光纤采用了较多的机械和阻水保护措施，其结构比较复杂。针对光纤接入网发展需求，人们开发出了微管气吹微型光缆。这种光缆的特点是节约城市通信管道资源，施工既简单又快捷。研究光缆结构特点、使用性能的目的是为了能够根据实际使用环境，合理地选择适用的光缆结构。

5.2.1.3 光纤光缆的连接

光纤通信线路通常都比较长，早期光纤线路的连接和远程监测如图 5-14 所示。在线路中间对准光纤，需要由远端的光源送光，利用远端的光功率计测得进入光纤的光功率，经铜线或无线传送到施工地的指示器，以判断光纤的位置是否良好。由于这种方法操作比较烦琐，现在已经被先进的专用设备所取代。目前采用的是光学观测仪，它利用光学原理可观察到光纤芯的几何位置，并且用摄像头显示。光学观测仪可在现场连接光纤，不必与远程联系。

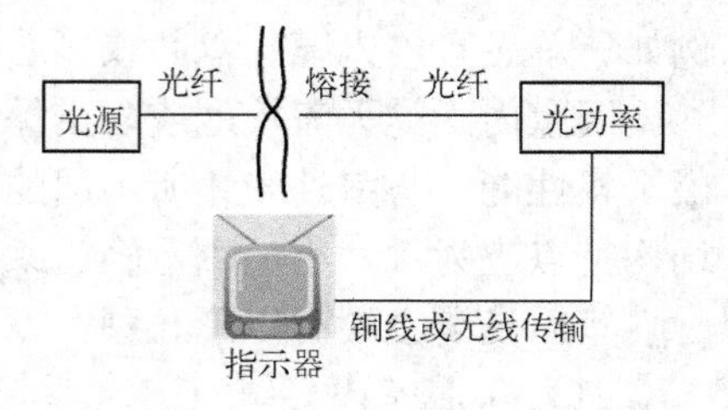

图 5-14　光纤线路连接的检测

光纤的连接有固定连接和活动连接两种。

（1）光纤固定连接

光纤固定连接是永久性连接，固定连接通常有焊接和粘接两种。

① 焊接法连接光纤

焊接法连接光纤有专业的光纤焊接工具。焊接工具包括精密微调机构、光学观测仪和电弧焊接装备。焊接前，先要切除套管并剥除光纤外的涂层。光学观测装备可观测到光纤芯的位置，用精密微调机构可把两光纤芯对准（包括水平和垂直方向）。对准后，启动可产生约 5000V 高压电弧的焊接装备，产生高温，使两光纤焊接在一起。焊接完成后，在焊接处涂上树脂胶，并把事先穿过光纤的金属套管移至接头处，再在两头塑料套管与金属套管间粘上树脂胶封口。通常光纤的焊接连接损失约 0.1dB。如果光纤有偏芯或不圆，在熔接的高温和表面张力影响下可使光路扭曲，光的连接损失会增加。

② 粘接法连接光纤

通常在一个具有“V”形槽的薄片上放上对接的光纤，涂上紫外固化胶，用紫外线固化后，再用套管封装。粘接法连接光纤的优点是不会由于熔接的高温而产生表面张力的影响。缺点是耐久性不如熔接法。

光纤连接的外套管有两种：金属套管和热收缩套管。

① 金属套管

光纤的焊接处和金属管的两端都要用固定化胶水粘住。将金属管某处局部压扁以增加它与光纤套管间的摩擦力，防止松动。

② 热收缩套管

加工前的热收缩套管，包括热收缩套管、不锈钢棒和热熔管，它们的长度都是60 mm，在光纤熔接前已穿入被接光纤的一端，再实施光纤熔接，并保证光纤接头长度小于或接近30 mm。之后，把热收缩套管、不锈钢棒和热熔管移到光纤接头处。最后，对热收缩套管加热，热收缩套管自动收缩而紧包光纤接头和不锈钢棒，热熔管也熔化作为填充物。

（2）光纤活动连接

光纤的活动连接通常是用于设备的连接，便于测试和管理。

光纤活动连接器的套筒用螺钉固定在设备的面板上，一个带有光纤的插针连接外部设备，另一个插针连接内部构件，如机盘。

光纤活动连接器的制造需要精密的机械加工，要保证插针和套筒间的缝隙约 1μm，并且重复性、互换性要好。设计时，要考虑材料的温度膨胀系数、弹性、耐磨性、硬度等。通常采用不锈钢作材料，确保耐用。

装在插针上的一般是紧套光纤，其塑料套管内填有芳纶纤维。

把光纤安装到插针要用特殊的设备，为了确保光纤芯处在同心同轴位置，在光纤一端注入激光，并使插针来回旋转，在光纤另一端观测光点的状态，若光点不画圈即为同心同轴。

优质光纤活动连接器的连接损失比较小。

光纤连接时需要预留一定长度的光纤，防止维护重接过程中产生不必要的切缆，影响其他光纤接头。光缆接头盒的空间不能太小，以免光纤弯曲太急增加光能损失。光缆内的钢绳加强芯要焊接并固定在光缆接头盒内。如果光缆内有铜线，也要连接。最后把光缆接头盒的外壳密封，通常需要充气防水或填充油膏。

5.2.2 光纤通信系统模型

1. 光纤通信系统的基本组成

单向传输的光纤通信系统由信号发送端、光纤传输线路、信号接收端三部分组成，如图5-15所示。其基本实现机理是：用户发出的信源通过电发射机调制后转换为电信号进行输出，然后通过光发射机把电信号转换为光信号并耦合进光纤传输线路的输入端。光接收机把从光纤线路输出端接收到的光信号转换为电信号，并输出到电接收机，电接收机通过对接收到的电信号进行解调，转化为用户所需接收的信息。下面，对框图中的各个部分做进一步简单叙述。

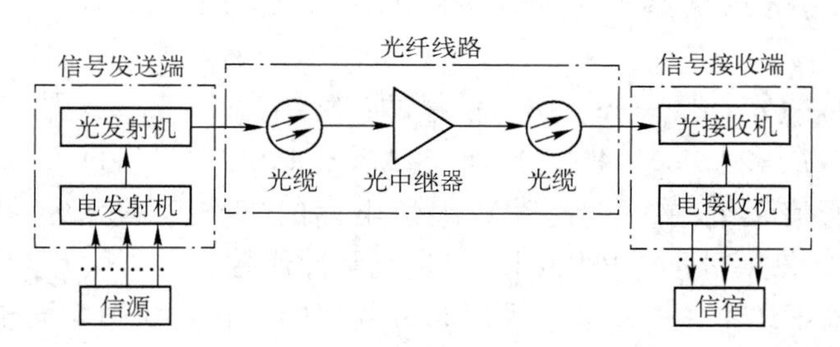

图5-15 光纤通信系统模型

（1）信源

信源可以有多种物理形式，最常见的是一个将非电信号转换成电信号的变换器。常见的例子包括用于将声波转换成电流信号的送话器，以及将图像转换成电流信号的视频（电视）摄像机。在某些情况下，诸如计算机之间或计算机部件之间的数据传送，其信息已经是电形态。用光纤链路构建一些较大系统时，类似的情形也会发生。例如，将光纤用于卫星通信系统的地面接入子系统，以及将光纤用于有线电视信号的中继。在任何情况下，无论是在电通信还是在光通信中，信息在传输之前都必定是电形态的。

（2）电发射机

通信中传送的许多信号（如语音、图像信号等）都是模拟信号。电发射机的任务，就是把模拟信号转换为数字信号（A－D转换），完成PCM编码，并且按照时分复用的方式把多路信号复接、合群，从而输出高比特率的数字信号。

PCM 编码包括取样、量化以及编码 3 个步骤。要把模拟信号转换为数字信号，第一步必须以固定的时间间隔对模拟信号进行取样，把原信号的瞬时值变成一系列等距离的不连续脉冲。模拟信号总是占据一定的频带，含有各种不同的频率成分，若模拟信号的带宽为 Δf，那么根据奈奎斯特（Nyquist）提出的取样定理，取样频率（$f_a = 1/T$）应大于 $2\Delta f$。只要这一条件满足，取样后的波形只需通过低通滤波器就能恢复为原始波形。.

PCM 编码的第二步是量化，即用一种标准幅度量出每一取样脉冲的幅度大小，并用四舍五入的方法把它分配到有限个不同的幅度电平上去。解调后的信号必然会和原传递的信号存在一定的差异，即存在一定的量化噪声。量化噪声的大小与划分的幅度电平的数量有关，幅度电平划分得越细，量化噪声就越小。为使最化噪声不大于原波形的噪声，幅度电平的数量 m 应满足

$$m > \left[1 + \left(\frac{A_s}{A_n}\right)^2\right]^{1/2} \tag{5-19}$$

式中，A_s 为最大的信号幅度；A_n 为有效噪声幅度；A_s/A_n 为波形的信噪比。

PCM 编码的第三步是编码，即用一组组合方式不同的二进制脉冲代替量化信号。当取样信号划分为 m 个不同的幅度电平时，每一个取样值需要的二进制脉冲数量为

$$N = \log_2 m \tag{5-20}$$

综合上述的分析可以知道，对于频带为 Δf 的模拟信号进行 PCM 编码，需要的最小比特速率为

$$B = 2\Delta f \log_2 [1 + (A_s/A_n)^2]^{1/2} \approx 2\Delta f \log_2 (A_s/A_n) \tag{5-21}$$

【例 5-1】 计算一路 PCM 编码的数字电话所需要的最小比特速率，设语音信噪比要求为 30 dB。

解 已知 $2020\log_2(A_s/A_n) = 30$，语音信号的带宽约为 3.4 kHz，则

$$B \approx 2\Delta f \log_2(A_s/A_n) = 6.64\Delta f \log(A_s/A_n) = 34 \text{ kbit/s}$$

在实际的数字通信系统中，一路 PCM 编码电话的工作速率是 64 kbit/s，取样频率为 8 kHz（$T = 125$ μs），每一量化信号用 8 bit 二进制脉冲代替。

在数字光纤通信系统中，多路复接采用时分复用的形式。我国准同步数字体系（PDH）以 30 路数字电话为基群（2.048 Mbit/s），4 个基群时分复接为二次群（8.448 Mbit/s），4 个二次群再时分复接为三次群（34.368 Mbit/s）……如此复接下去，可以得到高比特率的多路复接数字信号。这种制式和欧洲数字通信制式相同，也是 CCITT 所建议的制式。

（3）光发射机

光发射机的作用就是利用电发射机发出的电信号，对光发射机中的光源信号调制，实现电 - 光转换（把电信号转换为携带有信息的光脉冲信号），并把转换成的光脉冲信号耦合进光纤中进行传输。电发射机的输出信号，通过光发射机的输入接口进入光发射机。输入接口不仅保证电、光端机间信号的幅度、阻抗适配，而且要进行适当的码型变换，以适合光发射机的要求。例如，PDH 的一、二、三次群 PCM 复接设备的输出码型是 HDB3 码，4 次群复接设备的输出码型是 CMI 码，在光发射机中，需要先变换成 NRZ 码。这些变换由输入接口来完成。

光发射机主要由输入电路和电 - 光转换电路组成。输入电路的作用主要是通过均衡→码

型变换→扰码→编码，将输入信号变为适合在光纤线路中传送的码型。电光转换电路用经过编码的数字信号来调制发光器件的发光强度，把电信号转变为光信号，送入光纤线路进行传输。对于光发射机，电信号对光的调制实现方式有两种，如图5-16所示。

① 直接调制　用电信号直接调制半导体激光器或发光二极管的驱动电流，使输出光随电信号变化来实现，如图5-16a所示。这种方案技术简单，成本较低，容易实现，但调制器速率受激光器的频率特性限制。

② 间接调制（外调制）　把激光的产生和调制分开，用独立的调制器调制激光的输出光来实现，如图5-16b所示。外调制的优点是调制速率高，缺点是技术复杂，成本较高，因此只在大容量的波分复用和相干光通信系统中使用。

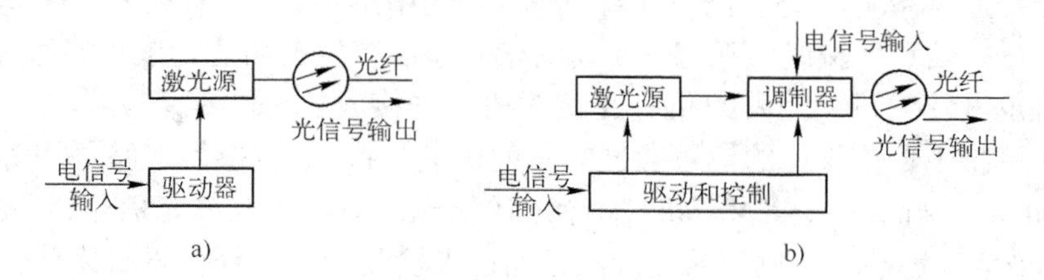

图5-16　信号调制方式

a）直接调制　b）间接调制

（4）光纤传输线路

光纤传输线路由光纤光缆和光放大器/光中继器组成。光放大器/光中继器的主要作用是在长距离光纤通信中，把来自光发射机的光信号，以尽可能小的畸变（失真）和衰减传输到光接收机。

光纤传输线路中的中继器，传统的实现方式是采用光-电-光（O-E-O）的转换方式，即先将接收到的弱光信号经过光-电（O-E）转换、放大和再生后恢复出原来的数字脉冲信号，再对光源进行调制（E-O）、发射光信号并耦合进光纤继续传输。由于中继器结构复杂、价格昂贵、且只能用在数字系统中，20世纪80年代末掺铒光纤放大器（EDFA）的问世及快速实用化，使光放大器开始代替O-E-O式中继器。光放大器对模拟和数字信号均可适用，但光放大器只能补偿信号的衰减，尚没有整型和再生的功能。在采用多级光放大器级联的长距离光通信系统中，光放大器往往会和中继器联合使用。

（5）光接收机

光接收机用于将光纤线路输出、产生畸变和衰减的微弱光信号转换为电信号，再经放大、再生，恢复出原来传输的电信号，送给电接收机。光接收机的主要器件是光探测器。光探测器的作用是利用光电二极管将光发射机经光纤传输过来的光信号转换为电信号。经光探测器输出的光电流十分微弱，必须经多级放大器进行放大，使判决电路正常工作，经判决电路判决后的码流再经过解码、解扰、编码后就恢复了电信号。

（6）电接收机

电接收机的任务是将高速数字信号时分解复用，然后再还原成模拟信号，送给用户。光电接收机之间，经过输出接口实现码型、电平和阻抗的匹配。

（7）信宿

对于电接收机的输出信息，我们往往关心两种不同的情况。①信息要传送给一个人时，他需要听到或看到这个信息。为了达到此目的，必须将电信号转换成声波或可视图像。对于此过程的实现，需要合适的转换器，如对声音信息使用扬声器，对图像则使用阴极射线管（与电视机相似）。②可以直接使用来自信号处理器的电形态信息。例如，通过光纤系统连接计算机或其他机器时就属于这种情况。当光纤系统只是一个大网络的一部分时，例如电话交换网中的光纤链路或者传送大量电视节目的光纤干线，都属于这种情况。在这两个刚提及的系统中，处理过程就包括将电信号分配到适当目的地的功能。在这种情形下，信息输出器件仅是一个简单的电连接器，用来连接信号处理器和后面的系统。

2. 光纤通信原理

实际的光纤通信系统由交换机、光纤（缆）、光中继器/放大器组成。在光纤通信系统中，两点之间进行信息传输时，任意一点均有信息接收与发射功能，该功能通过交换机来实现。即交换机由电发射机、光发射机、光接收机、电接收机等功能模块构成。在工作过程中，本地交换机将来自信号源的信号通过电发射机进行模/数转换、多路复用等处理（1.44 Mbit/s、2 Mbit/s、34 Mbit/s 和 140 Mbit/s 等）送给光发射机，变成光信号，并按 SDH 的格式输入光纤（缆）。远端交换机中的光接收机通过光检测器把光纤传输过来的光信号还原成电信号，再经放大、整型、恢复后输入电接收机，完成通信。

在光纤通信中，SDH 和 WDM 是最常用的两项基本技术。SDH 技术的诞生解决了由于入户媒质的带宽限制而跟不上骨干网和用户业务需求的发展，而产生的用户与核心网之间的接入“瓶颈”的问题，同时提高了传输网上大量带宽的利用率。WDM 技术利用多个激光器在单条光纤上同时发送多束不同波长激光，扩大了电话公司和其他运营商的现有光纤基础设施容量。接下来的 5.3、5.4 节将分别对这两项技术做进一步深入讲述。

5.3 同步数字体系

5.3.1 SDH 的产生及技术特点

1. SDH 的产生

自 20 世纪 80 年代中期以来，光纤通信在电信网中获得了大规模应用，其应用场合已遍及长途通信、市话局间通信，并逐步转向用户网。光纤通信优良的传输特性和低廉的价格正使之成为电信网的主要传输手段。1990 年以前，光纤通信网络主要采用的是准同步数字体系（PDH）。然而，随着通信网络向速率高速化、业务综合化、管理智能化的方向发展及用户要求的不断提高，PDH 系统由于具有复用结构复杂、组网不灵活、缺乏网络管理、没有统一的接口标准等缺点，已不能满足电信网演变及向智能化网管系统发展的需要。在此背景下，一种结合了高速大容量光纤传输技术和智能化网络技术的新体制——光同步传输网应运而生。

1984 年，美国贝尔通信研究所研究人员提出了 SONET 的概念及相应的帧结构、复用与映射方法等美国数字体系标准。1985 年，美国标准协会提出建立同步数字传输网的构想。1988 年，CCITT（ITU－T 的前身）在接受了 SONET 规范的同时，对其进行了必要的修订后重新命名为同步数字体系（Synchronous Digital Hierarchy，SDH），并规范了 SDH 的传输速率、信号格式、光接口参数、净荷，以及网络运行、维护和管理等一系列的标准，使之不仅适用于光纤，也适用于微波和卫星传输的全世界统一的技术体制。

2. SDH 技术特点

（1）速率等级

SDH 体制有一套标准的信息结构等级，即同步传送模块（Synchronous Transfer Mode，STM）。SDH 体制最基本的同步传送模块是 STM－1，其对应的传输速率是 155.52Mbit/s，更高等级的 STM－N 信号是将基本模块信号 STM－1 经过同步复用、字节间插入处理后所得出的电信号速率，其中 STM－N 中的 N 是 4 的整数次幂。目前，商用的 N 值为 1、4、16、64 和 256。表 5-2 列出了 ITU－T G707（2007）《SDH 网络节点接口》所规范的 SDH 各个标准同步传送模块等级及其相应的标准速率。

表 5-2　SDH 的同步传输模块等级和标准速率

同步传输模块等级	标准速率 Mbit/s
STM－1	155.52
STM－4	622.08
STM－16	2 488.32
STM－64	9 953.28
STM－256	39 813.12

（2）技术特点

作为一种同步数字传送网体制，SDH 具有的主要特点可以概括如下。

① 统一的接口　使北美、日本和欧洲 3 个地区性的标准在 STM－1 至 STM－256 各个等级上获得统一。数字信号在跨越国界通信时，不再需要转换成另一种标准，因而第一次真正实现了数字传输体制上的世界性标准。

统一的标准光接口能够在基本光缆段上实现横向兼容，即允许不同厂家的设备在光路上互通，既打破垄断又赋予组网应用的灵活性。

② 同步复用　利用软件即可在高速信号一次直接分插低速支路信号，不仅简化了信号的复接和分接，而且也可在线实现数字交叉连接。例如，利用软件可以在 SDH 分插复用器的 155 Mbit/s 码流中，直接一次分出 2 Mbit/s 的支路信号。

③ 强大的网管能力　SDH 在帧结构中安排了丰富的开销比特，约占整个信号的 5%，大大增强了网络的自动化监控和维护功能。同时规范了统一的向上网管接口，为在全网范围内提供统一的监控和管理功能提供了条件，不仅降低了网络维护管理的费用，而且提高了网络的效率和灵活性。

④ 高可靠性　设备具备智能化，利用软件可以灵活实现多方向的交叉连接及性能监测功能，从而使网络具备自动恢复或自愈功能，大大提高了网络的可靠性和生存性。

⑤ 兼容性　SDH 网既能与现有 PDH 的各种速率兼容，使 SDH 可以支持已经建起来的 PDH 网络，同时 SDH 网还能容纳 ATM 的信号、光纤分布式数据接口（Fiber Distributed Date Interface，FDDI）信号等其他体制的信号，从而体现了 SDH 的前向兼容性和后向兼容性，确保了 PDH 网向 SDH 网的顺利过渡。

5.3.2 SDH 帧结构

1. SDH 块状帧结构

SDH 传送网的一个关键功能是要对支路信号进行同步、数字复用和交叉连接。SDH 帧结构必须适应这些功能要求，同时也希望支路信号在一帧内呈现均匀和规律分布，以便于接入和取出。因此，ITU－T 采用了一种以字节结构为基础的矩形块状帧结构，如图 5－17 所示。

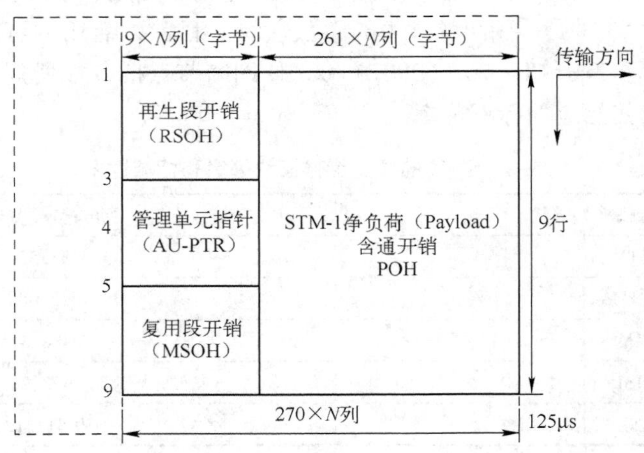

图 5-17　STM－N 的帧结构

SDH 的一帧是由 270×N 列和 9 行的字节（每字节包括 8 bit）组成，N 表示 SDH 的等级。在 SDH 的块状帧结构中，净负荷是结构中存放各种信息容量的地方，其中含有少量用于通道监测、管理和控制的通道开销字节（Path Overhead，POH）。

段开销（Sectien Overhead，SOH）是为了保证信息净负荷正常、灵活地传送所必须的附加字节，主要供网络运行、管理和维护使用。SOH 分为两部分，第 1～3 行为再生段开销（RSOH），主要用于监控整个 STM－N 的传输性能；第 5～9 行为复用段开销（MSOH），其主要负责管理由若干个再生段组成的复用段。第 4 行是管理单元指针（Administrative Unit Pointer，AU PTR），这是一种指示符，主要用于指示信息净负荷的第一个字节的 STM－N 帧内的准确位置，以便在接收端正确地分解。

在 SDH 帧中，字节的传输顺序是按照从左到右、从上到下的方式进行。传输首先由矩形块状帧中的左上角第一个字节开始，从左向右按顺序传送，传完一行再传下一行，逐比特传输，直至整个 9×270×N 个字节都传送完再转入下一帧。如此一帧一帧地传送，每帧的传送时间为 125 μs，每秒可传 8000 帧，这就是说，信号帧中某一特定字节每秒被传送 8000 次，那么该字节的比特速率是 8000×8 bit＝64 kbit/s。64 kbit/s 是一路数字电话的传输速率。

2. 开销安排

STM－1 的帧结构，如图 5-17 所示。STM－1 的速率为 270（每帧 270 列）×9（共 9 行）×64 kbit/s（155.520 Mbit/s）。STM－1 是基本传送模块，通过 STM－1 的同步复用可以得到更高等级的 STM－N。例如，4 个 STM＝1 可以组成 1 个通过 STM－4，即 622 Mbit/s；16 个 STM－1 可以组成 1 个 STM－16，即 2.5 Gbit/s；4 个 STM－16，即 10 Gbit/s。

STM－1 包括段开销（再生段开销、复用段开销）、管理指针单元和净荷。在 SDH 帧结构中，段开销功能是为了保证信息净荷正常灵活传送所必须附加的字节，主要供网络运行、管理和维护使用。段开销中各个字节的安排、它们的功能和用途如表 5-3 所示。

表 5-3　SDH 各字节的功能

类　别	缩写字符	功　能
帧定位字节	A1，A1，A1，A2，A2，A2	识别帧的起始位置 A1＝11110110 A2 ＝ 00101000
再生段踪迹字节	J0	重复发送“段接入点识别符”
比特间插奇偶校验码（BIP －8）	B1	再生段误码监测
公务字节	E1，E2	E1 和 E2 分别用于 RSOH 和 MSOH 的公务通信通路
使用者通路	F1	为使用者（通常指网络提供者）特定维护目的而提供的临时通路连接
数据通信通路（DCC）	D1～D12	SOH 中用来构成 SDH 管理网（SMN）的传送链路
误码监测（BIP－24）	B2	复用段误码监测
自动保护倒换（APS）通路	K1，K2	用作 APS 信令
同步状态节字	S1（b5～b8）	S1 的后 4 个比特表示同步质量等级
复用段远端误块指示	M1	传送 B2 所检出的误块个数

5.3.3　SDH 复用原理

实现高速数字传输可以采用时分复用技术，即在时域上将多路低速信号复用成高速信号，然后再送入高速信道进行传输。SDH 的复用方式要求既能满足异步复用（例如，将 PDH 信号复用进 STM－*N*），又能满足同步复用（例如，STM－1、STM－4……），而且能方便地由高速 STM－*N* 信号分/插出低速信号。因此，SDH 采用了一套由一些基本复用单元组成的有若干中间复用步骤的复用结构，各种业务信号通过映射、定位和复用 3 个步骤复用进入 STM－*N* 帧。

下面利用汽车运输货物过程来形象简单地描述 SDH 映射、定位和复用的基本工作原理。

如果将要传送的信号比喻为货物，STM－N 是运货的汽车，汽车承载了一个大集装箱，各种货物都堆积在这个集装箱内，为了能在货物达到的各个站点方便地找到并取出所需的货物，在货物装入集装箱之前，应当预先做一些准备工作：首先，根据货物的大小选用一个合适的标准容器（Container，C－n），将货物装入容器打包后再贴上说明货物情况的标签（POH），这时就构成了虚容器（Virtual Container，VC－n），这个过程称为映射；为了指示各级虚容器在更大虚容器中的位置，需要为虚容器附上指针（Pointer，PTR），附上了指针的虚容器就构成支路单元（Tributary Unit，TU）或管理单元（Administrative Unit，AU），附上指针的过程称为定位；然后，把多个相同的支路单元（组）逐步集装成高阶虚容器，或把多个相同的管理单元集装成管理单元组，直至把多个管理单元组集装起来填满大集装箱（STM－*N* 帧的净荷和管理单元指针）；最后，为集装箱贴上说明集装箱情况的标签（SOH），这时就完成了汽车（STM－*N*）的装货过程，汽车可以开上“光纤线路”了，这其中的集装过程就称为复用。

我国在《光同步传输网技术体制》中规定以 2 Mbit/s 为基础的 PDH 系列作为 SDH 的有效净荷，并选用管理单元（AU－4）复用路线，它是 ITU－T 规范所规定的标准复用映射结构的一个子集，如图 5-18 所示。图中各部分的名称和作用如下。

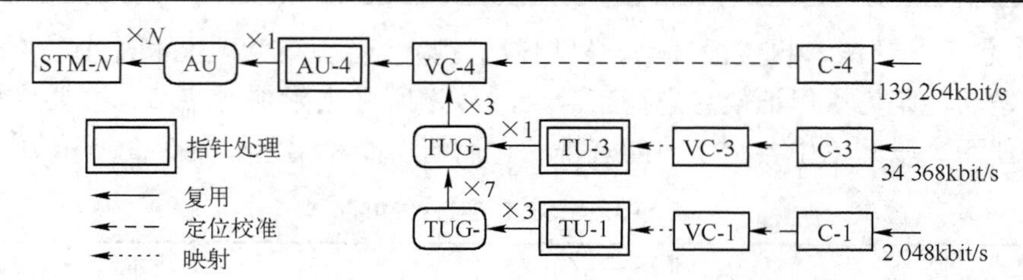

图 5-18　我国的 SDH 复用映射结构

① C－n 为容器，用于装载各种速率等级业务信号，并完成码速调整等适配功能，使支路信号与 STM－1 适配。

② VC－n 为虚容器，它是 SDH 通道的信息终端，由标准容器出来的数字流加上通道开销构成，用来支持 SDH 通道层连接的信息结构。VC 是 SDH 中最为重要的一种信息结构，VC 的输出将为其后接基本单元（TU 或 AU）的信息净荷。

③ TU－n 为支路单元，由一个相应的低阶 VC 和相应的支路单元指针 TU－PTR 构成，用于提供低阶通道层和高阶通道层之间适配的信息结构。

④ AU－n 为管理单元，由一个相应的高阶 VC－n 和一个相应的管理单元指针 AU－n PART 组成，用来提供高阶通道层和复用段层之间适配的信息结构。

⑤ TUG（AUG）为支路单元群（管理单元群），是由在高阶 STM－N 净荷中占有固定、准确位置的一个或多个 TU（AU）组成。在 AUG 中加入段开销后便可进入 STM－iV。

5.4　光波分复用技术

为了充分利用光纤所拥有的巨大带宽资源，规避电子器件响应速度的限制，人们开发出了通过增加光波长数来有效提高传输系统容量的波分复用（Wavelength Division Multiplexing，WDM）技术。简言之，WDM 是通过使用光波长分割复用（光频率分割复用）的方法，实现同一光纤中同时传输几十甚至数百个不同波长光波长（信号），以简单扩大光纤容量的传输技术。确切地讲，WDM 技术既可以大幅度提高 WDM 系统的容量，同时又可以明显地降低系统成本，具有扩容简单、组网灵活、安全可靠、经济合理等综合优势。WDM 技术正在从长途干线、城域光网络走向接入光网络。

目前，WDM 技术的主要研究热点有：①在长途干线上通过密集波分复用（DWDM）技术实现超高速率、超长距离、超大容量传输。②在城域光网络上利用 DWDM、稀疏波分复用（CWDM）技术灵活配置业务，提高光网络的生存能力。③在接入光网络上采用无源光网络（WDM－PON）来提供宽带多媒体业务，增加用户数量，延长传输距离。除此之外，WDM－PON 还可以解决光纤资源受限等问题。

5.4.1　WDM 的工作原理及技术特点

1. WDM 的工作原理

WDM 技术，就是以光波作为载波，在同一根光纤内同时传输多个不同波长光载波信号的技术。每个波长的光波都可以单独携带语音、数据和图像信号，因此，WDM 技术可以让单根光纤的传输容量获得倍增。图5-19所示为点到点WDM传输系统工作原理框图。在发送端，n个光发射机分别工作在n个不同波长上，这n个波长间有适当的间隔分隔，分别记为λ_1，λ_2，…，λ_n。这n个光波作为载波分别被信号调制而携带信息。一个波分复用器（也称合波器Multiplexer）将这些不同波长的光载波信号进行合并，耦合入单模光纤。在接收部分由一个解复用器（也称为分波器De-multiplexer）将不同波长的光载波信号分开，送入各自的接收机进行检测。

为了更好地了解WDM的潜在通信容量，可以回忆一下普通单模石英光纤中光传输损耗与波长的关系（见图5-9）。根据此图可知，在长波波段，光纤有两个低损耗传输窗口，即1310 nm和1550 nm窗口。这两个窗口的波长范围分别为1270~1350 nm和1480~1600 nm，分别对应着80 nm和120 nm的谱宽范围。而目前光纤通信系统中所使用的高质量的1550 nm的光源，其调制后的输出谱线宽度最大不超过0.2 nm，考虑到老化及温度引起的波长漂移，给出约0.4~0.6 nm的谱宽裕量，应是合理的。即使这样，单个系统的谱宽也只占用了光纤传输带宽的几十分之一到几百分之一。为充分利用单模光纤的低损耗区的巨大带宽资源，在光纤低损耗窗口采用多个相互间有一定波长间隔的激光器作为光源，经各光源调制的信号同时在光纤中传播，这就是WDM技术。可以说，WDM技术使光纤具有巨大带宽这一优点得以充分体现。以一种工作在1550 nm的窄线宽DFB激光器为例，它可在0.8 nm的谱带内发射信号，因此在1525~1565 nm共40 nm的范围内，WDM系统可传送50个信道。若每个信道的传输速率为10 Gbit/s，则系统总的传输速率为50×10 Gbit/s，其传输速率是单信道传输容量的50倍。

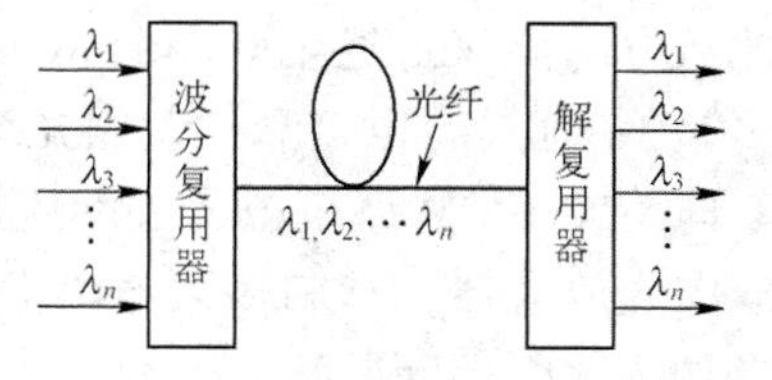

图5-19 WDM工作原理框图

2. WDM技术特点

WDM技术是一种利用光波分复用器，在一根光纤中实现同时传输多个波长的大容量传输技术。WDM可以使一根光纤同时承载多种业务，如SDH、IP、ATM、FR和其他业务。例如，光互联网就是利用WDM直接承载IP业务，即IP over WDM。利用WDM直接承载IP业务，取消了中间层的SDH层、ATM层，减少了网络设备，简化了网络管理，其网络成本有望降低2~3个数量级。因此，光互联网是光网络的必然发展方向。

WDM技术具有以下特点：

① 充分利用光纤的巨大带宽资源　一根光纤中同时传输几十乃至数百个密集的波长，承载多种不同的业务，在大大提高单根光纤传输容量的同时，可大幅度地节约光纤线路和系统设备的成本。

② 多业务透明传输　可以透明地传输多种业务，如SDH、ATM、FR、以太网等业务，实现多种业务的混合传输。

③ 便于扩容升级　每个波长通道是透明的，可以利用分插复用器和交叉连接器实现业务的分插复用与交叉连接，只需通过复用光波就可以开通新业务。

④ 灵活、透明的光网络　通过提供波长选路方式，可以建立灵活、透明、高生存率的光网络。

因此，WDM技术已经成为构建长途干线光网络、城域光网络的主导技术，而且正在以

WDM－PON 的形式走向下一代接入光网络。

5.4.2 WDM 系统

按照使用的光纤数量和传输方向不同，WDM 系统可分为双纤单向传输 WDM 系统和单纤双向传输 WDM 系统。单纤双向传输 WDM 系统是指在一根光纤中同时实现双向传输。由于不同波长的光信号彼此独立，只需要将两个方向的光信号安排在不同的波长就可以实现彼此双方的全双工通信。单纤双向传输 WDM 系统，如图 5-20 所示。虽然单纤双向传输的 WDM 系统具有可以减少使用光纤、线路光放大器的数量，降低系统成本的优点，但是单纤双向传输 WDM 系统投入实际应用时，需要考虑一些影响系统工作的因素。例如，需要使用双向光放大器，抑制多通道串扰，双向通道之间的隔离，双向功率大小，光监控传输，自动光功率关断等问题。

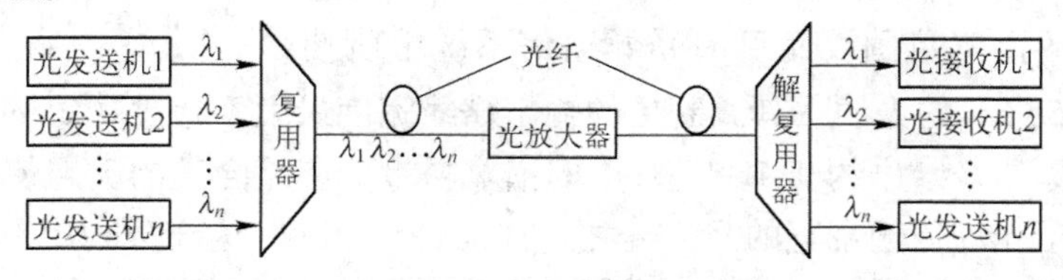

图 5-20 单纤双向传输 WDM 系统

为了规避单纤双向传输 WDM 系统存在的问题，人们又开发出了双纤单向传输的 WDM 系统。该系统采用两根光纤实现两个方向传输，即一根光纤传输一个方向，故称为双纤单向传输。在光发送端将载有各种信息、不同波长的已调信号 $\lambda_1 \cdots \lambda_n$ 通过合波器复用在一起，注入一根光纤中进行传输，在光接收端通过分波器将不同光波长的信号分开，分别注入不同的光接收机进行处理，从而完成多路光信号的传输任务。反方向通过另一根光纤传输，其原理与正方向传输相同。

双纤单向传输 WDM 系统具有不需要考虑多通道串扰、系统设计简单、故障隔离、易于实现性能监控、运维方便、组网灵活、网络扩容升级容易等优点，在实际通信工程中得到广泛应用。

5.4.3 波分复用器件

在光纤通信中，WDM 技术是继 EDFA 之后的又一重大技术革命。EDFA 实现了长距离乃至全光传输，而 WDM 技术则使系统的容量得以几十乃至上百倍的提高。

在波分复用系统中，最重要的光器件是合波器和分波器。由于合波器与分波器存在互换性，所以它们可以统称为波分复用器。波分复用器的发展经历了一个由简单的耦合型波分复用器到衍射型波分复用器、干涉型波分复用器的发展过程。波分复用器的复用信道间隔（复用信道数）、信道隔离度、几何尺寸等性能的改善，推动了 WDM 系统从宽阔 WDM 系统向密集 WDM 系统发展。因此，波分复用器是波分复用系统的重要组成部分，是关系波分复用系统性能的关键器件。按照波长选择机理不同，波分复用器可以分为耦合型波分复用器、衍射型波分复用器和干涉型波分复用器三大类型多种型号。

本节将从工程实用的角度出发，简单地介绍 WDM 工程中常用的 3 种波分复用器的基本工作原理。

1. 耦合型波分复用器件

耦合器型波分复用器主要是指光纤熔融拉锥（Fused Biconical Taper，FBT）波分复用器（FBT 型波分复用器）。FBT 型波分复用器实质为耦合功率对波长具有选择性的光纤耦合器。FBT 型波分复用器的制作方法是将两根或两根以上的裸光纤，以一定的方式靠近，在高温下加热熔融，同时两侧拉伸，在所形成的双锥波导结构中进行模式耦合，并使不同的信号从不同的输出端口输出。FBT 型波分复用器的工作与所用的光纤是单模光纤、还是多模光纤有关。在多模光纤中，高阶模泄漏进入包层并进入其他光纤的纤芯，耦合程度只取决于耦合区的长度，而与波长无关。在单模光纤中，光与随长度而变的谐振相互作用，在两个纤芯之间传输。

FBT 型波分复用器的分波与波长有关，即在熔融拉锥光纤之间的传光量取决于耦合区的长度（以波长度量）。超过某些特征长度，光完全可以从一个输出端口传输到另一个输出端口。当以更短的波长度量时，这些特征长度会更长。因为更多的波长适应于同一距离，从而为利用不同的耦合长度来分出不同的波长提供了一条途径。

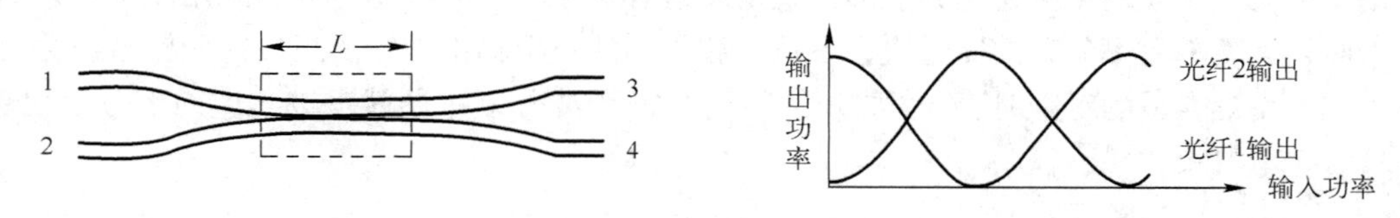

图 5-21　FBT 型波分复用器结构原理

2. 角色散型复用器件

（1）反射光栅型波分复用器

从物理学中，我们知道角棱镜和光栅是色散型光器件。它们可以将不同波长的入射光衍射，以不同的出射角输出。

色散型波分复用器就是利用角色散元件（棱镜或光栅）来分离与合并不同波长的光信号，以实现 WDM 功能的光器件。色散型波分复用器可以细分为棱镜型波分复用器和光栅型波分复用器。WDM 主要使用的是衍射光栅。光栅是指在一块能够透射或反射的平面上蚀刻出一系列平行且等距的槽，以形成许多相同间隔的周期性狭缝（10 000 线/cm）。衍射光栅是任何等效于具有同样宽度、平行等距缝隙的装置。

在光纤通信的波分复用系统中，常用的光栅型波分复用器可以分为透射光栅型波分复用器和反射光栅型波分复用器两种类型。透射光栅的分波器是通过角色散作用原理进行分波。其分波过程是，当由不同波长复用的光信号，以同一方向入射到光栅上时，这个复用的光信号通过各个单狭缝就会产生衍射，最后多个狭缝衍射的光互相叠加产生干涉条纹，不同的波长对应于不同的干涉条纹，结果使不同波长的光以不同的角度输出。这种波分复用器的缺点是工作效率低和能量损耗大。为此，人们研究出了反射型光栅型波分复用器。

反射光栅型波分复用器是利用光栅的衍射特性，使输入光纤中所包含的多波长光，按照一定的空间角度分开并分别耦合到各个输出光纤。图 5-22 所示为反射光栅型波分复用器的工作原理示意图。当入射光被准直成平行光后照射到光栅上，被光栅的周期性沟槽衍射，向各个方向传播。在成像平面上，来自各个沟槽的同波长光干涉叠加，以形成具有最大和最小强度变化的干涉条纹，最大强度的方向可以用下式表示：

$$\Gamma = \sin\theta = k\lambda \quad k = 1,2,3\cdots \tag{5-22}$$

式中，Γ 是光栅常数，其数值与衍射级次和波长 λ 成正比，如果 $k=1$，对于波长 λ_i，可以得到

$$\sin\theta_i = \frac{\lambda_i}{\Gamma} \tag{5-23}$$

式（5-23）说明，各个波长分别在某一确定的角度上有其主极大，当由不同波长复用的光信号入射到反射光栅上后，由于不同波长的主极大相互分开一个角度，这就是光栅能够对多个不同波长的光信号进行分波的原因所在。分波后的光信号，以方向略有不同的角度出射，注入不同的输出光纤，从而实现了对不同波长光信号的选择（解复用）功能，相反过程同样可行。

如图 5-22 所示，当一个由 3 个光信道波长 λ_1，λ_2，λ_3组成的波分复用光信号，从图 5-22 的底部输入，梯度折射率分布的棒透镜会聚输入的波分复用光，进入位于棒透镜背后的一个反射光栅。棒透镜安装的角度要达到能够以直角反射入射光的目的。光栅以不同角度来反射每个波长，而且梯度折射率分布的棒透镜会聚每个波长到达每个输出光纤。当反射光栅型波分复用器各个部分得到合适的对准时，3 个波长的衍射光栅型波分复用器就可以自上而下分解出 λ_1，λ_2，λ_3这 3 个波长。

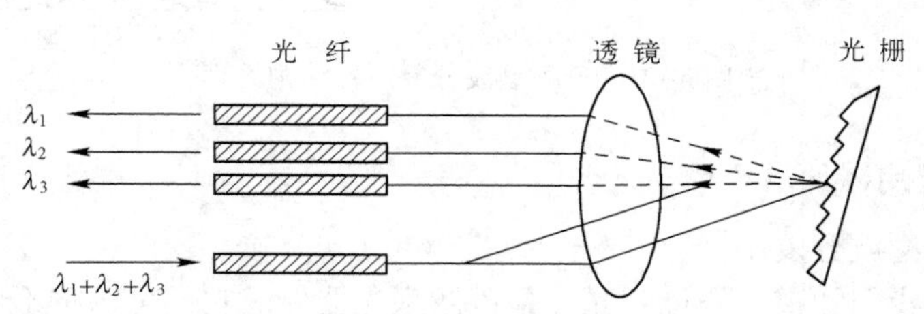

图 5-22 反射光栅型波分复用器的工作原理

（2）阵列波导光栅型波分复用器

阵列波导光栅（Array Waveguide Grating，AWG）型波分复用器是利用微电子集成技术在单个芯片上制作的 AWG，利用波导光栅的功能实现波分复用器功能的高集成度的光器件。AWG 型波分复用器是利用微电子集成平面波导技术制造的高集成度的无源光器件，由于其具有结构紧凑、物理端口密度高、易于大批数量生产、成品率高、可以在光掩膜过程中实现复杂的光通路、与光纤对准容易等优点，得到了快速发展。

图 5-23 所示的阵列波导光栅型波分复用器是由输入阵列波导、两个平面“自由空间”星形耦合器、波导阵列和输出阵列波导共同构成的 AWG 型波分复用器。输入阵列波导、输出阵列波导制作成同单模光纤相同的结构及光学参数，以便与单模光纤相连接时，具有较小的耦合损耗。两端的星形耦合器由平面设置的两个共焦阵列径向波导构成。

星形耦合器的作用是将各个波长的输入信号，通过星形耦合器进入阵列波导输入端。由于阵列波导一般是由几十甚至上百条波导构成阵列波导中的基本参数系统，各条长度则需各不相等，相邻波导的光程差应为一个定值 $1/2\Delta L\times n$。波导在输出和输入端口处参数相同，等间隔排列，阵列波导对入射光束起到光栅作用。

式（5-25）揭示了 AWG 型波分复用器的工作原理是：利用集成的不同长度的波导之

间的干涉产生一个相位移 $\Delta\Phi$，相位移与波长 λ 有关，即输出光信号的传输方向取决于波长，从而实现分波。AWG 型波分复用器各波导的长度差导致其输出端口的光波相位差为

$$\Delta\Phi = (2\pi/\lambda)n \times \Delta L \tag{5-24}$$

式中，n 为波导的折射率；ΔL 为相邻波导的长度差。波长不同的光信号从 AWG 型波分复用器不同的输出端口输出，从而实现对波分复用光信号的分波。合波器的工作原理与分波器相同，不同的是其输出端与分波器的输出端颠倒而已。

AWG 型波分复用器的工作原理如图 5-23 所示。多个波长由光纤进入平面波导，然后平面波导将输入的各个波长分别注入阵列波导光栅中，而每个阵列波导光栅会使同波长光信号产生光程差，造成每个相邻波导的同一波长光信号彼此在阵列波导的输出端形成固定大小的相位差。在输出平面波导，可以利用同相位光的干涉原理，在 AWG 输出端，按照波长长短顺序排列输出，并通过星形耦合器传输到相应的输出波导端口，以实现不同波长光信号的分波功能。

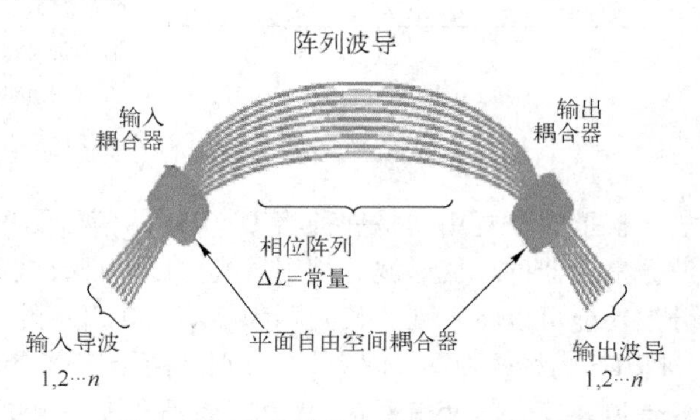

图 5-23 阵列波导光栅型波分复用器

3. 干涉型波分复用器件

（1）多层介质膜波分复用器

光学滤波器有吸收滤波器和干涉滤波器。干涉滤波器是由多层介质薄膜构成的。多层介质薄膜（Multi - Dielectric Thin Film，MDTF）是在玻璃基底上镀上多层介质薄膜，利用 MDTF 对特定波长的选择，可以完成干涉选择波长功能。通过选择不同材料、不同折射率和不同厚度的介质薄膜，按照设计要求组合成为一个介质薄膜系，就可以对各个特定波长进行选择，以实现不同波长的光合/分波功能。

滤波器型波分复用器可以分为 MDTF 型波分复用器和梳形波分复用器。MDTF 型波分复用器又可以分为干涉滤波器型波分复用器和吸收滤波器型波分复用器。WDM 系统中最常用的是 MDTF 干涉滤波器型波分复用器，这是一种可以实现几十个波长的合/分波的器件。MDTF 干涉滤波器的基本结构，如图 5-24 所示。每层介质薄膜的厚度为 1/4 波长，一层为高折射率（Ta_2O_5），一层为低折射率（SiO_2），交替重叠而成，镀的薄膜层数越多，干涉选择频率的性能越好。通过选择不同的介质薄膜而构成长波通、短波通和带通滤光器。滤光器的基本工作原理是，通过每层介质薄膜的界面上多次反射和透射光的线性叠加，来满足所要求的滤波特性。利用这种具有特定波长选择特性的滤波器可以将不同的波长分开或组合，从而构成了 MDTF 干涉滤波器型波分复用器。

（2）梳形波分复用器

为了适应复用的波长数增长到几十乃至数百个的需要，人们研制出了一种可以实现波长交织的波分复用器。由于这种波分复用器可以对信号的频谱进行梳理和交织，所以被称为梳形滤波器型波分复用器。梳形波分复用器合/分波功能如图 5-25 所示。

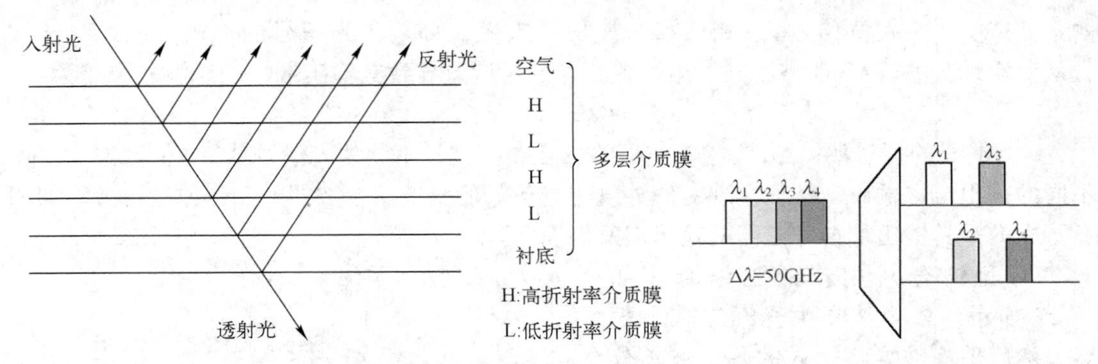

图 5-24　MDTF 干涉滤波器的基本结构　　图 5-25　梳形波分复用器合/分波功能

梳形波分复用器是一种将 DWDM 的信号道间隔变换为稀疏，以实现更加密集的 WDM 波分复用器件。梳形波分复用器既可以实现分波又可以进行合波。例如，利用光梳形分波器分波功能可以将一列波长间隔为 $\Delta\lambda = 50$ GHz 的 DWDM 信号分解成两列波长间隔为 $2\Delta\lambda = 100$ GHz 的稀疏 DWDM 信号，分别从两个信道交织输出。两个信道分别被称为奇数信道和偶数信道。反之将两组稀疏 DWDM 信号合成一组更加密集的 DWDM 信号，即通过交织对两组波长信号进行复用、解复用。

梳形滤波器是利用高阶干涉途径实现的。滤波器既可以是光纤型的，也可以是晶体型的。图 5-26 所示为晶体微光梳形波分复用器基本结构。它的工作原理是：光线入射到偏振分光晶体 1 和滤波片后变换为偏振光入射到双折射晶体波组，双折射晶体对于其中一组波长按照 $2k\pi$ 相位变化，该组波长通过晶体后，偏振态不改变。对于另外一组按照 $(2k+1)\pi$ 相位变化，该组波长的偏振态会旋转 90°。在通过偏振分光晶体 2 时，两组波长因为具有不同的偏振态，在空间上分开，最后由偏振合束晶体 3 合光输出。一般为了达到较宽的通带宽度和高隔离度，需要合理设计双折射晶体波组，并采用双级滤波结构。

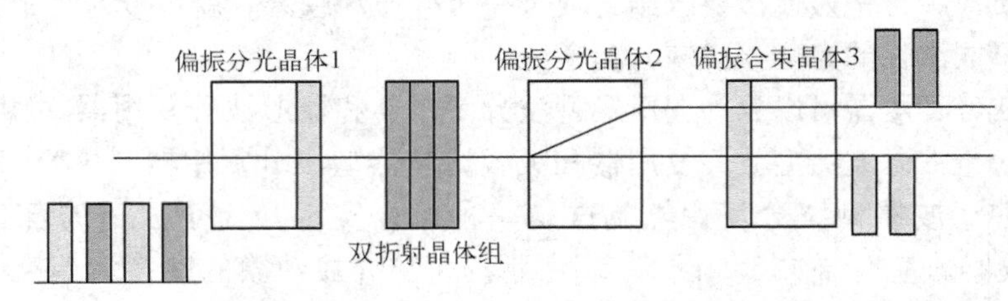

图 5-26　晶体微光梳形波分复用器基本结构

5.5　光网络的发展趋势

自 1970 年以来的 40 多年的时间里，光纤通信一直以惊人的速度迅速发展，为国家信息基础设施提供了宽敞的传输通路。目前，光纤通信技术仍处于一个高速发展时期，已从过去纯粹满足骨干网长途传输的需要向城域网、接入网拓展，并出现了长途、城域、接入系列传输产品。除了速率上差别较大外，各种产品在接口类型、支持的业务种类方面也有很大差别。整个传送网正在努力成为一个高速、高质量、具有较高网络生存能力和统一网管的多业务传送平台。纵观光纤通信的发展历程及现状，我们可以看到以下几点发展趋势：

（1）光纤入户（FTTH）

光纤入户（FTTP），又称为光纤到屋（FTTH），指的是宽带电信系统。它是基于光纤光缆并采用光电子将诸如电话、宽带互联网和电视等多重高档服务传送给家庭或企业的一种光纤通信方式。

2013年8月，国务院办公厅公布了《国务院关于加快促进信息消费扩大内需的若干意见》，该《意见》指出，发布实施“宽带中国”战略，加快宽带网络升级改造，推进光纤入户，统筹提高城乡宽带网络普及水平和接入能力。这是继2012年5月工信部在《宽带网络基础设施“十二五”规划》中提出“重点发展光纤宽带网络推进工程”之后，国家层面再次提出加速推进光纤入户。

FTTH使“最后一千米”部分的接入网络从“贵不可攀”的梦想走向现实，尤其是我国“光进铜退”战略的实施，经济和社会的持续、快速发展，为FTTH的发展乃至普及提供了坚实的基础。中国网通和中国电信已经进行了FTTH的商用拓展，目前是FTTH市场发展最关键的时期。预测FTTH用户数将保持每年200%以上的增长率。

（2）智能光网络

光传输技术智能光网络是网络发展的必然趋势。自动交换光网络（ASON）是近几年中出现的智能光网络的主流技术，它在传输网中引入了一个控制平面，并在控制平面中采用了GMPLS和大量的路由协议及信令。ASON技术使光传输网络可以自行建立和拆除电路，可以满足带宽多变业务的需求，不仅减少了业务开通的工作量和降低了维护成本，而且提升了业务承载的灵活性。ASON控制平面具备的资源发现、路由控制及连接管理功能，解决了由业务量本身的不确定性、不可预见性而引起的对网络带宽动态分配、网络生存性及可靠性方面的需求问题。但ASON技术仅实现了电路业务的智能化，而OTN技术将真正实现基于波长业务和电路业务的全网智能化。

（3）SDH正在向网络边缘转移，转型为一体化多业务平台

同步数字体制（Synchronous Digital Hierarchy，SDH）是一种将复接、线路传输及交换功能融为一体，并由统一网管系统操作的综合信息传送网络。SDH网络以其强大的保护恢复能力以及固定的时延性能在城域网络中仍将占据着绝对的主导地位，但是，随着波分复用（Wavelength Division Multiplexing，WDM）技术的产生和发展，SDH的地位开始下降。当然，网络业务的多样化，给城域传输网提出了新的挑战，为了避免多个重叠的业务网络，降低网络设备投资成本，简化网络业务的部署与管理，城域光传输网络必将向多业务化方向发展，即从纯传送网转变为“传送网+业务网”的一体化多业务平台，使其支持2层乃至3层的数据智能，而SDH设备可与2层乃至3层分组设备在物理上集成为一个实体，构成业务层和传送层一体化的SDH节点，称为融合的多业务节点或多业务平台，而该节点主要定位于网络边缘。

（4）CWDM推广应用

波分复用（Wavelength Division Multiplexing，WDM）是利用多个激光器在单条光纤上同时发送多束不同波长激光的技术。每个信号经过数据（文本、语音、视频 等）调制后都在它独有的色带内传输。WDM能使电信运营商的现有光纤基础设施容量大增。

为了进一步降低城域WDM多业务平台的成本，出现了粗波分复用（CWDM）系统的概念。这种系统的典型波长组合有三种，即4个、8个和16个，波长通路间隔达20 nm，允许

波长漂移 ±6.5 nm，大大降低了对激光器的要求，其成本可以大大降低。从业务应用上看，CWDM 收发器已经应用于接口转换器（GBIC）和小型可插拔器件（SFP），可以直接插入以太网交换机和光纤通路交换机中，其体积、功耗和成本均远小于对应的 DWDM 器件。显然，从业务需求和成本考虑出发，CWDM 应该在我国城域网具有良好的发展前景。

（5）“IP 化”

基于互联网协议的密集波分复用系统（IP over DWDM）技术的出现基于快速发展、独具优势的波分复用（WDM）传输技术，解决了随着 IP 数据业务的急剧增长，如何提供大容量、长距离传送能力、适合 IP 业务特点的经济型承载网络所面临的问题。

中国移动作为全球用户数最多的主流运营商，率先在全球第一个实现核心网的 IP 化。中国移动网络的软交换应用规模已经达到了 80% 以上。目前中国移动正在进行传输网、无线接入网、业务网等其他领域的全面 IP 化。全球运营商也正在进行无线接入端的 IP 化改造，并明确将 IP 传输作为必选特性。可以期待，随着“三网合一”进程的提速，语音、视频、数据都将在 IP 网络中进行统一承载，IP 化的趋势将会越来越明显。

（6）全光通信

全光通信是指用户与用户之间的信号传输与交换全部采用光波技术，即数据从源节点到目的节点的传输过程都在光域内进行，而且其在各网络节点的交换则使用高可靠、大容量和高度灵活的全光网络（All - optical Network，AON）交换技术。在全光网络中，无需电信号的处理，允许存在不同的协议和编码，使信息传输具有透明性。

未来通信网络将是全光网络平台，网络的优化、路由器的保护和自愈功能在未来光通信领域越来越重要。光交换技术能够保证网络的可靠性并能提供灵活的信号路由平台，光交换技术还可以克服纯电子交换形成的容量瓶颈，省去光电转换的笨重庞大的设备，进而大大节省建网和网络升级的成本。随着光纤通信技术的发展，可望在不久的将来定会出现实用化的全光信息处理系统，到那时全新的光纤通信技术以及其他的光信息处理技术将会有质的飞跃。

习题

5-1 什么是光纤通信？

5-2 光纤通信的发展阶段的划分依据是什么？并简要叙述各个阶段的技术特征。

5-3 简述光纤通信的系统构成及其各部分的作用。

5-4 光纤的传输窗口有哪些？

5-5 试述光纤通信的优缺点。

5-6 试分析 SDH 系列的线路码型特点。

5-7 请简述 SDH 的复用原理。

5-8 WDM 的工作原理及技术特点是什么？

5-9 波分复用器件根据波长选择的机理不同，可分为哪些类型？

第 6 章　数字微波中继通信与卫星通信

6.1　数字微波中继通信

6.1.1　数字微波中继通信的概念

1. 数字微波中继通信

微波（Microwave）是指波长为 1 m ~ 1 mm，即频率从 300 MHz ~ 300 GHz 范围内的电磁波。微波通信（Microwave Communication）就是利用微波作为载波携带信息，通过空间电波进行传输的一种无线通信方式。微波通信携带的信息是数字信号，且在传输路径上设置中继站进行中继通信的方式称为数字微波中继通信。

微波的传播与光波类似，具有似光性、频率高、极化性等传输特性。因此，微波在自由空间中只能沿直线传播，且绕射能力很弱，如果在传播中遇到不均匀的介质时，将产生折射和反射现象。为此，在一定天线高度情况下，为了克服由于地球表面凸起而无法收到对方发来微波信号的现象，当通信双方距离大于视距（50 km 左右）时，就会采用中继接力的方式进行通信，如图 6-1 所示，否则自 A 站发射出的微波射线将由于远离地面而不能被 C 站接收。微波通信采用中继方式的另一个原因是，电磁波在空间传播过程中因受到散射、反射、大气吸收等诸多因素的影响，其能量受到损耗，且频率越高，站距越长，微波能量损耗就越大。因此，微波通信信号每经过一定距离的传播后就要进行能量补充，这样才能将信号传向远方。由此可见，一条上千千米的微波通信线路是由许多微波站连接而成，信息通过这些微波站由一端逐站传向另一端。

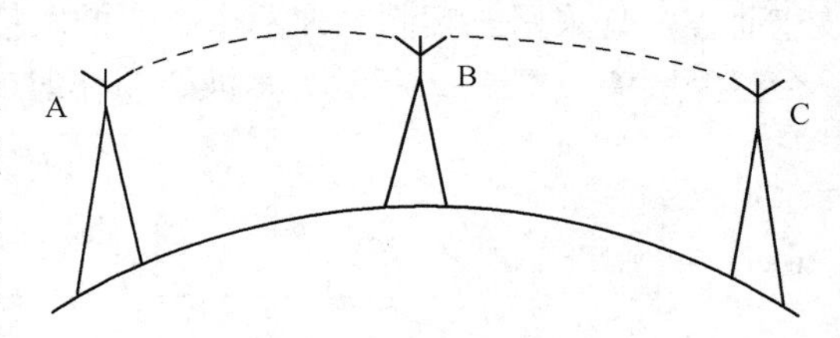

图 6-1　微波中继示意图

微波通信是 20 世纪 50 年代的产物，由于具有通信容量大、投资费用低、建设速度快、抗灾能力强等优点而得到迅速发展。20 世纪 40 年代到 50 年代产生了传输频带较宽、性能较稳定的模拟微波通信，成为长距离、大容量地面无线传输的主要手段（其传输容量高达 2 700 路）。20 世纪 90 年代以来，随着同步数字序列（SDH）在传输系统中的推广使用，数字微波通信获得了快速发展——单波道传输速率现已达到 300 Mbit/s 以上——已进入中容量乃至大容量数字微波传输时代。目前，为了进一步提高数字微波系统的频带利用率，使用了交叉极化传输、无损伤切换、分集接收、高速多状态的自适应编码调制解调等技术，这些新技术的使用将进一步推动数字微波通信系统的发展。因此，数字微波通信、光纤通信和卫星通信一起被称为现代通信传输的三大支柱。

2. 微波通信的射频频率配置

一条微波通信线路有许多微波站，每个站上又有多波道的微波收发信设备。波道是指频分制微波通信系统中的不同射频通道。在数字微波中继通信系统中，为了提高射频频谱利用率，减小射频波道间或其他路由间的干扰，很好地解决射频波道的频率配置问题，就显得尤为重要了。

（1）频率配置的基本原则

频率配置应包括各波道收发信频率的确定，并根据选定的中频频率确定收、发信的本振频率。在选择频率配置方案时，都应符合下面的基本原则：

① 在一个中间站，一个单向波道的收信和发信必须使用不同频率，而且有足够大的间隔，以避免电平很高的发送信号被本站的收信机收到，使正常的接收信号受到干扰。

② 多波道同时工作，相邻波道频率之间必须有足够的间隔，以免发生邻波道串扰。

③ 整个频谱安排必须紧凑合理，使给定的通信频段能得到经济地利用。

④ 因微波天线塔的建设费用较高，多波道系统要设法共用天线。因此，选用的频率配置方案应能够实现天线共用，以达到既能降低天线建设总投资，又能满足技术指标的目的。

⑤ 对于外差式收信机，不应产生镜像干扰，即不允许某一波道的发信频率等于其他波道收信机的镜像频率。

根据上述频率配置原则，当一个站上有多个波道工作时，为了提高频带利用率，对一个波道而言，宜采用二频制。即两个方向的发信使用一个射频频率，两个方向的收信使用另外一个射频频率。图 6-2 所示为多波道工作时二频制的集体排列方案。

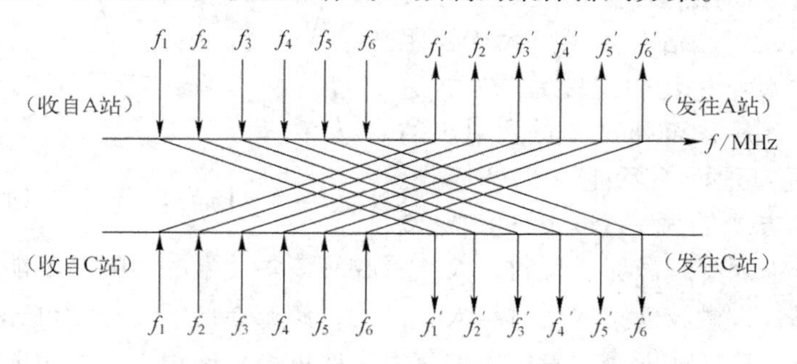

图 6-2　多波道二频制的频率配置方案

（2）SDH 常用频段的射频波道配置实例

依照 CCIR 第 746 号建议，SDH 微波通信系统的射频波道配置应与现有的射频波道配置方法兼容，以便于 SDH 微波传输系统的推广，并尽量减少对现有 PDH 微波传输系统的影响。原有 PDH 微波传输系统单波道传输的最高速率为 140 Mbit/s，波道的最大带宽小于 30 MHz。在小于 30 MHz 的波道带宽内要传输 SDH 的各个速率等级具有非常大的技术难度。为了满足 SDH 微波传输的需求，CCIR 将微波波道的最大传输带宽提高到 40 MHz。

根据 CCIR 的建议，并考虑到我国的实际情况，制定了《1 ~ 30 GHz 数字微波接力通信系统容量系列及射频波道配置》这一国家标准。其中，规定 1. 5 GHz 和 2 GHz 频段的波道带宽较窄，取 2 MHz、4 MHz、8 MHz、14 MHz 波道带宽，适用于中、小容量的信号传输速率。4 MHz、5 MHz、6 GHz 频段的电波传播条件较好，用于大容量的高速率信号传输，如 SDH 信号的传输。现将选取这三个频段的部分射频波道制定的配置方案列于表 6–1 中，供参考。

表 6–1　射频波道频率配置方案

工作频段（GHz）	频段范围（MHz）	基带速率（Mbitos^{-1}）	中心频率 f_0（MHz）	占用带宽（MHz）	工作波道数（对）	Δf 波道（MHz）	Δf 收发（MHz）	同一波道收发间隔（MHz）
2	1 700 ~ 1 900	8. 488	1 808	200	6	14	49	119
2	1 900 ~ 2 300	34. 368	2 101	400	6	29	68	213
4	3 400 ~ 3 800	2 × 34. 368	3 592	400	6	29	68	213
4	3 800 ~ 4 200	139. 264	4 003. 5	400	6	29	68	213
6	6 430 ~ 7 110	139. 264	6 770	680	8	40	60	340
7	7 125 ~ 7 425	8. 448	7 275	300	20	7	28	161
8	7 725 ~ 8 275	34. 368	8 000	500	8	29. 65	103. 77	311. 32
11	10 700 ~ 11 700	2 × 34. 368 139. 264	11 200	1 000	12	40	90	530

6. 1. 2　数字微波中继通信的特点

根据所传输基带信号的不同，微波通信可分为两种制式：用于传输频分多路 – 调频制（FDM – FM）基带信号的模拟微波通信系统；及用于传输数字基带信号的数字微波通信系统。其中，数字微波通信系统进一步细分，又可分为 PDH 微波通信系统和 SDH 微波通信系统。

不管是模拟微波通信还是数字微波通信，其微波通信最基本的特点可以概括为 6 个字："微波、多路、接力"。

"微波"是指微波工作频段宽，它包括了分米波、厘米波和毫米波三个频段。这个工作频段宽度几乎是长波、中波、短波及特高频各频段总和的 1000 倍，可容纳较其他频段多得多的话路，而且不至于互相干扰。

由于微波频率高、波长短，微波通信一般使用面式天线。当面式天线的口面积给定时，其增益与波长的平方成反比，故微波通信很容易制成高增益天线。当波长比周围物体的尺寸小得多时，电磁波近似于光波特性，可以利用微波天线把电磁波聚集成很窄的波束，得到方向性很强的天线。例如，直径 3 m 的抛物面天线，当工作波长为 $\lambda = 7.5$ cm，天线效率 $\eta = 0.6$ 时，其天线增益可达 40 dB，相当于无方向性天线时发射功率的 10000 倍。

此外，在微波频段，天电干扰和工业干扰及太阳黑子的变化基本上不起作用，而这些干扰对短波通信的影响却十分严重。因此，微波通信的可靠性和稳定性可以做得很高。

"多路"是指微波通信的通信容量大，即微波通信设备的通频带可以做得很宽。例如对 4 GHz 的设备而言，其通频带宽按 1% 计算，可达 40 MHz，其所提供的带宽正符合 ISDN 所要求的宽带传输链路要求。

"接力"是目前广泛使用于视距微波的通信方式。由于地球是圆的，加之地面上的地貌（山川）所限，使地球上两点（两个微波站）间不被阻挡的距离有限。为了可靠通信，一条长的微波通信线路就要在线路中间设若干个中继站，采用接力的方式传输发送端的信息。

近些年来，由于通信技术的发展及通信设备的数字化，数字微波设备在微波设备中占有绝对大的比重。而数字微波除了具有上面所说的微波通信的普遍特点外，它还同时具有数字通信的特点：

1）抗干扰性强，整个线路噪声不累积　由数字通信原理可知，数字信号可以再生。因此，经数字微波信道传输的数字信号，经过微波中继站进行转发过程中，站上有对数字信号进行处理的再生中继器。只要中继站接收到的信号中的干扰没有大到对信码判决产生影响的程度，经过判决识别后，就可以把干扰清除掉，再生出与发送端一样干净的波形，向下一站转发。但必须指出的是，一旦噪声干扰对数字信号造成了误码，在后续的传输过程中被纠正过来的可能性很小，误码是逐站积累的。

2）保密性强，便于加密　数字信号易于加密，除了在设备中采用扰码电路外，还可以根据要求加入相应的加密电路。各种信号数字化后形成的信码，可采用不同的规律或方式，方便灵活地加进密码，在线路中传输，接收端再按相同的规律解除密码，所以说这种通信方式的保密性较强。

3）器件便于固态化和集成化，设备体积小、耗电少。

4）便于组成综合业务数字网（ISDN）。

当然，和模拟微波通信相比，数字微波的主要缺点是传输信道带宽较宽，会产生频率选择性衰落，且其抗衰落技术与模拟制微波相比较为复杂。

6.1.3　数字微波中继通信系统

1. 数字微波中继通信的系统组成

数字微波传输线路的组成没有固定形式，既可以是一条主干线，中间有若干分支，也可以是一个枢纽站向若干方向分支。但不论哪种形式，其系统均主要是由终端站、中继站和电波的传播空间等构成，如图 6-3 所示。但要构成一个完整的数字微波中继通信系统，还应包括其他部分，如图 6-4 所示。数字微波通信系统大多是由图 6-3 中给出的几部分组成的。

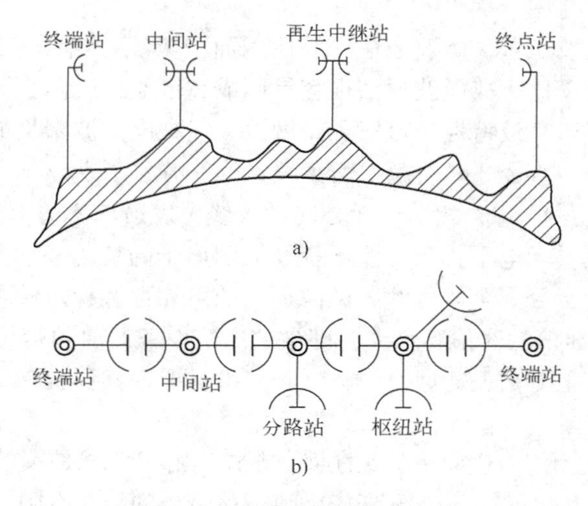

图 6-3　微波通信的信道构成

a）微波通信示意图　b）微波通信的线路组成

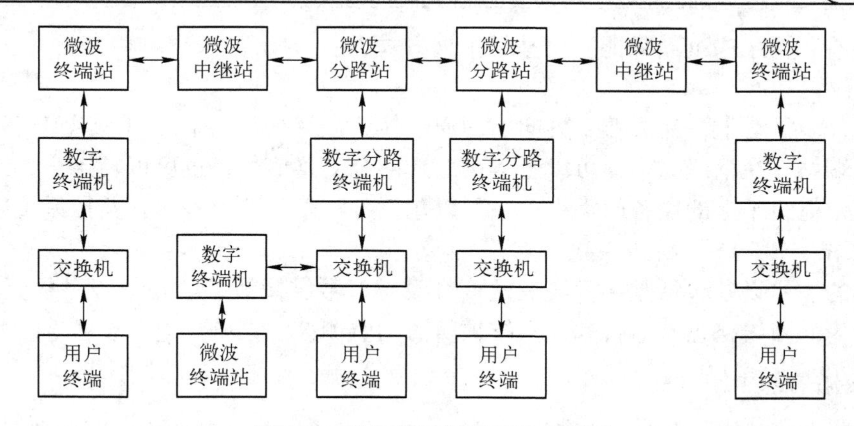

图 6-4　数字微波通信系统方框图

（1）用户终端

用户终端指直接为用户所使用的终端设备，如移动电话机、打印机、计算机及互联网技术中的终端传感控制设备等。

（2）交换机

交换机是用于功能单元、信道或电路的暂时组合以保证按要求进行通信操作的设备。用户可以通过交换机进行呼叫连接，建立暂时的通信信道或电路。这种交换可以是模拟交换，也可以是数字交换。

（3）数字终端机

数字终端机的基本功能是把来自交换机的多路音频模拟信号变换成时分多路数字信号，送往数字微波传输信道，以及把数字微波传输信道收到的时分多路数字信号反变换成多路模拟信号，送到交换机。

（4）微波站

微波站的基本功能是传输数字信息。按工作性质来分，可分为终端站和中继站。其中，线路中间的中继站任务是完成微波信号的转发和分路，又可分为中间站、再生中继站和枢纽站。各站型的功能如下。

① 终端站

终端站处于微波线路的两端或分支线路的终点，配备复用设备和传输设备，只对一个方向收信和发信，收发共用一副天线。终端站的任务是将复用设备送来的基带信号或由电视台送来的视频及伴音信号，调制到微波频率上并发射出去；反之，将收到的微波信号解调出基带信号送往复用设备，或将解调出的视频信号及伴音信号送往电视台。终端站可上下传输所有的支路信号，并可作为监控系统的集中监视站或主站。

② 中间站

中间站处于线路中间，只完成对微波信号的放大和转发，不上下话路。即中间站是将一个方向来的微波信号接收下来，经过处理后再向另一个方向发送出去，期间不分出和插入信号。因此，中间站的设备比较简单，中间站可采用直接中继方式或外差中继方式。

③ 再生中继站

再生中继站处于线路中间，站上配有传输设备和分插复用设备，除了可以在本站上下部分支路外，还可沟通干线上两个方向间的通信。在监控系统中，再生中继站可作为主站，也

可作为受控站．再生中继站只能采用基带中继方式，

④ 枢纽站

枢纽站处于干线上，完成数个方向上的通信任务，就其每一个方向来说枢纽站都可以看作是一个终端站。在枢纽站中，可以上下全部或部分支路信号，也可以转接全部或部分支路信号，因此，枢纽站上的设备门类很多，可以包括各种站型的设备。在监控系统中，枢纽站一般作为主站。

微波站的主要设备包括数字微波发送信号设备、数字微波接收信号设备、天线、馈线、铁塔，以及为保障线路正常运行和无人维护所需的监测控制设备、电源设备等。

2. 微波通信的中继方式

数字微波中继通信的中继方式（即中继站的工作方式）分为直接中继（射频转接/微波转接)、外差中继（中频转接）和基带中继（群频转接/再生转接）三种中继方式，如图 6-5 所示。

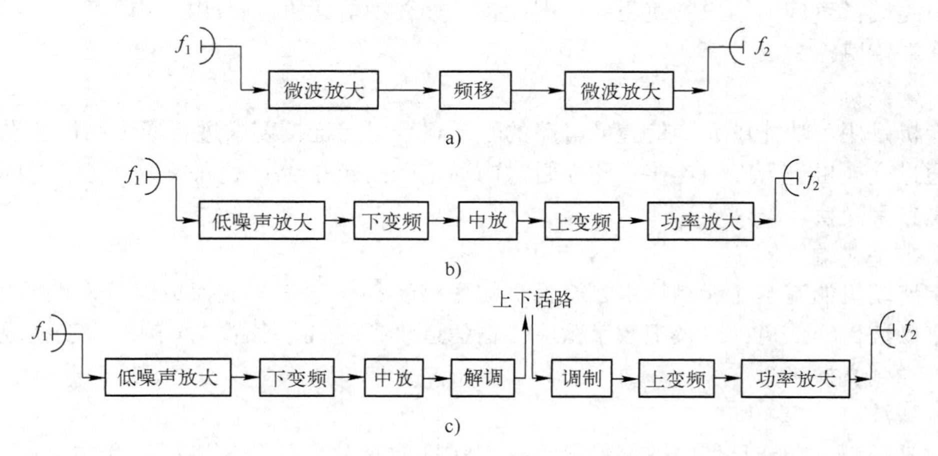

图 6-5 微波通信中继方式

a）直接中继方式 b）外差中继方式 c）基带中继方式

（1）直接中继

直接中继是把接收到的微波信号用微波放大器直接放大，无须经过微波－中频－微波的上下变频过程，因而传输失真较小，如图 6-5a 所示。当然，为避免中继站收、发频率间的同频干扰，需要对接收信号进行移频；为了克服传播衰落引起的电平抖动，还需要在微波频率上采用自动增益控制措施。这种方式的设备量少、电源功耗低，适用于无须上下话路的低功耗、无人值守中继站。

（2）外差中继

外差中继是把接收到的微波信号通过混频器下变频到中频，在中频进行放大，然后经过上变频器变回到微波频率再发送到下一站的中继方式，如图 6-5b 所示。这种方式不需要调制解调过程，设备较简单，而且与直接中继相比，在中频进行放大有利于保持系统的稳定，因此是一种常用的中继方式。

（3）基带中继

基带中继是三种中继方式中最复杂的，如图 6-5c 所示。它除了要进行上下变频外，还

需要调制解调电路，不但可以用于上下话路，而且由于数字信号的再生避免了噪声和传输畸变的积累，还可以获得传输质量保证，这种优点是其他两种中继方式无法比拟的。因此，尽管增加了一些设备，但对于一些必须上下话路的中继站，这是唯一能采用的中继方式。可见，基带中继是数字微波中继通信的主要中继方式。

在数字微波通信系统中，不同中继方式的微波系统构成并非一致。前两种中继方式每个中继站的数字信号不经过再生处理，嘈声及干扰会逐站累积，致使传输质量随着中继次数的增多而下降，故一般只允许连续使用2~3次。中间站的中继方式可以是直接中继和中频转接，枢纽站为再生中继方式且可以有上下话路。一般在一条微波中继线上，可以结合使用三种中继方式。

3. 数字微波中继通信的性能指标

在设计或评述通信系统时，往往要涉及通信系统的主要性能指标，否则就无法衡量其质量的优劣。性能指标也称质量指标，它是对整个系统综合提出或规定的。通信系统的性能指标涉及其有效性、可靠性、适应性、标准性和经济性等，其中传输信息的有效性和可靠性是通信系统最主要的质量指标。

数字微波通信是在数字通信和模拟微波通信基础上发展起来的一种先进的通信传输手段，所以它兼有数字通信和微波通信的特点。对于数字微波中继通信系统而言，性能指标包括很多项，但最重要的是对传输容量和传输质量这两个方面的要求，传输质量是由误码率体现的，而误码产生的原因又取决于噪声干扰、码间干扰和定时抖动（嘈声干扰是主要因素）。另外，在无线通信中，由于频谱是一种宝贵的资源，在单位频率上能传输的信息速率——即频带利用率也是一个很重要的指标。因此，这里给出的传输性能指标主要包括以下几个方面。

（1）传输容量

在数字通信系统中，传输容量是用传输速率表示的，有两种表示传输速率的方法。

① 比特传输速率 R_b 又称为比特率或传信率，指每秒钟通信系统所传输的信息量，单位为比特/秒，简写为 bit/s。

② 码元传输速率 R_B 又称为传码率，是指通信系统每秒钟所传输的码元数，单位为波特，简写为 Baud。

对于二进制来说，比特速率与码元速率相等，$R_b = R_B$；对于 M 进制来说，有 $R_b = R_B \log_2 M$。

（2）频带利用率

数字通信在信号传输时，传输速率越高，所占用的信道频带越宽。为了能用信息的传输效率说明传输数字信号时频带的利用情况，使用了频带利用率 η 这一指标，它定义为单位频带的信息传输速率，即

$$\eta = \frac{\text{信息传输率}}{\text{频带宽度}} \text{bit/(s·Hz)}$$

（3）传输质量

传输数字信号时，由于噪声和其他原因，对方会判断错误。此时，就用错误出现的几率——误码率来衡量传输质量。误码率有两种表示方法。

① 比特误码率 P_b：又称误比特率，定义为

$$P_b = \frac{\text{错误接收的比特数}}{\text{信道传输的总比特数}}$$

② 码元误码率 P_B：又称为误码率，定义为

$$P_B = \frac{\text{错误接收的比特数}}{\text{信道传输的总码元数}}$$

对于二进制系统来说，$P_b = P_B$。

6.2 卫星通信

6.2.1 卫星通信的概念和特点

1. 卫星通信

卫星通信是指利用人造地球卫星作为中继站，转发或反射无线电波，在两个或多个地球站之间进行的通信。这里的地球站是指设在地球表面，包括地面、海洋和大气层上的通信站。而用于实现通信用途的人造地球卫星就叫做通信卫星，如图 6-6 所示。

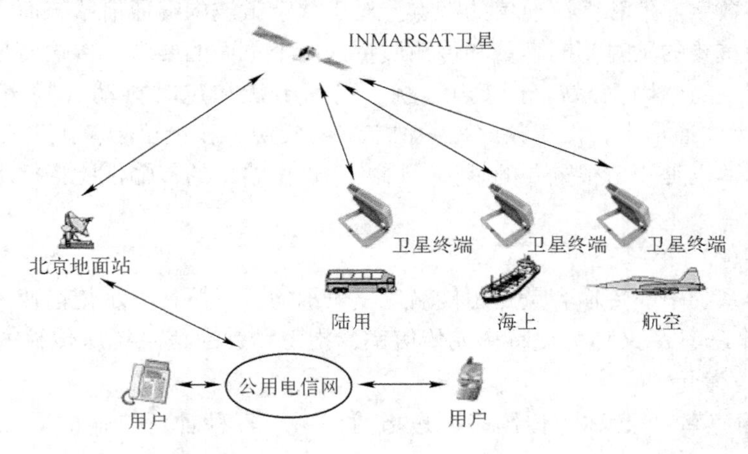

图 6-6 卫星通信示意图

可以看出，在通信卫星天线波束覆盖的地球表面区域内，各种地球站通过卫星中继站转发信号来进行通信。实际上，卫星通信可以看作是利用微波频率，把通信卫星作为中继站而进行的一种特殊的微波中继通信。

随着航天航空技术的飞速发展，人类的活动领域已扩大到地球大气层以外的空间。为了满足宇宙航行中传递信息的需要，1979 年，世界无线电行政会议（WARC）规定：以宇宙飞行体或通信转发体为对象的无线电通信称为宇宙通信。宇宙通信包括三种形式（见图 6-7）：地球站与宇宙站之间的通信、宇宙站之间的通信，以及通过宇宙站的转发

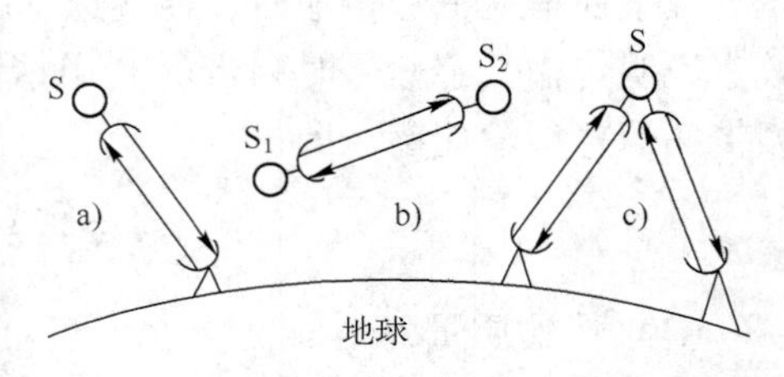

图 6-7 宇宙无线电通信的三种基本形式

或反射进行地球站之间的通信。宇宙站是指设在地球大气层以外的宇宙飞行体（如人造卫星、宇宙飞船等）或其他天体（如月球或其他行星）上的通信站。由于作为中继站的卫星处于外层空间，通信卫星就是离地球最近的一种宇宙站，这就使得卫星通信不同于其他地面无线电通信方式，属于宇宙通信的范畴。因此，通常人们把第三种形式称为卫星通信。

卫星通信作为宇宙无线通信的主要形式之一，也是微波通信发展的一种特殊形式。卫星通信的频率使用微波频段（300 MHz ~ 300 GHz），除了可获得通信容量大的优点之外，主要还考虑到卫星处于外层空间（即在电离层之外），地面上发射的电磁波必须能穿透电离层才能到达卫星。同样，从卫星到地面上的电磁波也必须穿透电离层，而微波频段恰好具备这种条件。固定、移动和广播等卫星业务是宇宙通信业务的重要组成部分。正在发展的宇宙接力通信中，卫星通信将起着重要的作用。

目前，绝大多数通信卫星是地球同步卫星（静止卫星），图 6–8 是静止卫星与地球相对位置的示意图。若以 120°的等间隔在静止轨道上配置三颗卫星，则地球表面除了南北两极区没有被卫星波束覆盖外，其他区域均在覆盖范围之内，而且其中部分区域为两个静止卫星波束的重叠区域，因此借助于重叠区内地球站的中继（称为双跳），可以实现在不同卫星覆盖区域内地球站之间的通信。由此可见，只要利用三颗等间隔配置的静止卫星就可以实现全球通信，这一特点是其他任何通信方式所不具备的。静止卫星所处的位置分别在太平洋、印度洋和大西洋上空，它们构成的全球通信网承担着绝大部分的国际通信业务和全部国际电视信号的转播，如图 6–9 所示。

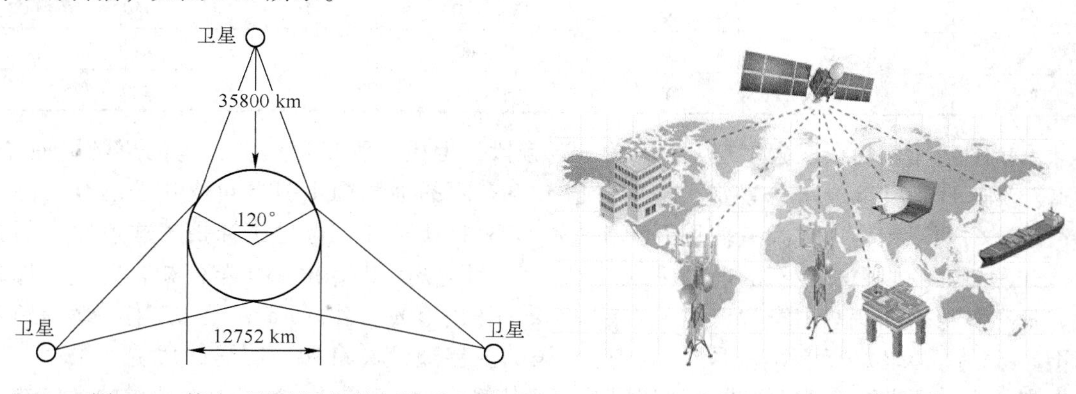

图 6–8 静止卫星配置的几何关系

图 6–9 全球通信网

2. 卫星通信的频率波段

在卫星通信中，工作频段的选择将直接影响到整个卫星通信系统的通信容量、传输质量、可靠性、卫星转发器和地球站的发射功率、天线口径尺寸的大小以及设备的复杂程度和成本的高低等，是一个十分重要的问题。基于此，在选择工作频段时，必须根据需要与可能相结合的原则，着重考虑以下因素：

① 工作频段的电磁波应能穿透电离层。

② 电波传输损耗及其他损耗应尽可能地小。

③ 电波传播中天线系统引入的外部干扰噪声要小。

④ 可用频带要宽，以满足传输容量的要求。

⑤ 与地面现有通信系统设备的兼容性要好，且相互间的干扰性要小。

⑥ 需要通信设备重量轻、体积小、功耗低。

⑦ 应较为合理地使用无线电频谱，与其他通信、雷达等电子系统或电子设备之间的相互干扰要小。

基于对上述各方面因素的考虑，卫星通信的工作频率波段应选择在电波能穿透电离层的微波频段（300 MHZ ~ 300 GHZ）。之所以选择这个波段，其主要原因有三：其一是因为微波频段具有很宽的频谱，频率高，可以获得较大的通信容量；其二是天线的增益高，天线尺寸小，而且现有的微波通信设备稍加改造就可以利用；其三是卫星处于外层空间（即在电离层之外），地面上发射的电磁波必须能穿透电离层才能到达卫星，同样，从卫星到地面上的电磁波也必须能穿透电离层，不会被电离层所反射，而微波频段恰好能满足这一条件。

微波频段根据波长长短划分，又可以分为米波段（又称特高频（UHF），频率为 0.3 ~ 3 GHz，波长为 10 ~ 100 cm）、厘米波段（又称超高频（SHF），频率为 3 ~ 30 GHz，波长为 1 – 10 cm）和毫米波段（又称极高频（EHF），频率为 30 ~ 300 GHz，波长为 1 mm ~ 1 cm）。若将微波频段再进一步细分，具体情况可参见表 6–2。

表 6–2 微波频段

微波频段	频率范围/GHz	微波频段	频率范围/GHz	微波频段	频率范围/GHz
L	1 ~ 2	K	18 – 26	E	60 – 90
S	2 ~ 4	Ka	26 – 40	W	75 ~ 110
C	4 ~ 8	Q	33 ~ 50	D	110 ~ 170
X	8 ~ 12	U	40 – 60	G	140 – 220
Ku	12 ~ 18	V	50 ~ 75	Y	220 – 325

卫星通信所用的频段大多是 C 频段和 Ku 频段，但由于卫星通信业务量的急剧增加，C 和 Ku 频段的卫星轨位十分紧张，地球赤道上空有限的地球同步卫星轨位几乎已被各国占满，且这两频段频率也被大量使用乃至 1 ~ 10 GHz 的频段都显得过于拥挤，这迫使人们寻找、开发更高频段来满足新的通信需求。早在 20 世纪 70 年代末、80 年代初，美国、加拿大、日本以及欧洲一些国家就已经开始有关 Ka 频段的开发工作。Ka 频段的工作带宽是 3 ~ 4 GHz，远大于 C 频段和 Ku 频段，采用此频段的卫星通信具有如下明显的优势：第一，频带更宽的 Ka 频段系统可以轻松实现超强的信息传输能力，1 颗 Ka 频段卫星提供的通信能力能够达到 1 颗 Ku 卫星通信能力的 4 倍以上；第二，由于频率高，卫星天线增益可以做得较大，用户终端天线可以做得更小更轻，这有利于灵活移动和使用；第三，运用多波束技术和相控阵技术，可以让卫星上的天线灵活地改变指向，以满足对多点通信和星上交换的应用需要。

Ka 频段系统的成本和 C 频段和 Ku 频段相比会高一点，但是潜在用户的数量会因此达到大规模市场应有的比例，而且每条线路的实际成本会大大降低。此外，使用 Ka 频段的卫星系统由于具有超强的通信能力，有望以与城市地区地面传送大体相当的价格为广大用户提供面向接入的通信线路。这种系统技术将在对接入业务价格极其敏感的广大住宅用户市场有着广阔的发展空间。Ka 频段的采用将使 ATM 的能力尽量靠近用户端，且不损害其面向连接的性质并保证有相同的 QoS。Ka 频段卫星系统在频率带宽及通信传输能力上虽然具有较大的优势，但Ka频段受降雨衰耗影响较大，对器件和工艺的要求较高，这些都需要采取相应的技术手段予以克服。不过，从实验及实际应用的效果来看，采用自适应功率调整和自适应数字编码可以解决Ka频段传输特性受降雨衰耗影响的问题。

自2005年美国成功发射了世界上第一颗全Ka频段宽带通信卫星并开始试点应用，到2014年9月份，全球在轨的全Ka频段宽带通信卫星已有20余颗，2016年全球Ka频段商用通信卫星有望达50颗左右。目前，国际上大多数宽带卫星系统都建议采用这个频段，应用范围已逐步从发达国家向其他国家和地区发展。“十一五”以来，航天五院通信卫星事业部、中国卫通等单位参与的“宽带多媒体卫星系统关键技术研究”课题立项并获得深入研究。该课题涵盖Ka频段宽带卫星的应用模式、用户需求、系统方案、地面终端等内容。此外，“国家双向宽带多媒体教育卫星”论证对大容量宽带卫星提出了天地一体化系统解决方案，这些都为我国的Ka频段高通量通信卫星研制奠定了重要基础。就我国而言，加紧Ka频段卫星研制及相关应用研究，对于跟踪国际先进卫星通信技术、更好地利用航天技术服务民众生活，其意义十分重大。

Ka频段成功开发后，不少技术先进的国家则向更高的频段，即Q、V频段进军。Q、V频段的频率范围是36～51.4 GHz，可用带宽将更宽。美国联邦通信委员会（FCC）计划在17个应用领域使用Q频段和V频段进行传输。

采用EHF也是未来卫星通信系统的发展趋势之一，其优点是：

① EHF具有更宽的频带，能容纳更多的用户。

② 较小口径的天线能产生高增益的窄波束，使得采用便携式终端成为可能，便于真正实现“动中通”。

③ 经闪烁环境后能较快恢复正常运行。

大气吸收和降雨对EHF传输性能影响很大，使其性能恶化，而对UHF和SHF的影响较小，因而要实现全天候的可靠通信，就要做到多频段的结合与互补。

3. 卫星通信特点

目前，用于通信的人造卫星主要是静止卫星。因此，此处介绍的卫星通信的特点主要是指利用静止卫星进行中继通信的卫星通信特点。

（1）卫星通信的优点

① 通信距离远，且费用与通信距离无关

国际国内通信中，只要最大通信距离不超过18100 km，均可利用静止卫星进行通信，并且卫星通信的建站费用和运行费用不因通信站之间的距离远近及两站之间地面上的自然条件恶劣程度而变化。因此，卫星通信在远距离通信上占有明显的优势，特别对边远地区，卫星通信更是一种有效的现代通信手段。就此而论，卫星通信比地面微波通信和电缆、光缆通信有明显的优势。

② 覆盖面积大，可进行多址通信

在一颗卫星天线波束覆盖的区域内任一点，均可设置地球站。这些地球站基本上不受地理条件或通信对象的限制，可共用一颗通信卫星来实现双方或多方通信，即多址通信。与其他只能进行点对点通信的通信手段相比，卫星通信显然具有很大的优越性。

③ 通信频带宽，传输容量大

卫星通信使用的也是微波频段，其提供的带宽和传输容量要比其他频段大得多。一个中频转发器带宽一般为36 MHz，微波射频转发器带宽一般为500 MHz，一颗卫星的总带宽可达3000 MHz以上，通信容量已在30000路电话以上，并可以传输高分辨率照片和其他信息。

④ 通信质量好，通信线路稳定可靠

卫星通信的电波主要是在大气层以外接近真空的宇宙空间传输，故电波传播比较稳定；同时，电波传播不受地形、地物等自然条件的影响，也不易受人为干扰以及通信距离变化的影响。所以，卫星通信质量好，通信线路稳定可靠。

⑤ 通信电路灵活、机动性好

卫星通信不用考虑地势情况，在高空中、海洋上都可以实现通信。不仅能作为大型地球站之间的远距离通信干线，而且可以为车载、船载、地面小型机动终端以及个人终端提供通信，能够根据需要迅速建立同各个方向的通信联络，在短时间内将通信网延伸至新的区域，或者使设施损坏的地区迅速恢复通信。

⑥ 可以进行自发自收监测

当收发端地球站处于同一覆盖区域内时，本站也可以通过收到自己发出的信号，来了解本站发送信号质量的优劣，监测本站发出信息的可靠性。

卫星通信的应用范围极其广泛，不仅用于传输语音、电报、数据，还特别适用于广播电视节目的传送。

（2）卫星通信的缺点

卫星通信与其他通信方式相比，具有许多不可比拟的优势，但是凡事均具有两面性，卫星通信在某些方面也存在着一些不足。

① 静止卫星的发射与控制技术比较复杂。

② 地球的两极地区为通信盲区，而且地球的高纬度地区通信效果欠佳。

③ 存在星蚀和日凌中断现象。每年春分（3月21日或20日）或者秋分（9月23日或24日）前后数日，当太阳、地球和卫星运行到一条直线上，卫星处在太阳和地球站之间时，地球站的抛物面接收天线在对准卫星的同时，也正好对着太阳，如图6-10所示。这样，地球站在接收卫星下行信号的同时，也会接收到大量频谱很宽的太阳噪声，对卫星信号产生干扰，造成每天有几分钟的通信中断，这种现象称为日凌中断。随着卫星、太阳和地球的运动，三者不在同一条直线上时，信号才渐渐恢复正常。当卫星、地球和太阳处于同一直线上，

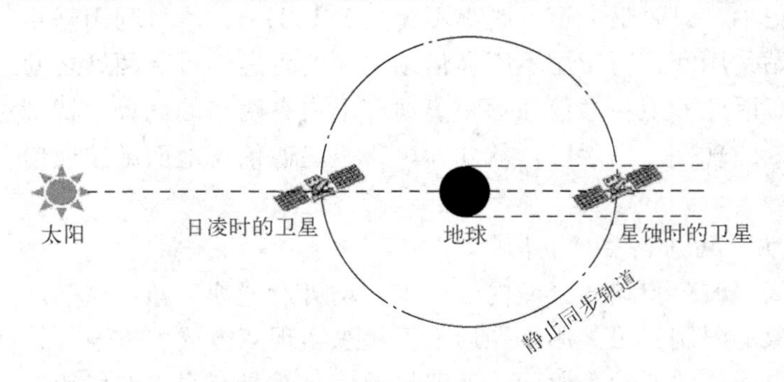

图6-10　日凌及星蚀现象示意图

并且卫星进入地球的阴影区时，会出现星蚀现象，如图 6-10 所示。在星蚀期间，卫星的太阳能电池无法使用，只能靠自带的蓄电池供电，当电量不足时，亦会造成卫星通信的暂时性中断现象。

④ 有较大的信号传输时延和回波干扰。对于地球静止轨道卫星而言，其离地面的距离为 35786 km，发端信号经过卫星转发到收端地球站，传输时延可达 270 ms（如果要再转接到另一颗卫星通话的话，时延则会更长）。在进行语言通信时，这种信号的传输时延就会给人带来一种不自然的感觉。与此同时，由于收发双方的话音回路都有混合线圈，且不平衡等原因，易产生回波干扰。如果不采取回波抵消器等特殊措施，就会使发话者在 0.54 s 后，又听到了自己讲话反馈回来的回音，造成干扰。中、低轨道卫星的传输时延较小些，但也有 100 ms 左右。

⑤ 线路开放、保密性差，其通信链路易受外部条件的影响。由于卫星通信的电波要通过大气层，其通信链路易受外部条件如通信信号间的干扰，大气层微粒（雨滴等）的散射、吸收，电离层闪烁，太阳噪声，宇宙噪声的影响。此外，卫星通信覆盖面大、具有广播性，通信的保密性差，需要较高级的加密技术。

6.2.2 卫星通信系统

1. 卫星通信系统的组成

卫星通信系统通常是由通信地球站分系统（简称地球站）、通信卫星、跟踪遥测及指令系统和监控管理系统四大部分组成的，如图 6-11 所示。

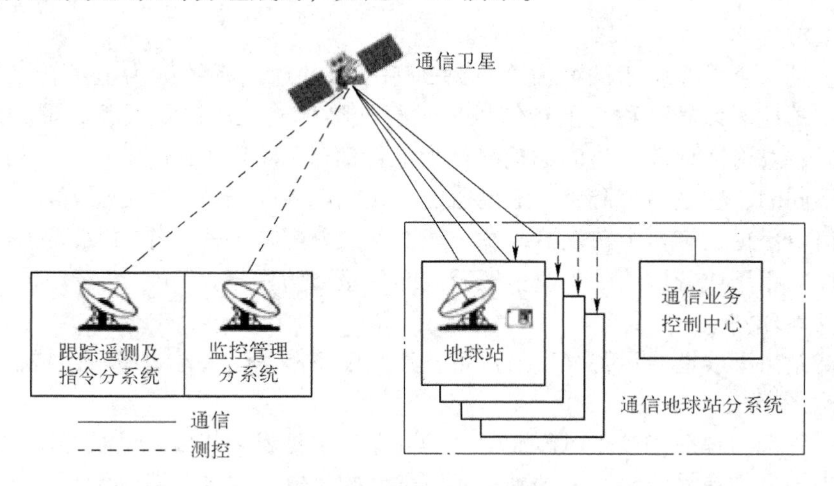

图 6-11　卫星通信系统的组成

跟踪遥测及指令系统的任务是对卫星上的运行数据及指标进行跟踪测量，控制其准确进入静止轨道上的指定位置，并对卫星在轨道上的位置及姿态进行监视与控制。监控管理系统的功能并不直接用于通信，而是在通信业务开通前和开通后对卫星通信的性能参数进行监测和管理，以保证通信卫星的正常运行和工作。通信卫星主要由天线分系统、通信分系统（转发器）、遥测与指令分系统、控制分系统和电源分系统组成。其各部分的功能后面再作介绍。地面跟踪遥测及指令分系统、监控管理分系统与空间相应的遥测及指令分系统、控制分系统并不直接用于通信，而是用来保障通信的正常进行。

2. 卫星通信线路

一个卫星通信系统包括许多通信地球站。卫星通信线路由发端地球站、上行线传输路径、卫星转发器、下行线传输路径和收端地球站组成，如图 6-12 所示。

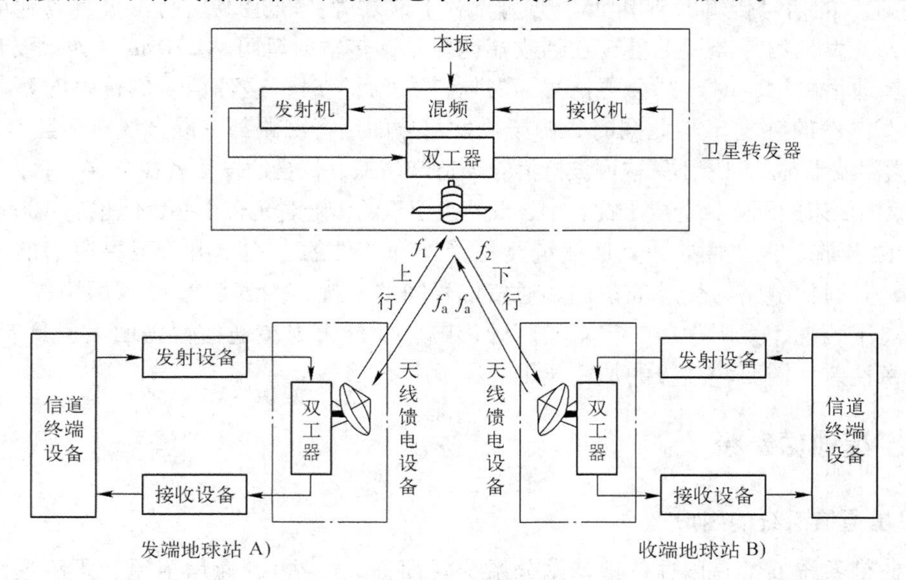

图 6-12　卫星通信线路的基本组成

（1）卫星转发器

通信卫星是一个设在空中的微波中继站，卫星中的通信系统称为卫星转发器，其主要功能是把收到的地面信号（称为上行信号）进行低噪声放大后进行混频，混频后的信号经过功率放大后被发射回地面（这时的信号称为下行信号）。卫星通信中，上行信号和下行信号的频率是不同的，这是为了避免在卫星通信天线中产生同频率的信号干扰。

一个通信卫星往往有多个转发器，每个转发器被分配在某一工作频段，并根据所使用的天线覆盖区域，租用或分配给处于覆盖区域内的卫星通信用户。

（2）通信地球站

通信地球站由天线馈线设备、发射设备、接收设备和信道终端设备等组成。

① 天线馈线设备

天线是一种定向辐射和接收电磁波信号的装置。它把发射机输出的信号辐射给卫星，同时把卫星发来的电磁信号收集起来送到接收设备。收发支路主要是靠馈源设备中的双工器来进行分离。

根据地球站的功能，天线口径可大至 32 m，也可小到 1 m 或更小。大天线一般要有跟踪伺服系统，以确保天线始终对准卫星；小天线一般采用手动跟踪。

② 发射设备

发射设备的任务是将信道终端设备输出的中频信号（70 MHz ± 18 MHz）进行调制，然后变换成射频信号，并把这一信号的功率放大到一定值。功率放大器可以单载波工作，也可以多载波工作，输出功率可以从几瓦到数千瓦。业务量大的大型地球站常采用速调管功率放大器，输出功率可达 3000 W。中型地球站常采用行波管功率放大器，功率等级为 100 ~ 400 W。

随着微波集成电路技术的发展，固态砷化镓场效应管放大器（又称固态功放）在小型地球站中被广泛采用，功率从0.25～1.25 W不等。例如，TES地球站属小型地球站，它采用了10 W、20 W两种固态功率放大器，其固态功放设备很小，可直接放在天线的馈源中心筒里。

③ 接收设备

接收设备的任务是把接收到的极其微弱的卫星转发信号首先进行低噪声放大（对收到的下行射频信号进行放大，放大器本身引入的噪声很小），然后变频到中频信号（70 MHz±18 MHz），供信道终端设备进行解调及其他处理。

早期的大型站常采用冷参量放大器作为低噪声放大器，噪声温度低至20 K；中等规模的地球站常采用常温参量放大器作为低噪声放大器，噪声温度低至55 K；小型的地球站大多采用砷化镓场效应晶体管放大器，噪声温度从40～80 K不等。

④ 信道终端设备

对发送支路来讲，信道终端的基本任务是将用户设备（电话、电话交换机、计算机、传真机等）通过传输线接口输入的信号加以处理，使之变成适合卫星信道传输的信号形式。对接收支路来讲，则进行与发送支路相反的处理，将接收设备送来的信号恢复成用户的信号。

对用户信号的处理可包括模拟信号数字化、信源编码/解码、信道编码/解码、中频信号的调制/解调等。目前，世界上有各种卫星通信系统，各种通信系统的差别主要集中在信道终端设备所采用的技术上。

6.2.3 通信卫星

1. 通信卫星的组成

通信卫星作为一种提供通信业务的卫星，是卫星通信系统必不可少的组成部分——卫星通信的心脏。通信卫星实际上是一个通信中继器，其作用是为多个相关地球站转发（或反射）无线电信号，沟通信道，以实现多址的中继通信。同时，通信卫星还带有一些必要的辅助设备，以保证卫星有效、可靠地完成通信任务。

通信卫星的用途不同，卫星的结构也有所不同。但一般情况下，通信卫星由通信分系统，天线分系统，跟踪、遥测与指令分系统，控制分系统，电源分系统和温控分系统六大部分组成，如图6-13所示。

2. 通信卫星的系统设备

（1）通信分系统

卫星上的通信系统又叫转发器或中继器，它实质上是一部宽频带的收、发信机，用于接收和放大地面站发来的信息，并将相应信息进行频率或波束转换后再发向地面指定的地区（地球站）。通常情况下，一颗卫星上可能有若干个转发器，每个转发器覆盖一定的频段。空间转发器具有高灵敏度、宽频带、低噪声、低失真等优点，是通信卫星的核心。为了使收发信号能够有效隔离、减小干扰，转发器工作时上行频率和下行频率应取不同的数值。

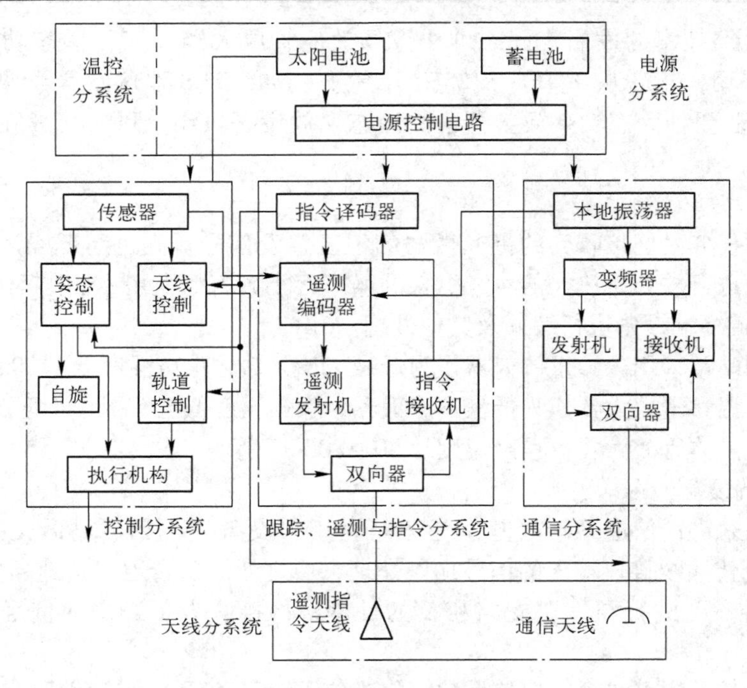

图 6-13　通信卫星的组成

根据对传输信号处理形式的不同，转发器通常分为透明转发器和处理转发器两种基本类型。

① 透明转发器

所谓透明转发器是指它接收地面发来的信号后，只进行放大、变频、再放大后发回地面，对信号不进行任何加工和处理，只是单纯地完成转发任务。按其变频次数区分，又分为单变频转发器和双变频两种类型，如图 6-14 所示。

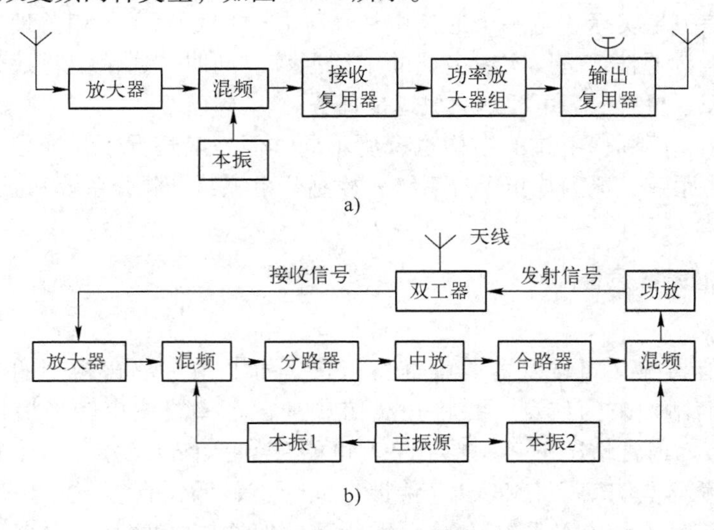

图 6-14　透明转发器原理框图

a）一次变频　b）二次变频

单变频转发器：这种转发器是先将输入信号进行直接放大，然后变频为下行频率，经功率放大后，通过天线发给地球站（见图 6-14a）。一次变频方案适用于载波数量多、通信容量大的多址连接系统。

双变频转发器：这种转发器是先把接收信号变频为中频，经限幅后，再变换为下行发射频率，最后经功放由天线发向地球站。图 6-14b 给出的是双变频转发器的组成框图。双变频方式的优点是转发增益高（达 80 ~ 100 dB），电路工作稳定；缺点是中频带宽窄，不适于多载波工作。它适用于通信容量不大、所需带宽较窄的通信系统。

② 处理转发器

在数字卫星系统中，常采用具有信号处理功能的处理转发器。这种转发器对于接收到的信号，先经微波放大和下变频后变为中频信号，再进行解调和数据处理后得到基带数字信号，然后再经调制、上变频到下行频率上、经功放放大后发回地面，如图 6-15 所示。

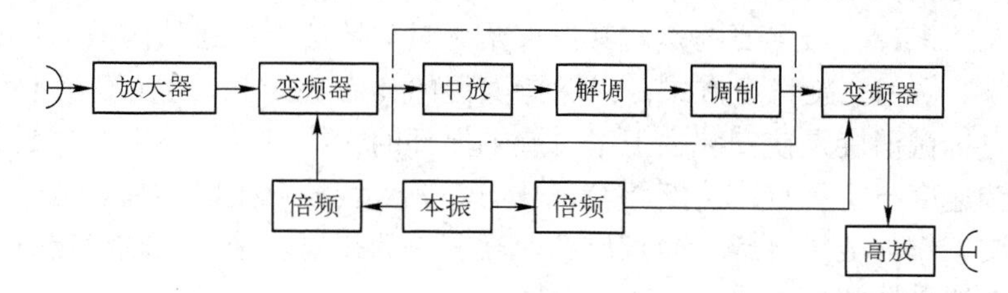

图 6-15 处理转发器原理框图

星上信号处理主要包括三类：第一类是对数字信号通过解调再生消除噪声积累；第二类是对不同的卫星天线波束之间的信号进行变换；第三类是进行其他更高级的信号变换和处理，如上行频分多址方式（FDMA）变为下行时分多址方式（TDMA），解扩、解跳抗干扰处理等。

（2）天线分系统

天线分系统是卫星有效载荷的主要组成部分之一，它承担了通信卫星上所有信号的接收和发射的任务（即空间发射和接收信号）。

通常情况下，卫星天线分为两类：遥测指令天线和通信天线。遥测指令天线通常为全向天线，以便可靠地接收地面指令并向地面发送遥测数据和信标。卫星接收到的信标信号送入姿态控制设备，以使卫星天线精确地指向地球上的覆盖区域。遥测指令天线常用的形式有鞭式、螺旋形、绕杆式和套筒偶极子天线等，属于高频或甚高频天线。通信天线是地球站与各种卫星分系统之间的接口，它的主要功能是提供下行和上行天线波束，在工作频段发送和接收信号。通信天线属于微波定向天线，按照天线波束覆盖区域的大小，又可以将其分为全球波束天线、点波束天线和区域（赋形）波束天线，如图 6-16 所示。

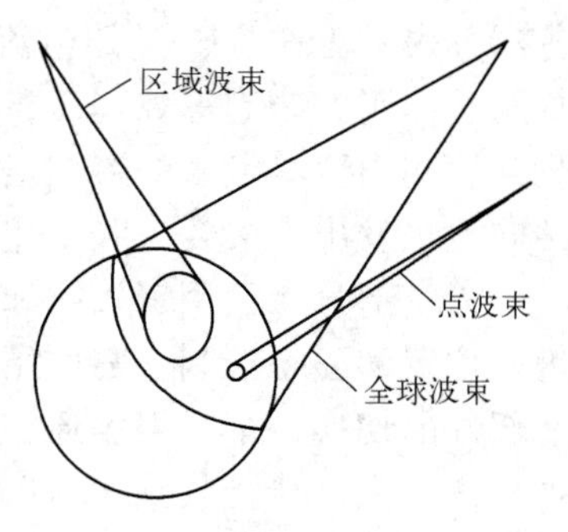

图 6-16 点波束、区域 波束和全球波束示意图

① 全球波束天线

对于静止卫星而言，全球波束天线的半功率宽度约为 17.34°，恰好覆盖卫星对地球的整个视区。这类天线增益为 15 ~ 18 dB，一般由圆锥喇叭加上 45°的反射板构成，为喇叭形天线。

② 点波束天线

点波束天线结构一般采用前馈抛物面天线，馈源为喇叭，其波束宽度只有几度或更小，集中指向某一区域。点波束天线增益较高，覆盖区面积小，波束半功率宽度往往只有几度或更小些。如 IS－V 卫星波束宽度为 4.5°，天线增益可达 27～30 dB，美国应用技术卫星 ATS－6 波束宽度只有 1°。

③ 区域（赋形）波束天线

如要求波束覆盖的区域形状与某地理图形相吻合时，就要用区域波束天线，也称赋形波束天线。区域波束天线的覆盖区域轮廓，取决于服务区的边界。为使波束成形，有的是通过修改反射器形状来实现，更多的是使用多个馈源从不同方向经天线反射器反射，由反射器产生多个波束的组合来实现。波束截面的形状除了与馈源喇叭的位置排列有关外，还取决于馈给各喇叭的功率与相位，通常用一个波束成形网络来进行控制。

对于通信天线来说，最主要的是使其波束始终对准地球上的通信区域。但是，由于卫星本身是旋转的（如采用自旋稳定方式，以保持卫星的姿态稳定），要在卫星上采用机械或电子的消旋装置。机械消旋是使安装在卫星自旋轴上部的天线，进行与卫星自旋方向相反的机械旋转，且旋转速度与卫星自旋速度相等，从而保证天线波束指向不变。电子消旋是利用电子方法使天线波束作与卫星自旋方向相反、速度相等的扫描。采用三轴稳定方式的卫星星体本身不旋转，无须采用消旋天线。

（3）跟踪、遥测与指令分系统

跟踪、遥测与指令分系统通常简称为 TT&C 系统。其目的是为了保证卫星的正常工作以及对卫星进行远程控制。为了保证通信卫星正常运行，需要了解其内部各种设备的工作情况，必要时通过遥控指令调整某些设备的工作状态。为使地球站天线能跟踪卫星，卫星要发射一个信标信号。此信号可由卫星内产生，也可由一个地球站产生，经卫星转发。常用的方法是将遥测信号调制到信标信号上，使遥测信号和信标信号结合在一起。

在工作过程中，遥测部分用来对所有的卫星分系统进行监测，获得有关卫星姿态及星内各部分表示工作状态（如电流、电压、温度、控制用气体压力等）的信号，经放大、多路复用、编码、调制等处理后，通过专用的发射机和天线发送给地面的 TT&C 站。TT&C 站接收并检测出卫星发来的遥测信号，转送给卫星监控中心进行分析和处理，然后再通过 TT&C 站向卫星发出有关姿态和工作状态等的控制指令信号。

指令部分专门用来接收和译出 TT&C 站发给卫星的指令，控制卫星的运行。为了对卫星进行位置和姿态控制，需要用喷射推进装置。这些装置的点火、行波管高压电源的开/关以及部件的切换，都是根据遥控指令信号进行的。指令信号来自地面的 TT&C 站，在转发器中被分离出来，待接收到 TT&C 站核对无误后发出“指令执行”信号，才将存储的各种指令送到控制分系统，使有关的执行机构正确地完成控制动作。

（4）控制分系统

控制分系统由一系列机械或电子的可控调整装置组成，如各种喷气推进器、驱动装置、加热和散热装置，以及各种转换开关等。在 TT&C 站的指令控制下，对卫星轨道位置、姿态、各分系统的工作状态和主、备用设备的切换等进行控制和调整。控制分系统是一个执行机构，即执行遥测指令分系统指令的机构。

在卫星入轨阶段和运行阶段对控制分系统的要求是不同的。在入轨阶段，对控制分系统的要求取决于采用的发射火箭类型，基本的要求是控制分系统能保持卫星的姿态，使地面与卫星之间能进行基本的通信；在运行阶段，由于各种摄动力的存在，卫星的轨道位置、姿态和天线指向等都会发生变化。为此，要求控制分系统能随时调整、确保卫星位于正确的轨道位置、姿态和天线指向。

控制分系统包括两种控制设备，一是姿态控制，二是位置控制。姿态控制可保证卫星对地球或其他基准物保持正确的姿态。对同步卫星来说，主要用来保证天线波束始终对准地球以及使太阳能电池帆板对准太阳。姿态控制方法很多，可用角度惯性或质量喷射等方式。早期的同步卫星大都采用自旋稳定法进行姿态控制。随着窄波束天线的应用、卫星技术的发展，在一些新的卫星上已采用三轴稳定法进行姿态控制。

位置控制是用来消除摄动的影响，以便使卫星与地球的相对位置固定。位置控制是利用装在星体上的气体喷射装置，由 TT&C 站发出指令进行工作的。

（5）电源分系统

通信卫星上的电源除要求体积小、重量轻和寿命长之外，还要求能够在长时间内保持足够的输出。通信卫星常用的电源有太阳能电池、化学能电池和原子能电池。目前，仍以太阳能电池和化学能电池为主。正常情况下使用太阳能电池，当卫星进入地球的阴影区时，则使用化学能电池。

① 太阳能电池

太阳能电池由光电器件组成，其中最常用的是硅太阳能电池。这种电池是先在 P 型单晶硅半导体基片上扩散一薄层 N 型材料，做成 1 cm × 1 cm 或 2 cm × 2 cm 的矩形或正方形小片，再串、并联构成太阳能电池微型组件。然后根据电流、电压或功率的要求，把组件构建成面积很大的太阳能电源。

太阳能电源直接输出的电压是不稳定的，电压数值也不一定符合电路要求。因此，这个电压必须先经过调压器以后再送到负载。

② 化学能电池

为了使通信卫星在日食期间不会中断工作，一般常用可以充、放电的化学电池作为 二次电池与太阳能电池并用。即当卫星未处于日食期间时，太阳能电池为化学电池充电；而当卫星处于日食期间时，则由化学电池供电。化学能电池应具有充电效率高、耐过充电和过放电性能好，几乎不向电池外释放气体，电解液呈碱性而没有腐蚀性等特点。因此，一般采用镍镉电池。

为了防止蓄电池因过放电引起温度变化从而导致电压变化，蓄电池也需采用温度控 制和稳压器等设备。

（6）温控分系统

在通信卫星内部，行波管功率放大器和电源系统等部分在工作中产生热量而升温。另外，当卫星受到太阳照射时和运行到地球阴影区时，两者的温度差别非常大而且变化极为频繁。而卫星上的通信设备，尤其是本振设备要求温度恒定，否则会影响卫星发射的载波频率的稳定性，进而影响通信质量。因此，为了控制卫星各部分温度，保证星上各种仪器设备正常工作，通信卫星必须配置温控分系统。

卫星上的温度通过温度传感器反映给卫星的遥测指令分系统，由遥测指令分系统的编码器编成遥测信号，发给地面的卫星控制中心。控制中心根据得到的卫星温度状态，在必要时发出控制卫星温度的指令信号以控制卫星的温度，使卫星恢复或保持预定的温度。

卫星的温度控制方式有两种：消极的温度控制方式和积极的温度控制方式。

消极的温度控制方式是指用涂层、绝热和吸热等方法来传导热量，主要采用传导和辐射等方式。

积极的温度控制方式是指用自动控制器来对卫星所受的热量进行热平衡的方法。例如用双金属弹簧片应力的变化来开关隔栅，利用热敏元件来开关加热器或制冷器，以使卫星内部仪器的温度范围维持在 -20 ~ +40℃之间。

目前，我国是少数几个能够自主发射通信卫星的国家，表 6-3 是目前我国部分在轨通信卫星的基本参数。

表 6-3 中国部分在轨通信卫星基本参数

卫星型号	发射时间	定点位置	设计寿命	转发器数目	覆盖范围
鑫诺 1 号	1998. 7. 18	110. 5°E	15 年	C 频段：24 个 Ku 频段：14 个	C 频段：中国及亚太地区 Ku 频段：中国及其周边国家和地区
鑫诺 3 号	2007. 6. 1	125°E	8 年	10 个 C 频段转发器	中国及周边国家和地区
鑫诺 6 号	2010. 9. 5	126. 4°E	15 年	C 频段：24 个 C Ku 频段：8 个 S 频段：1 个	中国及亚太地区
中星 6B	2007. 7. 5	115. 5°E	15 年	C 频段：38 个	中国及亚太地区
中星 9 号	2008. 6. 9	92. 2°E	15 年	C 频段：22 个	中国及亚太地区
亚太 5 号	2004. 6. 29	138°E	15 年	C 频段：38 个 Ku 频段：16 个	C 频段：中国、印度、东南亚、澳大利亚、新西兰、太平洋群岛、夏威夷 Ku 频段：中国、印度以及朝鲜半岛
亚太 6 号	2005. 4. 12	134°E	15 年	C 频段：38 个 Ku 频段：12 个	C 频段：中国、印度、东南亚、澳大利亚、太平洋群岛、夏威夷 Ku 频段：中国

6. 2. 4 卫星通信的主要应用

卫星通信凭借其覆盖范围广、不受地理条件影响等优势，与地面通信系统形成互补，广泛应用于以下领域。

1. 卫星导航与定位

卫星导航定位系统是以人造卫星作为导航台的星基无线电定位系统，该系统的基本作用是向各类用户和运动平台实时提供准确、连续的位置、速度和时间信息。目前卫星导航定位技术已基本取代了无线电导航、天文测量和传统大地测量技术，成为人类活动中普遍采用的导航定位技术。全球卫星导航定位系统具有全能性（陆地、海洋、航空和航天）、全球性、全天候、连续性和实时性提供导航、定位和定时等特点，在信息、交通、安全防卫、农业、渔业防灾救灾、环境监测等建设方面具有其他手段无法替代的重要作用，发展和应用前景十分广阔。因此，世界大国和商业集团不惜巨资发展卫星导航系统。

我国正在实施自主研发、独立运行的北斗卫星全球导航系统，与美国的 GPS、俄罗斯的

GLONASS 和欧盟的 Galileo 系统兼容共用的全球卫星导航系统，并称为全球四大卫星导航系统。已成为世界上第三个具有独立导航系统的国家。

2. 激光通信

卫星激光通信是一种利用激光光速作为信息载体进行的卫星间或卫星与地面间的通信方式。传统的卫星通信是利用微波进行的，但是，随着激光技术和激光器件水平的飞速发展，加之激光通信系统具有信息容量大、传输速度快、信息隐蔽性好、体积小、重量轻、功耗低和相对性价比高等特点，其在卫星上的应用备受重视，并得到了快速发展。经过多年探索，卫星激光通信已取得了突破性进展，逐渐成为开发太空、利用广阔的宇宙空间资源提供大容量、高数据率、低功耗通信的最佳方案，对于国防和商业应用都具有极大的价值。

3. 应急通信

应急通信是指在出现自然或人为的突发性紧急情况，如台风、海啸、暴雨、洪水、地震、火灾、流行性疾病暴发、恐怖活动、暴乱等，在原有通信系统正常通信设施可能出现瘫痪或破坏的情况下，为应对紧急情况、保障紧急救援和必要的通信而临时提供的一种暂时的、快速响应的特殊通信方式。

近年来，世界范围内自然灾害和突发事件频发，使得应急通信得到更为广泛的关注。通常，自然灾害或人为大规模恐怖袭击事件发生后，基于固定基础设施的通信系统和网络以及供电系统可能会遭受严重的破坏，甚至是完全无法使用。在这种情况下，要建立通信保障，必须考虑其应急需求的特殊性，即时间的突发性、地点的不确定性和容量的不可预期性，例如，“9 · 11” 事件发生在纽约、“卡特里娜” 飓风袭击的是美国路易安娜、密西西比和亚拉巴马等州、“5 · 12” 大地震则发生在我国汶川。

卫星通信具有对外部环境依赖性小、覆盖面广、可移动性好、部署快、操作简易等优点，在应急通信保障中具有明显的优势，是应急通信的重要通信手段，在应急通信中具有至关重要的作用。

4. 因特网络

2006 年年末中国台湾地震破坏海底通信电缆，造成了大规模的通信故障，影响重大。以多媒体业务和因特网业务为主的宽带卫星系统已成为当前通信发展的新热点之一。目前，商业网络已逐渐向应用 TCP/ IP 的分组交换型网络发展，宽带 IP 卫星技术成为这种网络发展趋势的必然结果。它是将卫星业务搭载在 IP 网络层上营运的技术。这种技术有利于采纳吸收蓬勃发展的 IP 技术，降低技术成本，使卫星通信在大众消费市场上可以和地面系统竞争。

5. 卫星数字电视

卫星数字电视是居民通过卫星天线、高频头以及接收机收看直播卫星传输的节目。中国的第一颗直播卫星是“中星 9 号”。该卫星系统于 2010 年 1 月 4 日起开始升级，在我国近 4 亿电视用户当中，通过卫星电视接收器来收看电视节目数量占据近 20% 的份额。目前，卫星数字电视和有线数字电视、地面数字电视构成了数字电视的三种传输模式。

6. 卫星气象观测

卫星气象观测是指从人造地球卫星上用遥感器探测地球大气的气象要素和天气现象的技

术。卫星气象观测是航天技术与遥感技术相结合应用于气象探测的结果，具有地面气象观测无法比拟的优点：

① 观测范围广　一颗极轨道气象卫星每 12 h 左右就能对全球大气观测一遍，一条轨道在地面的扫描条带宽达 2 800 km 左右。一颗静止气象卫星能获得地球上近一亿平方公里的气象资料，能观测到台风系统的全貌和全过程。

② 观测次数多、时效快　静止气象卫星一般每 20 min 左右即可获得一次观测资料，还可用更短的时间间隔（5 ~ 15 min）取得较小范围的观测资料，对于监视灾害性天气系统特别有利。极轨道气象卫星在经过地面台站上空 10 多分钟内可获得 1000 多万平方公里的资料。

③ 不受自然条件和国界的限制　卫星气象观测能覆盖海洋、沙漠、高原等人烟稀少地区，填补这些地区气象观测资料的空白。

气象卫星已成为世界天气监视网的主要组成部分，卫星气象观测正向一星多用的方向发展，除气象外，兼有海洋和环境监测的功能。某些专用气象卫星，如地球辐射收支卫星和强风暴观测卫星等正在研制之中。在卫星上对观测数据进行预处理、增加微波遥感的比重、使用大天线、多信道微波辐射计、微波雷达与激光雷达等，也是卫星气象观测的主要发展趋势。

7. 卫星侦察

电子侦察卫星是用侦收敌方电子设备的电磁辐射信号以获取情报的人造地球卫星。电子侦察卫星侦察范围广、速度快、效率高，且不受国界和天气条件的限制，可对敌方进行长时间、大范围连续侦察监视，获取时效性很强的军事情报，是现代军事侦察不可缺少的重要手段。电子侦察卫星具体应用有：精确测定对方雷达的位置，尤其是防空雷达和反导雷达的位置及其性质；侦察对方军用电台的位置及其无线电信号特征并截获有价值的军事情报和实战情报；侦察和接收对方导弹试验的遥测信号。

电子侦察卫星将向多功能、长寿命、实时性强、适应范围广等方向发展，如电子侦察与照相侦察相结合，被动式侦察与主动式侦察相结合等，进一步增强星上电子侦察设备的信号处理能力与处理速度，提高电子侦察卫星的抗干扰能力、变轨能力以及抗摧毁能力等。

习题

6-1　什么是数字微波中继通信？数字微波中继通信的特点是什么？

6-2　简述微波通信系统的组成及其功能。

6-3　什么是星蚀和日凌中断？

6-4　简述卫星通信系统的组成及其功能。

6-5　微波通信和卫星通信常用哪些波段？

6-6　简述卫星通信的优缺点。

6-7　试述卫星通信系统的组成原理，并分别简要说明各部分的功能。

6-8　通信卫星由哪几部分组成？各部分的功能如何？

6-9　简述卫星通信的主要应用领域。

第7章 移动通信

随着科学技术和社会的发展，简单的点对点固定通信方式已不能满足人们的要求，人们期望能够实现任何人（Whoever）在任何时间（Whenever）在任何地方（Wherever）都能与任何人（Whomever）进行任何方式（Whatever）的通信，即“5W 目标”。移动通信是实现这一目标的重要手段，它已和卫星通信、光纤通信一起被列为现代通信领域中的三大新兴通信手段，具有广阔的发展前景。

移动通信涉及的范围很广，凡是移动体与固定体（固定无线电台或固定电话用户）之间的通信，或移动体（车辆、船舶、飞机或行人）与移动体之间的通信，都属于移动通信的范畴。当代移动通信系统集无线通信技术、有线通信技术和计算机网络通信技术于一体，从最初的单频单工模拟信号的无线通信，发展到全双工、大容量、小区蜂窝制、全覆盖的网络数字移动通信系统。它几乎集中了有线和无线通信领域中的所有最新技术成就，不仅可以传送语音信息，还能够传送数据和图像，使用户能够随时随地快速而可靠地进行多种信息的交换，成为一种全时空通信。近30年来，移动通信及其应用发展迅猛，相继发展了第一代（1G）、第二代（2G）、第三代（3G）移动通信系统，第四代移动通信系统（4G）也已经走进了人们的生活。

本章将对移动通信系统的组成、特点、功能、技术基础以及工作原理等进行简要介绍，重点对基于小区蜂窝网概念的全球移动通信系统（GSM）和基于码分多址技术（CDMA）的数字移动通信系统进行介绍。

7.1 移动通信概述

7.1.1 移动通信发展简史

现代移动通信技术的发展始于20世纪20年代，截至目前，大致经历了以下七个发展阶段。

第一阶段从20世纪20年代至40年代，为专用移动通信的起步阶段。这一阶段的特点是专用系统开发，工作频率较低。这一时期主要完成通信实验和电波传播试验工作，在短波频段上实现了小容量专用移动通信系统，但语音质量差，自动化程度低，其代表为美国底特律市警用车载无线系统，工作频率为2 MHz，到20世纪40年代提高到30～40 MHz。

第二阶段从20世纪40年代至60年代初期，西方国家相继推出了公用移动通信业务。这一阶段的特点是从专用移动网向公用移动网过渡，采用人工接续方式，网络容量较小，成本较高。

第三阶段从20世纪60年代中期至70年代中期，为大区制蜂窝移动通信起步阶段。这一阶段美国推出了改进型移动电话业务系统，使用150 MHz 和450 MHz 频段，采用了大区制、中小容量，实现了无线频道自动选择并能够自动接续到公用电话网。这一时期移动通信发展主要是开发新频段、论证新方案和有效利用频率等，蜂窝网理论正是在这样的背景下由美国贝尔实验室提出来的。蜂窝组网的目的是解决常规移动通信系统频谱紧缺、容量小、服务质量差以及频谱利用率低等问题。

第四阶段从20世纪70年代中期至80年代中期，主要是以模拟通信为代表的第一代蜂窝移动通信蓬勃发展阶段，即小区制蜂窝网阶段。这一阶段的主要特点是蜂窝移动通信系统成为实用系统，该情况的实现主要依赖于以下几个方面：首先，微电子技术的进步使得移动通信设备小型化、微型化成为可能；其次，采用频率复用技术和小区制建立蜂窝网，解决了公用移动通信系统要求容量大与频率资源有限的矛盾，形成了移动通信新体制；此外，微处理技术和计算机技术的迅猛发展，为大型通信网的管理与控制提供了技术手段。

第五阶段从20世纪80年代中期至90年代末，主要是以数字移动通信为代表的第二代蜂窝移动通信网发展和成熟阶段。以美国的先进移动电话系统（AMPS）和英国的全地址通信系统（TACS）为代表的模拟蜂窝网络系统被称为第一代（1G）蜂窝移动通信网络系统。虽然该系统取得了很大成功，但仍存在以下一些问题：①模拟蜂窝系统体制混杂，不能实现国际漫游；②模拟系统频谱利用率低，网络用户容量受限，在用户密度很大的城市，系统扩容困难，难以满足日益增长的移动用户需求；③不能提供数据业务，业务种类受限；④移动设备复杂，价格高。

为克服第一代蜂窝系统的局限性，北美、欧洲和日本自20世纪80年代中期开始相继为蜂窝系统制定了三种不同的数字蜂窝移动通信的标准，即北美的IS－54、欧洲的GSM（Global System for Mobile Communication）和日本的PDC。这些系统于20世纪90年代相继在世界各地问世并投入商用，这也标志着移动通信跨入了第二代（2G）。

第六阶段从20世纪90年代末开始，为第三代（3G）移动通信技术发展和应用阶段。3G移动通信网络系统是在2G的基础上平稳过渡、演进形成的。这一阶段的特点有：①全球统一系统标准和频谱规划，以实现全球普及和全球无缝漫游的目的；②3G网络系统具有高数据速率，具有支持从语音到分组数据的多媒体业务，特别是Internet业务的能力；③3G的3种主流技术标准（WCDMA、CDMA2000、TD－SCDMA）均采用了CDMA技术，CDMA系统具有高频谱效率、高服务质量、高保密性和低成本的优点。

第七阶段从21世纪初开始。为提高3G在新兴宽带无线接入市场的竞争力，3GPP在2004年底发展了长期演进计划（LTE），其基本思想是采用以B3G或4G为新的传输技术来发展LTE。对B3G/4G技术的研究从20世纪3G技术完成标准化之时就开始了。2006年，ITU－R正式将B3G/4G技术命名为IMT－Advanced技术，该技术需要实现更高的数据速率和更大的系统容量，其目标峰值速率为：高速移动、广域覆盖场景下达到100 Mbit/s以上；低速移动、热点覆盖场景下达到1 Gbit/s以上。

7.1.2 移动通信的概念及特点

移动通信是指通信的双方或至少有一方在运动状态中进行的通信。它能解决人们在活动中与固定终端或其他移动载体上的对象进行通信联系的要求，不受时空的限制，信息交流灵活、迅速、可靠。

移动通信要解决的是因为人的移动而产生的“动中通”问题，必须具备以下两个基本特征：①定位与跟踪。无论用户是处于通信还是处于待机状态，系统都必须实时跟踪移动终端的位置信息，保证不会因用户位置的改变而中断。另外，系统还必须为随时入网的新用户提供通信服务，因此移动通信系统必须具备对移动终端进行定位和跟踪的能力。②保持最佳接入点。移动通信中的移动终端处于多个无线基站的覆盖范围内，因此无论从系统方面还是从用户方面考虑都必须找到一个最佳接入点（基站）。最佳接入具有信道衰落最小、损耗特性最佳、噪声干扰最小等优点。实际上，实现最佳接入系统必须对终端和归属基站之间的信道特征、信号质量做出连续的评估和测量，并且还要对相邻接入点的情况进行评价，根据评价结果对接入点做出调整。

移动通信由于移动台处于不断的运动状态，故相对于固定点间的通信具有如下一些特点：

1. 利用无线电波进行信息传输

移动台依靠无线电波传播进行通信，移动通信的质量十分依赖于电波传播条件。电波传播损耗除了与收发天线的距离有关外，还与传播途径中的地形地物有关。地形地物有时会阻碍直射波的传播，使得接收点的信号是各种反射波、折射波和衍射波的组合，造成所接收信号的电场强度起伏不定，最大可相差 20 ~ 30 dB，这种现象称为衰落。另外，移动台不断运动，当达到一定速度时，固定点接收到的载波频率将随运动速度的不同产生不同的频率，即产生多普勒效应，使接收点的信号场强、振幅、相位随时间、地点而不断地变化，严重影响通信质量。这些就要求在移动通信系统设计时，必须采取抗衰落措施，保证通信质量。

2. 工作在强干扰和噪声环境中

移动通信网是多频道和多电台同时工作的通信系统。当移动台工作时，除了会受到一些外部干扰（如天电干扰、工业干扰和各种噪声干扰）外，自身还会产生各种干扰。主要的干扰有邻道干扰、同频干扰以及互调干扰等。在多频道工作的网络中，由于收发信机的频率稳定度、准确度以及采用的调制方式等因素，使得相邻的或邻近的频道的能量部分地落入本频道从而产生了邻道干扰。在组网过程中，为提高频率利用率，在相隔一定距离后，要重复使用相同的频率，这种同频道再用技术将会带来同频干扰。另外，移动通信系统中，还存在互调干扰问题，当两个或多个不同频率的信号同时进入非线性器件时，器件的非线性作用将产生许多谐波和组合频率分量，其中与所需频率相同或相近的组合频率分量会顺利地通过接收机从而形成干扰。

鉴于以上各种噪声和干扰，在移动通信系统设计时，应根据不同形式的噪声和干扰，采取抵抗措施。

3. 频谱资源有限

由于适于移动通信的频段仅限于 UHF 和 VHF，所以可用的通道容量是非常有限的。如果从电波传播特性、外部噪声以及干扰等方面考虑，比较适合于陆地移动通信的无线电频率范围是 150 MHz、450 MHz、900 MHz 三个频段。但随着移动用户不断增加，用户数与可利用频道数之间的矛盾日益突出，移动通信系统已经向 1 ~ 3 GHz 频段扩展。除了开发新频段外，为满足用户需求量的增加，还需要采用频带利用率高的调制技术。例如采用窄带调制技术，以缩小频道间隔，在空间域上采用频率复用技术，在时间域上采用多信道共用技术等。频率拥挤是影响移动通信发展的主要因素之一。

4. 移动通信系统复杂

由于移动台在通信区域内随时自由运动，移动交换中心必须随时知道并跟踪移动台的位置，需采用“位置登记”技术。小区制组网中，移动台从一个蜂窝小区移动到另一个蜂窝小区时，需进行越区切换。移动台从一个蜂窝网业务区移动到另一个蜂窝网业务区时，被访的蜂窝网也需要能为外来用户提供服务，这种过程称为漫游。另外，移动通信网还需要和固定通信网联通，在入网和计费方式上也有特殊要求。因此，移动通信系统是比较复杂的，它是综合了各种通信技术，从无线系统（收发信机、天线以及电波传播等）到交换技术、计算机技术、组网技术等在内的一种复杂通信技术。

5. 对移动台的要求高

为了移动和使用方便，要求移动台应小型、轻便、低功耗等。同时移动台长期处于不固定位置状态，外界的影响很难预料，这就要求移动台能在恶劣环境中稳定可靠地工作并具有很强的适应能力。此外，还要尽量使用户操作方便，能适应新业务、新技术的发展，以满足不同人群的使用。这些都给移动台的设计和制造带来了比较大的困难。

6. 安全与保密问题

移动通信处于开放的传输环境中，信息的安全和保密问题也是需要关注的一个重要内容。

7.1.3 移动通信系统组成

典型的蜂窝移动通信系统由移动电话交换中心（MSC）、基站（BS）以及每个基站覆盖范围内的若干个移动台（MS）共同组成。移动电话交换中心通过中继线与固定电话网连通，实现移动台用户与公用固定电话用户之间的通信，如图 7-1 所示。

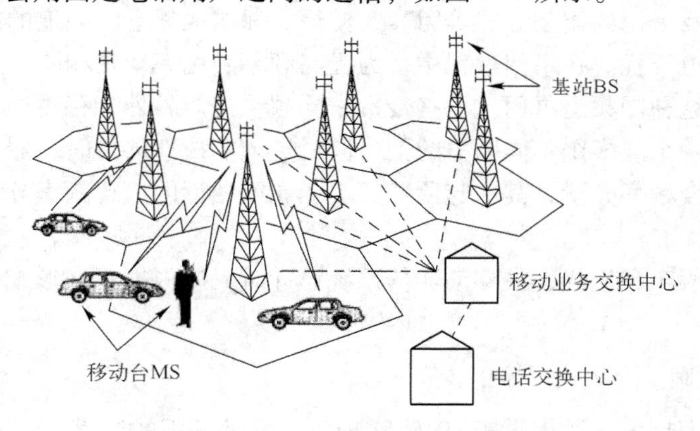

图 7-1 典型移动通信系统的组成

1. 移动台（MS）

移动台是移动通信系统的用户设备，有车载式、手持式和便携式三种形式。移动台包括控制单元、收发信机和天线。移动台通过无线接口接入蜂窝网，也可以直接或间接与其他终端设备连接。移动台的另一个重要组成部分是用户识别模块（SIM），在 SIM 中存储有与用户鉴权和加密有关的固定信息和临时数据。移动台只有与 SIM 相连接后才能使用。

2. 基站（BS）

基站由基站控制器和基站收发信台组成。基站控制器用来与移动电话交换中心（MSC）进行数据通信，与移动台（MS）在无线信道上进行数据传输。每个基站控制器可控制一个或多个基站收发信台。基站收发信台服务于小区的无线收发信设备，完成基站控制器与无线信道间的转换，实现基站收发信台与移动台之间通过空中接口的无线传输及相关的控制功能。

基站一方面通过无线接口与移动台实现通信连接，为此要完成无线发送、接收和无线资源管理；另一方面，基站还需要与移动交换中心相连，实现固定网与移动网间的通信连接。基站与移动交换中心之间采用 PCM 链路传输数据信号，有时也可以采用光缆或数字微波中继方式传输。

3. 移动电话交换中心（MSC）

移动电话交换中心是所有基站、所有移动用户的交换和控制中心，它还负责与本地电话网的连接、交换接续以及对移动台的计费。同时，移动电话交换中心还要具有移动性管理和无线资源管理，支持移动台越区切换、移动电话交换中心控制区之间的漫游等功能。

7.1.4 移动通信的工作频段

频谱对现代通信来说是极其宝贵的资源。为有效使用有限的频率，就要求对频率的分配和使用必须服从国际和国内的统一管理，否则将造成互相干扰或频谱资源的浪费。

确定移动通信工作频段主要需考虑以下几方面的因素：①电波的传播特性；②环境噪声及干扰；③服务区域范围、地形和障碍物尺寸；④设备小型化；⑤与已开发频段的协调和兼容性。

原邮电部根据国家无线电委员会规定现阶段取 160 MHz 频段、450 MHz 频段、900 MHz、1800 MHz 频段作为移动通信工作频段，即：

160 MHz 频段：138 ~ 149.9 MHz（移动台发和基站收）
150.05 ~ 167 MHz（基站发和移动台收）

450 MHz 频段：403 ~ 420 MHz（移动台发和基站收）
450 ~ 470 MHz（基站发和移动台收）

900 MHz 频段（GSM 系统）：890 ~ 915 MHz（移动台发和基站收）
935 ~ 960 MHz（基站发和移动台收）

1800 MHz 频段（GSM 系统）：1710 ~ 1755 MHz（移动台发和基站收）
1805 ~ 1850 MHz（基站发和移动台收）

另外，800 MHz 频段中的 806 ~ 821 MHz 频段和 851 ~ 866 MHz 频段分配给集群移动通信；825 ~ 845 MHz 频段和 870 ~ 890 MHz 频段分配给部队使用。

随着第三代移动通信（3G）的迅速发展，国际电信联盟对 3G 频率规划大致为：1992 年，世界行政无线电大会（WARC）给公共陆地移动通信划分的频率范围是 1885 ~ 2025 MHz 和 2110 ~ 2200 MHz，共 230 MHz。其中，陆地频段为 170 MHz；移动卫星业务划分了 60 MHz 频谱，即 1980 ~ 2010 MHz（地对空）和 2170 ~ 2200 MHz（空对地）。2000 年，国际电信联盟代表在世界无线电会议（WRC）上，又规定了 3 个新的全球频段，标志着建立全球无线系统新时代的到来，这 3 个频段分别是 806 ~ 960 MHz，1710 ~ 1885 MHz，2500 ~ 2690 MHz。

根据国际电信联盟有关 3G 频率的划分，结合我国无线电频率划分规定和无线电频谱实际使用情况，国家信息产业部于 2002 年 10 月正式通过了中国 3G 频谱规划方案，规定如下：

（1）核心工作频段

频分双工（FDD）方式：1920 ~ 1980 MHz/2110 ~ 2170 MHz，共 120 MHz。

时分双工（TDD）方式：1880 ~ 1920 MHz/2010 ~ 2025 MHz，共 55 MHz。

（2）扩展工作频段

频分双工（FDD）方式：1755 ~ 1785 MHz/1850 ~ 1880 MHz，共 60 MHz。

时分双工（TDD）方式：2300 ~ 2400 MHz，共 100 MHz。

（3）卫星移动通信系统工作频段：1980 ~ 2010 MHz/2170 ~ 2200 MHz。

我国在 3G 频谱划分上，为发展民族工业，大力给 TD – SCDMA 进行政策倾斜，为 TD – SCDMA 分配了 155 MHz 频谱，其中有 55 MHz 核心频段频谱和 100 MHz 扩展频段频谱。而给 CDMA2000 和 WCDMA 新分配了 180 MHz 频谱，其中有 120 MHz 的核心频段频谱和 60 MHz 的扩展频段频谱。而对于频分双工方式来说，由于收发方式对称，所以频谱只有一半，也就是说对 CDMA2000 和 WCDMA 来说，对称频谱共有 90 MHz。此外，TD – SCDMA 的占用带宽最小，单载波时只有 1.6 MHz，而 CDMA2000 单载波占用带宽为 $N \times 1.25$ MHz（对 3G，$N=3$），WCDMA 为 5 MHz。可见，TD – SCDMA 在频谱资源方面具有绝对优势。

2007 年底，国际电信联盟给第四代移动通信系统（4G）分配了无线频段。从全球来看，700（800）MHz/1.8 GHz/2.6 GHz 三大频段为海外运营商选择的 4G 频段的主流，而我国 700 MHz 频段为广电占有。2013 年 12 月 4 日，我国工业和信息化部发布公告，向中国移动、中国电信、中国联通颁发"LTE/第四代数字蜂窝移动通信业务（TD – LTE）"经营许可。三家运营商均获得 4G（TD – LTE）牌照，共分配 210 MHz 频谱作为 TD – LTE 频段，其中中国移动获得 1880 ~ 1900 MHz，2320 ~ 2370 MHz，2575 ~ 2635 MHz 共 130 MHz 频谱；中国电信获得 2370 ~ 2390 MHz，2635 ~ 2655 MHz 共 40 MHz 频谱；中国联通获得 2300 ~ 2320 MHz，2555 ~ 2575 MHz 共 40 MHz 频谱。2015 年 2 月 27 日，工业和信息化部向中国电信和中国联通发放了"LTE/第四代数字蜂窝移动通信业务（FDD – LTE）"经营许可。目前，我国 4G 制式包括 TD – LTE 和 FDD – LTE 两种，FDD – LTE 为欧美大多数国家的主流标准，TD – LTE 是我国主导的标准。

7.1.5 常用移动通信系统

目前经常使用的移动通信系统主要有以下几种：

（1）公众移动电话系统

该系统是与公用市话网相连的公众移动电话网。大中城市一般采用蜂窝小区制，小城市或业务量不大的地区常采用大区制。用户有车台与手持台两种。

（2）汽车调度通信系统

出租车公司或大型车队建有汽车调度台，调度员与司机之间可随时进行通信。

（3）集群无线电话系统

集群是指无线电信道不是仅给某一用户群专用，而是若干个用户群共同使用。实际上就是把若干个原来各自使用单独频率的单工工作调度系统集合到一个基台工作。这样，原来一个系统单独用的频率现在可以为多个系统共用，因此称为集群系统。

（4）无绳电话

它将普通固定话机的机座与手持收发话器之间的连接线取消，改为用电磁波在两者之间进行无线连接，故称为无绳电话，它是一种接入市话网的无线话机，一般可在 50 ~ 200 m 的范围内接收和拨打电话。

（5）无线电寻呼系统

它是一种单向通信系统，有专用系统和公用系统之分。专用系统由用户交换机、寻呼控制中心、寻呼发射台及寻呼接收机组成。公用系统由与公用电话网相连接的无线寻呼控制中心、寻呼发射台及寻呼接收机组成。

（6）卫星移动通信业务

这是将卫星作为中心转发台，各移动台通过卫星转发进行通信。这种方式在海上、空中以及地形复杂而人口稀少的地区实现移动通信具有独特的优越性。

（7）无线 LAN/WAN

无线 LAN/WAN 是无线通信的一个重要领域。随着 IEEE 802. 11、802. 11a/802. 11b 以及 802. 11g 等标准的相继出台，无线局域网已不再局限于有限网络的补充和扩展的角色，它的应用越来越广泛，已经成为计算机网络的一个重要组成部分，是目前国内外无线通信和计算机网络领域的一大热点。

7.2 移动通信技术基础

7.2.1 电波传播与移动信道的特征

移动通信技术是一种通过空间电磁波（无线电波）来传输信息的技术，因此研究无线电波传播特性对学习移动通信技术、设计移动通信系统都具有重要意义。电波传播特性将直接关系到通信设备的能力、天线高度的确定、通信距离的计算以及获得优质可靠通信需采用的技术措施等问题。不仅如此，对移动通信系统的无线信道环境来说，其信道环境比固定无线信道的信道环境要复杂得多，因此不能简单用固定无线通信的电波传播模式来分析，必须根据移动通信的特点按照不同的传播环境和地理特征进行分析。

1. 电波传播方式

移动通信中电波传播的方式有：直射波、反射波、散射波、绕射波等多种。直射波是指电波传播过程中没有遇到任何的障碍，直接到达接收端的电波，一般出现于理想的电波传播环境中；反射波是指电波在传播过程中遇到比自身波长大得多的物体时，会在物体表面发生反射而形式的电波；绕射波是指电波在传播过程中被一些物体尖锐的边缘阻挡时，会由阻挡表面产生二次波，那些到达阻挡体背面的二次波，由于地球表面的曲率和地表物体的密集性，使得绕射波在电波传播过程中起到了重要作用；散射波是指当电波在传播过程中遇到的障碍物表面粗糙或者体积小但数目多时，会在其表面发生散射后形成的电波。

2. 电波传播现象

由于移动通信中移动台大都处于运动状态，电波传播环境复杂多变，电波在传播过程中会受到多种干扰和影响，因而会出现严重的电波衰落现象，这是移动通信电波传播的一个基本特点。

移动通信中电波传播常会出现各种损耗。例如，电波在穿透障碍物后会产生能量损耗，称为穿透损耗；在电波传播过程中，地形的起伏、建筑物或高大树木的遮挡会产生电磁场的阴影，移动台在运动中通过不同障碍物的阴影时会构成接收天线场强中值的变化从而引起衰落，这种衰落称为阴影效应。

移动通信中电波传播最具特色的现象是多径衰落。由于电波在传播过程中会受到地形、地物的影响而产生反射、绕射、散射等，从而使电波沿着各种不同的路径传播，这就是所谓的多径传播。由于多径传播使得部分电波不能到达接收端，而接收端接收到的信号是在幅度、相位、频率和到达时间上都不尽相同的多条路径上信号的合成信号，因而会产生信号的频率选择性衰落和时延扩展等现象，这些就被称为多径衰落或多径效应。频率选择性衰落是指信号中各分量的衰落状况与频率有关，即传输信道对信号中不同频率成分有不同的相应。时延扩展是指由于电波传播存在多条不同的路径，且传输路径随移动台的运动而不断变化，因而可能导致发射端一个较窄的脉冲信号在到达接收端时变成了由许多不同时延脉冲构成的一组信号。

移动通信中移动台接收信号的强度随移动台的运动产生随机变化的现象称为衰落，常分为慢衰落和快衰落两种。慢衰落指接收信号强度随机变化比较缓慢的衰落，通常由电波传播中的阴影效应以及能量扩散所引起，具有对数分布的统计特性；快衰落指接收信号强度随机变化较快的衰落，通常是由电波传播中的多径效应所引起，具有莱斯分布或瑞利分布的统计特性。

路径损耗是上述现象的一个综合结果，指的是信号从发射天线经无线路径传播到接收天线时的功率损耗。路径损耗的主要原因是电波会随着距离而扩散，从而使接收机的接收功率随着传输距离的增加而减小；另外，地表以及地表上的各种障碍物的影响也是路径损耗的一个重要原因。

7.2.2 调制解调技术

调制就是对信号源的编码信息进行处理，将其变换成适合于在信道上进行传输的形式。信号源的编码信息（信源）都含有直流分量和频率较低的低频分量，称为基带信号。一般需要将基带信号变为一个相对基带频率而言频率非常高的带通信号以适宜于信道传输，这个带通信号叫做已调信号，基带信号叫做调制信号。调制就是通过改变高频载波的幅度、相位或频率，使其随基带信号幅度的变化而变化来实现的。解调则是将基带信号从高频载波中恢复出来以便接收者（信宿）处理的过程。

移动通信信道的基本特征是：①带宽有限，它取决于可使用的频率资源和信道的传播特性；②干扰和噪声影响大，这主要是由移动通信工作的电磁环境所决定的；③存在多径衰落，在移动环境下，接收信号起伏变化大。

针对移动通信信道的特点，在选择调制方式时，必须考虑采取频谱利用率高，抗干扰、抗衰落能力强的调制方式。高的频谱利用率要求已调信号所占的带宽要窄。这就意味着已调信号频谱的主瓣要窄，同时副瓣的幅度要低，即辐射到邻近信道的功率要小，从而减小了对邻近信道的干扰。

为了在频谱有限的前提下传送优质的信息，在移动通信中应用窄带数字调制技术具有良好的前景。应用于移动通信的数字调制技术，按信号相位是否连续可分为相位连续的调制和相位不连续的调制；按信号包络是否恒定可分为恒定包络调制和非恒定包络调制。例如，最小移频键控（MSK）和高斯滤波最小移频键控（GMSK）就属于相位连续的恒定包络调制；而正交移相键控（QPSK）和相移为π/4的正交移相键控（π/4 - QPSK）则属于相位不连续的恒定包络调制。

根据移动通信的特点，数字移动通信系统中对数字调制技术一般有以下要求：

① 有好的射频功率谱特性，对邻道干扰小。好的射频功率谱是指信号带宽小，带外辐射小。移动通信系统是多信道同时工作的，对每条信道要求信号功率与总的干扰功率之比应大于一定的门限值。为了减小邻道干扰，可以增大相邻频道的载频频率间隔，但这样又将会减少一定频率范围内的有用信道数目，减小了通信系统容量。要想既不增大载频频率间隔，又可以减小邻道干扰，就需要射频信号带宽窄，且在信号带宽以外功率谱的衰减速率快，使邻道干扰减小，满足这一要求意味着要有高的频谱利用率。

② 有高的频率利用率。提高频率利用率的最基本方法是采用窄带调制，减少信号所占带宽。要求频谱的主瓣要窄，使主要能量集中在频带内，而带外的剩余分量应尽可能低。

③ 误码性能要好。移动通信系统中存在严重的衰落和干扰，在这样的环境中要求误码率必须低于10^{-2}。误码性能的好坏，实际上反映了信号的功率利用率的高低，必须根据抗衰落和抗干扰能力来优选调制方案。

④ 能接受差分检测，易于解调。由于移动通信系统接收信号的衰落和时变特性，相干解调性能明显变差，而差分检测不需要载波恢复，能实现快速同步，获得较好的误码性能。

⑤ 功率效率高。

当然，移动通信系统中的调制技术要同时满足以上最佳的特性是不可能的，因为每种特性都有其局限性，且相互间也存在矛盾。例如，采用恒包络调制，因其可工作于线性放大区，它具有较高的功率效率，但会引起比较大的带外辐射；为获得高的频谱利用率，可选用多电平调制，已调波的包络变化大，由于要求线性放大，因此会使功率效率降低。因此，调制技术的选择应该是综合考虑上述多方面的要求。

目前，在GSM数字蜂窝移动通信系统中采用的是高斯滤波最小移频键控（GMSK）调制技术，GMSK调制是基于MSK调制。美国的IS - 54和日本的PDC蜂窝网络采用的是π/4 - QPSK调制技术，而美国的IS - 95蜂窝网络采用QPSK和OQPSK调制技术。第三代移动通信系统中大都采用PSK和多相PSK调制技术。

7.2.3 地域覆盖和信道分配

1. 地域覆盖

移动通信的目标是在任何时候、任何地方和任何人实现通信。实现的方法是由移动台通过基站与另一个移动台进行通信，也可以由基站通过市话交换机与固定用户通信。基站具有指定的多条无线电信道和相应的收发设备，这种方式称为“大区制移动通信”。所谓“大区制”是指一个比较大的区域仅有一个无线区覆盖，不论是单工或双工工作方式，单信道还是多信道，都称这种组网方式为“大区制”，以区别于“小区制”。由于大区制只有一个基站，无限区覆盖半径约 30 ~ 40 km，此时要求基站的发射功率很大。它的特点是容量有限，仅适用于业务量不大的情形，难以进行频率复用。而“小区制”或“蜂窝制”是指将所要覆盖的地域划分为若干个小区，小区的半径为 2 ~ 10 km 左右，视地域内用户的密度而定。每个小区设一个基站，如图 7-1 所示。每个基站可以使用若干条信道，信道数目决定了本小区内可以同时使用的用户数量。相邻的小区使用不同频率的信道，以免相互干扰，但相隔较远的小区可以重复使用相同的频率，这就称为“频率复用”。因此，用有限个频率可以为多个小区服务，从而组成大容量、大范围的移动通信系统。

大容量和大范围通信系统的组成还依靠由基站、移动电话交换中心和公用电话网构成的庞大网络。蜂窝制中基站的作用是仅仅提供无线信道，并不像大区制的基站还要提供交换、控制等功能。蜂窝制中各个基站通过地面线路或微波接力线路与移动电话交换中心相连，交换和控制的功能都集中在移动电话交换中心。移动用户通过移动电话交换中心之间的中继线连接至另一个移动电话交换中心，可与另一个移动用户通话；或者通过中继线连接至公用电话交换中心，可与固定用户通话。由此可见，蜂窝移动通信系统是由庞大的地面网络支撑的短距离无线通信系统。

下面简单介绍下蜂窝网的构成。如果每个小区的地形地物相同，且基站都采用全向天线，则它的覆盖范围实际上是一个圆。为了不留空隙地覆盖整个服务区域，一个个圆形小区之间会有重叠。有效覆盖整个平面区域的实际上是圆的内接规则多边形，这样的规则多边形有正三角形、正方形或正六边形 3 种，如图 7-2 所示。显然，在这 3 种结构中，对于覆盖同样大小的服务区域而言，采用正六边形小区所需小区数最少，所需频率组数也最少，因而采用正六边形组网是最经济的方式。而正六边形的网络结构形同蜂窝，故小区制也称为蜂窝制。由于公用移动电话网均采用这种体制，故公用移动电话也称为蜂窝移动电话。

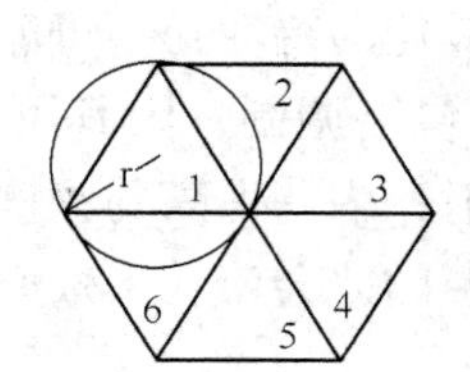

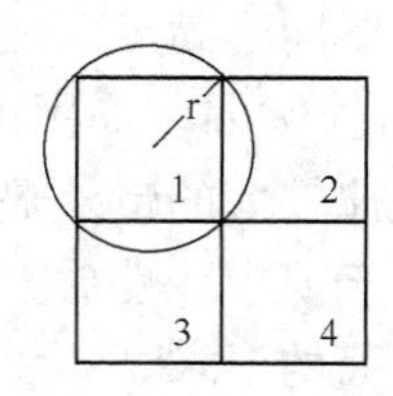

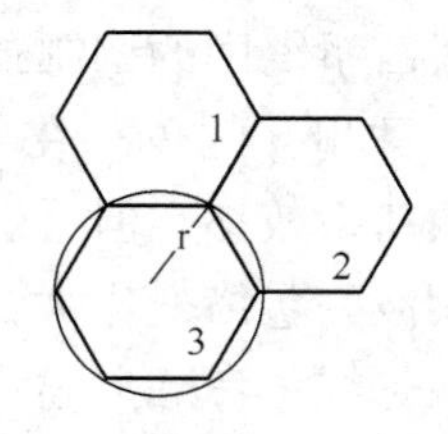

图 7-2　小区的形状

现代蜂窝移动电话网，通常是先由若干个邻接的无线小区组成一个无线区群，然后再由若干个无线区群组成一个服务区。由于频率资源有限，不可能使所有区群都使用不同的频率，而尽可能将相同的频率在一定的距离内重复使用，即频率复用。为实现频率复用，又不产生同信道间的干扰，就要求每个区群中的无线小区不得使用相同频率。只有在不同区群中的无线小区，且同频无线小区间的距离足够大时，同频干扰将不影响正常的通信质量，这时才能进行频率复用。当蜂窝移动通信系统覆盖区域内的部分地区业务量增加时，还可将该部分的蜂窝小区进一步分裂成多个较小的区域，这叫做蜂窝小区的分裂。采用蜂窝小区分裂的方法，有限的频率资源通过缩小同频复用距离使单位面积的频道数增多，系统容量增大。具体的实施方法有：①在原来基站的基础上采用方向性天线将小区扇形化。②将小区半径缩小并增加新的基站，采用这种方法应将原来基站天线高度适当降低，减小发射功率，努力避免小区间的同频干扰。

显然，采用蜂窝制提高了频率利用率，减少了相互干扰，可以根据实际用户数量来确定小区的范围，具有很高的组网灵活性，最大的优点是有效解决了信道数量有限和用户数量增大间的矛盾。但这种体制，由于将无线小区范围划小，网络结构将会变得复杂；各小区的基站间要进行信息交换，需要有交换设备，且各基站至交换中心都要有一个中继线，这些都无疑增加了成本；另外，在移动台通话过程中，从一个小区转到另一个小区时，移动台需要经常更换工作信道，小区范围越小，这种信道切换次数就会越多，这又对控制交换功能提高了要求。因此，无线小区范围也不宜划得过小，通常根据用户密度或业务量来确定小区的大小。

2. 信道分配

移动通信系统的基站都采用多信道共用的方式，由这些信道组成的信道组的频率配置必须遵循一定的规则，这样既可以避免各种可能的干扰，也有利于在一个小区内容纳更多的用户。不论是大区制还是小区制移动通信网络，只要基站为多信道工作，都需要研究信道分配的问题。大区制单基站的网络，根据业务量的多少需设置若干个信道，这些信道应按一定规则进行分配，以避免相互干扰；小区制多基站的网络，信道分配的问题更为复杂，主要需解决3个问题：信道组的数目（区群内小区数目）、每个小区的信道数目和信道的频率指配。

信道分配的方法主要有两种：固定信道分配法和动态信道分配法。下面分别简单介绍。

（1）固定信道分配法

固定信道分配法就是将某一组信道固定分配给某一基站，这种方法只能适应于移动台业务分布相对固定的情况。该方法的优点是：各基站只需要配置与所分配的信道相应的设备，控制简单；缺点是：当一个无线区的信道全忙时，即使邻区的信道空闲也不能使用，如果移动用户相对集中时，将会导致呼损率的增大。

（2）动态信道分配法

我们知道，移动台业务的地理分布经常是会发生变化的，经常会出现某个小区业务量突然增加，而相邻小区业务量突然减少这样的情况。业务量突然增大的小区原来配置的信道就可能会出现不够用的情况，而相邻小区业务量突然减少又会出现其原来配置的信道出现空闲的情况。如果采用固定信道分配的方法将会出现小区间信道无法相互调剂，频率使用率不高的缺陷。为了进一步提高频率使用率，使信道的配置能随移动通信业务量地理分布的变化进行变化，可以采取动态信道分配的方法。动态信道分配不是将信道固定地分配给某个小区，而是很多小区都可以使用同一信道，每个小区使用的信道数不是固定的，当某一时刻业务量大时，使用的信道数就多，否则就少，从而达到增大移动通信系统容量和改善移动通信质量的目的。

7.2.4 位置管理和越区切换

1. 位置管理

由于在移动通信系统中，用户可以在系统覆盖范围内任意移动，所以要想准确把一个呼叫传送到随机移动的用户，就必须有一套高效的位置管理系统来跟踪用户的位置变化。位置管理包括两个主要的任务：位置登记和呼叫传递。位置登记的步骤是在移动台实时位置信息已知的情况下，更新位置数据库和认证移动台，其中位置数据库包括归属位置寄存器（HLR）和访问位置寄存器（VLR）；呼叫传递的步骤是在有呼叫给移动台的情况下，根据归属位置寄存器（HLR）和访问位置寄存器（VLR）中可用的位置信息来定位移动台。与这两个问题紧密相关的还有另外两个问题：位置更新和寻呼。位置更新是解决移动台如何发现位置变化以及何时报告它的当前位置的问题；寻呼是解决如何有效确定移动台当前处于哪一个小区的问题。

位置管理涉及到移动通信网络的网络处理能力和网络通信能力。网络处理能力涉及数据库的大小、查询的频度以及响应速度等；网络通信能力涉及传输位置更新和查询信息所增加的业务量和时延等。位置管理所要追求的目标就是以尽可能小的处理能力和附加的业务量来最快地确定用户位置，以便能容纳尽可能多的用户。下面对位置管理中所涉及的几个关键问题做进一步介绍。

（1）位置登记和呼叫传递

在移动通信系统中，将覆盖区域分为若干个登记区（RA），在 GSM 系统中，登记区也称为位置区（LA）。当一个移动台进入一个新的登记区时，位置登记可分为以下 3 个步骤：在管理新登记区的新访问位置寄存器（VLR）中登记移动台，修改归属位置寄存器（HLR）中记录服务该移动台的新 VLR 的 ID，在旧 VLR 和移动交换中心（MSC）中注销该移动台。

呼叫传递主要分为两步：确定为被呼移动台服务的访问位置寄存器（VLR）以及确定被呼移动台正在访问哪个小区。其中，确定被呼移动台的 VLR 的过程和数据库查询过程有以下几步：①主叫移动台通过基站向移动交换中心发出呼叫初始化信号。②移动交换中心确定被呼移动台的归属位置寄存器（HLR）地址，并向该 HLR 发送位置请求消息。③HLR 确定出为被叫移动台服务的访问位置寄存器（VLR），并向该 VLR 发送路由请求信息，该 VLR 将这个消息中转给为被叫移动台服务的移动交换中心。④被叫移动交换中心给被呼的移动台分配一个称为临时本地号码的临时标识，并向 HLR 发送一个含有临时本地号码的应答消息。⑤HLR 将上述消息中转给为主呼移动台服务的移动交换中心。⑥主叫移动交换中心根据上述消息通过第七号信令系统网络向被叫移动交换中心请求呼叫建立。

（2）位置更新和寻呼

如前所述，在移动通信系统中，覆盖区域被分为了若干个登记区（RA）。当移动台进入一个新的 RA 时，它将进行位置更新，当有呼叫到达该移动台时，将在该 RA 内进行寻呼，以确定移动用户在哪一个小区内。在实际系统中，位置登记区越大，位置更新的频率越低，而每次呼叫寻呼的基站数目就越多。如果移动台每进入一个小区就发送一次位置更新的消息，那么这时用于用户位置更新的开销将非常大，但用于寻呼的开销却很小；反之，假如移动台从不进行位置更新，这时如果有呼叫到达，就需要在全网范围内进行寻呼，那么此时用于寻呼的开销就会非常大。

由于移动台的移动性和寻呼到达的情况是差别很大的，一个登记区很难对所有移动台都是最佳的情况。理想的位置更新和寻呼机制应该能够基于每一个移动台的情况进行调整。常见有以下 3 种动态位置更新策略：①基于时间的位置更新策略。每个移动台每隔一段时间周期性地更新其位置信息。②基于运动的位置更新策略。当移动台跨越一定数量的小区边界后就进行一次位置更新。③基于距离的位置更新策略。当移动台离开上次位置更新时所在小区的距离超过一定值时进行一次位置更新。

研究表明，基于距离的位置更新策略具有最佳性能，但同时实现它的开销也最大。它要求移动台应有不同小区之间的距离信息，通信网络必须能够以高效的方式提供这样的信息。而对于基于时间和运动的位置更新策略，移动台只需要一个定时器或运动计数器就可以跟踪时间和运动的情况，实现起来比较简单。

2. 越区切换

当处于通话状态的移动用户从一个小区移动到另一个小区时，为保证通话的连续，系统需要将对该移动用户连接控制也从一个小区转移到另一个小区，这种将正处于通信状态的移动用户转移到新的业务信道上（新的小区）的过程称为越区切换。越区切换的目的是实现蜂窝移动通信的“无缝隙”覆盖，即当移动台从一个小区进入另一个小区时，保证通信的连续性。切换的操作不仅包括识别新的小区，而且需要分配给移动台在新小区的语音信道和控制信道。引起切换通常的原因有：①信号的强度或质量下降到由系统规定的一定参数以下，此时移动台被切换到信号强度较强的相邻小区。②由于某小区业务信道容量全被占用或几乎全被占用，这时移动台被切换到业务信道容量较空闲的相邻小区。

越区切换在任何蜂窝移动通信系统中都是一项重要任务。切换必须顺利完成，并且尽可能少地出现，同时要使用户觉察不到。为适应这些要求，系统设计者必须指定一个启动切换的最恰当的信号强度。另外，在决定何时切换的时候，要保证所检测到的信号电平的下降不是因为瞬间的衰落，而是由于移动台正在离开当前服务的基站。为保证这一点，基站在准备切换之前先对信号监视一段时间。

不同的系统用不同的策略和方法来处理切换请求。例如，第一代模拟蜂窝系统中，信号能量的检测是由基站来完成，由移动交换中心来管理的；在使用数字时分多址技术（TD-MA）的第二代系统中，是否切换的决定是由移动台辅助完成的。

越区切换可分为两大类：一类是硬切换，另一类是软切换。硬切换是移动终端被连接到不同的移动通信系统、不同的频率分配或不同的空中接口特性时，必须先断掉原来小区的无线信道，才能使用新小区的无线信道进行通信。也就是说，硬切换是“先断开，后连接”即在新的连接建立以前，先中断旧的连接。软切换是当移动终端的通信被连接到另一个小区的业务信道时，不需要中断当前服务小区的业务信道。换言之，软切换是“先连接，后断开”，既维持旧的连接，又同时建立新的连接，并利用新、旧链路的分集合并改善通信质量，与新基站建立可靠连接后再中断旧链路。

7.2.5　多信道共用技术

在移动通信系统中，一个无线小区内通常使用若干个信道。用户工作时占用信道的方式可分为独立信道方式和多信道共用方式。

如果一个小区有 N 条信道，用户也被分成 N 组，每组用户分别被指定在某一个信道上工作。不同组内的用户不能互换信道，即便移动用户具有多信道选择能力，也只能在规定的那个信道上工作，这种用户占用信道的方式称为独立信道方式。当一条信道被某一用户占用时，在通话结束之前，属于该信道的其他用户都不能再占用该信道，但此时很可能其他一些信道正处于空闲状态。这样就造成了有些信道在紧张排队，而另一些信道却处于空闲状态。显而易见，这种独立信道方式的信道利用率不高。

而多信道共用方式就是一个小区内的 N 条信道为该小区所有用户共用。当其中一些信道被占用时，其他需要通话的用户可以选择其余任一空闲信道进行通话。由于任一移动用户选取空闲信道和占用信道的时间都是随机的，所以全部信道被同时占用的概率远小于一个信道被占用的概率。因此，多信道共用技术可以极大程度提高信道的利用率，大幅降低用户通话的阻塞率。

7.2.6 抗衰落技术

1. 分集合并技术

分集技术是研究如何利用多径信号来改善系统的性能。它利用多条具有近似相等的平均信号强度和相互独立衰落特性的信号路径来传输相同信息，并在接收端对这些信号按照一定的规则进行合并以便降低多径衰落的影响。它的基本思想是：将接收到的多径信号分离成不相关的多路信号，即选取了一个信号的两个或多个独立的采样，这些样本的衰落是互不相关的，然后将这些信号的能量按一定规则合并起来，使接收的有用信号能量最大。也可以说，分集有两重含义：一是分散传输，使接收端能获得多个统计独立的、携带同一信息的衰落信号；二是集中处理，即接收机把收到的多个统计独立的衰落信号进行合并，以降低衰落的影响。对模拟系统而言，要求接收端的信噪比较高，对数字系统而言，要求接收端的误码率最小。

分集方法主要有空间分集、时间分集和频率分集等。空间分集就是发送端采用一副发射天线，接收端采用多副天线，且接收端天线之间的间隔要足够大，以保证每个接收天线输入信号的衰落特性是相互独立的。时间分集就是将给定的信号按一定时间间隔重复传送多次，只要时间间隔大于相干时间，就可以得到多条独立的分集支路。频率分集就是将信息在不同的载频上分别发射出去，要求载频间的频率间隔要大于信道的相关带宽，以保证各频率分集信号在频域上的独立性，在接收端可以得到衰落特性不相干的信号。

在接收端得到 N 条相互独立的各支路信号以后，可以通过合并技术来得到分集增益。常用的合并方式主要有：选择性合并、最大比合并以及等增益合并等。选择性合并是在多支路接收信号中，选择信噪比最高支路的信号作为输出信号。最大比合并就是将 N 个分集支路经过相位调整后，按适当的增益系数同相相加，再送入检测器进行检测。等增益合并是将各支路的信号等增益相加，它是最大比合并的一种特例。

2. 跳频技术

跳频抗衰落是指抗频率选择性衰落。其原理是：当跳频的频率间隔大于信道相关带宽时，可使各个跳频驻留时间内的信号相互独立，也可以说是在不同的载波频率上同时发生衰落的可能性很小。

对于快跳频系统，应满足传输的符号速率小于跳频速率这一条件，即一位符号是在多个跳频载波上传输，这相当于对符号的频率分集。因为跳频是在时间频率域上进行的，所以每一位符号还是在不同时隙中传输的，这又相当于对符号的时间分集。因此，快跳频技术同时具有频率分集和时间分集。

对于慢跳频系统，传输的符号速率大于跳频速率，即在一跳频驻留时间内传输多个符号。因此，慢跳频不能起到对符号的频率分集作用。但是，采用慢跳频可以将深衰落的影响分散开来，从而减轻深衰落对传输的影响。

7.3 GSM 移动通信系统

GSM 系统是泛欧洲数字移动通信网的简称，是当前发展最为成熟的一种数字移动通信系统。20 世纪 80 年代初期，五六种通信系统将整个欧洲的蜂窝网分割得四分五裂，根本不能形成规模效益。针对这一问题，欧洲电信运营部门于 1982 年成立了一个"移动通信特别小组"（Group of Special Mobile，GSM），开始制定一种泛欧洲数字移动通信系统的技术规范，于 1988 年确定了包括采用时分多址技术（TDMA）在内的主要技术规范并且制定出实施方案，于 1990 年完成了 GSM900 的规范。1991 年在欧洲开通了第一个 GSM 系统，并将 GSM 系统更名为"全球移动通信系统"（Global System for Mobile Communication）。同年还制定了 1800 MHz 频段的 GSM 规范，命名为 DCS1800 系统，该系统与 GSM900 具有同样的基本功能特性，这两个系统通称为 GSM 系统。

GSM 移动通信系统是基于 TDMA 的数字蜂窝移动通信系统，属于第 2 代移动通信系统，它是世界上第一个对数字调制、网络层结构和业务做了规范的蜂窝系统。

7.3.1 GSM 系统特点

GSM 系统作为一种开放式结构和面向未来设计的系统，主要具有以下特点：

① GSM 系统是由几个子系统组成的，并且可与各种公用通信网络互连互通。各子系统之间或各子系统与各种公用通信网之间都有详细的标准化接口规范，保证任何厂商提供的 GSM 系统或子系统都能互连。

② GSM 系统具有越区切换和漫游功能，能提供国际自动漫游功能。

③ GSM 系统能提供多种业务，除了能提供语音业务外，还可以开放各种承载业务、补充业务和与 ISDN 相关的业务。

④ GSM 系统具有加密和鉴权功能，能确保用户保密和网络安全。

⑤ GSM 系统具有灵活方便的组网结构，频率重复利用率高，移动业务交换机的话务承载能力一般都很强，可保证在语音和数据通信两个方面都能满足用户对大容量高密度业务的要求。

⑥ GSM 系统抗干扰能力强，覆盖区域内的通信质量高。

7.3.2 GSM 系统结构及接口

1. GSM 系统结构

GSM 数字蜂窝移动通信系统主要由移动台（MS）、基站子系统（BSS）、网络交换子系统（NSS）和操作维护中心（OMC）四部分组成，如图 7-3 所示。在图中，MSC 为移动业务交换中心，SC 为短信业务中心，HLR 为归属位置寄存器，AUC 为鉴权中心，VLR 为来访位置寄存器，BSC 为基站控制器，BTS 为基站收发信台，EIR 为移动设备识别寄存器，PSTN

为公用交换电话网，ISDN 为综合业务数字网，PSPDN 为分组交换共用数据网。

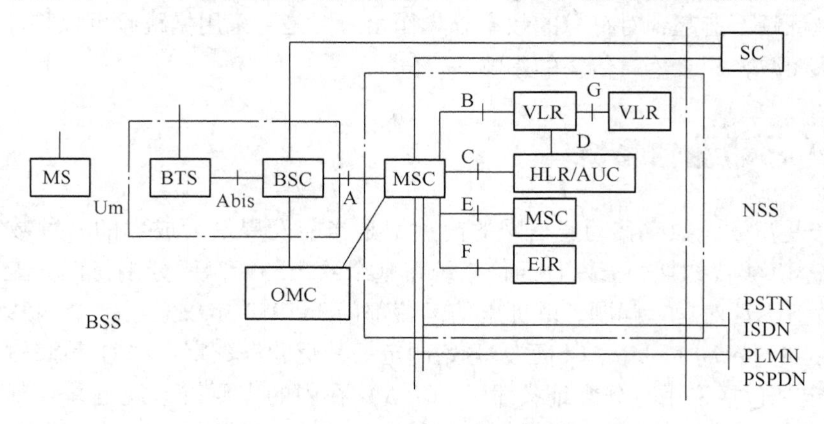

图 7-3 GSM 系统结构

(1) 移动台 (MS)

移动台由移动终端和客户识别卡 (SIM) 组成。移动终端就是用户使用的设备，它可以完成语音编码、信道编码、信息加密、信息的调制与解调以及信息的发射和接收等功能，通常有手机、车载台和便携台 3 种形式。SIM 卡就是“身份卡”，也称作智慧卡，它包含所有与用户有关的和某些无线接口的信息，其中也包括鉴权和加密信息。使用 GSM 标准的移动台都需要插入 SIM 卡，只有紧急呼叫时可以在不用 SIM 卡的情况下操作移动台。GSM 系统就是通过 SIM 卡来识别移动电话用户的，这为发展个人通信打下了基础。

(2) 基站子系统 (BSS)

基站子系统包含 GSM 移动通信系统中无线通信部分的所有地面基础设施，它通过无线接口直接与移动台进行通信连接。根据功能的不同，基站子系统可以分为基站收发信台 (BTS) 和基站控制器 (BSC) 两大部分。

基站收发信台属于基站子系统的无线部分，由基站控制器控制，服务于某个小区的无线收发信设备，完成 BSC 与无线信道间的转换，实现 BTS 与移动台之间通过空中接口的无线传输及相关的控制功能。BTS 可以直接与 BSC 相连接，也可以通过基站接口设备采用远端控制的连接方式与 BSC 相连接。BSC 是基站子系统的控制部分，提供移动台与网络子系统间的接口管理，承担无线信道的分配、释放和越区切换管理。一个 BSC 根据话务量需要可以控制数十个 BTS 和若干个无线信道。

(3) 网络交换子系统 (NSS)

网络交换子系统是整个 GSM 系统的控制和交换中心，它负责所有与移动用户有关的呼叫接续处理、移动性管理、用户设备以及保密管理等功能，并提供 GSM 系统与其他网络之间的连接。交换子系统由移动业务交换中心 (MSC)、归属位置寄存器 (HLR)、来访位置寄存器 (VLR)、移动设备识别寄存器 (EIR)、鉴权中心 (AUC) 等功能实体所组成。通常将 HLR、AUC 合设于一个物理实体内，MSC、VLR、EIR 合设于一个物理实体内，也有将 MSC、HLR、AUC、VLR、EIR 都设在一个物理实体内的，如图 7-3 所示。

① 移动业务交换中心 (MSC)

MSC 是整个网络的核心，协调、控制整个 GSM 网络中基站子系统、操作维护中心的各个功能实体，并为移动通信网与其他公用网之间提供接口。MSC 可以从归属位置寄存器（HLR）、来访位置寄存器（VLR）和鉴权中心（AUC）三种数据库获取处理用户位置登记和呼叫请求所需的全部数据；反之，MSC 也可以根据其最新获取的信息请求更新数据库的部分数据。MSC 可为用户提供电信业务、承载业务和补充业务；另外，MSC 还支持位置登记、越区切换和自动漫游等移动特性功能和其他网络功能。

② 归属位置寄存器（HLR）

HLR 是 GSM 系统的中央数据库，存储着该 HLR 控制的所有注册移动用户的相关数据。一个 HLR 可以控制若干个移动交换区域以及整个移动通信网，所有移动用户的重要静态数据都存储在 HLR 中，包括移动用户识别号码、访问能力、用户类别和补充业务等数据。另外，HLR 还存储并且为 MSC 提供关于移动用户实际漫游所在的 MSC 区域的相关动态信息数据。这样任何入局呼叫都可以即刻按选择路径送到被叫的用户。

③ 来访位置寄存器（VLR）

VLR 是服务于其控制区域内移动用户的，存储着进入其控制区域内已登记的移动用户相关信息，为已登记移动用户提供建立呼叫接续的必要条件。VLR 从该移动用户的 HLR 处获取并存储必要的数据，一旦移动用户离开该 VLR 的控制区域，则重新在另一个 VLR 进行登记，原 VLR 将取消临时记录的该移动用户数据。因此，VLR 实际上可看做是一个动态用户数据库。

④ 移动设备识别寄存器（EIR）

EIR 存储着有关移动台设备的数据库，主要完成对移动台的识别、监视、闭锁等功能，以确保网络内所使用的移动台的唯一性和安全性。

⑤ 鉴权中心（AUC）

AUC 负责管理和提供用户合法性和安全性的保密数据，从而实现用户鉴权、保护空中接口和防止非法用户的假冒。AUC 在 HLR 的请求下产生用户专用的一组鉴权参数，并由 HLR 传给 VLR。

（4）操作维护中心（OMC）

OMC 主要完成对 GSM 系统的 BSS 和 NSS 的网络运行和维护管理。

2. GSM 系统接口

GSM 网络作为公用电话网的一部分，可与其他的通信网络相连，如公用交换电话网（PSTN）、综合业务数字网（ISDN）、分组交换共用数据网（PSPDN）以及公用陆地移动通信网（PLMN）等。为了保证网络运营部门能灵活选择供应商，GSM 系统在制定技术规范时就对其子系统之间以及各功能实体之间的接口和协议做了比较具体的定义，使不同供应商提供的 GSM 系统基础设施能够符合统一的 GSM 技术规范而达到互通、组网的目的。

（1）主要接口

GSM 系统的主要接口是指 A 接口、Abis 接口和 Um 接口，如图 7-3 所示。这 3 种主要接口的定义和标准化可以保证不同供应商生产的移动台、基站子系统和网络交换子系统设备能纳入同一个 GSM 数字移动通信网运行和使用。

A 接口定义为网络交换子系统（NSS）与基站子系统（BSS）之间的通信接口，从系统的功能实体而言就是移动业务交换中心（MSC）与基站控制器（BSC）之间的互连接口。它采用标准的 2.048 Mbit/s 的 PCM 数字传输链路来实现，传递的信息包括移动台管理、基站管理、移动性管理和接续管理等。

Abis 接口为基站控制器（BSC）与基站收发信台（BTS）之间的通信接口，它支持所有向用户提供的服务，也支持对 BTS 无线设备的控制和无线频率的分配。它采用标准的 2.048 Mbit/s 或 64 Kbit/s 的 PCM 数字传输链路来实现。

Um 接口为移动台与基站收发信台（BTS）之间的通信接口，用于移动台与 GSM 系统的固定部分之间的互通，其物理连接通过无线链路来实现，传递的信息包括无线资源管理、移动性管理和接续管理等。

（2）用户与网络间的接口（Sm 接口）

Sm 接口为用户与网络之间、用户识别卡（SIM）与移动终端之间的接口，主要传递的信息有用户对移动终端进行操作，移动终端向用户提供显示、信号音等。

（3）网络子系统内部接口

网络子系统内部接口主要包括 B 接口、C 接口、D 接口、E 接口、F 接口、G 接口等，如图 7-3 所示。

B 接口为 VLR 与 MSC 间的内部接口，用于 MSC 向 VLR 询问有关移动台当前的位置信息或通知 VLR 有关移动台的位置更新信息等。

C 接口为 HLR 与 MSC 间的接口，用于传递路由选择和管理信息。

D 接口为 HLR 与 VLR 间的接口，用于交换有关移动台位置和用户管理的信息，保证移动台在整个服务区内建立和接收呼叫。

E 接口为相邻区域内的不同 MSC 间的接口，用于切换过程中交换有关切换信息以启动和完成切换。

F 接口是 MSC 与 EIR 间的接口，用于交换相关的国际移动设备识别码（IMEI）管理信息。

G 接口为 VLR 间的接口，用于在采用 TMSI 的移动台进入新的 MSC/VLR 服务区域时向分配 TMSI 的 VLR 询问此移动。

GSM 系统各功能实体间的接口定义明确，GSM 规范对各接口所使用的协议也定义详细。通过各个接口互相传递有关的信息，为完成 GSM 系统的全部通信和管理功能建立起有效的信息传递通道。不同的接口可能采用不同的物理链路，完成各自特定的功能，传递各自特定的信息，这些都由相应的信令协议来实现。

7.3.3 GSM 系统提供的业务

GSM 数字移动通信系统是一种多业务系统，可以依照用户的需要为用户提供多种不同类型的通信。GSM 系统不仅能提供语音业务和数据业务等传统业务，而且可以提供短消息业务等非传统业务。其主要业务包括电信业务、承载业务、补充业务等，下面分别简单介绍。

1. 电信业务

电信业务包括语音业务和非语音业务。语音业务是 GSM 系统最基本的业务，通过 GSM 网络和固定网络为移动用户与移动用户之间或移动用户与固定电话用户之间提供实时双向通

话；非语音业务又称数据业务，它提供了固定用户和ISDN用户所能享用业务中的大部分业务，包括文字、图像、传真、计算机文件、因特网访问等服务。

2. 短消息业务

短消息业务包括移动台起始的点对点短消息业务、移动台终止的点对点短消息业务和小区广播式短信息业务。移动台起始的点对点短消息业务可以使GSM用户发送短消息给其他GSM点对点用户；移动台终止的点对点短消息业务可以使GSM用户接收由其他GSM用户发送的短消息；小区广播式短消息业务是在GSM移动通信网的某一特定区域内，以有规则的间隔向移动台重复广播具有通用意义的短消息。

3. 紧急呼叫业务

紧急呼叫业务允许移动用户在紧急情况下通过简单拨号方式立即将紧急呼叫接到距离移动用户当时所处基站最近的紧急服务中心。紧急呼叫业务优先于其他业务，在移动台没有插入用户识别卡（SIM）或者移动用户处于锁定状态下都可以进行紧急呼叫。

4. 承载业务

承载业务不仅使移动用户之间能够完成数据通信，更重要的是能为移动用户与PSTN或ISDN用户之间提供数据通信业务，还能使GSM移动通信网与其他公用数据网互通。

5. 补充业务

GSM系统补充业务是对其基本业务的扩展，它主要是允许用户能够选择网络对其呼叫的处理以及通过网络为用户提供信息，使用户能更充分地利用基本业务。GSM系统所提供的补充业务主要有：号码识别类补充业务、呼叫提供类补充业务、呼叫限制类补充业务、呼叫完成类补充业务、多方通信类补充业务、集团类补充业务以及计费类补充业务等。

7.3.4 GPRS技术

1. 概述

通用无线分组业务（General Packet Radio Service，GPRS），是一种基于GSM系统的无线分组交换技术。GPRS主要是在移动用户和远端的数据网络之间提供一种连接，从而给移动用户提供高速的、端到端的、广域的无线IP和无线X.25协议的业务。通常也将其称为二代半蜂窝移动通信系统（2.5G），是GSM系统通向第三代蜂窝移动通信系统（3G）的一个重要里程碑。

GPRS是GSM系统的改进，通过增加相应的功能实体和对现有的基站系统进行部分改造来实现分组交换，能提供比现有GSM网络更高的数据传输率，并且支持计算机和移动用户的持续连接，给GSM用户提供移动环境下的高速数据业务，还可以提供收发电子邮件、因特网浏览等功能。另外，GSM系统是按连接时间计费的，而GPRS只需要按数据流量计费，GPRS对网络资源的利用率远高于GSM系统。

要实现GPRS网络，需要在GSM网络中引入新的网络接口和通信协议。通常要构建GPRS系统，只要在GSM系统中引入GPRS服务支持节点（Serving GPRS Supporting Node，SGSN）、GPRS网关支持节点（Gateway GPRS Supporting Node，GGSN）和分组控制单元3个组件，并对 GSM 的相关部件进行软件升级就可以了。现有的 GSM 移动台，不能直接在 GPRS 系统中使用，需要按 GPRS 标准进行改造（包括软件和硬件）才可以用于 GPRS 系统。

2. GPRS 系统的主要特点

① 采用分组交换技术，资源利用率高。GPRS 引入了分组交换的传输模式，使得原来采用电路交换模式的 GSM 传输数据方式发生了根本性变化，这在无线资源稀缺的情况下显得尤为重要。按电路交换模式来说，在整个连接期内用户无论是否传输数据都将独自占有无线信道。在会话期间，许多应用往往有不少的空闲时段，如浏览因特网、收发电子邮件等。而对于分组交换模式来说，用户只有在发送或接收数据期间才占用资源，这也就意味着多个用户可高效地共享同一无线信道，从而提高了资源利用率。

② 数据传输速率高。GPRS 可提供高达 115 kbit/s 的传输速率（最高值为 171.2 kbit/s）。

③ 接入时间短。分组交换接入时间缩短为少于 1 s，能提供快速即时的连接，可大幅提高一些事物的效率，并可使已有的因特网应用操作更加便捷、流畅。

④ 以灵活的方式与 GSM 语音业务共享无线和网络资源，实现数据与语音业务共存。

⑤ 支持基于标准数据通信协议的应用，可以和 IP 网、X.25 网互联互通，支持特定的点到点和点到多点服务以实现一些特殊应用。

⑥ GPRS 可以实现基于数据流量、业务类型及服务质量等级的计费功能，计费方式更加合理，用户使用更加方便。

⑦ 实时在线。

7.4 CDMA 移动通信系统

7.4.1 CDMA 系统工作原理

码分多址（Code Division Multiple Address，CDMA）数字移动通信系统是北美的第二代移动通信系统。1993 年，美国的高通公司公布了窄带 CDMA 数字移动通信系统标准，称为 IS－95 标准。1995 年，第一个 CDMA 商用移动通信系统正式开通，但真正在全球范围获得推广应用的是其增强型标准 IS－95A。1998 年，随着移动通信对数据业务需求的增长又推出了 IS－95B。

目前移动通信中应用的多址接入方式主要有 3 种：频分多址（Frequency Division Multiple Address，FDMA）、时分多址（Time Division Multiple Address，TDMA）和码分多址（CDMA）。FDMA 是采用频率复用的多址技术，业务信道在不同的频段分配给不同的用户。TDMA 是采用时分的多址技术，业务信道在不同的时间分配给不同的用户。而 CDMA 是采用扩频的码分多址技术，所有用户在同一时间、同一频段上，根据不同的编码获得业务信道。FDMA＋TDMA 体制已发展成为使用较为广泛的 GSM 数字移动通信系统，而 CDMA 体制则依靠其巨大的增容潜力和良好的抗干扰能力异军突起，发展成为前景看好的 CDMA 数字移动通信系统，并成为第三代移动通信系统的主流技术。

CDMA 是一种以扩频通信为基础的调制和多址连接技术。其基本原理是：将欲传输的具有一定带宽的信号，用一个带宽远大于该信号带宽的高速伪随机码进行调制，使原数据信号的带宽被扩展（扩频），再经载波调制发射出去；在接收端，用相同的伪随机码与接收信号相乘，进行相关运算，将扩频信号解扩，即还原成原始的窄带数据信号，从而完成通信任务。由于扩频信号扩展了信号的频谱，所以它具有一系列不同于窄带信号的性能，如多址能力、抗多径干扰的能力、隐私性能、抗人为干扰的能力、抗窄带干扰的能力等。

7.4.2 CDMA系统特点

CDMA技术是迈向未来电信网络的最佳频谱路径，并被ITU确定为第三代移动通信系统（IMT-2000）的主要技术。其具备的主要特点有：

① CDMA的频谱利用率高，容量大。CDMA系统由于本身所固有的码分扩频技术加上先进的功率控制、语音激活技术，使得其容量远大于GSM系统。

② CDMA具有软容量特性。在FDMA、TDMA系统中，当小区服务的用户数达到最大信道数时，满载的系统绝对无法再增添一个信号，此时若有新的呼叫，该用户只能听到忙音。而在CDMA系统中，用户数目和服务质量之间可以相互折中，灵活确定。例如，可在话务量高峰期将误帧率稍微提高，从而增加可用信道数。

③ CDMA的覆盖范围大。正常情况下，CDMA的小区半径可达60 km，在采用特殊技术手段后，半径可达200 km以上；而GSM系统半径最大不得超过35 km。覆盖范围扩大所带来的直接优点是基站数量减少，基站选址容易，大大降低了网络建设成本。

④ CDMA的语音品质好，保密性强。由于CDMA采用了伪随机序列PN进行扩频/解频，语音品质相当好，不仅明显优于GSM，而且可以与固网的语音品质相比拟。另外，CDMA采用的扩频通信技术使得通信具有天然的保密性，其消息在空中信道上被截获的概率低。

⑤ CDMA的掉话率低。CDMA系统采用软切换技术，“先连接再断开”，完全克服了硬切换容易掉话的缺点。

⑥ 可提供更高质量的数据传输业务。CDMA传送单位比特的成本比GSM低，因此更适合作为无线高速分组数据业务的接入手段，为移动通信与因特网的融合提供了更好的技术条件。

⑦ CDMA手机符合环保的要求。CDMA手机的发射功率小，对人体的辐射小，还可延长手机电池的待机、通话时间。

7.4.3 CDMA系统结构

CDMA数字移动通信系统由移动台（MS）、基站子系统（BSS）、网络交换子系统（NSS）和操作维护中心（OMC）四部分组成，如图7-4所示。其中，A、B、C、D、E、H、M、N、O、P、Um为各功能实体之间的接口，Ai、Di为CDMA系统与其他通信网络互连的接口。从图中可以看出，CDMA系统结构和GSM系统结构相似，各单元的功能也大体相似。

1. 移动台（MS）

MS包括手持台和车载台等，由移动终端（MT）和用户识别模块（UIM）组成，通过无线接口（Um）接入网络。移动台的主要功能包括：无线接入CDMA移动通信网并完成各种功能、支持电信/承载/补充业务、在BSS协助下实现自动功率控制/跳频/切换等功能、对用户数据和信令单元进行加密处理等。

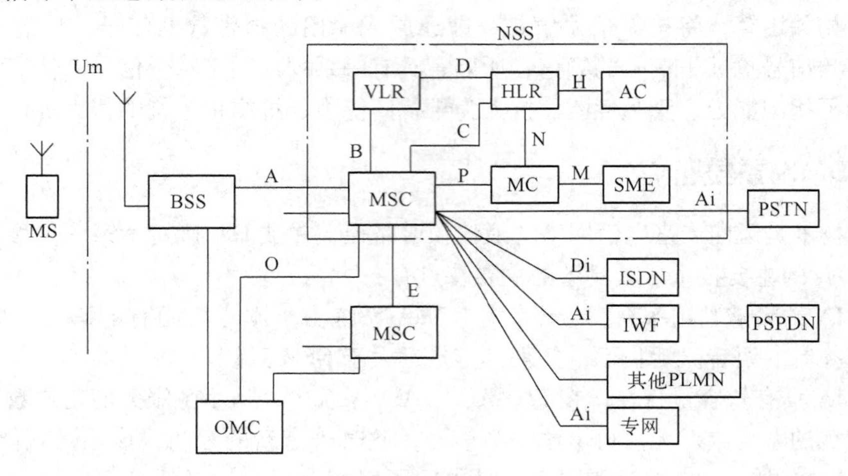

图 7-4 CDMA 系统结构

2. 基站子系统（BSS）

基站子系统由基站控制器（BSC）和若干个基站收发信台（BTS）组成。基站子系统的功能包括：信道管理、信号测量、切换管理和呼叫管理等。信道管理主要是指对无线信道的管理，包括信道分配、链路监视、信道释放、功率控制等；信号测量的目的是进行功率控制和切换控制，对移动台发来的信号强弱进行测量，及时通知移动台降低或者升高功率，同时将测量结果报告给 MSC 作为确定移动台切换方向的依据；切换管理根据移动台的移动方向和信号强弱的变化来完成，包括同一个 BSS 控制范围内的内部切换和不同 BSS 控制范围内的外部切换；呼叫管理用于实现 MS 和 NSS 之间双向信息的传送管理。

3. 网络交换子系统（NSS）

NSS 由移动业务交换（MSC）、归属用户位置寄存器（HLR）、访问用户位置寄存器（VLR）、鉴权中心（AUC）、移动设备识别寄存器（EIR）、短消息中心（MC）和短消息实体（SME）等功能实体构成。通常 MSC 和 VLR 合设在一起，为同一物理实体。HLR 与 AUC 合设在一起，为同一物理实体。网络子系统内各设备的功能与 GSM 移动通信系统中相同名称的设备功能相一致。

7.4.4 CDMA 系统提供的业务

CDMA 系统提供的业务主要有电信业务、数据业务和附加业务等。下面分别简单介绍：

（1）电信业务

CDMA 系统可向用户提供电话业务、紧急呼叫业务、短消息业务、语音信箱业务、传真业务、可视图文业务、智能电报业务等电信业务。

（2）数据业务

CDMA 系统向用户提供 1200 ~ 9600 bit/s 同步业务，1200 ~ 9600 bit/s 异步 PAD 接入，能根据用户需求向用户提供 CDMA 所定义的数据业务。

（3）附加业务

CDMA 可以提供多种附加业务，主要包括：呼叫转接、无条件呼叫前转、呼叫等待、呼叫转移、会议电话、免打扰业务、优先语音、三方呼叫等。

呼叫转接是指漫游移动用户被叫的过程中，移动系统在收到呼入时，进行移动用户的位置查询，然后将呼叫接续至被叫用户漫游地。呼叫转移是指用户 A 与用户 B 通话过程中，用户 B 可以将电话转移至用户 C，同时用户 B 挂机，用户 A 和用户 C 继续通话。

7.5 第三代移动通信系统

7.5.1 第三代移动通信系统概述

第二代移动通信系统提供的业务仅限于语音和低速率的数据传输。随着信息技术的迅猛发展，特别是通信技术和计算机技术的相互融合，人们对移动通信提出了更高的要求，主要有：①要求移动通信能提供综合化的信息业务，如语音、图像、数据等具有多媒体特征的移动通信业务。②要求移动通信能与因特网结合起来，实现无线宽带化，使用户能随时随地接入因特网。③解决系统容量飞速膨胀与频率资源有限的矛盾。④要求移动通信必须实现全球无缝覆盖和漫游。为满足以上要求，第三代移动通信系统（3G）应运而生了。

第三代移动通信系统是指国际电信联盟（ITU）在 1985 年提出的未来公用陆地移动通信系统（FPLMTS），1996 年更名为国际移动通信系统（International Mobile Telecommunication 2000，IMT－2000），意为工作在 2000 MHz 频段，最高业务速率可达 2000 Kbit/s，在 2000 年左右投入商用的全球移动通信系统。

1. IMT－2000 系统的标准

IMT－2000 系统的标准主要包括 3 部分：频率规划、无线传输技术和网络方案。

ITU 于 1992 年召开的世界无线电行政大会（WARC）上决定在 2000 MHz 频段上划分出 230 MHz 的带宽用于 IMT－2000 系统。IMT－2000 的上行频段为 1885 ~ 2025 MHz，下行频段为 2110 ~ 2200 MHz，其中 1980 ~ 2010 MHz 和 2170 ~ 2200 MHz 仅供移动卫星使用，分别作为移动卫星业务的上下行频段。230 MHz 带宽主要是以语音业务为主考虑而估算的。根据无线电通信技术的飞速发展及各类用户对非话业务与数据业务的需求迅速增长，频谱资源非常紧张。2000 年 5 月，WARC 大会批准了 IMT－2000 的附加频段申请，附加频段共计 419 MHz，分别为：806 ~ 960 MHz，1710 ~ 1885 MHz，2500 ~ 2690 MHz。

2000 年 5 月 ITU－R 2000 年全会批准并通过了 IMT－2000 的无线接口技术规范建议，它分为 CDMA 和 TDMA 两大类共 5 种技术，其中主流技术为以下 3 种 CDMA 技术：①IMT－2000 DS－CDMA（IMT－2000 直接扩频 CDMA），即 WCDMA。它是在一个宽达 5 MHz 的频带内直接对信号进行扩频，属于频分双工（FDD）模式。②IMT－2000 MC－CDMA（IMT－2000 多载波 CDMA），即 CDMA2000。它是由多个 1.25 MHz 的窄带直接扩频系统组成的一个宽带系统，属于频分双工（FDD）模式。③IMT－2000 TDD－CDMA（IMT－2000 时分双工 CDMA），目前包括中国提出的 TD－SCDMA 和欧洲提出的 UTRA TDD（TD－CDMA），属于时分双工（TDD）模式。从组成上来看，IMT－2000 在无线接口方面并未达成一个统一的标准，而是将一些第二代移动通信系统已有的和面向第三代移动通信系统的无线传输技术放在了一起，统统归入了 IMT - 2000 系统。

IMT - 2000 在网络构造上既需要考虑现有网络的发展，确保与现行网络互联互通，又需要考虑今后的拓展性能。因此，IMT - 2000 的核心网络在初始阶段主要是基于第二代移动通信核心网构建，其中 WCDMA 和 TD - SCDMA 基于欧洲的 GSM - MAP，CDMA2000 基于北美的 IS - 41，以后的核心网都将演进到全 IP 网络。

2. IMT - 2000 系统的目标

IMT - 2000 系统的目标是建立全球的综合性个人通信网，可以兼顾第二代移动通信系统，并从现有的无线和固定网络逐步向真正的个人通信过渡。其具体目标有：①提供全球无缝覆盖和漫游；②可与现有网络互联互通，支持现有系统升级和演进；③高速率的数据通信能力，频谱利用率和信道效率高；④提供各种综合性业务，如多媒体业务；⑤适应多种运行环境；⑥系统管理和配置灵活；⑦提供高质量服务和安全保密性能，服务质量达到固定网水平；⑧移动终端更轻便，成本更低。

同时 ITU 规定，第三代移动通信系统的无线传输速率技术必须达到以下要求：室内静止环境下至少 2 Mbit/s、室内外步行环境下至少 384 kbit/s、室外车载移动环境下至少 144 kbit/s、卫星移动环境下至少 9.6 kbit/s。

根据上述 IMT - 2000 系统的目标可以看出第三代移动通信系统的主要特征是：①全球化。IMT - 2000 包含有多种系统，在设计上具有极强的通用性，能提供全球漫游等多种业务。②综合化。能将现有的多种移动通信系统综合在统一的系统中以提供多种类型服务。③多媒体化。能提供高质量的多媒体业务，可实现多种信息一体化。④智能化。移动终端和基站采用软件无线电技术。⑤个人化。用户可使用唯一个人电信号码（PTN）在任何终端上获取所需要的电信业务，真正实现个人移动性。

3. IMT - 2000 系统的组成

IMT - 2000 主要由 4 个功能子系统组成：核心网（CN）、无线接入网（RAN）、移动终端（MT）和用户识别模块（UIM）。分别对应于 GSM 系统的移动交换子系统（MSS）、基站子系统（BSS）、移动台（MS）和 SIM 卡。核心网由交换网和业务网组成。交换网完成呼叫及承载控制所有功能；业务网完成支撑业务所需功能，包括位置管理。无线接入网完成用户接入业务全部功能，包括所有空中接口相关功能，使核心网受无线接口影响小，无线接入网与核心网之间有清晰的分界，使它们可以分别独立地演化，这也是第三代标准化的主导思想。

7.5.2 WCDMA 系统

宽带码分多址（Wideband Code Division Multiple Access，WCDMA）系统是由欧洲和日本共同提出的一种标准。它是一种由 3GPP 具体制定，基于 GSM - MAP 核心网，UTRAN（UMTS 陆地无线接入网）为无线接口的第三代移动通信系统。WCDMA 是一个 ITU 标准，从码分多址（CDMA）演变而来，被认为是 IMT - 2000 的直接扩展。

WCDMA 与现在市场上通常提供的技术相比，可以为移动和手提无线设备提供更高的数据速率。它支持宽带业务，可有效支持电路交换业务（如 PSTN 和 ISDN 网）和分组交换业务（如 IP 网）。另外，它还支持移动、手提设备之间的语音、图像、数据及视频通信，速率可达 2 Mbit/s（对于局域网而言）或者 384 Kbit/s（对于宽带网而言）。

WCDMA 系统的主要技术特点有：①基站同步方式：支持同步和异步的基站运行方式，灵活组网。②发射分集方式：TSTD（时间切换发射分集）、STTD（时空编码发射分集）、FBTD（反馈发射分集）。③信号带宽：5 MHz，码片速率 3.84 Mc/s。④信道编码：卷积码和 Turbo 码。⑤调制方式：上行 BPSK，下行 QPSK。⑥功率控制：上下行闭环功率控制，外环功率控制。⑦解调方式：导频辅助的相干解调。⑧语音编码：AMR，与 GSM 兼容。⑨核心网络基于 GSM/GPRS 网络的演进，并保持与 GSM/GPRS 网络的兼容性。⑩MAP 技术和 GPRS 隧道技术是 WCDMA 体制的移动性管理机制的核心。

1. WCDMA 系统结构

WCDMA 系统包括若干个逻辑网络元素，从功能上来划分，这些逻辑网络元素可以分成用户设备终端（UE）、UTRAN（无线接入网）和 CN（核心网），如图 7-5 所示。UTRAN 处理与无线通信有关的功能。CN 处理语音和数据业务的交换功能，完成移动网络与其他外部通信网络的互连，相当于第二代系统中的 MSC/VLR/HLR。UE 和 UTRAN 采用全新的 WCD-MA 无线技术规范，而 CN 基本上来源于 GSM。各部分具体功能如下：

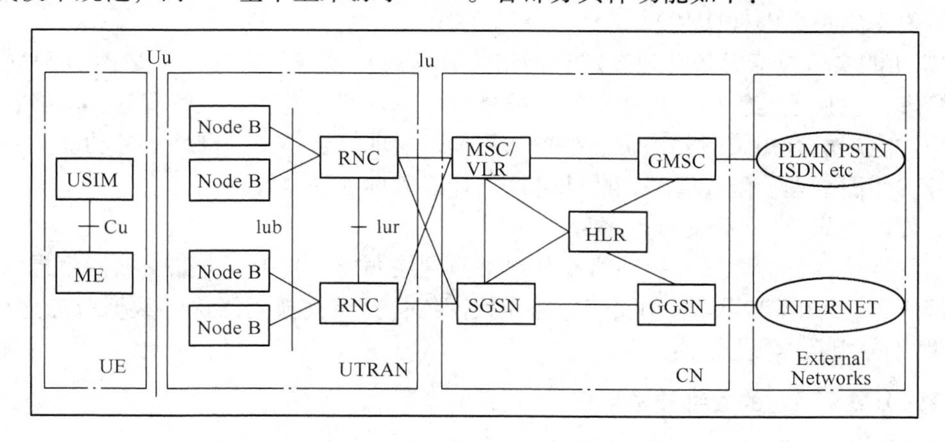

图 7-5 WCDMA 系统结构

（1）用户设备终端（UE）

它主要包括射频处理单元、基带处理单元、协议栈模块以及应用层软件模块等。UE 通过 Uu 接口与网络设备进行数据交互，为用户提供电路域和分组域内的各种业务功能，包括普通语音、数据通信、移动多媒体、因特网应用等

UE 包括两部分：ME（The Mobile Equipment）提供应用和服务以及 USIM（The UMTS Subsriber Module）提供用户身份识别。

（2）无线接入网（UTRAN）

它分为基站（Node B）和无线网络控制器（RNC，Radio Network Controller）两部分。

Node B 包括无线收发信机和基带处理部件。它通过标准的 Iub 接口和 RNC 互连，主要完成 Uu 接口物理层协议的处理，其主要功能是扩频、调制、信道编码及解扩、解调、信道解码，还包括基带信号和射频信号的相互转换等功能。

RNC 主要完成连接建立和断开、切换、宏分集合并、无线资源管理控制等功能，执行系统信息广播与系统接入控制功能，切换和 RNC 迁移等移动性管理功能，功率控制、无线承载分配等无线资源管理和控制功能。

(3) 核心网 (CN)

它负责与其他网络的连接和对 UE 的通信和管理，主要的功能实体如下：

MSC/VLR 是 WCDMA 核心网 CS 域功能节点，其主要功能是提供 CS 域的呼叫控制、移动性管理、鉴权和加密等。

GMSC 是 WCDMA 移动网 CS 域与外部网络之间的网关节点，主要功能是完成 VMSC 功能中的呼入呼出的路由功能及与固定网等外部网络的网间结算功能。

SGSN（服务 GPRS 支持节点）是 WCDMA 核心网 PS 域功能节点，主要功能是提供 PS 域的路由转发、移动性管理、会话管理、鉴权和加密等功能。

GGSN（网关 GPRS 支持节点）是 WCDMA 核心网 PS 域功能节点，主要功能是同外部 IP 分组网络的接口功能，提供 UE 接入外部分组网络的关口功能。

HLR（归属位置寄存器）是 WCDMA 核心网 CS 域和 PS 域共有的功能节点，主要功能是提供用户的签约信息存放、新业务支持、增强的鉴权等功能。

(4) 操作维护中心 (OMC)

OMC 功能实体包括设备管理系统和网络管理系统。设备管理系统完成对各独立网元的维护和管理，包括性能管理、配置管理、故障管理、计费管理和安全管理等；网络管理系统能够实现对全网所有相关网元的统一维护和管理，实现综合集中的网络业务功能，同样包括网络业务的性能管理、配置管理、故障管理、计费管理和安全管理。

(5) 外部网络 (External networks)

外部网络可以分为电路交换网络和分组交换网络两类。其中，电路交换网络提供电路交换的连接服务，ISDN 和 PSTN 均属于电路交换网络；分组交换网络提供数据包的连接服务，Internet 属于分组数据交换网络。

2. WCDMA 系统的关键技术

(1) 编码技术

在 WCDMA 系统中，主要采用卷积码和 Turbo 码这两种信道编码。一般来说，卷积码用于误码率要求为 10^{-3} 的业务，Turbo 码用于误码率要求为 $10^{-3}\sim10^{-6}$ 的业务。若业务的时延要求相对较低时可选用卷积码，若业务的时延要求较高时可选用 Turbo 码。语音和低速信令采用卷积码，数据采用 Turbo 码。

(2) 扩频技术

扩频的主要优点是可以增强抗干扰能力和保密性。

(3) RAKE 接收技术

RAKE 接收机的作用是通过多个相关检测器接收多径信号中的各路信号并把它们合并在一起。RAKE 接收机是专为 CDMA 系统设计的经典分集接收器，其理论基础是当传播时延超过一个码片周期时，多径信号实际上可被看作是互不相关的。RAKE 接收机实现了多径分集接收，能够很好地抗衰落，多径分集的径数越多，抗衰落的效果越好。

(4) 多用户检测技术

由于信道的非正交性和不同用户的扩频码字的非正交性，导致用户之间存在相互干扰，多用户检测的作用就是去除多用户之间的相互干扰。

（5）智能天线技术

智能天线可以对高速率用户进行波束跟踪，起到空间隔离、消除干扰的作用。另外，能够大大增加系统容量，增加覆盖范围，改善建筑物中和高速运动时信号的接收质量，降低掉话率，减少发射功率，延长移动台电池使用时间，提高系统设计时的灵活性。

7.5.3 CDMA2000 系统

CDMA2000（Code Division Multiple Access 2000）是由美国提出的基于 IS - 95 CDMA 的宽带 CDMA 技术，与现有的 TIA/EIA - 95 - B 标准向后兼容，并可与 IS - 95B 系统的频带共享或重叠，这样就使 CDMA2000 系统可在 IS - 95B 系统的基础上平滑地过渡、发展，可最大限度地利用成熟的 CDMA 技术，技术复杂程度低。CDMA2000 的核心网是基于 ANSI - 41，同时通过网络扩展方式提供在基于 GSM - MAP 的核心网上运行的能力。

CDMA2000 采用 MC - CDMA（多载波 CDMA）多址方式，可支持语音、分组数据等业务。CDMA2000 的工作方式可分为 CDMA2000 - 1X 和 CDMA2000 - 3X。CDMA2000 - 1X 独立使用一个 1. 25 MHz 载波，而 CDMA2000 - 3X 将 3 个 1. 25 MHz 载波捆绑在一起使用。

CDMA2000 - 1X 属于 2. 5G 技术，可提供 144 kbit/s 以上速率的电路或分组数据业务，其系统的空中接口为 1XRTT（无线传输技术）。而 CDMA2000 - 1X 的增强型技术，即 CDMA2000 - 1X EV（Evolution）系统，是在 CDMA2000 - 1X 基础上演进而来的。1X EV 系统分两个阶段，即 CDMA2000 - 1X EV/DO（Data Only/Data Optimized）和 CDMA2000 - 1X EV/DV（Data and Voice），前者主要改善数据业务的性能，后者同时改善数据业务和语音业务的性能。

1X EV/DO 的主要特点是提供高速数据服务，每个 CDMA 载波可提供 2. 4576 Mbit/s 扇区的下行峰值吞吐量。下行链路的速率范围是 38. 4 kbit/s ~ 2. 4576 Mbit/s ，上行链路的速率范围是 9. 6 ~ 153. 7 kbit/s。上行链路数据速率与 CDMA2000 - 1X 基本一致，而下行链路的数据速率要远高于 CDMA2000 - 1X。为了能提供下行高速数据速率，1X EV/DO 主要采用了以下关键技术：

（1）下行最大功率发送

1X EV/DO 下行始终以最大功率发射，确保下行始终有最好的信道环境。

（2）动态速率控制

终端根据信道环境的好坏，向网络发送 DRC 请求，快速反馈目前下行链路可以支持的最高数据速率，网络以此速率向终端发送数据，信道环境越好，速率越高，信道环境越差，速率越低。与功率控制相比，速率控制能够获得更高的小区数据业务吞吐量。

（3）自适应编码和调制

根据终端反馈的数据速率情况，网络自适应地采用不同的编码和调制方式向终端发送数据。

（4）HARQ

根据数据速率的不同，一个数据包在一个或多个时隙中发送，HARQ 功能允许在成功解调一个数据包后提前终止发送该数据包的剩余时隙，从而提高系统吞吐量。

（5）多用户分集和调度

CDMA2000 - 1X EV/DO 同一扇区内的用户之间以时分复用的方式共享唯一的下行数据

业务信道。1X EV/DO 默认采用 Proportional Fair 调度算法，该算法使小区下行链路吞吐量最大化。当有多个用户同时申请下行数据传输时，扇区优先分配时隙给 DRC/*R* 最大的用户，其中 DRC 为该用户申请的速率，*R* 为之前该用户的平均数据速率。可将其看作是多用户分集时间相等，即当用户无线条件较好时尽量多传送数据；当用户信道条件不好时少传或不传数据，将资源让给信号条件好的用户，避免自身的数据经历多次重传，降低系统吞吐量，并同时保持多用户之间的公平性。

7.5.4 TD－SCDMA 系统

时分同步码分多址（Time Division－Synchronous Code Division Multiple Access，TD－SCDMA）是由我国于 1998 年提出的第三代移动通信标准，在国际上已被广大运营商、设备制造商所认可和接受，是 ITU 批准的三个 3G 标准之一。

TD－SCDMA 是基于智能天线技术和软件无线电技术的同步时分双工技术。它综合了 TDD 和 CDMA 的技术优势，具有灵活的空中接口，在三个标准中具有最高的频谱效率。随着对大范围覆盖和高速移动等问题的解决，它将成为可以用最经济的成本获得令人满意的 3G 解决方案。

TD－SCDMA 系统全面满足 IMT－2000 的基本要求，采用集 FDMA、TDMA 和 CDMA 为一体的技术，同时使用 1.28 Mc/s 的低码片速率，以 1.6 MHz 的载波带宽提供高达 2 Mbit/s 的数据速率。

1. TD－SCDMA 系统结构

TD－SCDMA 系统结构主要由无线接入网（RAN）和核心网（CN）两大部分组成，如图 7-6 所示。无线接入网包含一个或多个无线网络子系统（RNS），一个 RNS 由一个无线网络控制器（RNC）和一个或多个基站（Node B）组成。

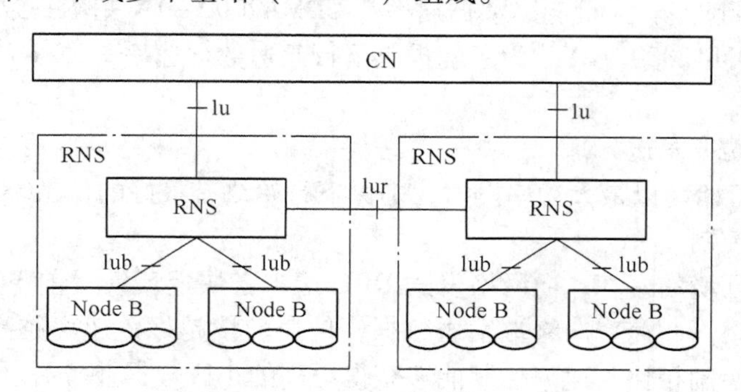

图 7-6 TD－SCDMA 系统结构

系统各部分功能如下：

（1）无线接入网（RAN）

无线网络控制器（RNC）主要完成连接建立和断开、切换、无线资源管理控制，执行系统信息广播与系统接入控制功能，切换和 RNC 重定位等移动性管理功能。

基站（Node B）包括无线收发信机和基带处理部件。它的主要功能是信道编码（如卷积编码和 Turbo 编码，增加检错和纠错能力）、扩频（基带信号变成宽带信号）、调制及解调、解扩、信道解码，还包括基带信号和射频信号的相互转换等功能。

用户设备终端（UE）主要包括射频处理单元、基带处理单元、协议栈模块以及应用层软件模块等。它通过Uu接口与网络设备进行数据交互，为用户提供电路域和分组域内的各种业务功能。

（2）核心网（CN）

核心网由核心网CS域网元、核心网PS域网元以及核心网CS和PS域公共网元三部分组成。

CS域网元由MSC服务器、电路交换－媒体网关（CS－MGW）以及GMSC服务器等功能实体组成。MSC服务器主要实现呼叫控制、移动性管理等功能。电路交换－媒体网关主要功能是提供承载和传输资源。GMSC服务器与MSC服务器功能基本相似，是移动网与外部网络的关口，实现呼叫控制、移动性管理等功能，完成应用层信令转换功能。

PS域网元由服务GPRS支持节点（SGSN）、网关GPRS支持节点（GGSN）以及边界网关（BG）等功能实体构成。SGSN相当于CS域中的MSC，为UE提供分组数据服务，此外还具有移动性管理、鉴权、加密、计费功能；GGSN是核心网分组域与外部分组数据网络的接口，负责分配IP地址，并实现与外部网络协议的转换；BG实现与其他分组域网络的互通。

CS和PS域公共网元由归属位置寄存器（HLR）、来访位置寄存器（VLR）、鉴权中心（AUC）、设备识别寄存器（EIR）等功能实体构成。HLR是TD－SCDMA系统的中央数据库，存储着该HLR控制的所有存在的移动用户的相关数据，包括位置信息、业务数据、账户管理等。VLR是为其控制区域内移动用户服务的，存储着进入其控制区域内已登记的移动用户相关信息，为已登记的移动用户提供建立呼叫接续服务；AUC存储着鉴权信息和加密密钥，用于防止无权用户接入系统和保证通过无线接口的移动用户通信的安全；EIR存储着移动设备的国际移动设备识别码（IMEI），通过核查白名单、黑名单以及灰名单，确保网络内所使用的移动设备的唯一性和安全性。

2. TD－SCDMA系统的关键技术

TD－SCDMA系统除了具备CDMA TDD的所有特点外，还具备以下独特的优点：

① 智能天线。采用波束成形技术，基站天线的方向图随移动台的移动而动态跟踪。由于波束很窄，所以不仅对相关的移动台增益高，而且对其他用户的干扰也小，降低了多径和多址干扰并提高了系统容量。

② 上行同步。上行链路和下行链路一样，都采用正交码扩频。移动台动态调整发往基站的发射时间，使上行信号到达基站时保持同步，保证了上行信道信号的不相关，降低了码间干扰，大大提高了系统容量，降低了基站接收机的复杂度。

③ 联合检测。将同一时隙中的多个用户的信号以及多径信号一起处理，精确解调出各个用户的信号，能有效地解决码间干扰和多用户干扰问题。

④ 接力切换。利用移动台的位置信息，准确地将移动台切换到新的小区，避免了频繁的切换，大大提高了系统容量。

⑤ 软件无线电。软件无线电可以把许多以前需要硬件实现的功能用软件来实现。由于软件修改较硬件修改容易，使得设计、测试变得灵活方便，同时也可以提高不同系统间的兼容性。

⑥ 低速率模式。采用1.28 Mc/s的码片速率，为URTA TDD码片速率的1/3，这有利于与URTA TDD系统的兼容。另外，低的码片速率，在硬件上也容易实现，可大大降低成本。

⑦ 基站地址可以重复利用。根据平滑过渡的原则，GSM 基站和 TD - SCDMA 节点 B 可以配置在同一基站地址。

7.5.5 3G 移动业务

根据 ITU 建议，第三代移动通信系统提供的业务类型有：

① 语音业务。它是典型的语音对称业务，其上/下行链路数据速率为 16 kbit/s，属于电话交换业务。

② 简单消息。它是对应于短消息（SMS）业务，速率为 14 kbit/s，属于分组交换。

③ 交换数据。它属于电路交换业务，其上/下行链路数据速率为 64 kbit/s。

④ 非对称多媒体业务。它属于分组交换业务，特点是下行链路业务量较大，上行链路业务量较小，具体业务包括文件下载、因特网浏览等。

⑤ 交互式多媒体业务。它属于电路交换业务，是一种对称的多媒体业务，即上/下行链路的业务量相等，应用于高保真音响、可视会议和双向图像传输等。

7.6 第四代移动通信系统

7.6.1 4G 的产生背景

尽管目前 3G 的各种标准和规范已冻结并获得通过，但 3G 系统仍存在很多不足之处。仅从技术角度考虑，3G 系统就有许多需要改进的地方，如采用电路交换，而不是纯 IP 方式；最大传输速率达不到 2 Mbit/s，无法满足用户对移动通信系统的速率要求，也不能满足移动流媒体通信的要求；没有达成全球统一的标准，难以实现全球漫游等。正是由于 3G 的诸多局限性推动了人们对下一代移动通信系统—4G 的研究和期待。

1999 年 9 月，国际电信联盟（ITU）把“第三代之后”的移动通信系统下的标准问题提上了日程，在 ITU - R 的工作计划中列入了“IMT - 2000 及其以后的系统”，ITU 有关 4G 的提法是 Beyond IMT - 2000（B3G），并提议各会员国于 2010 年实现 4G（B3G）的商用。2000 年，正式启动了 B3G 的研究工作。2003 年，ITU 对 B3G 关键性能指标做了定义，移动状态下能达到 100 Mbit/s 传输速率，静止状态下能实现 1 Gbit/s 传输速率，但并未限定 4G 的技术路线。2007 年底，ITU 给第四代移动通信系统（4G）分配了无线频段，并给第四代移动通信系统取名为 IMT - Advanced。2009 年 10 月 20 日，ITU 共收到了 6 个技术提案作为未来 4G 的候选技术。在 6 个技术提案中，最受关注的两个是 3GPP 组织提交的 LTE - Advanced 提案和 IEEE 组织提交的 802.16m 提案。由于有大量移动运营商和设备厂商的支持，又有广泛布设的 GSM/WCDMA/HSPA 系统作为基础，目前 LTE - Advanced 被普遍认为是最有前途的 IMT - Advanced 技术提案。

7.6.2 4G 的基础知识

1. 第三代移动通信系统的演进

由于第三代移动通信系统（3G）技术的不断创新、不断完善和不断演进，3G 标准表现出极大的不确定性。WCDMA 已经演进到 WCDMA HSPA（HSDPA/HSUPA），而 CDMA2000 已经演进到 CDMA2000 1xEV - DO/EV - DV，TD - SCDMA 也演进到了 TDD（HSDPA/HSUPA）方案。另外，以无线传输方式向用户提供接入固定宽带网络的宽带无线接入技术也已经成为通信领域的热点。其中，WiMAX 技术作为支持固定和一定移动性的城域宽带无线接入技术是目前业界最为关注的宽带无线接入技术之一。WiMAX 应用了高阶调制、混合自动重传、信道质量反馈、自适应天线、多输入多输出等先进技术，极大提高了无线通信系统的频谱利用率。而且，WiMAX 继承了大量的互联网元素，能更好地与 IP 化的互联网融合。这些都使得 WiMAX 相对于 3G 及其增强技术具有一定的技术优势。

近些年来，移动用户对高速数据业务（如网页浏览、视频传输等）需求的提高，促使了移动通信系统的迅猛发展，以码分多址 CDMA 技术为核心的传统 3G 系统无法满足市场需求，这就要求需要进一步改进和增强 3G 技术以提供更强的业务能力和更好的用户体验。于是，3GPP 和 3GPP2 相应启动了演进型 3G 技术研究工作，以保持 3G 技术竞争力和在移动通信领域的领导地位。3GPP 于 2004 年底启动了长期演进（Long Term Evolution，LTE）项目，以确保 UMTS 系统的长期竞争力。3GPP2 于 2005 年初启动了空中接口演进（Air Interface Evolution，AIE）项目。可以将 3GPP LTE 和 3GPP2 AIE 项目统称为演进型 3G 技术，它通过引入 OFDM、MIMO 等无线通信新技术，对 3G 系统核心技术进行了大规模革新。

综上所述，第三代移动通信系统 IMT - 2000 的后续演进路线主要有 3 条，如图 7-7 所示。由图可见，其后续演进路线具体是：①以 3GPP 为基础的技术路线，即从 2G 的 GSM、2.5G 的 GPRS 到 3G 的 WCDMA 和 TD - SCDMA、3G 增强型的 HSDPA，进而到 LTE 的发展路线，最后演进到 IMT - Advanced。②以 3GPP2 为基础的技术路线，即从 2G 的 CDMA2000 到 2.5G 的 CDMA2000 1x，再到 3G 的 CDMA2000 1x EV - DO/EV - DV，以及长期演进的 UMB 升级版本，最后演进到 IMT - Advanced。③以 IEEE 的 WiMAX 为基础的技术路线，是由宽带无线接入技术向高速移动性、高服务质量的方向演进的结果，由 802.16e 演进到 802.16m，最后演进到 IMT - Advanced。

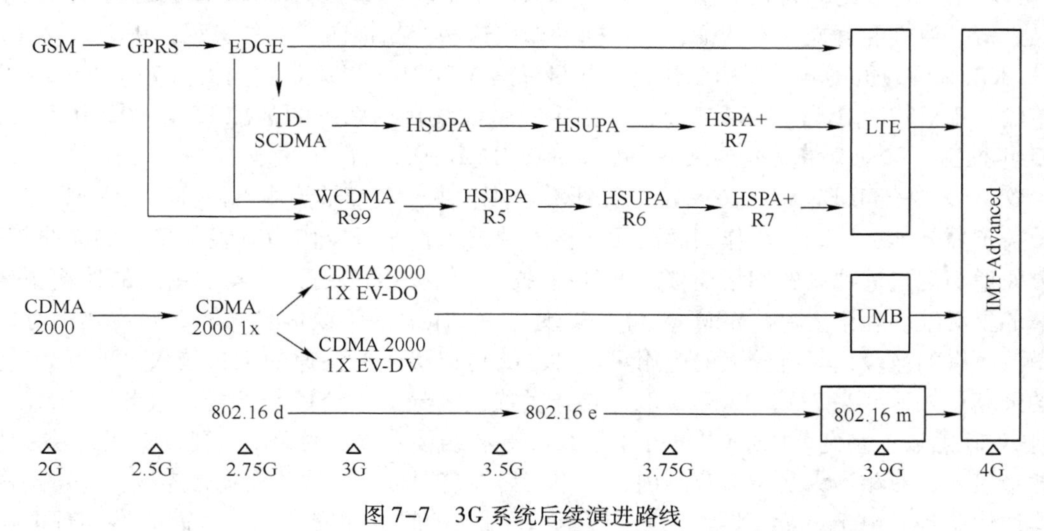

图 7-7 3G 系统后续演进路线

虽然 LTE、UMB 和 WiMAX 各有差别，但它们的核心技术都是基于 OFDM 和 MIMO，只是由于不同组织的主要成员和产业背景不同，在系统设计某些细节上各有侧重。业界普遍认为三个系统将沿着无线宽带接入和宽带移动通信两条路线向 IMT - Advanced 演进。

2. TD - LTE 移动通信系统

3GPP 长期演进（LTE）项目是关于 UTRA 和 UMTS 地面天线接入网（UMTS Terrestrial Radio Access Network，UTRAN）改进的项目，是对包括核心网在内的全网的技术演进。LTE 也被通俗地称为 3.9 G，具有 100 Mbit/s 的峰值数据下载能力，被视为从 3G 向 4G 演进的主流技术。分时长期演进（Time Division Long Term Evolution，TD - LTE）是基于 3GPP 长期演进（LTE）技术的一种通信技术与标准，属于 LTE 的一个分支。其主要特点有：①上行使用 OFDM 衍生技术 SC - FDMA，在保证系统性能的同时能有效降低峰均比，减小终端发射功率，延长使用时间，最大速率达到 50 Mbit/s。②下行使用 OFDMA，最高速率达到 100 Mbit/s，满足高速数据传输的要求。③充分利用信道对称性等 TDD 的特性，简化系统设计的同时提高系统性能。④系统的高层总体上与 FDD 系统保持一致。⑤将智能天线与 MIMO 技术相结合，提高系统在不同应用场景的性能。⑥应用智能天线技术降低小区间的干扰，提高小区边缘用户的服务质量。⑦进行时间/空间/频率的快速无线资源调度，保证系统吞吐量和服务质量。

TD - LTE 对 TD - SCDMA 的网络架构进行了优化，采用扁平化的网络结构。整个 TD - LTE 系统由演进型分组核心网（EPCN）、演进型基站（eNode B）和用户设备终端（UE）三部分组成。其中，演进型分组核心网负责核心网部分，演进型基站负责接入网部分。这种网络结构取消了 RNC 节点，接入网侧仅包含 Node B 一种实体，降低了后期维护的难度，实现了全 IP 路由，趋近于 IP 宽带网络。

3. WiMAX 技术

全球微波接入互操作性（WiMAX）是由业界领先的通信设备公司及器材公司共同成立的非营利组织。该组织旨在对基于 IEEE 802.16 标准和 ETSI HiperMAN 标准的宽带无线接入产品进行一致性和互操作性认证，其目标是加快这些产品推向市场的进程。IEEE 802.16 是 IEEE 802 下设的负责城域网的工作组，其目标是在 20 MHz 频率带宽内提供 74.4 Mbit/s 的数据传输。IEEE 802.16 在 2004 年公布了固定宽带无线接入系统的标准 IEEE 802.16d，又在 2005 年推出了移动宽带无线接入空中接口标准 IEEE 802.16e。

WiMAX 基于 IEEE 802.16 标准的无线城域网技术，其信号传输半径可达 50 km，基本上能覆盖到城郊地区，既可以作为解决无线接入的技术，又可以作为有线网接入的无线扩展，可方便地实现边远地区的网络连接。WiMAX 技术的主要优势有：①实现更远的传输距离和频谱的灵活性。理论上讲，WiMAX 可以实现 50 km 距离的无线信号传输，并且几乎可以使用微波所有的波段，具有较大的应用灵活性。②可以提供更高速的宽带接入。WiMAX 能提供的最高接入速率为 74.4 Mbit/s。③能够提供优良的最后一公里网络接入服务。WiMAX 可以将 WiFi 热点连接到 Internet，也可作为 DSL 等有线接入方式的无线扩展，实现最后一公里的宽带接入，在相当大的覆盖范围内，用户无需线缆即可与基站建立宽带连接。④可提供多媒体通信服务。由于 WiMAX 比 WiFi 具有更好的可扩展性和安全性，从而能够实现电信级的多媒体通信服务。

7.6.3　4G的网络结构及特点

1. 4G的网络结构

4G通信系统按照功能可划分为接入层、承载层和业务控制层。其中，接入层允许用户使用各种终端通过各种形式接入到4G系统中；承载层提供QoS映射、安全管理、地址转换等功能，与接入层之间的接口为开放的IP接口；业务控制层提供对业务的管理、加载等功能，它与承载层之间也有开放的接口，以便于第三方提供新的业务应用。

4G的网络结构如图7-8所示。在该结构中，核心网是一个全IP网络，可以使不同的无线和有线接入技术实现互联、融合。全IP核心网的无线接入点有无线局域网（WLAN）、无线城域网（WiMAX）、无线Adhoc网等；有线接入点有PSTN、ISDN等。移动通信的2G/2.5G和3G/B3G通过特定的网关接入IP核心网。目前的Internet通过路由器与IP核心网相连。

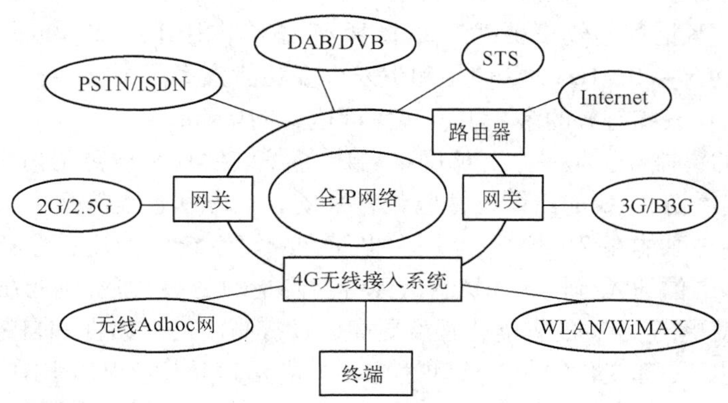

图7-8　4G系统网络结构

由于不同类型的接入技术针对不同业务而设计，接入系统各自拥有不同的应用领域、小区范围和无线环境，因此可以根据接入技术的适用领域、移动小区半径和工作环境，将它们以一种分层的结构组织起来。

① 分配层。主要由平流层通信（STS）、卫星通信和广播电视通信（DAB/DVB）组成，服务小区范围大，特别适合广播业务。它们可与GSM、通用移动通信系统（UMTS）、PSTN、ISDN结合，由这些系统提供上行链路，而由广播电视接入通信系统提供宽带下载信道。

② 蜂窝层。主要由2G、2.5G、3G通信系统和一些新的无线接口组成，这些系统主要是为个人通信服务，有较大的系统容量。

③ 热点小区层。主要由WLAN网络组成，服务范围集中在校园、社区、公司、机场等，支持自适应的调制技术、不对称的数据通信以及高速的信号传输。

④ 个人网路层。主要应用于家庭、办公室等短距离的应用环境，服务范围覆盖面积很小，不同设备之间可以通过蓝牙、DECT等连接在一起。

⑤ 固定层。主要指由双绞线、同轴电缆和光纤等组成的固定通信系统。

移动终端在接入系统时，可根据自己的业务类型自动选择接入系统，以达到对业务的最佳支持，这需要在以下几个方面进行技术革新和突破。

① 在接入系统的物理层方面，优化信道调制、信道编码和信号传输技术，提高信号处理算法、信号检测和数据压缩技术，进一步改善频谱共享和天线技术，最大限度地开发利用有限频率资源。

② 在接入系统高层协议方面，研究网络自我优化和自动重构技术、动态频谱分配和资源分配技术以及网络管理和不同接入系统间的协作，从而提高网络性能。

③ 加强软件无线电技术，从而提高和扩展 IP 技术在移动网络中的应用。

2. 4G 的特点

① 传输速率更快，容量更大。对于大范围高速移动用户（250 km/h）数据速率为 2 Mbit/s；对于中速移动用户（60 km/h）数据速率为 20 Mbit/s；对于低速移动用户（室内或步行者）数据速率为 100 Mbit/s；4G 将采用新的网络技术（如空分多址技术等）来极大地提高系统容量，以满足未来大信息量的需求。

② 频带更宽，频谱利用效率更高。每个 4G 信道将占用 100 MHz 或是更宽的带宽，而 3G 网络的带宽仅为 5 ~ 20 MHz；4G 使用和引入许多功能强大的突破性技术，无线频谱的利用比第二代和第三代系统有效的多，下载速率可达 5 ~ 10 Mbit/s。

③ 具有良好的覆盖性，是一个无缝网络。4G 系统能实现全球范围内多个移动网络和无线网络之间的无缝漫游；4G 的无缝特性应包含系统、业务和覆盖等多方面的无缝性。系统的无缝性指的是用户既能在 WLAN 中使用，也能在蜂窝系统中使用；业务的无缝特性指的是对语音、数据和图像的无缝性；而覆盖的无缝性则指的是 4G 系统应能在全球提供业务。

④ 智能化程度更高。4G 的智能化程度更高，具有高度的自治性和自组织性。它能自适应地进行资源分配，处理变化的业务流和适应不同的信道环境。4G 网络中的智能处理器能够处理节点故障或基站超载，4G 通信终端设备的设计和操作也将智能化。

⑤ 能实现更高质量的多媒体通信。4G 网络的无线多媒体通信服务包括语音、数据、影像等，大量信息通过宽频信道传送出去，让用户可以在任何时间、任何地点接入到系统中，因此 4G 也是一种实时的、宽带的、无缝覆盖的多媒体移动通信。

⑥ 兼容性更平滑。4G 系统应具备真正意义上的全球漫游（包括与 3G、WLAN 和固定网络之间的无缝漫游），接口开放，能跟多种网络互连，终端多样化以及能从 2G 平稳过渡等特点。

⑦ 通信费用更加便宜。

7.6.4 4G 系统的关键技术

1. 正交频分复用（OFDM）技术

正交频分复用（OFDM）技术实际上是多载波调制（MCM）的一种，它是 4G 通信网的核心技术。其主要思想是：将信道分成若干个正交子信道，将高速数据信号转换成并行的低速子数据流，调制在每个子信道上进行传输。正交信号可以通过在接收端采用相关技术来分开，这样可以减少子信道之间的相互干扰。每个子信道上的信号带宽小于信道的相关带宽，因此每个子信道上的衰落可以看成是平坦性衰落，从而可以消除符号间干扰。而且由于每个子信道的带宽仅仅是原信道带宽的一部分，信道均衡变得相对容易。

正交频分复用（OFDM）技术的优点有：

① 频谱利用率很高。OFDM 信号的相邻子载波相互重叠，从理论上讲其频谱利用率可以接近奈奎斯特极限。

② 抗衰落能力强。OFDM 把用户信息通过多个子载波传输，在每个子载波上的信号时间就相应地比同速率的单载波系统上的信号时间长很多倍，使 OFDM 对脉冲噪声和信道快衰落的抵抗力更强。同时，通过子载波的联合编码，达到了子信道间的频率分集的作用，也增强了对脉冲噪声和信道快衰落的抵抗力。

③ 适合高速数据传输。OFDM 自适应调制机制使不同的子载波可以按照信道情况和噪声背景的不同使用不同的调制方式。当信道条件好时，采用效率高的调制方式；当信道条件差时，采用抗干扰能力强的调制方式。

④ 抗码间干扰能力强。OFDM 由于采用了循环前缀，对抗码间干扰的能力很强。

2. 多输入多输出（MIMO）技术

多输入多输出（MIMO）技术是指在基站发射机和终端接收部分都有多个天线，这比在基站发射机有多个天线和终端接收部分只有一个天线的系统有优势。如果在发射和接收部分都有多个天线，可以利用码重用技术。码重用的尖峰容量是一个发送天线可达到速率的 M 倍（M 是发射天线的数目）。利用码重用技术和低的调制方式可以达到一些媒体数据速率，而不需要采用较高的调制方式。

对于采用多天线阵发送和接收技术的系统，在理想情况下，信道容量随着 M 线性增加，从而提供了目前其他技术无法达到的容量潜力。同时，由于多天线阵发送和接收的本质是空间分集与时间分集的结合，因此该系统具有较好的抗干扰能力。

3. 载波聚合技术

为了支持不断上升的用户需求，移动通信技术需要提供更快的通信速率和更大的系统容量。在 LTE - Advanced 中，要求支持比 LTE 更宽的传输带宽，而且为了与 LTE 兼容，还必须可以支持 LTE 系统中的移动终端。另外，无线通信经过了长期发展，现有的无线频谱资源已经被 2G、3G 和卫星通信等通信系统所大量占用，这些技术满足了用户当前的需求，并不会马上被新一代技术所取代，而是在很长的一段时间内将和 IMT - Advanced 系统共同发展。现有的技术将继续占用各自的频率资源，剩余的可用于 IMT - Advanced 技术的频率很可能是离散的，这就需要研究如何将现有剩余的离散频段资源进行整合后用于宽带通信的问题。LTE 在 Release 10 版本开始研究载波聚合技术，通过多个单元载波的聚合使用，实现更大的系统带宽，并且提供了将离散频率资源进行整合利用的功能。

载波聚合是指 LTE - Advanced 中的传输带宽可以是由两个或两个以上的载波单元聚合而成，这样 LTE - Advanced 就可以看作是 LTE 中多载波的一种扩展了。在 LTE - Advanced 中，载波的聚合不仅应包含聚合相邻的载波，还应该可以聚合不相邻的载波，而且在聚合的载波单元中，至少有一个是符合 LTE 中载波的要求的，这样就可以保证与 LTE 终端的兼容性。对于其他的聚合单元，分三种情况：与 LTE 中的载波要求完全一致、与 LTE 中的载波要求部分兼容和与 LTE 中的载波要求完全不兼容。前两种情况不需要引入新的信道，而后一种情况需要引入新的信道。

4. 协作多点传输技术

LTE - Advanced 中提出的协作多点传输技术（CoMP）可分为分布式天线系统（DAS）和协作式 MIMO 两大类。

分布式天线系统一改传统蜂窝系统中集中式天线系统的风格，将天线分散安装，再用光纤或是电缆将它们连接到一个中央处理单元进行统一的收发信号处理。这使得发送功率得以降低，提高整个系统的功率使用效率，降低小区间的干扰，而且可以提高资源管理的灵活性、优化资源的使用、提高频谱效率等。

协作 MIMO 是对传统的基于单基站的 MIMO 技术的补充，它通过基站间协作的 MIMO 传输来达到减小小区间干扰、提高系统容量、改善小区边缘的覆盖和用户数据速率的目的。多个小区的基站使用光纤或电缆连接，通过协作通信与用户形成虚拟 MIMO 系统。各基站由中央处理单元进行统一的调度或联合的信号处理。

5. 中继技术

中继技术就是采用无线信号转发的方式进行通信，通过快速、灵活地部署一些节点，从而达到改变系统容量和改善网络覆盖的目的。以较简单的两跳中继为例，就是将一条基站 - 移动台链路分割为基站 - 中继站和中继站 - 移动台两条链路，从而有机会将一条质量较差的链路替换为两条质量较好的链路，以获得更高的链路容量和更好的覆盖。中继可以分为两种基本类型：放大转发中继方式和解码转发中继方式。

放大转发中继中的中继节点只是将接收到的信号简单地进行放大之后转发，对基站和终端来说它都是透明的，即不知道它的存在。所有的无线资源管理功能、重传功能和移动性管理功能仍由基站处理。这种方式获得的增益小，但时延小，设备简单。

解码转发中继中的中继节点对接收到的信号进行解码，之后重新编码进行转发。这种方式的时延较大，但噪声和干扰信号不会被转发，增益较大，并且可以根据链路的情况引入链路自适应技术。

7.6.5 4G 移动通信发展面临的问题

随着 4G 移动通信技术的发展和应用，无线通信质量和网络速度将会大幅提升，可以为广大用户提供更为快速、便捷、丰富的通信生活。然而我们也应该认识到，4G 移动通信技术发展过程中依然面临着不少的问题，具体有：

① 完善 4G 系统中的关键技术难度大、时间长。如上文所述，4G 系统中所涉及的关键技术较多，而完善各关键技术都是有一定难度的。因此，要完善 4G 系统并不是短时间内能实现的目标。

② 实现 4G 系统理论速度的难度大。由于 4G 的理论速度较以往 3G 来说要大得多，所以在 4G 的应用与推广过程中，能否真正实现 4G 的理论速度仍难以确定。要知道，在实现 4G 系统的过程中，其实际速度受终端限制，即终端媒介的容量等条件的限制。因此，要实现 4G 系统的理论速度是有一定难度的。

③ 4G 系统的研发与应用易受市场限制。如果市场对 4G 系统的建立不热心或处于观望态度的话，那么该技术的研发和推广必然受到一定的限制，甚至面临被更高效技术取代的威胁。

④ 4G 系统发展所需的配套设施完善难度大。在 4G 系统的发展与应用中，除了需要解决所涉及的关键技术外，还必须完善 4G 系统的一系列配套设施，确保在 4G 移动通信技术真正投入使用时，其相关的领域跟踪与配合都较为完善，这将涉及一系列的技术、资金、观念问题，包括基础设施的更新改造、旧设备的兼容等。

7.7 移动通信技术未来的发展趋势

7.7.1 第五代移动通信系统（5G）概述

第五代移动通信系统（5G）是继 4G 之后，为了满足智能终端的快速普及和移动互联网的高速发展而正在研发的下一代无线移动通信技术，是面向 2020 年以后人类信息社会需求的无线移动通信系统。根据移动通信的发展规律，5G 将具有超高的频谱利用率和能效，在传输速率和资源利用率等方面较 4G 移动通信提高一个量级或更高，其无线覆盖性能、传输时延、系统安全和用户体验也将得到显著的提高。5G 移动通信将与其他无线移动通信技术密切结合，构成新一代无所不在的移动信息网络，满足未来 10 年移动互联网流量增加 1000 倍的发展需求。5G 移动通信系统的应用领域也将进一步扩展，对海量传感设备及机器与机器（M2M）通信的支撑能力将成为系统设计的重要指标之一。未来 5G 系统还须具备充分的灵活性，具有网络自感知、自调整等智能化能力，以应对未来移动信息社会难以预计的快速变化。

2013 年初欧盟在第 7 框架计划启动了面向 5G 研发的 METIS（Mobile and Wireless Communications Enablers for the 2020 Information Society）项目，将分别对场景需求、空口技术、多天线技术、网络架构、频谱分析、仿真及测试平台等方面进行深入研究，由包括我国华为公司等 29 个参加方共同承担；英国政府联合多家企业，创立 5G 创新中心，致力于未来用户需求、5G 网络关键性能指标、核心技术的研究与评估验证；韩国由韩国科技部、ICT 和未来计划部共同推动成立了韩国“5G Forum”，专门推动其国内 5G 进展；我国工业和信息化部、发改委和科技部共同成立了 IMT－2020 推进组，作为 5G 工作的平台，旨在推动国内自主研发的 5G 技术成为国际标准。

目前，世界各国正对 5G 的发展愿景、应用需求、候选频段、关键技术指标等进行广泛的研讨，力求在 2015 年世界无线电大会前后达成共识，并于 2016 年后启动有关标准化进程。

7.7.2 第五代移动通信系统（5G）的关键技术

1. 新型多天线技术

多天线技术是一种提高网络可靠性和频谱效率的有效手段，目前正被广泛应用于无线通信领域的各个方面，如 3G、LTE、LTE－Advanced 等。新型大规模多天线技术可以实现比现有的 MIMO 技术更高的空间分辨率，使得多个用户可以利用同一时频资源进行通信，从而在不增加基站密度的情况下大幅度提高频率效率。另外，新型多天线技术可以降低发送功率，可以将波束集中在很窄的范围内，可以降低干扰。

总之，新型多天线技术无论是在频谱效率、网络可靠性方面还是在能耗方面都具有不可比拟的优势，因此在5G时代将会普遍使用。

2. 高频段传输技术

目前的移动通信系统工作频段主要在3 GHz以下，随着用户的增加，使得频谱资源十分拥挤。但在3 GHz以上的频谱资源非常丰富，如果能够有效利用这一区间的频谱资源，将会极大地缓解频谱资源紧张的问题。如毫米波频率范围为26.5～300 GHz，带宽高达273.5 GHz，超过从直流到微波全部带宽的10倍。与微波相比毫米波元器件的尺寸要小得多，毫米波系统更容易小型化，可以实现极高速短距离通信，支持5G系统容量和传输速率等方面的需求。

因此，高频段的使用将会成为未来发展的趋势。高频段具有许多优点，比如：可用带宽非常充足，设备和天线小型化，天线增益较高。不过高频段也存在一些不足之处，例如：穿透和绕射能力弱、传输距离短、传播特性不佳等，同时高频器件和系统设计的成熟度、成本等因素也需要得到解决。

3. 同时同频全双工技术

同时同频全双工技术被认为是一项有效提高频谱效率的技术，它是在同一个物理信道上实现两个方向信号的传输，即通过在通信双工节点的接收机处消除自身发射机信号的干扰，在发送信号的同时，接收来自另一节点的同频信号。相对于传统的时分双工（TDD）和频分双工（FDD）而言，同时同频全双工可以将频谱效率提高一倍。同时，全双工技术能够突破FDD和TDD方式的频谱资源使用限制，使得频谱资源的使用更加灵活。因此，该技术可有效解决5G对频谱的需求。

不过，同时同频全双工技术也面临一个技术难题，就是在发送和接收信号的过程中，由于功率差距非常大，会导致非常严重的自干扰，因此首要解决的问题就是消除干扰。另外，还存在着相邻小区同频干扰问题，同时同频全双工技术在多天线的环境下应用难度会更大。

4. 设备间直接通信技术

传统的移动通信系统组网方式，是以基站为中心实现小区覆盖，中继站及基站不能移动，网络结构的灵活度有较大限制。未来5G网络，数据流量大，用户规模大，传统的以基站为中心的业务组网方式将无法满足业务需求。设备间直接通信技术（D2D）能够在相邻终端之间在近距离范围内通过直接链路进行数据传输，而不需要经过中间节点。D2D技术是短距离直接通信，信道质量高，具有较高的数据速率、较低的时延和较低的功耗；通过广泛分布的终端设备，能够改善覆盖，实现频谱资源的高效利用；支持更灵活的网络架构和连接方法，提升链路灵活性和网络可靠性。

目前，D2D正在发展更强的中继技术、多天线技术和联合编码技术等，提高通信效率和质量，它将是5G采用的关键技术之一。

5. 密集网络技术

5G是一个多元化、宽带化、综合化、智能化的网络，数据流量将比4G高的多。要实现这个目标有两种技术：一是在宏基站处部署大规模天线来获取更高的室外空间增益；二是部署更多的密集网络来满足室内和室外的数据需求。针对未来5G网络的数据业务将主要分布在室内和热点地区的特点，并且根据在相对等的条件下，密集网络提升的信噪比增益不低于大规模天线带来的信噪比增益的特点，人们将密集网络做为提高数据流量的关键技术进行研究。

密集网络缩短发送端和接收端的物理距离，从而提升终端用户的性能，改善网络覆盖，大幅度提升系统容量，并能对业务进行分流，具有更灵活的网络部署和更高效的频率复用。未来，面向高频段大宽带，将采用更加密集的网络方案。

6. 自组织网络技术

在传统无线通信网络中，网络部署、配置、运营、维护等都是靠人工完成，不仅占用大量的人力资源，而且效率十分低下，并且随着移动通信网络的快速发展，仅仅依靠人力更加难以实现良好的网络优化。为了解决运营商的网络部署、优化问题，同时降低运营商在运营、维护方面投入对总投入的占比，使运营商能够在满足客户需求的条件下快速便捷地部署网络，提出了自组织网络（SON）的概念。自组织网络的设计思路是在网络中引入自组织能力，包括自配置、自由化、自愈合等，实现网络的规划、部署、维护、优化和排障等环节的自动进行。

5G 将会是一个多制式的异构网络，将会有多层、多种无线接入技术共存，使得网络结构变得十分复杂，各种无线接入技术内部和各种覆盖能力的网络节点之间的关系错综复杂，网络的部署、维护、运营将成为一个极具挑战性的工作。为了降低网络部署、运营维护复杂度和成本，提高网络运营维护质量，5G 将会支持更智能的、统一的自组织网络功能。

7.7.3 第五代移动通信系统（5G）的应用前景展望

5G 移动通信系统的主要发展目标将是与其他无线移动通信技术密切衔接，为移动互联网的快速发展提供无所不在的基础性业务能力，满足未来移动互联网业务飞速增长的需求，并为用户带来新的业务体验。其未来的发展方向必定是以“人的体验”为中心，在终端、无线、业务、网络等领域进行融合和创新。同时，在用户感知、获取、参与和控制信息的能力上带来革命性的影响。

5G 技术的研究尚处于初期阶段，今后几年将是确定其技术需求、关键指标和使能技术的关键时期。5G 移动通信系统容量的提升将从频谱效率的进一步提高、网络结构的变革和新型频谱资源开发与利用等途径加以实现，将派生出一系列新的无线移动通信核心支撑技术。可以预见，5G 技术的发展将呈现出如下新的特点：

① 在推进技术变革的同时将更加注重用户体验，网络平均吞吐速率、传输时延以及对虚拟现实、3D、交互式游戏等新兴移动业务的支撑能力将成为衡量 5G 系统性能的关键指标。

② 与传统移动通信系统理念不同，5G 系统将不仅仅把点到点的物理层传输与信道编译码等技术作为核心目标，而是以更为广泛的多点、多用户、多天线、多小区协作组网作为突破的重点，力求在体系架构上寻求系统性能的大幅提高。

③ 室内移动通信业务已占据应用的主导地位，5G 系统的室内无线覆盖性能及业务支撑能力将作为系统优先设计目标，从而改变传统移动通信系统“以大范围覆盖为主、兼顾室内”的设计理念。

④ 高频段频谱资源将更多地应用于 5G 系统，但由于受到高频段无线电波穿透能力的限

制，无线与有线的融合、光载无线组网等技术将被更为普遍地应用。

⑤ 可“软”配置的5G无线网络将成为未来的重要研究方向，运营商可根据业务流量的动态变化实时调整网络资源，有效地降低网络运营的成本和能源的消耗。

另外，根据METIS的研究，5G技术的未来应用场景主要有：

① 超高速传输，为未来移动宽带用户提供超高速数据网络接入。

② 超大规模的用户，为人口高密度地区或场合提供高质量移动宽带服务。

③ 永远在线，随时随地最佳应用，确保用户在移动状态仍享有高品质服务。

④ 超可靠的实时连接，确保新应用和用户在时延和可靠性方面符合安全标准。

⑤ 无处不在的物-物通信，确保高效处理多样化的大规模设备通信，包括机器类设备和传感器连接等。

总之，5G是面向2020年以后信息社会需求的新一代移动通信系统，学术界和产业界正在对其概念和技术进行广泛探讨，尽管尚未形成统一的标准，但随着信息和网络技术的快速发展，5G的关键技术将取得实质性突破，5G系统具有广阔的应用前景。

习题

7-1 什么是移动通信？移动通信有哪些特点？

7-2 移动通信系统主要由哪些部分组成？

7-3 简述多径传播的概念。

7-4 简述数字移动通信的基本技术及特点。

7-5 简述蜂窝移动通信的工作原理。

7-6 为什么采用小区制比大区制有更高的通信容量？

7-7 简述GSM系统的特点。

7-8 GSM网络通常由哪几部分组成？

7-9 GSM网络通常提供的基本业务有哪些？

7-10 简述CDMA系统的网络结构。

7-11 CDMA系统的特点及关键技术是什么？

7-12 简述第三代移动通信系统的基本目标。

7-13 简述第三代移动通信系统的特点。

7-14 简述WCDMA系统的结构和各部分的功能。

7-15 TD-SCDMA的关键技术有哪些？

7-16 简述第三代移动通信系统的后续演进路线。

7-17 简述第四代移动通信系统的网络结构。

7-18 简述第四代移动通信系统的特点。

7-19 第四代移动通信系统采用的关键技术有哪些？

7-20 第四代移动通信系统发展面临的问题主要有哪些？

7-21 第五代移动通信系统将会采用哪些关键技术？

第8章　多媒体通信

8.1　多媒体通信概述

在以信息技术为主要标志的高新技术产业中，多媒体技术开辟了当今世界计算机和通信主业的新领域，广泛影响着人类的生活和工作。多媒体技术的真正潜力在于与通信网络的融合，它是将原来彼此独立的三大技术领域：计算机、广播电视、和通信领域一一融合起来而形成的一门崭新技术，具有广阔的发展前景。从理论上来说，多媒体通信体现了信息处理与通信理论的进步；从技术上来说，多媒体通信体现了人机交互及信息系统集成的成果；从应用上来说，多媒体通信体现了宽带通信网络中多业务及增值业务的拓展。

本章首先介绍多媒体技术的概念，并对多媒体通信系统的概念及主要特征、多媒体通信中涉及的关键技术和多媒体通信的应用作了详细描述，最后分析了多媒体通信技术的发展趋势。

8.1.1　多媒体通信系统

多媒体通信是指能够提供多种媒体信息传输的通信，传输的信息主体是多媒体，即文本、数据、图形、动画、图像、声音、语音、视频等，以及它们之间的不同组合，但必须包含一种时基类媒体，如语音或视频。多媒体通信是多媒体技术、计算机技术、通信技术和网络技术等相互结合和发展的产物。多媒体通信的关键特性体现在多媒体通信的集成性、交互性、同步性三个方面。

1. 集成性

多媒体通信系统能够处理、存储和传输多种表示媒体（即图像编码、文本编码、声音编码等），并能显现多种媒体（图像、文字、声音等）。因此多媒体通信系统是综合了多种编译码器、多种感觉媒体显现方式于一体，能够与多种传输媒体进行接口，并且能与多种存储媒体进行通信的综合的通信系统。

2. 交互性

交互性指在通信中人与系统之间的相互控制能力。在多媒体通信系统中，交互性有两个方面的内容：其一是人机接口，也就是人在使用系统的终端时，用户终端向用户提供的操作界面；其二是用户终端与系统之间的应用层通信协议。

人机接口是系统向用户提供的操作界面。目前最好的能用于多媒体通信系统的人机界面为基于视窗的人机接口界面。视窗人机接口是一种基于图符的接口方式，它可以提供菜单、按钮、选择框、列表项、输入域、对话框等多种复杂的人机界面，以满足多媒体通信系统复杂的交互操作的需要。

除了人机接口外，多媒体通信系统中交互性的另一个方面是用户终端与系统之间的应用层通信协议。在多媒体通信系统中可以存储、传输、处理、显示多种媒体，而这些表示媒体之间又存在着复杂的同步关系，不同的表示媒体可以以串行的方式传送给用户，也可能以并发的形式传送给用户，以便让用户终端能按照同步关系来复现多媒体的信息。例如数字彩色电视机可以对多种表示媒体（图像编码、声音编码）进行处理，也能进行多种感觉媒体（图、文、声）的显现，但用户除了能进行频道切换来选择节目外，不能对它的全过程进行有效的选择控制，因此，彩色电视系统不是多媒体系统。视频点播（Video On Demand，VOD）系统则不同，用户可以对其全过程进行有效的控制，如控制播放、暂停、快进、快退等过程。因此 VOD 系统是多媒体系统。

3. 同步性

同步性指的是在多媒体通信终端上显现的图像、文字和声音是以同步的方式工作的。例如，用户要检索一个重要的历史事件的片段，该事件的运动图像（或静止图像）存放在图像数据库中，其文字描述和语言说明则放在其他数据库中，多媒体通信终端通过不同传输途径将所需要的信息从不同的数据库中提取出来，并将这些声音、图像、文字同步起来，构成一个整体的信息呈现在用户面前，使声音、图像、文字实现同步，并将同步的信息送给用户。

8.1.2 多媒体通信的关键技术

多媒体通信是一项综合技术，其中多媒体计算机与多媒体数据库是它的核心；图像与语音压缩技术是它的重要支柱；多媒体通信网，尤其是宽带综合业务数字网（B-ISDN）是传输多媒体信息的重要手段。当前，尽管多媒体通信已取得了一定的进展，然而，如何进一步提高系统的质量与功能，以最大限度地满足人们的需求，还应进一步突破以下一些关键技术：

① 不断提高各种多媒体计算机芯片以及多媒体产品的质量，开发新的多媒体软、硬件产品品种，降低它们的成本。

② 实现系统中各种多媒体信息之间的相互转换。例如，利用语音识别和合成技术将语音转换成文本，或将文本转换成语音。

③ 进一步提高调制解调器的速度与通信线路的质量，以满足多媒体通信的要求。

④ 进一步压缩语音与图像数据。例如，英、美两国研究出的一种超低比特率的活动图像压缩标准（MPEG-4），这种专供电话线路传送活动图像用的新标准已经投入使用。

⑤ 信息同步问题。信息的时空同步问题伴随着多媒体通信发展的始终。如何保持各种媒体信息在时间上的一致性，是多媒体通信系统必须解决好的问题。各种多媒体应用系统对同步性的要求也不一样，所采用的办法也各不相同。现在解决多媒体通信中信息同步的有效方法是缓冲与反馈方法和时间戳方法。今后还需要继续增加带宽，提高图像压缩与传输技术，以进一步解决多媒体信息的严格匹配问题。

⑥ 开发能传送双向图像的宽频技术。在美国，各电话公司都在开发能传送双向图像的宽频带技术。

⑦ 建立分布式多媒体系统。分布式多媒体系统就是把多媒体信息的获取、表示、传输、存储、加工和处理集成一体，运行在一个分布式计算机网络环境中，以便把多媒体信息的综合性、实时性、交互性和分布式计算机系统的资源分散性、工作并行性和系统透明性结合在一起。

⑧ 充分利用终端上的信息处理能力，以减少通信线路上的信息量，进而减少通信费用与成本。

⑨ 在标准化方面，应尽量做到与国际标准衔接。目前美、日两国都在积极开展多媒体的标准化研究。国际电信咨询委员会（CCITT）加紧进行多媒体通信协议的标准化工作。

1. 多媒体通信体系结构模式

多媒体通信体系结构主要包括 5 个方面的内容。

（1）传输网络

它是体系结构的最底层，包括 LAN（局域网）、WAN（广域网）、MAN（城域网）、ISDN、B－ISDN（ATM）、FDDI（光纤分布数据接口）等高速数据网络。该层为多媒体通信的实现提供了最基本的物理环境。在选用多媒体通信网络时应视具体应用环境或系统开发目标而定，可选择该层中的某一种网络，也可组合使用不同的网络。

（2）网络服务平台

该层主要提供各类网络服务，使用户能直接使用这些服务内容，而无需知道底层传输网络是怎样提供这些服务的，即网络服务平台的创建使传输网络对用户来说是透明的。

（3）多媒体服务平台

该层主要以不同媒体（正文、图形、图像、语音等）的信息结构为基础，提供其通信支持（如多媒体文本信息处理），并支持各类多媒体应用。

（4）一般应用

该应用层指人们常见的一些多媒体应用，如多媒体文本检索、宽带单向传输、联合编辑以及各种形式的远程协同工作等。

（5）特殊应用

该应用层所支持的应用是指业务性较强的某些多媒体应用，如电子邮购、远程培训、远程维护、远程医疗等。

就其形式而言，典型的多媒体通信系统的组成和现有的通信系统大体上类似，仍然可以分为终端设备、传输设备和交换设备。多媒体终端设备通常承担多种媒体的输入和输出、多媒体信息的处理、多媒体之间的同步等任务。传输、交换设备则主要承担多种媒体信息传送的网络连接、对网上传输信息的分配与管理等任务。

2. 多媒体通信系统的通信方式

多媒体通信系统一般使用两种基本的通信方式：人对人的通信和人对机器的通信。图 8-1给出了这两种通信方式。

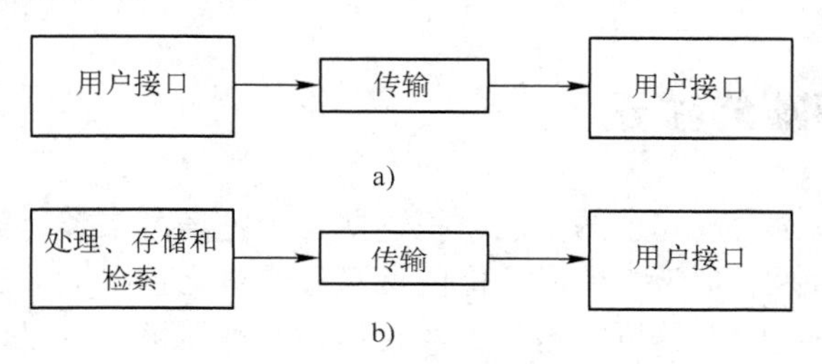

图 8-1　多媒体通信系统的通信方式

a）人对人的通信　b）人对机器的通信

图 8-1a 所示的人对人的通信方式中，有一个用户接口，它向所有用户提供了一些机

制，从而让他们进行交互；并且带有一个传输层，它把多媒体信号从一个用户位置转送到一些或所有的通信关联的其他用户位置。用户接口创建了多媒体信号，并允许用户以一种易用的方式与多媒体信号进行交互。传输层保留了多媒体信号的质量，以便所有的用户可以在每个用户位置上接收到他们认为是高质量的信号。

人对人通信的应用例子有电话会议、可视电话、远程教育和共享工作空间的活动。图 8-1b所示的人对机器的方式中，同样也有一个用户接口来与机器进行交互，还有一个传输层用来将多媒体信号从存储位置转移到用户。这里还有一种机制用来存储和检索多媒体信号，这些信号是由用户创建或要求的。存储和检索机制涉及到寻找现有多媒体数据的浏览和检索过程。为了将用户创建的多媒体数据转移到适当的位置以供他人存取，这些机制也涉及了存储和归档处理。人对机器的通信应用例子包括商务会议记录的创建和存取，以及对数字图书馆或其他储存库中的广播电视和文件的存取。

3. 多媒体通信业务

会话型业务一般是指人与人之间的多媒体通信业务，包括点对点的可视电话业务、点对多点的视频教育业务、多点对多点的会议电视业务等。这些业务需要传递视频、声音、图像、数据和文字中的某一种媒体流或几种媒体流的组合和交互处理。

分配型业务是指信息源与人群之间的信息传递，是一种点对多点的业务。不同于传统的电视业务，它既可以是广播型业务，也可以是点播型业务，如视频点播。

检索型业务是指个人与多个信息源之间的信息检索，用户可以随时从不同地点的多媒体数据库中检索到需要的多媒体信息，如文字、音频、图像或视频信息。检索型和分配型业务的完成的都是人与计算机之间的互操作。

消息型业务是指人与人之间信息的转发，可以是点对点、点对多点、多点对点。转发的信息可以是文字、图像、声音和视频信息，无对即时性要求，一般采用储存转发的方式。

消息型业务与会话型业务一样，完成的是人与人之间的通信，不同的是消息型业务要经过计算机的中间储存。

表 8-1 多媒体通信业务类型

业务类型	具体应用	业务类型	具体应用
会话型业务	可视电话、会议电视	检索型业务	图文传送、多媒体信息检索
分配型业务	视频点播、音/视频广播	消息型业务	话音信箱、多媒体邮件

8.2 压缩编码标准与技术

在多媒体信息中包含大量冗余的信息，把这些冗余的信息去掉，就实现了压缩。数据压缩技术有 3 个重要指标：一是压缩前后所需的信息存储量之比要大；二是实现压缩的算法要简单，压缩、解压缩速度快，尽可能地做到实时压缩和解压缩；三是恢复效果要好，要尽可能完全恢复原始数据。

8.2.1 静止图像压缩编码标准

图像由于其表示方法的原因导致其完整、真实地保存一幅图片时，所占用的物理空间是极其庞大的。例如一幅 1024×468 像素，256 色的图像，就需要存储 1024×468×24 位 = 11501568 位，相当于 1024×468×3 = 1437696 字节，约合 1040 KB 的信息。而这种图像在网络环境中几乎是不可接受的，因此对图像进行数据压缩是一个值得我们重视的问题。

图像编码压缩的目的是节省图像存储空间，减少传输信道的容量，缩短图像加工处理时间，针对不同的应用目的可以使用不同的压缩方法。

图像的数据压缩可分成两类，一类是无损压缩，另一类是有损压缩。无损压缩利用数据的统计冗余进行压缩，可以保证在数据压缩和还原过程中，图像信息没有损失或失真，图像还原（解压缩）时，可完全恢复，即重建后的图像与原始图像完全相同。例如，有行程编码（RLE）、增量调制编码（DM）、霍夫曼（Huffman）编码、LZW 编码等。有损压缩方法利用人眼视觉对图像中的某些频率成分不敏感的特性，采用一些高效的有限失真数据压缩算法，允许压缩过程中损失一定的信息。采用有损压缩的数据进行图像重建时，重建后的图像与原始图像虽有一定的误差，但并不影响人们对图像含义的正确理解，却换来了较大的压缩比，大幅度减少了图像信息中的冗余信息。

1. JBIG 标准

JBIG（Joint Bi-level Image experts Group）属于黑白文稿数据压缩系统，是二值图像压缩的国际标准。二维压缩技术是指在水平方向和垂直方向都进行了压缩，二值图像的每一个像素只用一位表示。JBIG 采用累进工作方式，能使具有不同分辨率的图像设备使用同一压缩图像，可以方便地在一组图像中浏览，非常适合于分组网中传输。JBIG 采用无损压缩技术，但其压缩率比目前的传真标准高很多。

JBIG 的编码器可分解为 D 个相同的差分层编码器串联，最后一个是底层编码器。其中，D 是累进参数，可以任意选择，一般为 4～6，当 $D=0$ 时，JBIG 进行非累进图像压缩。差分层编码器和底层编码器的核心是一个自适应算数编码器。在差分层编码器中，还含有把分辨率降低一半的功能。JBIG 的解码过程与编码过程正好相反。

2. JPEG 标准

JPEG（Joint Picture Expert Group，联合图像专家组）是国际标准化组织（ISO）和 CCITT 联合制定的静态图像的压缩编码标准。和相同图像质量的其他常用文件格式（如 GIF，TIFF，PCX）相比，JPEG 是目前静态图像中压缩比最高的。JPEG 标准适用于黑色及彩色照片、传真和印刷图片压缩，主要用于计算静止图像压缩。

为了满足各种需要，JPEG 制定了 4 种工作模式

① 无失真压缩　对图像从左到右、从上到下进行扫描，然后将得到的每个像素点信号进行编码压缩。

② DCT 的顺序工作方式　将图像划分为 8×8 个数据块，以从左到右、从上到下的顺序输入，并进行 DCT 正向变换和量化，然后对量化后的 DCT 系数进行图像的熵编码。

③ DCT 的累进工作方式　图像的 8×8 数据块的输入顺序与顺序工作方式相同，但对图像要采取多次扫描的方式。一般是将量化后的 DCT 系数先存入缓存中，然后这些系数在多次扫描的每一趟中部分进行编码输出。

④ DCT 的分层工作方式　图像被当成一个帧序列，这些帧以多种分辨率进行编码，按不同的应用要求获得不同的低分辨率图像，可以重建恢复全图。

JPEG 标准采用混合编码方法。它定义了两种基本压缩算法：一种是基于空间线性预测技术，即差分脉冲调制的无失真压缩算法；另一种是基于 DCT 的有失真压缩算法，并进一步使用游程编码和熵编码。

（1）无失真预测编码压缩算法

JPEG 标准用基于 DPCM 的压缩算法来满足需要无失真压缩图像数据的特殊应用场合，其编码器框图如图 8-2 所示。对于中等复杂程度的彩色图像，采用这种算法所得到的压缩比可达到 2:1。

DPCM 编码在硬件上很容易实现，且其重建的图像质量比较好。图 8-3 给出了三个邻域采样值（a、b、c）的示意图。图 8-3 中 $\hat{x}$ 表示 x 的预测值，它可以从表 8-2 中的 8 种预测公式中选择一种公式，并根据 a、b、c 值预测得到。将实际的 x 减去预测值 $\hat{x}$ 得到一个差值，该差值不进行量化，直接进行熵编码，就可以无失真地恢复原始图像信息。

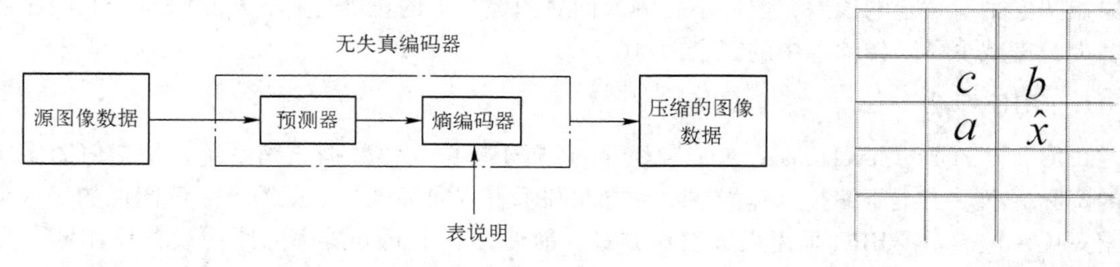

图 8-2　无失真编码器

图 8-3　三个邻域预测

表 8-2　三个邻域预测公式

选择值	预测	选择值	预测
0	非预测	4	$a+b-c$
1	a	5	$a+(b-c)/2$
2	b	6	$b+(a-c)/2$
3	c	7	$(b+a)/2$

（2）基于 DCT 的有失真压缩编码

在基于 DCT 的压缩编码算法体系中，包括基本系统和增强系统两个不同层次的系统，并定义了顺序工作方式和累进工作方式。基本系统只采用顺序工作方式，进行熵编码时只能采用 Huffman 编码，且只能存储两套码表。增强系统是基本系统的扩充，可采用累进式工作方式，在熵编码时可选用 Huffman 编码或自适应二进制算数编码。

基于 DCT 编码的过程是：先通过 DCT 去除数据冗余，再对 DCT 系数进行量化；然后，对量化后的 DCT 系数中的直流系数（DC）和交流系数（AC）分别进行差分编码或游程编码；最后，在进行熵编码。编码的简化框图如图 8-4 所示。

图 8-4 中表示的是一个分量（如图像的灰度）图像的压缩编码过程，而对于彩色图像，则据此以多分量（亮度信号分量、色度信号分量等）分别进行处理。另外，解码过程是上述编码过程的逆过程。

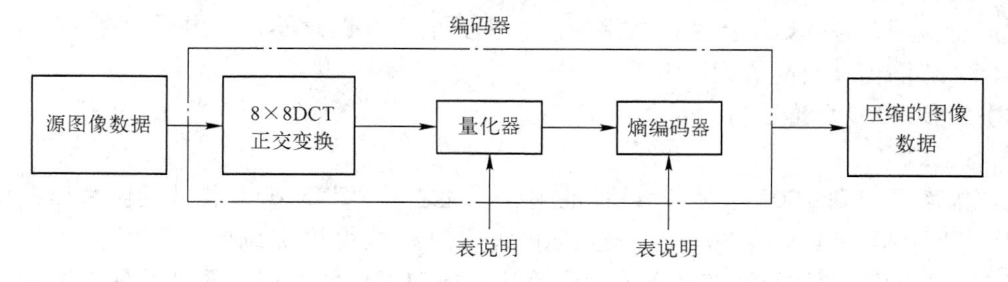

图 8-4 基于 DCT 的编码框图

图 8-4 中的编码器包括 DCT 变换器、量化器、熵编码器三个主要处理部分。JPEG 现将图像数据分成 8×8 大小的数据子块作为输入，DCT 变换器则针对这些数据子块采用二维 DCT 算法进行变换；量化器对变换过的数据在保证一定质量的前提下，丢弃图像中对视觉效果影响不大的信息，采用线性均匀量化方式进行量化，得到有效的 DCT 系数；熵编码器对这些 DCT 系数中的 DC 系数和 AC 系数分别进行编码。由于相邻 8×8 数据子块之间的 DC 系数一般具有很强的相关性，所以，JPEG 标准对 DC 系数采用 DPEM 编码方法，其余 63 个交流分量（AC 系数）则使用游程编码，从左上角开始沿对角线方向，以 Z 字形进行扫描直至结束。为了进一步压缩数据，对 DC 码和 AC 游程编码的码字再做基于统计特性的熵编码，这样可以得到较高的压缩比。

（3）基于 DCT 的增强系统

基于上述 DCT 压缩编码算法的基本系统在整个编码过程中采用从上到下、从左到右的顺序扫描工作方式一次完成。而基于 DCT 的增强系统则增加了两种累进工作方式，累进工作方式在编码步骤和方法上与顺序工作方式是基本一致的，不同之处在于累进工作方式中每个图像分量的编码需要经过多次扫描完成。第一次扫描只进行一次粗糙的压缩，然后根据这些压缩的数据先重建一幅质量较低的图像，以后的扫描再做较细的压缩，在重建的图像质量不断提高，知道满意为止。

（4）基于 DCT 的分层工作方式

分层工作方式是对一幅远视图像的空间分辨率进行变换，使得水平方向和垂直方向上的分辨率以 2 倍的倍数因子下降，分层后再进行编码。其编码过程为：

① 原始图像的空间的空间分辨率逐级降低，得到一组分辨率由低到高的图像。

② 把分辨率低的图像采用 JPEG 的任一种编码方法进行压缩编码。

③ 对低分辨率图像进行解码、重建，然后用插值的方法提高其分辨率，作为高一级分辨率原始图像的预测值。

④ 求出预测图像与原始图像的差值图像，对差值图像进行基于 DCT 的编码。

⑤ 重复步骤③、④，直到达到原始图像的最高分辨率为止。

3. JPEG2000 标准

JPEG2000 是新一代静止图像压缩标准，JEPG 的更新换代版本，1997 年开始征集提案，2000 年 8 月制定出最终的国际标准草案，2001 年正式推出。JPEG2000 的实现目标包括以下几个方面：JPEG2000 图像编码系统、应用扩展、运动 JPEG2000、兼容性、参考软件和复合图像文件格式。JPEG2000 标准不仅能压缩静止图像，还可以压缩活动图像，已经在许多领域得到广泛应用，包括数字摄像、数字影院、视频监控、医疗器械、电子商务、电子图书、网络图像、彩图传真及高清无线传输等。

（1）JPEG2000 标准的特性

① 高压缩率

高压缩率是 JPEG2000 相对于 JPEG 的主要特性之一。JPEG2000 格式的图片压缩比可在 JPEG 基础上再提高 10% ~30%，而且压缩后的图像显得更加细腻、平滑。这是由于在 JPEG2000 中采用了离散小波变换压缩编码算法，图像可以转换成一系列可更加有效存储像素模块的小波，从而实现多解析编码。这一特性在 Internet 和遥感等图像传输领域有着广泛的应用。

② 有损压缩和无损压缩

JPEG2000 通过选择参数可以提供有损压缩和无损压缩两种方式，通过嵌入式码流的组织方法，还可以实现待恢复图像从有损到无损的渐进式解压。而 JPEG 只能进行有损压缩，压缩后数据不能还原。JPEG2000 既能实现图像的无损压缩，又具有较高的压缩比，满足了某些特殊的应用需求。例如，部分医学图像采用有损压缩是不能接受的。又如，图像档案中为了保存重要的信息，较高的图像质量是必然的要求。

③ 感兴趣区域压缩

JPEG2000 的另一个重要特性是提供了一个能让用户控制的、可选择分辨率的图像数据的划分方式，即指定图像上感兴趣区域（Region of Interest，ROI）。用户可以任意指定图片上感兴趣的区域，在压缩图像时，对这些区域指定压缩质量，而在恢复图像时，指定某些区域的解压缩要求或优先进行解压缩处理。这是因为小波在空间域和频率域上具有局限性，要完全恢复图像中的某个局部，并不需要所有编码都被精确保留，只要对应它的一部分编码没有误差就可以了。这一特性允许用户在图像中随机地定义感兴趣区域，对某一区域采用较低的压缩比，以获得较好的图像效果，对其他部分则采用较高的压缩比，保证在不丢失重要信息的同时又能有效地压缩数据量，节省存储空间或提高图像传输速率，实现交互式压缩。

④ 渐进传输

所谓渐进传输，特指 JPEG2000 中提供的一套图像质量分级传输的方式。JPEG2000 提供了两种渐进传输模式，即按照质量的渐进传输和按照分辨率的渐进传输。按照质量的渐进传输就是先传输图像的轮廓数据，然后再逐步传输细节数据以不断提高图像质量。按照分辨率的渐进传输则先传输分辨率较低的图像，后一幅图像在前一幅图像的基础上提高其分辨率。由于在同一图像文件格式中融合了不同质量级别的数据，JPEG2000 允许根据目标设备的需求进行图像重建，显示过程由朦胧到清晰，从而在传输和带宽利用上具有更大的灵活性。

⑤ 码流的随机访问和处理

JPEG2000 码流的随机访问和处理特性，允许用户自由地缩放、旋转、移动、剪切图像，或对原始图像进行滤波和特征提取等操作，以得到所需要的分辨率和细节。因此，JPEG2000 图像文件在它从服务器下载到用户的 Web 页面时，能平滑地提供一定数量的分辨率基准。这一特性可以简化 Web 图像的存储和处理过程，使基于 Web 方式的多用途图简单化。例如，当用户检索到 Web 站点中与真实图像链接的缩略图时，只需点击该缩略图，就可以看到较大分辨率的图像，无需再点击与该缩略图链接的真实图像，从而可以节省 Web 设计师们制作的开销和存储资源。

⑥ 容错性

JPEG2000 具有较强的抗误码特性。在码流中提供容错性有时是必须的。例如，在无线通信信道上，噪声干扰较大，这就希望压缩码流具有较强的容错性能。JPEG2000 系统通过设计适当的码流格式和相应的编码措施，可以减小因解码失败造成的损失。

⑦ 开放的框架结构

为了在不同的图像类型和应用领域优化编码系统，提供一个开放的框架结构是必须的。在这种开放的结构中，编码器只实现核心的工具算法和码流的解析，如果需要，解码器可以要求数据源发送未知的工具算法。

⑧ 基于内容的描述

JPEG2000 允许在压缩的图像文件中包含对图像内容的说明。这是因为，除了存储和传输之外，图像建档、图像索引和检索在图像处理中也是一个重要的领域，这为用户能在大型数据库或网络中快速找到感兴趣的图像提供了极大的帮助。

⑨ 丰富的色彩模式

JPEG2000 具有比 JPEG 更优异的色彩处理能力。JPEG2000 可以用于处理多达 256 个通道的信息，并且适用于多种色彩模式的数据，而 JPEG 仅局限于 RGB 色彩模式的数据。

（2）JPEG2000 标准的核心技术

① 离散小波变换（DWT）

JPEG2000 压缩算法中采用的是以离散小波变换（Discrete Wavelet Transform，DWT）为主的多解析编码方式，它利用 DWT 变换的多尺度分析特性对图像按照分辨率等级逐步变换，获得图像的高频和低频信息，并且将低频信息作为图像的下一级概貌信号进行同样的变化，知道达到设定的变化次数。

② 码流可优化截断的嵌入式块编码（EBCOT）

JPEG2000 压缩算法中采用了基于码流可优化截断的嵌入式块编码（Embedded Block Coding with Optimized Truncation of the Embedded Bit－streams，EBCOT）的码流组织方法，它将预处理后的图像数据位平面从最高位平面到最低位平面进行扫描，对每个位平面从上到下按照条带扫描，条带内按照从上到下、从左到右的顺序，经历显著性传播、幅值细化和清理三个扫描过程，从而形成每一位的上下文环境，由此就可以根据概论估计有线状态机，获得在后续的算术编码中需要的符号概率，进行图像编码。

（3）JPEG2000 的基本结构

JPEG2000 在结构上的一个特点是把 JPEG 的四种工作模式（顺序模式、渐进模式、无损模式和分层模式）集成在一个标准中。在编码端，以最大的压缩质量（包括无失真压缩）和最大的图像分辨率压缩图像；在解码端，可以从码流中以任意的图像质量和分辨率解压图像，最大可达到编码时的图像质量和分辨率。

JPEG2000 编码器的结构框图如图 8-5a 所示。首先，对源图像数据进行离散小波变换；然后，对变换后的小波系数进行量化；接着，对量化后的数据进行熵编码；最后，形成压缩码流。解码器是编码器的逆过程，如图 8-5b 所示。首先，对码流进行熵解码；然后，解量化和小波反变换；最后，生成重建图像数据。

JPEG2000 的处理对象不是整幅图像，而是把图像分成若干图像片，对每一个图像片进行独立的编解码操作。所谓图像片，是指原始图像被分成互不重叠的矩形块，对每一个图像

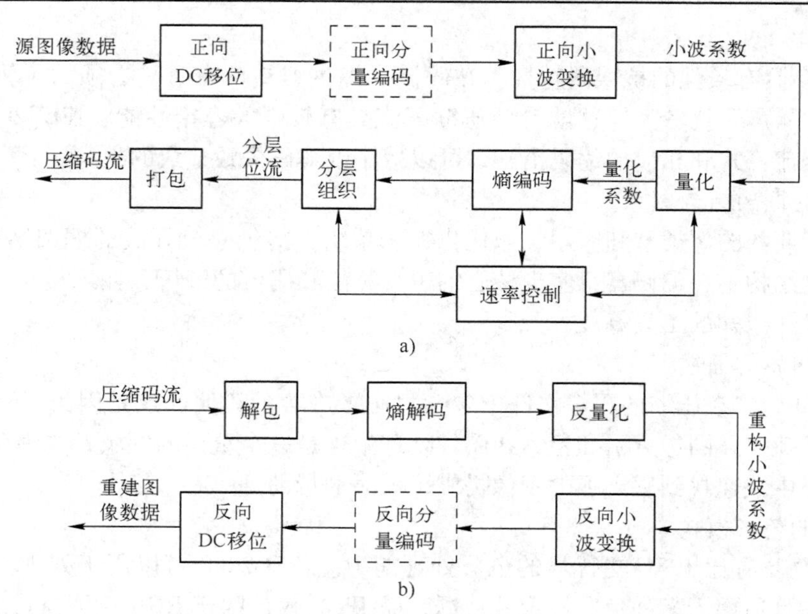

图 8-5 JPEG2000 编码器和解码器结构框图
a）编码原理图 b）解码原理图

片进行独立的编解码处理。在对每个图像片进行小波变换之前，通过减去一个相同的数量值对所有的图像片进行水平移位。

在编码器的最后，使用了算数编码器。在 JPEG2000 中，使用的 MQ 编码器。MQ 编码器在本质上和 JPEG 中的 MQ 编码器很相似。

8.2.2 视频压缩编码标准

随着 Internet 带宽的不断增长，在 Internet 上传输视频的相关技术也成为 Internet 研究和开发的热点。由于 Internet 的无连接每包转发机制主要为突发性的数据传输设计，不适用于对连续媒体流的传输。为了在 Internet 上有效的、高质量的传输视频流，需要多种技术的支持，其中数字视频的压缩编码技术是 Internet 视频传输中的关键技术之一。目前视频流传输中最为重要的编解码标准有国际电联的 H. 261、H. 263，运动静止图像专家组的 M－JPEG 和国际标准化组织运动图像专家组的 MPEG 系列标准，此外在互联网上被广泛应用的还有 Real－Networks 的 RealVideo、微软公司的 WMT 以及 Apple 公司的 QuickTime 等。

1. 国际电联的 H. 261、H. 263 标准

（1） H. 261

H. 261 又称为 P*64，其中 P 为 64kbit/s 的取值范围，是 1～30 的可变参数，它最初是针对在 ISDN 上实现电信会议应用特别是面对面的可视电话和视频会议而设计的。实际的编码算法类似于 MPEG 算法，但不能与后者兼容。H. 261 在实时编码时比 MPEG 所占用的 CPU 运算量少得多，此算法为了优化带宽占用量，引进了在图像质量与运动幅度之间的平衡折中机制，也就是说，剧烈运动的图像比相对静止的图像质量要差。因此这种方法是属于恒定码流可变质量编码而非恒定质量可变码流编码。

（2）H. 263

H. 263 是国际电联 ITU－T 的一个标准草案，是为低码流通信而设计的。但实际上这个标准可用在很宽的码流范围，而并非只用于低码流应用，它在许多应用中可以认为被用于取代 H. 261。H. 263 的编码算法与 H. 261 一样，但做了一些改善和改变，以提高性能和纠错能力。H. 263 标准在低码率下能够提供比 H. 261 更好的图像效果，两者的区别有：①H. 263 的运动补偿使用半象素精度，而 H. 261 则用全象素精度和循环滤波。②数据流层次结构的某些部分在 H. 263 中是可选的，使得编解码可以配置成更低的数据率或更好的纠错能力。③H. 263 包含四个可协商的选项以改善性能。④H. 263 采用无限制的运动向量以及基于语法的算术编码。⑤采用事先预测和与 MPEG 中的 P－B 帧一样的帧预测方法。⑥H. 263 支持 5 种分辨率，即除了支持 H. 261 中所支持的 QCIF 和 CIF 外，还支持 SQCIF、4CIF 和 16CIF，SQCIF 相当于 QCIF 一半的分辨率，而 4CIF 和 16CIF 分别为 CIF 的 4 倍和 16 倍。

1998 年 IUT－T 推出的 H. 263＋是 H. 263 建议的第 2 版，它提供了 12 个新的可协商模式和其他特征，进一步提高了压缩编码性能。如 H. 263 只有 5 种视频源格式，H. 263＋允许使用更多的源格式，图像时钟频率也有多种选择，拓宽了应用范围；另一重要的改进是可扩展性，它允许多显示率、多速率及多分辨率，增强了视频信息在易误码、易丢包异构网络环境下的传输。另外，H. 263＋对 H. 263 中的不受限运动矢量模式进行了改进，加上 12 个新增的可选模式，不仅提高了编码性能，而且增强了应用的灵活性。H. 263 已经基本上取代了 H. 261。

（3）H. 264

H. 264 是一种高性能的视频编解码技术。目前国际上制定视频编解码技术的组织有两个，一个是“国际电联”（ITU－T），它制定的标准有 H. 261、H. 263、H. 263＋等，另一个是“国际标准化组织”（ISO），它制定的标准有 MPEG－1、MPEG－2、MPEG－4 等。而 H. 264 则是由两个组织联合组建的联合视频组（JVT）共同制定的新数字视频编码标准，所以它既是 ITU－T 的 H. 264，又是 ISO/IEC 的 MPEG－4 高级视频编码（Advanced Video Coding，AVC），而且它将成为 MPEG－4 标准的第 10 部分。因此，不论是 MPEG－4 AVC、MPEG－4 Part 10，还是 ISO/IEC 14496－10，都是指 H. 264。

H. 264 最大的优势是具有很高的数据压缩比率，在同等图像质量的条件下，H. 264 的压缩比是 MPEG－2 的 2 倍以上，是 MPEG－4 的 1. 5～2 倍。举个例子，原始文件的大小如果为 88GB，采用 MPEG－2 压缩标准压缩后变成 3. 5GB，压缩比为 25:1，而采用 H. 264 压缩标准压缩后变为 879MB，从 88GB 到 879MB，H. 264 的压缩比达到惊人的 102:1，低码率（Low Bit Rate）在 H. 264 的高压缩比中起了重要的作用，和 MPEG－2 和 MPEG－4、ASP 等压缩技术相比，H. 264 压缩技术将大大节省用户的下载时间和数据流量收费。尤其值得一提的是，H. 264 在具有高压缩比的同时还拥有高质量流畅的图像。

2. M－JPEG

运动静止图像（或逐帧）压缩技术（Motion－ Join Photographic Experts Group，M－JPEG），广泛应用于非线性编辑领域可精确到帧编辑和多层图像处理，把运动的视频序列作为连续的静止图像来处理，这种压缩方式单独完整地压缩每一帧，在编辑过程中可随机存储每一帧，可进行精确到帧的编辑，此外 M－JPEG 的压缩和解压缩是对称的，可由相同的硬件和软件实现。但 M - JPEG 只对帧内的空间冗余进行压缩。不对帧间的时间冗余进行压缩，故压缩效率不高。采用 M - JPEG 数字压缩格式，当压缩比 7:1 时，可提供相当于 Betacam SP 质量图像的节目。

JPEG 标准所根据的算法是基于 DCT（离散余弦变换）和可变长编码。JPEG 的关键技术有变换编码、量化、差分编码、运动补偿、霍夫曼编码和游程编码等

M - JPEG 的优点是可以很容易做到精确到帧的编辑、设备比较成熟。缺点是压缩效率不高。

此外，M - JPEG 这种压缩方式并不是一个完全统一的压缩标准，不同厂家的编解码器和存储方式并没有统一的规定格式。也就是说，每个型号的视频服务器或编码板有自己的 M - JPEG 版本，所以在服务器之间的数据传输、非线性制作网络向服务器的数据传输都根本是不可能的。

3. MPEG 系列标准

活动图像专家组（Moving Picture Exports Group，MPEG），于 1988 年成立，是为数字视/音频制定压缩标准的专家组，目前已拥有 300 多名成员，包括 IBM、SUN、BBC、NEC、INTEL、AT&T 等世界知名公司。MPEG 组织最初得到的授权是制定用于“活动图像”编码的各种标准，随后扩充为“其伴随的音频”及其组合编码。后来针对不同的应用需求，解除了“用于数字存储媒体”的限制，成为现在制定“活动图像和音频编码”标准的组织。MPEG 组织制定的各个标准都有不同的目标和应用，目前已提出 MPEG - 1、MPEG - 2、MPEG - 4、MPEG - 7 和 MPEG - 21 标准。

（1） MPEG - 1 标准

MPEG - 1 标准于 1993 年 8 月公布，用于传输 1.5Mbit/s 数据传输率的数字存储媒体运动图像及其伴音的编码。该标准包括五个部分：

第一部分说明了如何根据第二部分（视频）以及第三部分（音频）的规定，对音频和视频进行复合编码。第四部分说明了检验解码器或编码器的输出比特流符合前三部分规定的过程。第五部分是一个用完整的 C 语言实现的编码和解码器。

该标准从颁布的那一刻起，MPEG - 1 取得一连串的成功，如 VCD 和 MP3 的大量使用，Windows95 以后的版本都带有一个 MPEG - 1 软件解码器，可携式 MPEG - 1 摄像机等。

（2） MPEG - 2 标准

MPEG 组织于 1994 年推出 MPEG - 2 压缩标准，以实现视/音频服务与应用互操作的可能性。MPEG - 2 标准是针对标准数字电视和高清晰度电视在各种应用下的压缩方案和系统层的详细规定，编码码率从 3 ~ 100 Mbit/s，标准的正式规范在 ISO/IEC13818 中。MPEG - 2 不是 MPEG - 1 的简单升级，MPEG - 2 在系统和传送方面作了更加详细的规定和进一步的完善。MPEG - 2 特别适用于广播级的数字电视的编码和传送，被认定为 SDTV 和 HDTV 的编码标准。

MPEG - 2 图像压缩的原理是利用了图像中的两种特性：空间相关性和时间相关性。这两种相关性使得图像中存在大量的冗余信息。如果能将这些冗余信息去除，只保留少量非相关信息进行传输，就可以大大节省传输频带。而接收机利用这些非相关信息，按照一定的解码算法，可以在保证一定的图像质量的前提下恢复原始图像。一个好的压缩编码方案就是能

够最大限度地去除图像中的冗余信息。

MPEG－2的编码图像被分为三类，分别称为I帧，P帧和B帧。I帧图像采用帧内编码的方式，即只利用了单帧图像内的空间相关性，而没有利用时间相关性。P帧和B帧图像采用帧间编码的方式，即同时利用了空间和时间上的相关性。P帧图像只采用前向时间预测，可以提高压缩效率和图像质量。P帧图像中可以包含帧内编码的部分，即P帧中的每一个宏块可以是前向预测，也可以是帧内编码。B帧图像采用双向时间预测，可以大大提高压缩倍数。

MPEG－2的编码码流分为六个层次。为更好地表示编码数据，MPEG－2用句法规定了一个层次性结构。它分为六层，自上到下分别是：图像序列层、图像组（GOP）、图像、宏块条、宏块、块。

MPEG－2标准在广播电视领域中的主要应用如下：

① 视音频资料的保存

一直以来，电视节目、音像资料等都是用磁带保存的。这种方式有很多弊端：易损，占地大，成本高，难以重新使用。更重要的是难以长期保存，难以查找、难以共享。随着计算机技术和视频压缩技术的发展，高速宽带计算机网络以及大容量数据存储系统给电视台节目的网络化存储、查询、共享、交流提供了可能。

采用MPEG－2压缩编码的DVD视盘，给资料保存带来了新的希望。电视节目、音像资料等可通过MPEG－2编码系统编码，保存到低成本的CD－R光盘或高容量的可擦写DVD－RAM上，也可利用DVD编著软件（如Daikin Scenarist NT、Spruce DVD Maestro等）制作成标准的DVD视盘，既可节约开支，也可节省存放空间。

② 电视节目的非线性编辑系统及其网络

在非线性编辑系统中，节目素材是以数字压缩方式存储、制作和播出的，视频压缩技术是非线性编辑系统的技术基础。目前主要有M－JPEG和MPEG－2两种数字压缩格式。

M－JPEG技术即运动静止图像（或逐帧）压缩技术，可进行精确到帧的编辑，但压缩效率不高。

MPEG－2采用帧间压缩的方式，只需进行I帧的帧内压缩处理，B帧和P帧通过侦测获得，因此，传输和运算的数据大多由帧之间的时间相关性得到，相对来说，数据量小，可以实现较高的压缩比。随着逐帧编辑问题的解决，MPEG－2将广泛应用于非线性编辑系统，并大大降低了编辑成本，同时MPEG－2的解压缩是标准的，不同厂家设计的压缩器件压缩的数据可由其他厂家设计解压缩器来解压缩，这一点保证了各厂家的设备之间能完全兼容。

由于采用MPEG－2IBP视频压缩技术，数据量成倍减少，降低了存储成本，提高了数据传输速度，减少了对计算机总线和网络带宽的压力，可采用纯以太网组建非线性编辑网络系统已成为可能，而在目前以太网是最为成熟的网络，系统管理比较完善，价格也比较低廉。

基于MPEG－2的非线性编辑系统及非线性编辑网络将成为未来的发展方向。

③ 卫星传输

MPEG－2已经通过ISO认可，并在广播领域获得广泛的应用，如数字卫星视频广播（DVB－S）、DVD视盘和视频会议等。目前，全球有数以千万计的DVB－S用户，DVB－S信号采用MPEG－2压缩格式编码，通过卫星或微波进行传输，在用户端经MPEG－2卫星接收解码器解码，以供用户观看。此外，采用MPEG－2压缩编码技术，还可以进行远程电视新闻或节目的传输和交流。

④ 电视节目的播出

在整个电视技术中播出是一个承上启下的环节，对播出系统进行数字化改造是非常必要的，其中最关键一步就是构建硬盘播出系统。MPEG-2 硬盘自动播出系统因编播简便、储存容量大、视频指标高等优点，而为人们所青睐。但以往 MPEG-2 播出设备因非常昂贵，而只有少量使用。随着 MPEG-2 技术的发展和相关产品成本的下降，MPEG-2 硬盘自动系统播出可望得到普及。

4. MPEG-4 标准

运动图像专家组 MPEG 于 1999 年 2 月正式公布了 MPEG-4（ISO/IEC 14496）标准第一版本。同年年底 MPEG-4 第二版推出，且于 2000 年年初正式成为国际标准。

MPEG-4 与 MPEG-1 和 MPEG-2 有很大的不同。MPEG-4 不只是具体压缩算法，它是针对数字电视、交互式绘图应用（影音合成内容）、交互式多媒体（WWW、资料撷取与分散）等整合及压缩技术的需求而制定的国际标准。MPEG-4 标准将众多的多媒体应用集成于一个完整的框架内，旨在为多媒体通信及应用环境提供标准的算法及工具，从而建立起一种能被多媒体传输、存储、检索等应用领域普遍采用的统一数据格式。

MPEG-4 的编码理念是：MPEG-4 标准同以前标准的最显著的差别在于它是采用基于对象的编码理念，即在编码时将一幅景物分成若干在时间和空间上相互联系的视频音频对象，分别编码后，再经过复用传输到接收端，然后再对不同的对象分别解码，从而组合成所需要的视频和音频。这样既方便我们对不同的对象采用不同的编码方法和表示方法，又有利于不同数据类型间的融合，并且这样也可以方便的实现对于各种对象的操作及编辑。例如，我们可以将一个卡通人物放在真实的场景中，或者将真人置于一个虚拟的演播室里，还可以在互联网上方便地实现交互，根据自己的需要有选择地组合各种视频音频以及图形文本对象。

MPEG-4 系统的一般框架是：对自然或合成的视听内容的表示；对视听内容数据流的管理，如多点、同步、缓冲管理等；对灵活性的支持和对系统不同部分的配置。

与 MPEG-1、MPEG-2 相比，MPEG-4 具有如下独特的优点：

（1）基于内容的交互性

MPEG-4 提供了基于内容的多媒体数据访问工具，如索引、超级链接、上/下载、删除等。利用这些工具，用户可以方便地从多媒体数据库中有选择地获取自己所需的与对象有关的内容，并提供了内容的操作和位流编辑功能，可应用于交互式家庭购物，淡入淡出的数字化效果等。MPEG-4 提供了高效的自然或合成的多媒体数据编码方法。它可以把自然场景或对象组合起来成为合成的多媒体数据。

（2）高效的压缩性

MPEG-4 基于更高的编码效率。同已有的或即将形成的其他标准相比，在相同的比特率下，它基于更高的视觉/听觉质量，这就使得在低带宽的信道上传送视频、音频成为可能。同时 MPEG-4 还能对同时发生的数据流进行编码。一个场景的多视角或多声道数据流可以高效、同步地合成为最终数据流。这可用于虚拟三维游戏、三维电影、飞行仿真练习等

（3）通用的访问性

MPEG－4 提供了易出错环境的鲁棒性，来保证其在许多无线和有线网络以及存储介质中的应用，此外，MPEG－4 还支持基于内容的可分级性，即把内容、质量、复杂性分成许多小块来满足不同用户的不同需求，支持具有不同带宽，不同存储容量的传输信道和接收端。

MPEG－4 主要应用如下：

（1）应用于因特网视音频广播

由于上网人数与日俱增，传统电视广播的观众逐渐减少，随之而来的便是广告收入的减少，所以现在的固定式电视广播最终将转向基于 TCP/IP 的因特网广播，观众的收看方式也由简单的遥控器选择频道转为网上视频点播。视频点播的概念不是先把节目下载到硬盘，然后再播放，而是流媒体视频（Streaming Video），点击即观看，边传输边播放。

现在因特网中播放视音频的软件有：Real Networks 公司的 Real Media，微软公司的 Windows Media，苹果公司的 QuickTime，它们定义的视音频格式互不兼容，有可能导致媒体流中难以控制的混乱，而 MPEG－4 为因特网视频应用提供了一系列的标准工具，使视音频码流具有规范一致性。因此在因特网播放视音频采用 MPEG－4，应该说是一个安全的选择。

（2）应用于无线通信

MPEG－4 高效的码率压缩，交互和分级特性尤其适合于在窄带移动网上实现多媒体通信，未来的手机将变成多媒体移动接收机，不仅可以打移动电视电话、移动上网，还可以移动接收多媒体广播和收看电视。

（3）应用于静止图像压缩

静止图像（图片）在因特网中大量使用，现在网上的图片压缩多采用 JPEG 技术。MPEG－4 中的静止图像（纹理）压缩是基于小波变换的，在同样质量条件下，压缩后的文件大小约是 JPEG 压缩文件的十分之一。把因特网上使用的 JPEG 图片转换成 MPEG－4 格式，可以大幅度提高图片在网络中的传输速度。

（4）应用于电视电话

传统用于窄带电视电话业务的压缩编码标准，如 H. 261，采用帧内压缩、帧间压缩、减少象素和抽帧等办法来降低码率，但编码效率和图像质量都难以令人满意。MPEG－4 的压缩编码可以做到以极低码率传送质量可以接受的声像信号，使电视电话业务可以在窄带的公用电话网上实现。

（5）应用于计算机图形、动画与仿真

MPEG－4 特殊的编码方式和强大的交互能力，使得基于 MPEG－4 的计算机图形和动画可以从各种来源的多媒体数据库中获取素材，并实时组合出所需要的结果。因而未来的计算机图形可以在 MPEG－4 语法所允许的范围内向所希望的方向无限发展，产生出今天无法想象的动画及仿真效果。

（6）应用于电子游戏

MPEG－4 可以进行自然图像与声音同人工合成的图像与声音的混合编码，在编码方式上具有前所未有的灵活性，并且能及时从各种来源的多媒体数据库中调用素材。这可以在将来产生像电影一样的电子游戏，实现极高自由度的交互式操作。

5. MPEG－7 标准

MPEG－7 标准被称为“多媒体内容描述接口”，为各类多媒体信息提供一种标准化的描述，这种描述将与内容本身有关，允许快速和有效的查询用户感兴趣的资料。它将扩展现有内容识别专用解决方案的有限的能力，特别是它还包括了更多的数据类型。换而言之，MPEG－7 规定一个用于描述各种不同类型多媒体信息的描述符的标准集合。该标准于 1998 年 10 月提出。

MPEG－7 的目标是支持多种音频和视觉的描述，包括自由文本、N 维时空结构、统计信息、客观属性、主观属性、生产属性和组合信息。对于视觉信息，描述将包括颜色、视觉对象、纹理、草图、形状、体积、空间关系、运动及变形等。

MPEG－7 的目标是根据信息的抽象层次，提供一种描述多媒体材料的方法以便表示不同层次上的用户对信息的需求。以视觉内容为例，较低抽象层将包括形状、尺寸、纹理、颜色、运动（轨道）和位置的描述。对于音频的较低抽象层包括音调、调式、音速、音速变化、音响空间位置。最高层将给出语义信息：如“这是一个场景：一个鸭子正躲藏在树后并有一个汽车正在幕后通过。”抽象层与提取特征的方式有关：许多低层特征能以完全自动的方式提取，而高层特征需要更多人的交互作用。MPEG－7 还允许依据视觉描述的查询去检索声音数据，反之也一样。

MPEG－7 的目标是支持数据管理的灵活性、数据资源的全球化和互操作性。

MPEG－7 标准化的范围包括：一系列的描述子（描述子是特征的表示法，一个描述子就是定义特征的语法和语义学）；一系列的描述结构（详细说明成员之间的结构和语义）；一种详细说明描述结构的语言、描述定义语言（DDL）；一种或多种编码描述方法。

在我们的日常生活中，日益庞大的可利用音视频数据需要有效的多媒体系统来存取、交互。这类需求与一些重要的社会和经济问题相关，并且在许多专业和消费应用方面都是急需的，尤其是在网络高度发展的今天，而 MPEG－7 的最终目的是把网上的多媒体内容变成像现在的文本内容一样，具有可搜索性。这使得大众可以接触到大量的多媒体内容，MPEG－7 标准可以支持非常广泛的应用，例如：音视数据库的存储和检索、因特网上的个性化新闻服务、智能多媒体、多媒体编辑、远程购物、社会和文化服务（历史博物馆、艺术走廊等）、监视（交通控制、地面交通等）等等。

原则上，任何类型的 AV（Audio－Video）材料都可以通过任何类型的查询材料来检索，例如，AV 材料可以通过视频、音乐、语言等来查询，通过搜索引擎来匹配查询数据和 MPEG－7 的音视频描述。下面给出几个查询例子。

音乐：在键盘上弹几个音符就能得到包含（或近似）要求曲调的音乐作品列表，或以某种方式匹配音符的图象，例如，从情感方面。

图形：在屏幕上画几条线就能得到类似图形、标识、表意文字（符号）等的一组图象。

运动：对一组给定的物体，描述在物体之间的运动和关系，就会得到实现所描述的时空关系的动画列表。

电影拍摄剧本（剧情说明）：对给定的内容，描述出动作就会得到发生类似动作的电影拍摄剧本（剧情说明）列表。

6. MPEG－21 标准

互联网改变了物质商品交换的商业模式，这就是“电子商务”。新的市场必然带来新的问题：如何获取数字视频、音频以及合成图形等“数字商品”，如何保护多媒体内容的知识产权，如何为用户提供透明的媒体信息服务，如何检索内容，如何保证服务质量等。此外，有许多数字媒体（图片、音乐等）是由用户个人生成、使用的。这些“内容供应者”同商业内容供应商一样关心相同的事情：内容的管理和重定位、各种权利的保护、非授权存取和修改的保护、商业机密与个人隐私的保护等。目前虽然建立了传输和数字媒体消费的基础结构并确定了与此相关的诸多要素，但这些要素、规范之间还没有一个明确的关系描述方法，迫切需要一种结构或框架保证数字媒体消费的简单性，很好地处理“数字类消费”中诸要素之间的关系。MPEG-21 就是在这种情况下提出的。

制定 MPEG-21 标准的目的是：1）将不同的协议、标准、技术等有机地融合在一起；2）制定新的标准；3）将这些不同的标准集成在一起。MPEG-21 标准其实就是一些关键技术的集成，通过这种集成环境就对全球数字媒体资源进行透明和增强管理，实现内容描述、创建、发布、使用、识别、收费管理、产权保护、用户隐私权保护、终端和网络资源抽取、事件报告等功能。

任何与 MPEG-21 多媒体框架标准环境交互或使用 MPEG-21 数字项实体的个人或团体都可以看作是用户。从纯技术角度来看，MPEG-21 对于“内容供应商”和“消费者”没有任何区别。MPEG-21 多媒体框架标准包括如下用户需求：①内容传送和价值交换的安全性。②数字项的理解。③内容的个性化。④价值链中的商业规则。⑤兼容实体的操作。⑥其他多媒体框架的引入。⑦对 MPEG 之外标准的兼容和支持。⑧一般规则的遵从。⑨MPEG-21 标准功能及各个部分通信性能的测试。⑩价值链中媒体数据的增强使用。⑪用户隐私的保护。⑫数据项完整性的保证。⑬内容与交易的跟踪。⑭商业处理过程视图的提供。⑮通用商业内容处理库标准的提供。⑯长线投资时商业与技术独立发展的考虑。⑰用户权利的保护，包括：服务的可靠性、债务与保险、损失与破坏、付费处理与风险防范等。⑱新商业模型的建立和使用。

7. 其他压缩编码标准

Real Video 是 RealNetworks 公司开发的在窄带（主要的互联网）上进行多媒体传输的压缩技术。WMT 是微软公司开发的在互联网上进行媒体传输的视频和音频编码压缩技术，该技术已与 WMT 服务器与客户机体系结构结合为一个整体，使用 MPEG-4 标准的一些原理。QuickTime 是一种存储、传输和播放多媒体文件的文件格式和传输体系结构，所存储和传输的多媒体通过多重压缩模式压缩而成，传输是通过 RTP 实现的。

标准化是产业化成功的前提，H.261、H.263 推动了电视电话、视频会议的发展。早期的视频服务器产品基本都采用 M-JPEG 标准，开创视频非线性编辑时代。MPEG-1 成功地在中国推动了 VCD 产业，MPEG-2 标准带动了 DVD 及数字电视等多种消费电子产业，其他 MPEG 标准的应用也在实施或开发中，Real-Networks 的 RealVideo、微软公司的 WMT 以及 Apple 公司的 QuickTime 带动了网络流媒体的发展，视频压缩编解码标准紧扣应用发展的脉搏，与工业和应用同步。未来是信息化的社会，各种多媒体数据的传输和存储是信息处理的基本问题，因此，可以肯定视频压缩编码标准将发挥越来越大的作用。

8.2.3　音频压缩编码标准

对于不同类型的音频信号，其信号带宽是不同的，如电话音频信号（200 Hz ~

3.4 kHz），调幅广播音频信号（50 Hz ~ 7 kHz），调频广播音频信号（20 Hz ~ 15 kHz），激光唱片音频信号（10 ~ 20 kHz）。随着对音频信号质量要求的增加，信号频率范围逐渐增加，要求描述信号的数据量也就随之增加，从而带来处理这些数据的时间和传输、存储这些数据的容量增加，因此多媒体音频压缩技术是多媒体技术实用化的关键之一。

音频信号的压缩方法有许多。根据音频信号是否损失划分，可分为无损压缩和有损压缩。有关音频压缩的方法如图 8-6 所示。

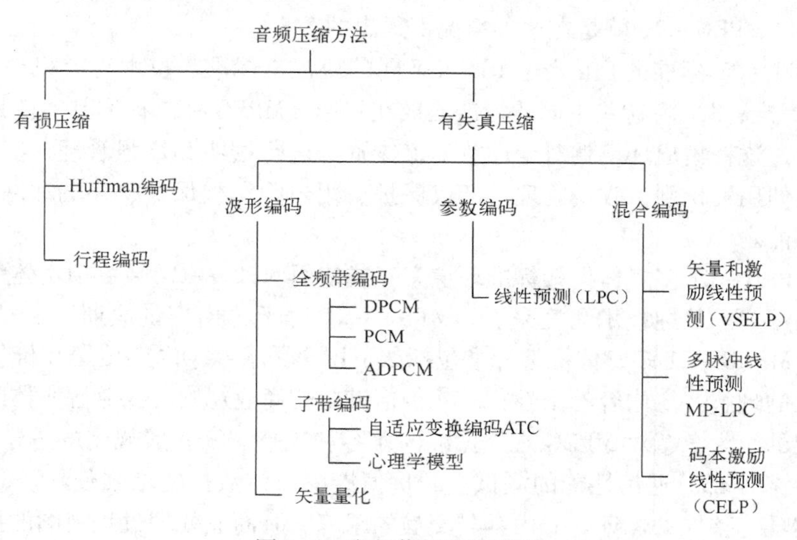

图 8-6　音频信号压缩方法

由图 8-6 可知，无损压缩法包括不引入任何数据失真的熵编码，有损压缩法又可分为波形编码、参数编码和同时利用这两种技术的混合编码法。其中波形编码利用采样和量化过程来表示音频信号的波形，使得编码后的音频信号与原始信号的波形尽量匹配。它主要根据人耳的听觉特性进行量化，以达到数据压缩的目的。波形编码的特点是在较高码率的条件下可获得高质量的音频信号，适合于高质量的音频信号，当然也适合于高保真语音和音乐信号。参数编码实际上就是基于内容的信息压缩编码。它将音频信号表示成某种模型的输出，利用特征提取的方法提取必要的模型参数和激励信号的信息，并对这些信息进行编码，最后在输出端合成近似的原始信号。参数编码的压缩率很高，但算法复杂，计算量大，严格来说，保真度比不上波形编码，因此适合于语音信号的编码。混合编码介于波形编码和参数编码之间，集中了两者的优点。

1. MPEG－1 音频压缩编码标准

MPEG－1 音频压缩编码标准是第一个高保真音频数据压缩标准，是 MPEG －1 标准的一部分，但它完全可独立应用，MPEG－1 是以人类听觉系统的心理声学原理为基础的感知编码，应用 MUSCAM（掩蔽型通用子带综合编码和复用）和 ASPEC（自适应频谱心理声学熵编码）算法，利用最小听阈和掩蔽特性创建的编码模型来进行数据压缩。为了保证实际应用条件和算法的可实现性，系统提供 3 个独立的压缩层次，层 1（Layer 1）：编码简单，用于数字盒式录音磁带；层 2（Layer 2）：算法复杂度中等，用于数字音频广播（DAB）和数字演播室；层 3（Layer 3）：编码复杂，用于互联网上的高质量声音的传输和数字音频专业的制作、交流、存储，如 MP3 音乐。

MPEG－1 音频压缩算法的特点如下：

① 编码器输入为线性 PCM 信号，音频信号采样频率为 32 kHz、44.1 kHz 或 48 kHz。

② 压缩后的比特流可按单声道模式（monophonic mode）、两个独立单音频通道的双－单声道模式（dual－monophonic mode）、立体声通道的立体声模式（stereomode，通道之间有比特共享）、联合立体声模式（joint－stereomode，利用立体声之间的关联或通道之间的相位差的无关性，或者对两者同时利用）4 种模式之一支持单声道或双声道。

③ 提供独立的压缩层次，支持变动的压缩倍率和比特率，用户可在复杂性和压缩质量之间权衡。

④ 编码比特流支持循环冗余校验、在比特流中载带附加信息。

2. 杜比 AC－3 音频压缩编码

在欣赏影片时与图像配合的整体声场全方位三维空间感，由双声道系统只能再现一个二维平面空间的局限性也就暴露了出来，因此，多声道环绕技术系统也开始发展起来数字技术的环绕声制式 AC－3 格式可以对左、中、右、左环绕、右环绕 5 个全频域声道和一个主要负责传送低音信息（<120 Hz）的超低音声道编码，6 个声道的信息全部数字化，全频段细节十分丰富。

采用知压缩编码技术，将每一声道的音频数据通过时域混迭消除（TDAC）技术滤波后，根据人耳听觉特性划分为许多最优的狭窄频段，对于每个频段，频段内噪声信号的频率与有用信号的频率非常接近，可以使遮蔽效应发挥最大作用，频段以外的所有信号可以全部被滤除掉而不会损伤有用信号进行由时域变换到频域的指数变换，变换系数的指数部分经编码后构成了整个信号大致的频谱包络，利用 512 个采样值点和 256 个采样值点两种长度组成块的切换，得到较好的频率分辨力，同时也能得到较高的编码效率。

3. MPEG－2 音频压缩编码

采用感觉压缩编码技术的多声道系统，充分利用心理声学的掩蔽效应和哈斯效应，将原始音频信号中不相关分量和冗余分量有效地去除，在不影响人耳听觉阈度和听音效果质量的前提下，将音频信号进行压缩。

4. MPEG－4 音频压缩编码

MPEG－4 是一种针对交互式多媒体应用的格式、框架的定义，具有高度的灵活性和扩展性，支持自然声音、合成声音及自然与合成声音混合的编码方式，以算法和工具形式对音频对象进行处理和控制。MPEG－4 将以前发展良好但相互分离的高质量音频编码、计算机音乐及合成语音等第一次合并在一起。

8.3 流媒体技术

8.3.1 流媒体的概念

互联网的普及和多媒体技术在互联网上的应用，迫切要求能解决实时传送视频、音频、计算机动画等媒体文件的技术，在这种背景下，于是产生了流式传输技术及流媒体。在互联网上的视音频服务器将声音、图像或动画等媒体文件从服务器向客户端实时连续传输时，用户不必等待全部媒体文件下载完毕，而只需延迟几秒或十几秒，就可以在用户的计算机上播放，而文件的其余部分则由用户计算机在后台继续接收，直至播放完毕或用户中止操作。这种技术使用户在播放视音频或动画等媒体的等待时间成百倍的减少，而且不需要太多的缓存。

流媒体指在 Internet/intranet 中使用流式传输技术的连续时基媒体，如：音频、视频或多媒体文件，它在播放前并不下载整个文件，只将开始部分内容存入内存，其他的数据流随时传送随时播放，只是在开始时有一些延迟，其关键技术就是流式传输。

与传统的单纯的下载相比较，流媒体具有明显的优点。①由于不需要将全部数据下载，因此等待时间可以大大缩短。②由于流文件往往小于原始文件的数据量，并且用户也不需要将全部流文件下载到硬盘，从而节省了大量的磁盘空间。③由于采用了 RESTP 等实时传输协议，更加适合动画、视音频在网上的实时传输。

流媒体的系统组成：一个完整的流媒体系统应包括以下几个组成部分。①编码工具。用于创建、捕捉和编辑多媒体数据，形成流媒体格式，这可以由带视音频硬件接口的计算机和运行其上的制作软件共同完成。②服务器。存放和控制流媒体的数据。③网络。适合多媒体传输协议或实时传输协议的网络。④播放器。供客户端浏览流媒体文件。

1. 媒体服务器硬件平台

视频服务器把存储在存储系统中的视频信息以视频流的形式通过网络接口发送给相应的客户，响应客户的交互请求，保证视频流的连续输出。视频信息具有同步性要求，一方面必须以恒定的速率播放，否则引起画面的抖动，如 MPEG-1 视频标准要求以 1.5 Mbit/s 左右的速度播放视频流。另一方面，在视频流中包含的多种信号必须保持同步，如画面的配音必须和口型相一致。另外，视频具有数据量大的特点，它在存储系统上的存放方式，直接影响视频服务器提供的交互服务，如快进和快倒等功能的实现。因此视频服务器必须解决视频流特性提出的各种要求。

视频服务器响应客户的视频流后，从存储系统读入一部分视频数据到对应于这个视频流的特定的缓存中，然后将此缓存中的内容送入网络接口发送到客户。当一个新的客户请求视频服务时，服务器根据系统资源的使用情况，决定是否响应此请求。其中，系统资源包括存储 I/O 的带宽、网络带宽、内存大小和 CPU 的使用率等。

2. 媒体服务器软件平台

网络视频软件平台包括媒体内容制作、发行与管理模块、用户管理模块、视频服务器。内容制作涉及视频采集、编码。发行模块负责将节目提交到网页，或将视频流地址邮寄给用户。内容管理主要完成视频存储、查寻；节目不多时可使用文件系统，当节目量大时，就必须编制数据库管理系统。用户管理可能包括用户的登记和授权。视频服务器将内容通过点播或直播的方式播放，对于范围广、用户多的情形，可在不同的区域中心建立相应的分发中心。

3. 流媒体的网络环境

流媒体通信网并不是一个新建的专门用于流媒体通信的网络，目前绝大部分的多媒体业务多是在现有的各种网络上运行的，并且按照多媒体通信的要求对现有网络进行改造和重组。目前通信网络大体上可分为三类：一类为电信网络，如公共电话网、分组交换网、数字数据网、窄带和宽带综合业务数字网等；一类为计算机网络，如局域网、城域网、广域网，具体如光纤分布式数据接口、分布式队列双总线等；一类为电视广播网络，如有线电视网、混合光纤同轴网、卫星电视网等。

以上介绍的通信网虽然可以传输多媒体信息，但都不同程度上存在着各种缺陷。于是，人们自然将目光转向了一些新的网络存取方式，如宽带综合业务数字网、异步传输网和宽带IP网络。事实表明，这些网络是到目前为止是最适合多媒体信息传输的网络。

8.3.2 流媒体传输方式

流式传输定义很广泛，现在主要指通过网络传送媒体（如视频、音频）的技术总称。其特定含义为通过Internet将影视节目传送到PC。实现流式传输有两种方法：实时流式传输（Realtime Streaming）和顺序流式传输（Progressive Streaming）。一般说来，如果视频为实时广播，或使用流式传输媒体服务器，或应用如RTSP的实时协议，即为实时流式传输。如果使用HTTP服务器，文件即通过顺序流发送。采用哪种传输方法取决于用户的具体需求。当然，流式文件也支持在播放前完全下载到硬盘。

1. 顺序流式传输

顺序流传输方式通常使用HTTP或FTP服务器，流媒体文件通过顺序流阐述，本地机顺序下载，在下载文件的同时，用户可以在线播放媒体文件。当然，这种方式也支持在完全下载到本机硬盘之后再播放媒体流文件。一般情况下，在给定时刻，是用户只能观看已下载的那部分，而不能跳到还未下载的前头部分，也不能在传输期间根据用户连接的速度做适当调整。顺序流传输方式经常被称作HTTP流式传输。

顺序流传输方式的特点在于，作为HTTP或FTP流传输的一种方式，标准的HTTP或FTP服务器完全支持顺序流传输方式的文件传输，因此，可以不用考虑与其他特殊协议的兼容问题，也几乎不需考虑防火墙的设置，不仅易于服务器端媒体文件的管理，也方便客户端用户的使用。同时，可以保证客户端有较高的播放质量。这是因为，若流文件下载时无损，则音/视频信息的播放效果完全由本地客户端决定，而与网络传输的质量无关。这种方式特别适合于发布高质量的短片段，如商业广告、电影的片头与片尾宣传等。

顺序流传输方式的确定在于，作为点播技术中的一种，顺序流传输不支持现场广播。同时，为了保证顺序流传输中的流文件在播放器观看的部分是无损下载的，用户在观看前需要经历较长一段时间的延时，特别是当网络环境复杂、网络连接速度较慢时，更是如此。

2. 实时流传输方式

与使用HTTP或FTP服务器进行顺序流传输方式不同，实时流传输需要使用的流媒体服务器，如Real Sever、Window Sever、Media Sever、Quick Time Streaming Sever等，采用相应的实时传输与控制协议，如 RTP/RTCP（Real - time Transfer Protocol/ Real - time Transfer Control Protocol）、RTSP（Real - time Streaming Protocol）等。实时流式传输总是实时传送，特别适合现场事件，也支持随机访问，用户可快进或后退以观看前面或后面的内容。理论上，实时流一经播放就可不停止，但实际上，可能发生周期暂停。

实时流传输方式的优点在于，实时流传输能够保证媒体信号带宽与网络连接带宽之间的匹配，以便于用户实时地、不间断地播放媒体文件。与顺序流传输方式相比，实时流传输方式由于支持随机访问，因而特别适合于播放需要随机访问的视频或现场事件，如现场讲座与演示，以及具有一定质量的长片段，如实况转播的球赛或电视连续剧。并且，客户端用户可以用快进或快退的操作观看前面或后面的内容。

实时流传输方式的缺点在于，由于实时流传输方式需要保证媒体信号带宽与网络连接带宽之间的匹配，当网络带宽或客户端缓存容量剧烈波动时，由于出错丢失的信息被抛弃掉，客户端会出现播放中断或视频质量急剧下降的现象。对于以调制解调器（Modem）速率连接的客户端用户，更是如此。就这一点而言，顺序流传输方式也许更好。只要能够正常下载，就能够保证以 Modem 速率连接的客户端用户播放高质量的视频，甚至还允许用户以一定的延时为代价，用比 Modem 更高速率发布较高质量的视频片段。此外，由于实时流传输方式需要使用专用的服务器和相应的实时传输与控制协议，相对于顺序流传输方式使用的标准 HTTP 服务器，这些专用服务器在允许用户对发送的媒体进行更多级别控制的同时，增加了系统设置和管理的复杂度。特别地，在设有防火墙的网络中，这些协议经常会出现这样或那样的问题，导致客户端用户有时不能正常观看到一些站点提供的实时内容。

8.4 多媒体的应用

多媒体通信向人们传送的信息包罗万象，人们在各种场合，从各种终端上获得的信息今后都可以从多媒体终端上获取。多媒体通信的应用主要有以下一些方面。

1. 可视电话

多媒体通信的初级形式主要是可视电话，相距遥远的用户能够在通话的同时看到对方的形象，并传输所需的各种媒体信息。

2. 计算机支持的协同工作（CSCW）

多媒体通信技术不仅能让处于不同地点的多个用户通过屏幕看到对方的形象，自由地交谈，而且还能在双方的屏幕上同时显示同一文件，对同一文件或图表展开讨论，进行修改，在达成协议后再存储或打印出来。一切复杂的、需要面对面讨论的问题，都可以在短短的十几分钟内解决。这样，人们就可以在家中办公，不用为上下班花费时间，从而可大大地减少交通负担，进一步提高工作效率。

3. 视频会议（Video Conference）

视频会议系统是多媒体通信的重要应用之一。其基本功能是利用多媒体计算机系统，将反映各个会场的场景、人物、图片、图像以及讲话的相关信息，同时进行数字化压缩，根据视频会议的控制模式，经过数字通信系统，向指定方向传输。与此同时，在各个会议场点的多媒体计算机上，通过数字通信系统，实时接收，解压缩多媒体会议信息，并在显示屏上实时显示出指定会议参加方的现场情况，取得实时沟通的效果。

视频通信与自动控制相结合，还可用于远距离现场监测和指挥，用于现代军事通信、交通控制和生产管理等方面，使指挥或调度中心能根据现场情况准确地做出判断，并对现场进行实时控制和指挥。

根据目前国际市场行情，视频会议产品可分为 3 类：①高、中档会议系统。②桌面会议系统。③家庭终端型视频通信系统。

4. 远程医疗服务

以多媒体技术为主体的综合医疗信息系统是医药卫生保健信息化、自动化的重要标志。它能将医务人员的医务活动输入到以计算机为主体的各种设备中。医务人员也可以通过这些设备充分利用各种形式的多媒体信息资源，以提高医疗效率和质量，直到实现医疗的自动化和智能化。

例如，美国堪萨斯大学的电视会议网络可使大学癌症中心的医生通过该网络同遥远的城镇医生及他们的病人一起会诊。一些检查结果（如心电图、脑电图、CT 图片等）都可在电视会诊网络上传送。此外，医生还可利用远程多功能生命传感器或微型遥测装置了解病人心脏的跳动。病人在家里就可以身临其境地接受询问和诊断，并及时得到处方。

5. 教学与培训

多媒体通信可以让学生接受异地教师生动活泼的教育。学生与教师可以利用各自的多媒体终端进行“面对面”的教学活动，达到双向沟通的目的。

新的多媒体教材还包括各种图形、图像和语音等，它能大大提高学生的兴趣与接受能力，使受教育者感到特别亲切。此外，学生还可按照自己的需要和程度来选择课程和教材，并按照自己的情况合理地调整学习进度与学习时间。

多媒体技术、通信技术和知识库的结合将有可能使教学从校园教学为主转变成以家庭教学为主，甚至可能完全走向家庭。任何人只要想上大学，皆可以在自己的家里听大学的课程。知识和信息将跨越时间和空间为每一个人所利用，从而实现看不见的“虚拟大学”或“无围墙的学院”。日本东京大学等 16 所高等院校联合试办的“联机大学”就是这样的一个例子。

6. 多媒体邮件

多媒体邮件是在电子邮政的基础上发展起来的，它能将数据、声音、图像等合在一起发送。用户可以查询多媒体邮件的状态，并对邮箱的信息内容实施控制。今后的多媒体邮件还能提供媒体的转型应用，即邮件以一种形式发送，而以另一种形式阅读。例如，一份以图像传真形式发送的文件，在阅读时则用光学字符阅读器来读取。

7. 在广播与出版业中的应用

多媒体通信还可将广播与出版业融为一体。例如，用户可选择实时出版的多媒体报纸或期刊，并检索与阅读所需的多媒体信息。多媒体报刊的发行部门还可利用多媒体通信系统发布多媒体电子新闻，出版多媒体期刊。

目前，美国能够提供电子报刊服务的公司已达500多家。此外，传真报纸、电话语音报纸、激光视盘杂志等正在陆续进入美国电脑网络。用户只需将自己的计算机与电话线相连，便可在电脑上读到当天的报纸、最近一期的杂志、世界各大通讯社每分每秒发出的最新消息。用户还能通过完整的索引查到所需的新闻或广告，也可把自己对新闻广告的意见输入计算机，传给记者和编辑。这种服务可根据个人的需要索取信息，因此具有更大的灵活性。

8. 咨询服务

旅游、邮电、交通、商业、气象等公共式信息以及宾馆、百货大楼的服务指南都能以图文并茂的形式存放在多媒体数据库中，随时随地向公众或客户提供“无人值守”的咨询服务。用户查询时，既可获得文字数据说明，听到解说，同时也可以看到有关的画面。

9. 居家旅游和其他文化娱乐服务

多媒体通信与虚拟现实技术相结合，还可以向人们提供三维立体化的双向影视服务，使人们足不出户即能“进入”世界著名的博物馆、美术馆和旅游景点，并能根据自己的意愿选择观赏的场景，就像身临其境一般。在宽带ISDN进入家庭和办公室之后，人们就可以利用多媒体终端在家里点播爱看的视听节目，选择画面逼真、声音悦耳的电子游戏，并实现居家购物、订票、或检索网络上的庞大的多媒体数据库。

① 多媒体数据量大，类型多，因此要求有较大的存储容量，足够的传输带宽。总体来说，传输带宽在100 Mbit/s的网络才能满足各类多媒体数据（尤其是视频）的传输。当然对数据进行压缩能够降低对传输带宽的要求，但高倍的压缩往往是以牺牲图像的质量为代价的。

② 多媒体中的音频、动画、视频等时基媒体对实时性有很高的要求，需要足够带宽的传输设备和适当的通信协议及数据交换方式与之适应。总之在满足数据共享等要求的同时，应尽可能地减少信息数据在传输过程中的时延。

③ 多媒体中的各媒体不是独立存在的，它们不仅在空间上，而且在时间上相互关联，彼此制约。

从信息服务的角度来看，多媒体通信采用VI & P（Visual Intelligent and Personal）的服务模式，即“视频的、智能的和个人的”服务模式，它能够提供以图像为中心的视频智能服务。

习题

8-1 多媒体通信的关键特性。

8-2 多媒体通信的关键技术有哪些？

8-3 多媒体通信业务类型有哪些？试举例说明。

8-4 静止图像压缩编码技术有哪些？

8-5 什么是流媒体？

8-6 流媒体传输方式有哪些？

8-7 多媒体的应用有哪些？

第9章　信息安全技术

9.1　信息安全技术概论

9.1.1　信息安全的定义

广义的信息安全是指防止信息被故意的或偶然的非授权泄漏、更改、破坏，也就是确保信息的保密性、可用性、完整性和可控性。信息安全包括操作系统安全、数据库安全、网络安全、访问控制、加密与鉴别等几个方面。

狭义的信息安全指网络上的信息安全，也称为网络安全，它涉及的领域也是较为广泛。简单地说，网络中的安全是指一种能够识别和消除不安全因素的能力。

信息安全的定义随着应用环境的改变也有不同的诠释。对用户来说，确保其个人隐私和机密数据的传输安全，避免资料被他人窃取是用户基本的安全需求。而对安全保密部门来说，过滤非法的、有害的或涉及国家机密的信息，是其信息安全的主要任务。

9.1.2　信息安全威胁

所谓信息安全威胁，是指某人、物、事件、方法或概念等因素对某些信息资源或系统的安全使用可能造成的危害。通常把可能威胁信息安全的行为称为攻击。在现实中，常见的信息安全威胁分为以下几种。

① 信息泄漏　指信息被泄漏给未授权的实体，泄漏的原因主要包括窃听、截获和人员疏忽等。其中，截获攻击是指在信道中获取保密通信的电波、网络数据等；针对获取的数据通过逆向解析或解密来读取数据信息。

② 篡改　指攻击者可能对原有信息内容进行改动，但信息的发送者和接收者并不能识别出数据是否被篡改。在传统信息处理方式下，篡改者对纸质文件的修改可以通过一些鉴定技术（例如字迹鉴定）识别修改的痕迹，但在数字环境下，对电子内容的修改使用传统手段无法检测。

③ 重放　指攻击者截获并存储合法的通信数据，并以非法为目的在需要的时候重新发送这些数据，而接收者可能仍然进行正常的受理，从而被攻击者所利用。

④ 假冒　指一个人或系统谎称是另一个人或系统，但信息系统或其管理者却可能不具备识别能力，从而使假冒者获得了不该获得的权限。

⑤ 否认　指参与某次通信或信息处理的一方事后可能否认这次通信或相关的信息处理曾经发生过，从而导致这类通信或信息处理的参与者不承担应有的责任。

⑥ 非授权使用　指某人或系统在未获授权的情况下越权访问了相应的信息资源。

⑦ 网络与系统攻击　由于网络与主机系统存在设计或实现上的漏洞，攻击者可能利用

这些漏洞进行恶意的侵入和破坏，或者攻击者仅通过对某一信息服务资源进行超负荷的使用或干扰，使系统不能正常提供服务，这种攻击称为拒绝服务攻击。

⑧ 恶件　指有意破坏计算机系统、窃取机密或隐蔽地接受远程控制的程序，它们由怀有恶意的人开发和传播，隐蔽在受害方的计算机系统中获取信息，恶件自身也能够进行复制和传播，主要类型有：木马、病毒、蠕虫、僵尸网络等。

⑨ 灾害、故障与人为破坏　信息系统也可能由于自然灾害、系统故障或人为因素而遭到破坏。

以上威胁中，信息泄漏会危及信息的机密性，篡改会危及信息的完整性和真实性，重放、假冒和非授权使用会危及信息的可控性和真实性，否认会直接危及不可否认性，网络与系统攻击、灾害、故障与人为破坏会危及可用性，恶件依照其攻击目的可能分别危及可用性、机密性和可控性等。以上情况说明，可用性、机密性、不可否认性、真实性和可控性在本质上反映了信息安全的基本特征和需求。

针对上述信息安全威胁可进一步概括为 4 类：①暴露，指对信息可以进行非授权访问，主要是来自信息泄漏的威胁。②欺骗，指使信息系统接受错误信息或做出错误判断，包括来自篡改、重放、假冒、否认等的威胁。③打扰，指干扰或打断信息系统的执行，主要包括来自网络和系统攻击、灾害、故障与人为破坏的威胁。④占用，指非授权使用信息资源或系统，包括来自非授权使用的威胁。类似地，恶件按照其目的不同可以划分为不同的类别。

也可以将上述的信息安全威胁分为被动攻击和主动攻击两类。被动攻击主要是对信道中的通信数据进行窃听、截获和解析，它并不会对原有数据进行篡改，也不插入新的数据；主动攻击则试图篡改原有数据，或者伪造新的数据。

9.1.3 信息安全模型

信息安全模型可以定义为关于信息系统在何种环境下遭受威胁并获得信息安全的一般性描述，也可被称为威胁模型或敌手模型。

当前存在很多信息安全模型，例如：Shannon 提出的保密通信系统模型，该模型描述了保密通信的收发双方通过安全信道获得密钥、通过可被窃听线路传递密文的场景，确定了收发双方和密码分析者的基本关系和所处的技术环境；Simmons 面向认证系统提出了无仲裁认证模型，它描述了认证和被认证方通过安全信道获得密钥、通过可被窃听的线路传递认证消息的场景；Dolve 和 Yao 针对一般的信息安全系统提出了 Dolve - Yao 威胁模型，它定义了攻击者在网络和系统中的攻击能力，被密码协议的设计者广泛采用。随着密码技术研究的深入，有很多学者认为密码系统的设计者应该将攻击者的能力估计得更高一些，如攻击者可能有控制加密设备或在一定程度上接近、欺骗加密操作人员的能力。

在互联网时代，信息系统跨越了公用网络和组织内部的专用网络。根据以上模型和信息安全威胁，我们认为，在当前的网络环境下，实用的信息安全模型不仅需要考虑以上全部场景，还需要增加对可用性与可控性的考虑，这样的模型称为信息安全系统综合模型。我们将在这一模型下定义攻击者的能力。

1. 攻击者能做的事

① 攻击地点　攻击者可能来自外部网络或系统，也可能处于组织内部网络或本身就是同一网络或系统的合法用户；攻击者有可能能够接近信息安全设备或者本身就是管理这些设备的人，能够在一定条件下控制这些设备。

② 数据截获　攻击者可以截获网络中的通信数据，这些数据可能被加密或未被加密，截获地点可能是外部网络或内部网络。在信息安全系统中使用专用的安全信道用于分发密钥等安全参数，因此这里数据截获的对象一般不包括在安全信道中传输的数据。

③ 消息收发　任何实体发出的消息都可能先到达攻击者一方，即攻击者可能位于发送者和接收者之间，攻击者可利用位置优势实现信息篡改；攻击者也可能冒充其他人和一个实体主动联络或重新发送截获的信息。

④ 利用漏洞和疏忽　攻击者可能利用系统漏洞或利用系统在管理、使用中存在的问题，非授权地侵入系统，偷窃数据或进行潜伏、破坏。

⑤ 分析和计算　攻击者拥有很强的分析和计算能力。

2. 攻击者有困难的事

① 数字猜测　攻击者从计算能力上难以从足够大范围的数值空间中猜测到一个生成规律不完全知道的数字。

② 破解密码　攻击者难以破解好的密码算法，在计算上不能从密文得到明文，甚至也难以根据得到的一些明文构造出正确的密文。

③ 推知私钥　攻击者难以根据非对称加密体制或数字签名的公钥推知对应的私钥。

④ 越权访问　在不存在系统设计和实现漏洞的情况下，攻击者难以实施非授权的访问。

⑤ 截获安全信道　攻击者难以截获安全信道中传输的数据。

从以上模型可以看到，信息安全技术的主要目标可以归纳为：在不影响正常业务和通信的情况下，用攻击者有困难的事去约束攻击者，使攻击者能够做到的事情不能构成信息安全威胁。

下面通过一个例子来对信息安全模型进行详细说明。一个单位使用的网络一般包括内部网络和外部网络两个部分，图 9-1 描述了这类网络环境下的一个典型的信息安全模型。图 9-1中信息系统的基本组成包括网络连接设施、系统用户和管理者、内部和外部主机系统、主机内的信息安全构件、专设网络防护设施和信息安全机构。其中，主机内的信息安全构件主要指与信息安全相关的模块，网络防护设施主要包括防火墙、IDS 等保障可用性和可控性的设备，信息安全机构是专门负责实施安全措施的机构，它可以是由第三方或单位自行设立的，主要用于完成密钥生成、分发与管理等功能。在该模型下获得信息安全的一个重要前提是：用户和管理者与信息安全机构之间的信道不会被攻击者窃听，但是，攻击者可以在内部或外部通信网中的任何一点上截获数据或进行消息收发，也可能从一台控制的计算机上发动网络攻击，也可以基于在一个系统中的账号发动系统攻击，等等。信息安全的实施者主要通过以上信息安全构件组成的系统防御攻击。当然，管理者和用户也需要建立相应的工作制度以保障信息安全技术的实施。

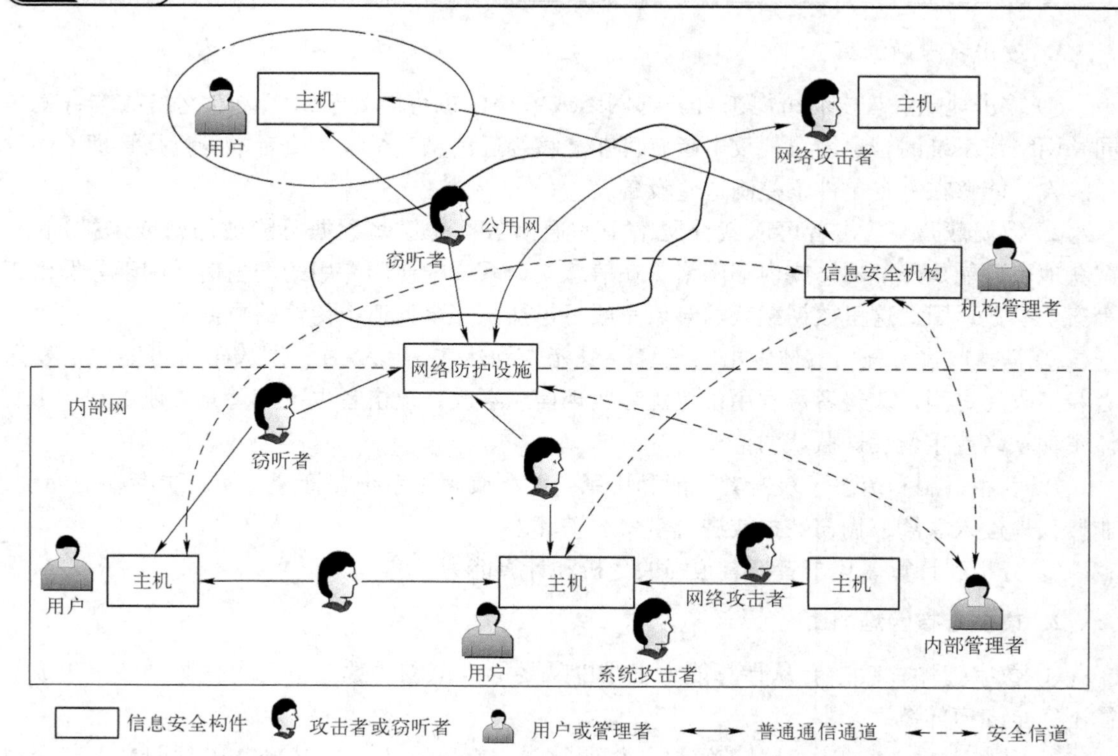

图 9-1　一个面向网络环境的信息安全模型

9.2　网络病毒

网络病毒是一种用于对计算机进行破坏的畸形程序，但是从本质上来说它也体现了一种编程的思想，是一种以恶意为目的的编写的计算机程序。一个完整健壮程序的编写过程是一个复杂艰苦的过程，编写完成的任何一个程序、软件都存在漏洞。所以从某种意义上说，正是有了病毒的存在，才能让我们更好地发现原有程序的不足，能够对漏洞进行修补。网络病毒具有独特的复制能力，这使得网络病毒可以很快地通过网络传播，又常常难以根除。常见的网络病毒有蠕虫、木马和僵尸网络。

9.2.1　蠕虫

蠕虫病毒是一种通过网络传播的恶性病毒，它具有病毒的一些共性，比如传播性、隐蔽性、破坏性等。但是蠕虫病毒和一般病毒又有很大的区别，它具有自身的一些特性。蠕虫病毒自身副本具有完整性和独立性，不需要利用文件寄生；其复制形式通过自身拷贝，利用系统漏洞进行传染。在产生的破坏性上，能够使主机和网络产生拒绝服务，造成的危害也是普通病毒所无法相比的。而互联网络的快速发展可以使转型的蠕虫病毒在很短时间内蔓延至整个网络，导致网络瘫痪。

1. 蠕虫病毒的基本程序结构

蠕虫病毒程序的基本结构分为传播模块、隐藏模块和专用功能模块。传播模块负责完成蠕虫病毒的复制传播；隐藏模块在蠕虫病毒侵入主机后，负责在目标主机系统中隐藏蠕虫病毒程序，防止被用户发现；特定功能模块实现对计算机的控制、监视或破坏等功能。

2. 蠕虫病毒的传播过程

蠕虫病毒的传播过程可分为扫描、攻击和复制几个阶段。

① 扫描　由蠕虫病毒的扫描功能模块负责探测目标网络中存在漏洞的主机。扫描程序会自动向某个目标主机发送漏洞探测信息，当成功收到反馈信息后，就得到一个可传播的对象。

② 攻击　攻击模块针对扫描获取的目标主机漏洞采取相应的攻击步骤，取得目标主机的控制权限（一般为管理员权限）。

③ 复制　复制模块通过原主机和目标主机的交互将蠕虫病毒复制到目标主机中并自动执行。

我们可以看到，传播模块实现的实际上是自动入侵功能，所以蠕虫病毒传播技术是蠕虫病毒技术的核心技术，没有蠕虫病毒传播技术，也就谈不上蠕虫病毒技术了。

现在流行的蠕虫病毒传播目标是尽快地将自身传播到尽量多的主机中，于是扫描模块采用的扫描策略一般是这样的：随机选取某一网段的 IP 地址，然后对该地址段上的所有主机进行扫描。随着蠕虫病毒的传播，新感染的主机作为一个新的传染源也开始进行这种扫描，这些扫描程序无法判断哪些地址已经被扫描过，它们只是简单地随机扫描整个目标网络。于是随着感染蠕虫病毒的主机越来越多，网络中的扫描报文就会越多。虽然扫描程序发出的探测报文很小，但是积少成多，大量蠕虫病毒的扫描所引起的网络拥塞将非常严重，最终，会在很短的时间内，造成网络资源耗尽，网络陷入瘫痪。

扫描发送的探测报文需要根据不同的漏洞分别进行设计。比如，针对远程缓冲区的溢出漏洞可以发送溢出代码来探测，针对 Web 的 CGI 漏洞就需要发送一个特殊的 http 请求来探测。当然，发送探测代码之前首先要确定相应的攻击步骤，不同的漏洞存在不同的攻击方法，只要明白了如何利用漏洞，在程序中实现这一过程就相对简单了。

攻击成功后，一般是获得远程主机的控制权，拥有整个系统的控制权后就可以实现病毒复制。复制过程也有多种方法，可以利用系统本身的程序实现，也可以用蠕虫病毒自带的程序实现。复制过程实际上就是一个文件的传输过程，蠕虫病毒的工作方式如图 9-2 所示。

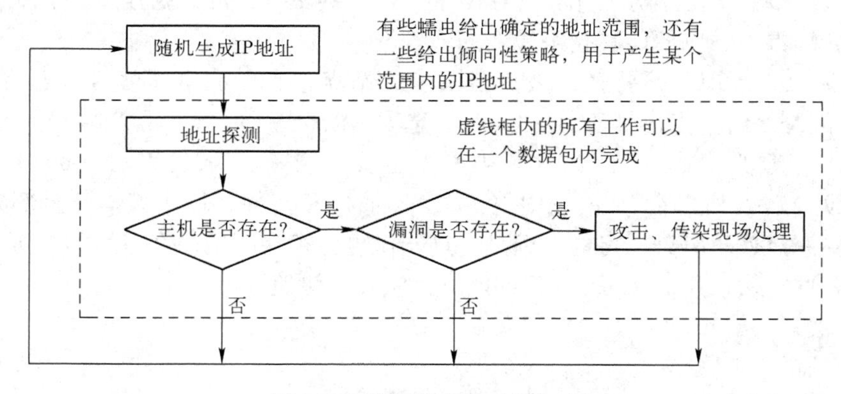

图 9-2　蠕虫病毒的工作方式

3. 蠕虫病毒的形成原因

蠕虫病毒的形成原因多种多样，主要包括以下几种。

① 利用操作系统和应用程序漏洞主动进行攻击。此类病毒主要是“红色代码”和“尼姆亚”等。由于IE浏览器的漏洞，使得感染了“尼姆亚”病毒的邮件在不去手工打开附件的情况下病毒就能激活。而在这之前即便是很多防病毒专家也一直认为，带有病毒附件的邮件，只要不去打开邮件，病毒就无法激活，也不会造成危害。“红色代码”是利用了微软IIS服务器软件的漏洞来传播，SQL蠕虫王病毒是利用了微软数据库系统的一个漏洞进行大肆攻击。

② 传播方式多样。可以利用的传播途径主要有文件、电子邮件、Web服务器、网络共享等。

③ 病毒编写技术。与传统病毒不同的是，许多新病毒是利用当前最新的编程语言与编程技术实现的，功能模块化趋势较为明显，易于修改以产生新的变种，从而躲避杀毒软件基于病毒库的查杀。另外，新病毒利用Jave、ActiveX、VBScript等技术，可以潜伏在HTML页面里，在用户上网浏览时自动下载到用户主机中自动执行。

④ 与黑客技术相结合，潜在的威胁和损失更大。以红色代码为例，感染后主机的Web目录下将生成一个root. exe，可以远程执行任何命令，从而使黑客能够再次进入。蠕虫和普通病毒不同的一个特征是蠕虫病毒能够利用漏洞进行自动侵入，漏洞可以分为两种，即软件漏洞和人为缺陷。软件漏洞，比如远程溢出、操作系统漏洞和Outlook的自动执行漏洞等等，需要软件厂商和用户共同配合，不断对软件升级。而人为缺陷，主要指的是计算机用户的疏忽，也就是所谓的社会工程学，当收到一封带有病毒的求职信邮件时，大多数人都会抱有好奇心去点击。对于企业用户来说，威胁主要集中在服务器和大型应用软件的安全上，而对个人用户而言，主要是防范第二种缺陷。

4. 蠕虫病毒的防护措施

蠕虫病毒对个人用户的攻击主要是通过社会工程学，而不是利用系统漏洞。所以防范此类病毒需要注意以下几点：

① 安装杀毒软件，经常更新病毒库。杀毒软件对病毒的查杀是以病毒的特征码为依据的，而新的病毒每天层出不穷，尤其是在网络时代，蠕虫病毒的传播速度快、变种多，所以必须随时更新病毒库，以便能够查杀最新的病毒。

② 提高防杀毒意识。不要轻易去点击陌生的站点，有可能里面就含有恶意网页代码。当使用IE访问网络时，点击“工具 - Internet选项 - 安全 - Internet区域的安全级别”，把安全级别由“中”改为“高”。因为这一类网页主要是含有恶意代码的ActiveX、Applet或JavaScript网页文件，所以在IE设置中将ActiveX插件和控件、Java脚本等全部禁止，就可以大大减少被恶意代码感染的可能。但是，这样做也会存在问题，在以后的网页浏览过程中有可能会使一些正常使用ActiveX控件的网站无法正常浏览。

9.2.2 木马

木马病毒是一种隐藏在目标主机中悄悄执行的恶意软件。木马通过伪装在一个合法的目的之下，欺骗用户来安装或者执行那些包含有特洛伊木马的软件，从而使木马能够进入到目标主机。

1. 木马隐身技术

木马是一种基于远程控制的病毒程序，该程序具有很强的隐蔽性和危害性，它可以在不知不觉的状态下对目标进行控制和监视，其隐身技术有以下几种：捆绑到程序中；隐藏在配置文件中；伪装在普通文件中；内置到注册表中；隐身于启动组中；捆绑在启动文件中。

2. 木马编码技术

木马通过一些编码技术来隐藏自己，比如DLL陷阱技术，编程者用木马DLL文件替换已知的系统DLL文件，并对所有的函数调用进行过滤处理。当截获到正常的调用，将使用函数转发器直接转发给被替换的系统DLL文件。对于一些事先约定好的特殊情况，DLL会执行一些相对应的操作，一个比较简单的方法是启动一个进程来进行处理。虽然所有的操作都在DLL中完成会更加隐蔽，但这大大增加了程序编写的难度。实际上这样的木马大多数只是使用DLL进行监听，一旦发现控制端的连接请求就激活自身，新起一个进程进行正常的木马操作。操作结束后关掉进程，然后进入休眠状态。

3. 木马防范技术

早期木马大多都是通过发送电子邮件的方式把受控主机的信息告诉攻击者，有些木马会把主机所有的密码都用邮件的方式告诉攻击者，这样攻击者不用直接连接目标主机就可获得一些重要数据。

防火墙是抵挡普通木马入侵的途径之一。大多数木马都需采用直接通信的方式进行连接，它们会采用一定的方式隐藏这种连接，比如只有在收到攻击者特殊数据报文的时候才激活木马打开通信端口，连接完毕后，木马则马上进入休眠状态。而防火墙的阻塞方式不仅能够阻止TCP数据报文，还能够阻止UDP、ICMP等其他IP数据报文。防火墙可以对数据报文进行过滤检查，在适当规则的限制下，只允许系统接受有限端口的数据请求。这样，即使木马植入成功，攻击者也无法进入目标系统，从而防火墙能够有效实现攻击者和木马的分离。

4. 木马的工作原理

一个完整的特洛伊木马病毒程序通常包含两个部分：服务器端和客户端。植入对方电脑的是服务器端，而黑客是利用客户端进入运行了服务端的目标主机。目标主机运行了木马的服务器端程序以后，暗中打开相应端口，向指定目标发送数据（比如网络游戏密码，QQ密码和用户邮箱密码等），黑客甚至可以利用这些打开的端口进入电脑系统，查看或监视用户主机。

特洛伊木马不会自动运行，它潜伏在某些用户感兴趣的文档中，当用户运行这些文档程序时，特洛伊木马才会运行。

5. 木马病毒的种类

（1）网络游戏木马

随着网络在线游戏的普及和升温，中国已经拥有规模庞大的网游玩家。网络游戏中的金钱、装备等虚拟财富与现实财富之间的界限越来越模糊。与此同时，以盗取网游账号密码为目的的木马病毒也随之发展泛滥起来。网络游戏木马通常采用记录用户键盘输入等方法获取用户的密码和帐号。窃取到的信息一般通过发送电子邮件或向远程控制端提交的方式发送给木马控制者。网络游戏木马的种类和数量，在国产木马病毒中可谓首屈一指。流行的网络游戏无一不受网游木马的威胁。一款新游戏正式发布后，往往在一到两个星期内，就会有相应的木马程序被制作出来。

（2）网银木马

网银木马是针对网上金融交易系统编写的木马病毒，其目的是盗取用户的账号、密码，甚至是安全证书。此类木马种类数量虽然比不上网游木马，但它的危害更加直接，受害用户的损失更加惨重。网银木马通常针对性较强，木马编写者会首先对某银行的网上交易系统进行仔细分析，然后针对系统安全漏洞编写相应的病毒程序。比如2004年的“网银大盗”病毒，在用户进入某银行网银登录页面时，会自动把页面换成安全性能较差、但依然能够运转的老版页面，然后记录用户在此页面上填写的卡号和密码，从而导致个人账号信息泄漏，最终造成个人经济损失。

（3）即时通信软件木马

当前，国内即时通讯软件众多，网上聊天的用户群也十分庞大。针对即时通讯软件设计的木马有以下几种：

① 发送消息型木马。通过即时通讯软件自动发送含有恶意网址的信息，目的在于让收到消息的用户点击该网址导致中毒，用户中毒后作为一个新的传染源又会向更多好友发送病毒消息。此类病毒其原理是通过搜索聊天窗口，进而控制该窗口自动发送文本内容。发送消息型木马常常充当网游木马的广告，可以通过MSN、QQ等多种聊天软件发送带毒网址，其主要功能是盗取游戏的帐号和密码。

② 盗号型木马。主要目标在于获取即时通讯软件的登录账号和密码，工作原理和网游木马类似。病毒编写者盗得他人账号后，可能偷窥聊天记录等隐私内容，或将帐号卖掉以获取利润。

③ 传播自身型木马。2005年初，“QQ龟”和“QQ爱虫”这两个国产病毒通过QQ聊天软件发送自身进行传播，感染用户数量极大。从技术角度分析，发送文件类的QQ蠕虫是以前发送消息类QQ木马的进化，采用的基本技术都是搜寻到聊天窗口后，对聊天窗口进行控制，来达到发送文件或消息的目的。只不过发送文件的操作要比发送消息复杂很多。

（4）网页点击类木马

网页点击类木马会模拟用户行为，恶意对广告进行点击，在短时间内可以产生数以万计的点击量，其目的是为了赚取高额的广告推广费用。此类病毒技术相对简单，一般只是向目标服务器发送HTTP GET请求。

（5）下载类木马

这类木马程序体积小，负责在目标主机上打开一个后门，从网络上下载其他病毒程序或安装各种广告软件。由于体积很小，下载类木马传播速度也更快。通常功能强大、体积也很大的病毒，不容易直接植入目标主机，传播时会单独编写一个小巧的下载型木马，用户中毒后会把主程序下载到本机运行。

（6）代理类木马

用户感染代理类木马后，会在本机开启HTTP等代理服务功能。黑客把受感染主机作为一个跳板，以被感染用户的身份从事非法活动，达到隐藏自己的目的。

6. 木马检测与清除

可使用当前常见的木马查杀软件进行查杀，也可以使用系统自带的一些基本命令检测木马病毒，具体方法如下：

（1）检测网络连接

如果怀疑自己的计算机被安装了木马，或者是中了病毒，可以使用 Windows 自带的网络命令来查看主机当前的网络连接。具体的命令格式是：netstat －a。这个命令能看到所有和本地计算机建立连接的外部 IP 信息。其包含四个部分——proto（协议类型）、local address（本地地址）、foreign address（和本机建立连接的外部地址）、state（当前端口状态）。通过这个命令的详细信息，就可以完全监控计算机上的连接，达到查杀木马的效果。

（2）禁用不明服务

有时在系统重新启动后会发现计算机速度变慢了，不管怎么优化都无法解决，用杀毒软件也查不出问题，这很可能是别人通过入侵你的计算机后植入了某种服务，比如 IIS 信息服务等。如果是这种情况，杀毒软件是查不出来的。这时可以通过 net start 来查看系统中究竟有什么服务在开启，如果发现了某些服务不是自己开启的，就可以有针对性地禁用这些服务。

（3）检查用户信息

很长一段时间，恶意的攻击者非常喜欢使用克隆账号的方法来控制他人的计算机。他们采用的方法就是激活一个系统中的默认账户，但这个账户是不经常用的，然后使用工具把这个账户提升到管理员权限，从表面上看来这个账户还是和原来一样，但是这个克隆的账户却是系统中最大的安全隐患。恶意的攻击者可以通过这个账户任意地控制他人的计算机。

木马危害极大，因此必须删除，删除方式如下：

（1）禁用系统还原

如果运行的是 Windows XP，建议暂时关闭“系统还原”功能。此功能默认情况下是启用的，一旦计算机中的文件被破坏，Windows 可使用该功能将其还原。如果病毒、蠕虫或特洛伊木马感染了计算机，则系统还原功能会在该计算机上备份病毒、蠕虫或特洛伊木马。Windows 系统禁止包括杀毒软件在内的外部程序修改系统还原。因此，杀毒软件无法删除系统还原文件夹中的威胁。这样，即使已经清除了所有其他位置的受感染文件，系统还原仍然能够将受感染文件还原到计算机上。因此，可以首先将系统还原禁用，然后病毒扫描就可以清除系统还原文件夹中的威胁，当病毒清除干净后，可再恢复系统还原功能。

（2）安全模式

关闭计算机，等待至少 30 s 后重新启动系统到安全模式。启动杀毒软件，并确保已将其配置为扫描所有文件，运行完整的系统扫描。如果检测到任何文件被病毒感染，则直接清除。

9.2.3 僵尸网络

僵尸网络是指由攻击者通过控制服务器控制的受害计算机群。僵尸网络是利用各种恶件（恶意软件）、木马对受害主机进行感染，使其成为僵尸主机，并与其他受害主机共同组成一个接受控制服务器控制的网络，进行各种网络攻击。

僵尸网络作为由攻击者通过控制服务器控制的受害计算机群，为攻击者提供了隐匿、灵活且高效的一对多命令与控制机制，可以控制大量僵尸主机实现信息窃取、分布式拒绝服务攻击和垃圾邮件发送等目的。根据僵尸网络使用的协议对其进行分类，可分为四种：基于IRC协议的僵尸网络、基于HTTP的僵尸网络、基于私有协议的僵尸网络和基于P2P的僵尸网络。集中式僵尸网络结构如图9-3所示。由图9-3可知，前3种僵尸网络分别是IRC协议，HTTP和自定义的私有协议构建一个命令与控制信道，攻击者只需借助控制信道就可以广播发送攻击命令，每个潜伏在该信道中的主机接到命令，就会执行相应的攻击操作。最后一种是分布式僵尸网络，如图9-4所示。

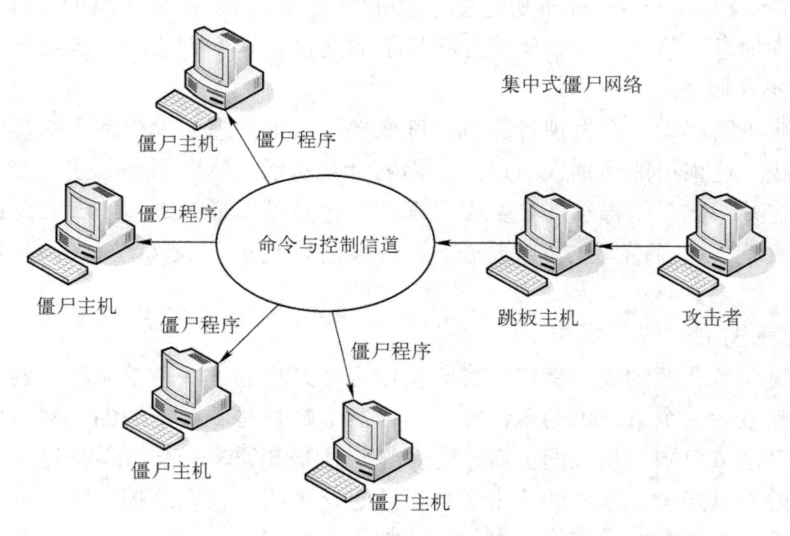

图9-3　集中式僵尸网络结构示意图

基于IRC协议的僵尸网络主要有SDBot、Agobot、GT-Bot和Rbot等，该类僵尸网络以IRC控制服务器控制所有僵尸，当主机感染僵尸程序后，僵尸主机会自动加入僵尸控制服务器的某个频道，然后等待控制者发布控制命令；而控制者需要发布命令时，只需要登录到IRC控制服务器同样的频道中，就可以发布各种控制命令，所有僵尸程序将同时收到相应的控制命令，并执行相应的操作。该类僵尸网络因为采用一对多的控制方式，如图9-4所示，因此存在单点失效的问题。

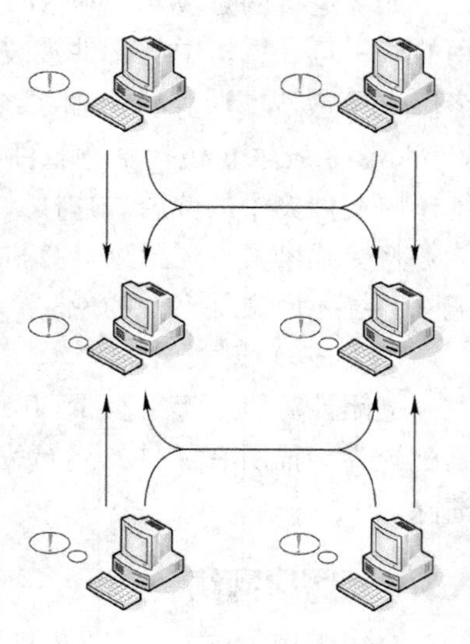

图9-4　分布式僵尸网络

基于HTTP的僵尸网络有Bobax、Rustock、Clickbot等，该类僵尸网络主要是基于HTTP，因为网络中基于HTTP的业务非常丰富，因此使用该协议可以有效地实现该类僵尸网络的隐藏。该类僵尸程序会周期性访问僵尸控制服务器，以获取命令文件，并对其进行解析，执行相应的操作。

基于私有协议的僵尸网络有灰鸽子、上兴僵尸等，该类僵尸网络基于私有加密协议，完成控制信息的传输与交换。其控制端使用的端口可以随意设定，而且基本上采用反弹型端口的连接方式，以便被控端能够穿透防火墙连接控制端。该种类型的僵尸网络一般采用一对多的拓扑结构进行命令通信。

基于 P2P 的僵尸网络有 Phatbot、Nugache 和 Storm 等。该类僵尸网络的命令控制平台采用分布式的控制结构，如图 9-4 所示。在图 9-4 中，攻击者可通过多个中间节点服务器实现僵尸主机的控制，即使某些服务器节点被捕获，也不会影响整个僵尸网络的运转，改变了 IRC、HTTP 等僵尸网络中存在的一对多控制结构，从而在根本上解决了单点失效问题，使僵尸网络的安全性能得到较大程度的提高。

基于 IRC、HTTP 及私有协议的僵尸网络因控制方式简单、高效，在僵尸网络发展的初期得到了广泛的应用。但随着各种信息技术的不断发展和更新，各种针对僵尸网络的防御检测手段日益完善，其存在的单点失效问题逐渐成为其进一步发展的瓶颈。在这个过程中，新型的 P2P 僵尸网络却呈现出了很强的生存能力，去中心化的特点，具备较强的抵抗检测能力，当有节点被发现时，能够避免整个网络被暴露，达到保护整个僵尸网络安全的目的；分布式的结构提高了整个网络的运转效率，确保消息延迟在合理的范围内，使得发动分布式拒绝服务攻击等需要协调大规模主机同时参与的攻击活动更加容易；同时，结构化的 P2P 僵尸网络具有很好的可扩展性及自组织能力。因此针对 P2P 僵尸网络结构性能的研究成为僵尸网络发展的一个研究热点。

9.3 信息安全技术

9.3.1 网络安全与防范

一个完整的计算机网络主要包括网络服务器、工作站、网络交换设备、网络互连设备、传输设备、网络外部设备和网络软件等几个部分。

常见的网络服务所面临的安全威胁包括：FTP 文件传输服务安全；Telnet 数据安全；WWW 服务安全；电子邮件安全；DNS 服务安全；网络管理服务安全；网络文件服务安全等。

网络有许多不安全因素，为确保网络安全应该采取以下措施：内部系统尤其是机密系统，要尽量与公网隔离，要有相应的安全连接和隔离措施；不同工作范围的网络既要采用安全路由器、保密网管等隔离措施，又要在政策上和逻辑上保证互通；为了提供网络服务安全，各相应的环节应根据需要配置可单独评价的加密、数字签名、访问控制、数据完整性、业务流填充、路由控制、公证、鉴别审计等安全机制，并要有相应的安全管理；远程客户访问重要的应用服务，要有鉴别服务器严格执行鉴别过程和访问控制；网络和网络安全要经受住相应的安全测试；在相应的网络层次和级别上设立密钥管理中心、访问控制中心、安全鉴别服务器、授权服务器等，负责访问控制以及密钥、证书等安全信息的产生、更换、配置和销毁等相应的安全管理活动；信息传递系统要具有抗监听、抗截获能力，能对抗传输信息的篡改、删除、插入、重放、选取明文密码破译等主动攻击和被动攻击，保护信息的机密性，保证信息和系统的完整性；涉及保密的信息在传输过程中，在保密装置以外不应以明文形式出现。

9.3.2 网络攻击方法

网络中常见的攻击方法包括：信息收集、密码攻击、针对路由器的攻击、利用 TCP/IP 协议的安全问题实施的攻击、利用系统对接收 IP 数据报文的处理漏洞进行攻击、电子邮件攻击、特洛伊木马程序等。

9.3.3 入侵检测技术

入侵检测是防火墙的合理补充，可帮助系统对付网络攻击并扩展系统管理员的安全管理能力，提高了信息安全基础结构的完整性。

1. 入侵检测的概念

入侵检测是从计算机网络系统中的若干关键点收集并分析这些信息，看看网络或系统中是否有违反安全策略的行为和遭到袭击的迹象的一种机制。入侵检测被认为是防火墙之后的第二道安全闸门，在不影响网络性能的情况下能对网络进行监测，从而提供对内部攻击、外部攻击和误操作的实时保护。这些都通过它执行以下任务来实现：

① 监视、分析用户及系统活动。

② 审计系统构造和弱点。

③ 识别反映已知进攻的活动模式并向相关人士报警。

④ 统计分析异常行为模式。

⑤ 评估重要系统和数据文件的完整性。

⑥ 审计跟踪管理操作系统，并识别用户违反安全策略的行为。

对一个成功的入侵检测系统来讲，它不但可使系统管理员及时了解网络系统的任何变更，还能给网络安全策略的制定提供指南。更为重要的是，它应该管理、配置简单，从而使非专业人员可非常容易地获得网络安全信息。而且，入侵检测的规模还可根据网络威胁、系统构造和安全需求的改变而改变。入侵检测系统在发现入侵后，会及时作出响应，包括切断网络连接，记录事件和报警等。

2. 入侵检测系统的系统模型

入侵检测系统一般由 4 个组件组成（见图 9-5），分别是事件产生器（Event generators）、事件分析器（Event Analyzers）、响应控制单元（Response and Control Units）和事件数据库（Event Databases）。事件产生器的作用是从整个计算环境中获得事件，并向系统的其他部分提供事件信息。事件分析器是分析得到的数据信息，并产生分析结果。响应单元则是对分析结果做出反应，它可能与其他设备如防火墙连动，切断连接或改变文件属性。当然，也可能只是简单的报警。事件数据是存放各种中间和最终数据的地方的统称，它可以是复杂的数据库，也可以是简单的文本文件。实际上还有两个功能模块没有画出，一是决定事件分析方法的知识库，它可从事件分析器之中独立出来；二是决定对分析结果如何响应分析策略模块。

3. 入侵检测系统的类型

入侵检测系统可分为主机型和网络型两种。

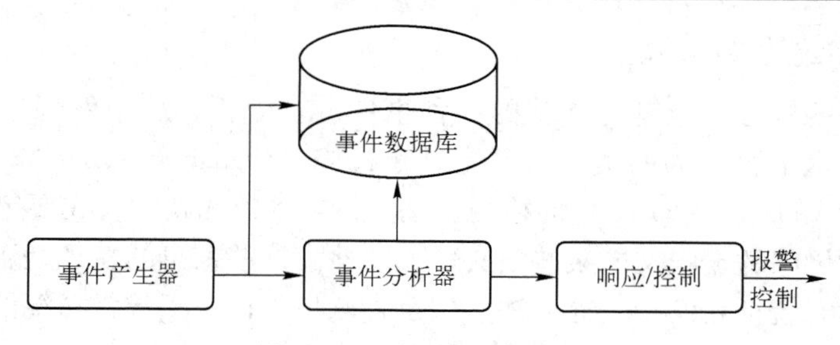

图9-5 入侵检测系统结构

（1）对于主机的入侵检测

主机型入侵检测系统就是以系统日志、应用程序日志等作为数据源，当然也可以通过其他手段（如监督系统调用）从所在的主机收集信息进行系统分析。主机型入侵检测系统主要保护的是本系统，这种检测系统常常运行在被监测的系统之上，监测主机操作系统上正在运行的进程是否合法。通常对主机的入侵检测会设置在被重点检测的主机上，从而对本主机的系统审计日志、网络实时连接等信息做出智能化的分析与判断。如果发现可疑情况，则入侵检测系统就会有针对性地采取措施。基于主机的入侵检测系统可以具体实现以下功能：对用户的操作系统及其所做的所有行为进行全程监控；持续评估系统、应用以及数据的完整性，并进行主动的维护；创建全新的安全监控策略，实时更新；对于未经授权的行为进行检测，并发出报警，同时也可以执行预设好的响应措施；将所有日志收集起来并加以保护，留作后用。基于主机的入侵检测系统对于主机的保护很全面细致，但要在网路中全面部署成本太高。并且基于主机的入侵检测系统工作时要占用被保护主机的处理资源，所以会降低被保护主机的性能。

（2）基于网络的入侵检测

基于网络的入侵检测形式有基于硬件的，也有基于软件的，不过二者的工作流程是相同的。它们将网络接口的模式设置为混杂模式，以便于对全部流经该网段的数据进行实时监控，对其做出分析，再和数据库中预定义的攻击特征做出比较，从而将有害的攻击数据报文识别出来，做出响应，并在日志中进行记录。

基于网络的入侵检测，要在每个网段中部署多个入侵检测代理，按照网络结构的不同，其代理的连接形式也各不相同。如果网段的连接方式为总线式的集线器，则把代理与集线器中的某个端口相连接即可；如果为交换式的以太网交换机，因为交换机无法共享媒介，因此只采用一个代理对整个子网进行监听的办法是无法实现的。因此可以利用交换机核心芯片中用于调试的端口，将入侵检测系统与该端口相连接。或者把它放在数据流的关键出入口，于是就可以获取几乎全部的关键数据。如图9-6所示为网络型入侵检测系统示意图。

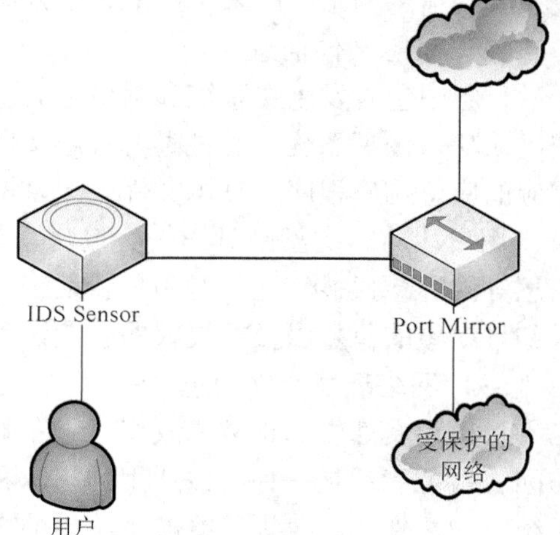

图9-6 网络型入侵检测系统

4. 入侵检测系统的核心功能

入侵检测系统的核心功能是对捕获的各种事件进行分析，从中发现违反安全策略的行为。入侵检测从技术上可分为两类，一种是基于标志（Signature - based）的检测，另一种是基于异常情况（Anomaly - based）的检测。基于标志的检测技术首先要定义违背安全策略的事件的特征，如网络数据报文的某些报头信息，检测这些信息的特征是否与收集到的特征数据库中的标准信息特征相匹配，此方法类似杀毒软件。而基于异常情况的检测技术的思路则是定义一组“正常”情况的系统数值，如 CPU 利用率、内存利用率、文件校验和等，然后将系统运行时的数值与所定义的“正常”数值相比较，得出是否有被攻击的判断。这种检测方式的核心在于如何定义所谓的“正常”信息。两种检测技术的方法、所得出的结论通常会有很大的差异。基于异常情况的检测技术的核心是维护一个知识库。对于已知的攻击，它可详细、准确地报告出攻击类型，但对未知攻击却显得有些力不从心，而且知识库面临不断更新的问题。基于异常情况的检测技术也无法准确判别出攻击的手法，但它却可以判别更广泛、甚至未发觉的攻击。

5. 入侵检测系统信息的收集与分析

入侵检测系统最重要的是信息收集与信息分析两个部分。信息收集包括收集系统、网络、数据及用户活动的状态和行为。这需要在计算机网络系统中的若干不同关键节点（不同网段和不同主机）收集信息，除了尽可能扩大检测范围外，就是对来自不同渠道的信息进行特征分析之后的比较。

入侵检测的性能很大程度上依赖于收集信息的可靠性和正确性，因此，有必要选用所知道的精确软件来报告这些信息。因为黑客经常替换软件以搞混和移走这些信息，如替换被调用的子程序、记录文件和其他工具。黑客对系统的修改可能使系统功能失常并看起来跟正常的一样。如 UNIX 系统的 PS 指令可以被替换为一个不显示侵入过程的指令，或者是编辑器被替换成一个读取不同于指定文件的文件。这需要确保用来检测网络系统的软件的完整性，特别是入侵检测系统软件本身应具有相当强的坚固性，防止被篡改而收集到错误的信息。入侵检测的信息利用一般来自以下 3 个方面：

（1）日志文件信息

日志中包含发生在系统和网络上的不寻常活动的证据，这些证据可以指出有人正在入侵或已成功入侵了系统。通过查看日志文件，能够发现成功的入侵或入侵企图，并很快地启动相应的应急响应程序。日志文件中记录了各种行为类型，每种类型又包含不同的信息，如记录“用户活动”类型的日志，就包含登录、用户 ID 改变、用户对文件的访问、授权和认证信息等内容。很显然地，对用户活动来讲，不正常的或不期望的行为就是重复登录失败、登录到不期望的位置以及非授权的企图访问重要文件等。

（2）网络环境文件信息

目录和文件中非正常的改变（包括修改、创建和删除），特别是那些正常情况下限制的访问，很可能就是一种入侵产生的指示和信号。黑客经常替换、修改和破坏其获得访问权的系统上的文件，同时为了隐藏系统中的表现及活动痕迹，会尽力去替换系统程序或修改系统日志文件。

（3）程序行为信息

网络系统上的程序一般包括操作系统、网络服务、用户启动的程序和特定目的的应用，比如 WEB 服务器。每个在系统上执行的程序由一到多个进程来实现。一个进程的执行行为由它运行时执行的操作来表现，操作执行的方式不同，它利用的系统资源也就不同。操作包括计算、文件传输、设备和其他进程，以及与网络间的其他进程的通信。

6. 入侵检测系统信息的分析

对收集到的有关系统、网络、数据及用户活动的状态和行为等信息，一般可通过 3 种技术手段进行分析：模式匹配、统计分析和完整性分析。其中前两种方法用于实时的入侵检测，而完整性分析则用于事后分析。

（1）模式匹配

模式匹配就是将收集到的信息与已知的网络入侵和系统已有模式数据库进行比较，从而发现违背安全策略的行为。该过程可以是很简单的（如通过字符串匹配以寻找一个简单的条目或指令），也可以是很复杂的（如利用正规的数学表达式来表示安全状态的变化）。一般来讲，一种进攻模式可以用一个过程（如执行一条指令）或一个输出（如获得权限）来表示。该方法的一大优点是只需收集相关的数据集合，显著减少系统负担，且技术已相当成熟。它与病毒防火墙采用的方法一样，检测准确率和效率都相当高。但是，该方法存在的弱点是需要不断地升级以对付不断出现的黑客攻击，不能检测出从未出现过的黑客攻击。

（2）统计分析

统计分析方法首先给系统对象（如用户、文件、目录和设备等）创建一个统计描述，统计正常使用时的一些测量属性（如访问次数、操作失败次数和延时等）。在比较这一点上与模式匹配有些相似之处。测量属性的平均值将被用来与网络、系统的行为进行比较，任何观察值在正常值范围之外时，就认为有入侵发生。例如，本来都默认用 GUEST 账号登录的，突然用 ADMINI 账号登录。这样做的优点是可检测到未知的入侵和更为复杂的入侵，缺点是误报、漏报率比较高，且不适应用户正常行为的突然改变。具体的统计分析方法如基于专家系统的、基于模型推理的和基于神经网络的分析方法，都正处于研究和迅速发展之中。

（3）完整性分析

完整性分析主要关注某个文件或对象是否被更改，这经常包括文件和目录的内容及属性，它在发现被更改的、被木马化的应用程序方面特别有效。完整性分析利用强有力的加密机制，称为消息摘要函数（如 MD5），它能识别哪怕是微小的变化。其优点是不管模式匹配方法和统计分析方法能否发现入侵，只要是成功的攻击导致了文件或其他对象的任何改变，它都能够被发现。缺点是一般以批处理方式实现，用于事后分析而不用于实时响应。尽管如此，完整性检测方法仍然是网络安全产品的必要手段之一。例如，可以在每一天的某个特定时间内开启完整性分析模块，对网络系统进行全面的扫描检查。

7. 常见的入侵检测工具

入侵检测系统分为软件与硬件设备两种类型。常见的软件入侵检测系统有 Snort、ISS Real Secure、Cisco Secure IDS、NFR 等。由于软件型 IDS 在通用平台上运行，存在安全隐患，现在专业环境下通常会采用硬件设备的 IDS，因为不同厂家都有各自不同的系统平台，安全性相对要高些。

8. 入侵检测系统发展趋势

需对分析技术加以改进，如果采用当前的分析技术和模型，会产生大量的误报和漏报，难以确定真正的入侵行为。采用协议分析和行为分析等新的分析技术后，可极大地提高检测效率和准确性，从而对真正的攻击做出反应。协议分析是目前最先进的检测技术，通过对数据报文进行结构化协议分析来识别入侵企图和行为，这种技术比模式匹配检测效率更好，并能对一些未知的攻击特征进行识别，具有一定的免疫功能；行为分析技术不仅能够简单分析单次攻击事件，还能根据前后发生的事件确定是否有攻击发生、攻击行为是否生效，是入侵检测技术发展的趋势。

增进对大流量网络的处理能力。随着网络流量的不断增大，对获得的数据进行实时分析的难度加大，这导致对入侵检测系统的要求越来越高。入侵检测产品能否高效处理网络中的数据是衡量入侵检测产品的重要依据。

向高度可集成性发展，集成网络监控和网络管理的相关功能。入侵检测可以检测网络中的数据报文，当发现某台设备出现问题时，可立即对该设备进行相应的管理。未来入侵检测系统将会结合其他网络管理软件，成为一个入侵检测、网络管理和网络监控三位一体的检测系统。

9.3.4 防火墙技术

防火墙是组织或机构确保其内部网络安全的主要技术手段之一。防火墙是一个网络安全设备或由多个硬件设备和相应软件组成的系统，位于不可信的外部网络和被保护的内部网络之间，内部网络和外部网络通信的所有数据都需经过防火墙。其目的是保护内部网络不遭受来自外部网络的攻击和执行预先设置的访问控制策略。只有满足访问控制策略的通信才允许通过，防火墙系统本身具有较高的计算和通信处理能力。

防火墙的主要功能包括：

① 过滤不安全的服务和通信，比如禁止对外部 ping 命令的响应，防止外部主机的恶意探测，禁止内部网络开设未经允许的信息服务或信息泄漏。

② 禁止未授权用户访问内部网络，比如不允许来自特殊地址的通信、针对外部主机发起的连接进行认证等。

③ 控制对内网的访问方式，比如只允许外部主机访问连接网内的万维网服务器和邮件服务器等，而不允许访问其他主机。

④ 对相关的访问事件进行记录，提供信息统计、预警和审计功能。

需要注意的是，随着防火墙技术的发展，防火墙的功能也在逐渐扩展，包括了防止内部信息泄漏的功能，这样的一些设备也被称为防火墙，另外，防火墙也越来越多地和路由器虚拟专用网等系统结合在一起，得到广泛地推广使用。

防火墙的基本类型包括以下 4 类，下面从 TCP/IP 的角度分析防火墙的基本原理。

1. 报文过滤防火墙

报文过滤防火墙工作在网络协议栈的网络层和传输层，报文过滤防火墙的模块结构如图 9-7所示，它会检查流经的每个 IP 报文，判断相关的通信是否满足既定的过滤规则，如果满足，则允许通过；否则进行阻断，将该报文丢弃。IP 报文的首部和数据部分中包含 IP

子协议类型、源地址、目的地址、源端口和目的端口等信息，因此，报文过滤防火墙可以实施以下功能：通过检查协议类型分别控制各种协议的通信数据，通过 IP 地址能够控制来自特定源地址或发往特定目的地址的通信数据，由于 TCP/IP 网络的服务和端口是相对应的，因此报文过滤防火墙可以通过检查端口控制对外部服务的访问和内部服务的开设。报文过滤防火墙一般情况下无法自动完成规则配置，需要由系统管理员根据内部网络环境及网络安全需要制定访问规则，并且将规则配置到防火墙系统中去。

报文过滤防火墙具有通用性强、效率高、价格低等性能优势，但其也存在比较明显的缺点，其仅仅能够执行较简单的安全策略，当需要完成一个特定的任务时，往往只靠检查单个的数据报文显得较为困难，需要配置较复杂的过滤规则；而且仅仅通过端口来管理服务和应用的准确性也无法保证，这是因为一些特定服务或应用的端口号并不固定，或者某些应用故意修改所使用的端口号，从而导致利用端口来进行应用区分准确度较低。如图 9-7 所示为报文过滤防火墙的模块结构图。

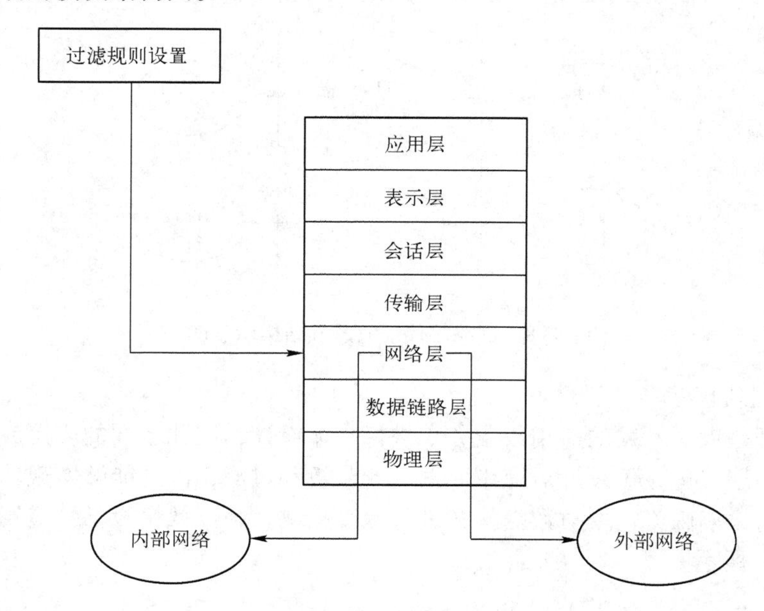

图 9-7　报文过滤防火墙的模块结构

2. 代理网管

一般认为来自外部网络的连接请求可能是不可靠的，为了能够更好地保护内部网络，就引入了代理网管设备作为外部用户访问内部服务器的一个中介。代理网管是执行连接代理程序的网关设备或系统，它按照一定的安全策略判断是否将外部网络对内部网络的访问请求提交给相应的内部服务器。如果能够提交，代理程序将代替外部用户与内部服务器进行连接，同时也会代替内部服务器与外部用户连接。在以上过程中，对外部客户来说代理程序担当服务器的角色，对内部服务器来说代理程序担当外部客户的角色，因此，代理程序中既有服务器功能，也有客户端功能。

从代理程序的结构看，可以根据在网络分层结构中所处层次的差异，将它们分为回路层代理和应用层代理。

（1）回路层代理

回路层代理也称电路级代理，建立在传输层。其在建立连接之前，首先由代理服务器检查连接会话请求，如果满足安全策略要求，再以代理的方式建立连接。在连接中，代理将一直监控连接状态，若符合所配置的安全策略，则对数据报文进行转发，否则禁止相关的 IP 通信。由于这类代理需要将数据传输给上层处理，再根据回应结果进行相应处理，因此其类似于建立了回路，被称为回路层代理。由于回路层代理工作在传输层，它可以提供较复杂的访问控制策略，比如可以提供数据认证等一些面向数据的控制策略，而不仅仅是通过检查数据报文首部实施访问控制策略。

在系统结构上，回路层代理的重要特点是：对于面向连接的应用和服务，只存在一个代理。回路层代理的代表是 SOCKS 代理系统，它面向控制 TCP 连接，由于需要实现对客户端连接请求的统一认证和代理，普通客户端不再适用，需要加入额外的功能模块。虽然一些浏览器提供了这样的支持，但回路层代理的适用性受到了影响。回路层代理的系统结构如图 9-8 所示。

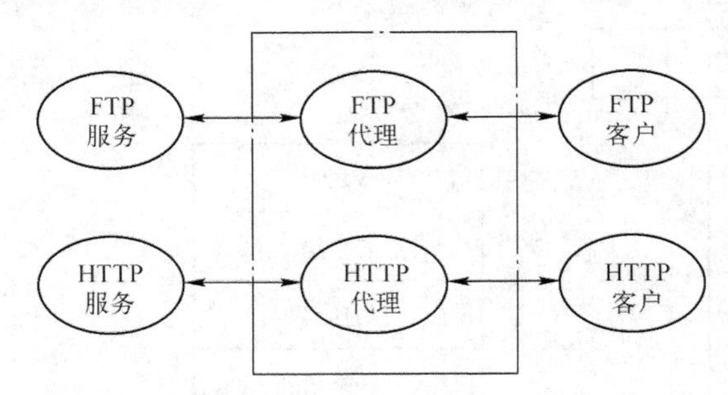

图 9-8　回路层代理的系统结构示意图

（2）应用层代理

应用层代理是针对不同的应用或服务来进行具体设计，因此不同的应用或服务就存在不同的代理。应用层代理还可以针对应用数据进行分析和过滤，因此能够实现功能较强的安全策略，但这类防火墙因为需要对数据报文进行深度检测，因此效率较低。应用层代理系统结构示意图如 9-9 所示。

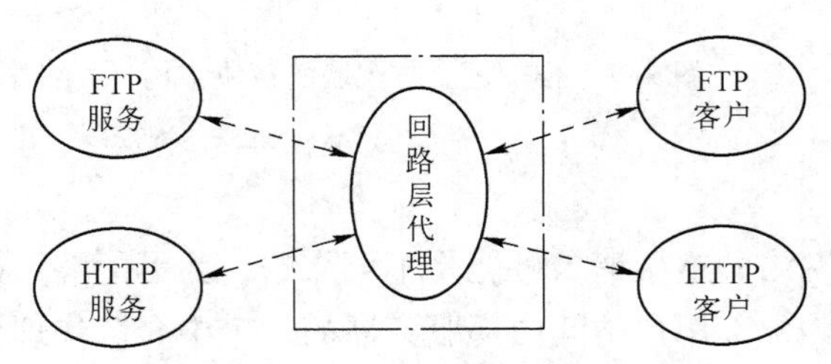

图 9-9　应用层代理的系统结构示意图

3. 报文检查型防火墙

报文检查型防火墙也具有报文过滤防火墙的功能，但它的检查对象不限于 IP 报文的首部，它还可能检查 TCP 报文首部或 TCP 报文的数据，因此，可以在一定的计算代价下实施更多、更灵活的安全策略。

报文检查型防火墙增加了对连接状态的控制。连接状态是指一个连接的上下文情况，报文检查型防火墙可以记录、监控连接状态，因此可以更准确地判断流经防火墙的数据报文是否合法，在一定程度上防止了一些潜在的网络攻击。因为连接状态随着通信的进行会不断发生变化，因此，基于连接状态的访问控制也被称为“动态过滤”。

4. 混合型防火墙

混合型防火墙集成了多种防火墙技术。其中，IP 报文过滤防火墙可以用于在底层控制通信，报文检查型防火墙可以用于增加可实施的安全策略，回路层代理用于连接建立安全，应用层代理用于保障应用安全。

9.3.5 “蜜罐”技术

在网络安全技术中，“蜜罐”（Honeypot）技术是指一类对攻击或攻击者的信息收集技术，而“蜜罐”就是完成这类信息收集的设备或系统，它通过诱使攻击者入侵“蜜罐”系统来达到搜集、分析相关信息的目的。从更高的层次上看，“蜜罐”技术是网络陷阱与诱捕技术的代表。

为了引诱攻击者实施攻击，“蜜罐”系统一般包含了一些对攻击者有诱惑力但实际并不重要的数据或应用程序，或人为保留一些漏洞吸引攻击者。它一方面可以转移攻击者的注意力，另一方面通过对入侵进行监控并收集相关的数据来了解攻击的基本类型或特征，以便做好进一步的防范工作。

1. “蜜罐”类型

“蜜罐”类型种类较多，但它们的特征是可以相互结合的。

（1）应用型和研究型

“蜜罐”可以按照目的分为研究型“蜜罐”和应用型“蜜罐”。前者用于收集黑客、网络攻击的情况，后者的目的是转移潜在的攻击，减轻网络攻击对实际业务的影响。

（2）低交互型和高交互型

“蜜罐”可以按照与攻击者的交互程度分为低交互型“蜜罐”和高交互型“蜜罐”。低交互性“蜜罐”只设置适当的虚假服务或应用，它不让攻击者真正访问主机，也不会让攻击者拥有蜜罐的控制权，可用于探测、识别简单的攻击，由于与攻击者缺少交互，这类“蜜罐”系统暴露或被控制的风险较低。为了获得更多有关攻击和攻击者的信息，高交互性“蜜罐”会设置具有真实漏洞的具体服务或应用，但这样做的风险也更大，蜜罐最终有可能被攻击者控制、利用。

（3）真实型和虚拟型

“蜜罐”可以是真实的，也可以是虚拟的，真实“蜜罐”会设置实际的服务和应用来引诱攻击者发起攻击，而虚拟的“蜜罐”则会提供虚假的服务和应用来引诱攻击者，前者设置的服务和应用是能够真正遭受攻击的，在遭受攻击后它们可能不能正常运行，而后者设置的服务和应用是伪装的，一般不会在实际意义上被攻破。

（4）“蜜罐”网络

“蜜罐”网络（Honeynet）简称为“蜜网”，它不是一个单一系统，而是一个网络系统，在“蜜网”中会设置多个系统服务和应用以供攻击者实施攻击。

2. 蜜罐的关键技术

蜜罐系统的主要技术有网络欺骗技术、数据控制技术、过滤技术和入侵行为重定向技术等，具体内容如下：

（1）网络欺骗技术

蜜罐为了使自己对入侵者更具有吸引力，就要采用各种欺骗手段，例如在自己主机上安装一些虚拟操作系统或有意保留各种漏洞，在一台计算机上模拟一个网络，在系统中产生仿真网络流量等，通过这样一些方法，使蜜罐能够更像一个真实的工作系统，使入侵者能够大胆入侵。

（2）数据控制技术

黑客侵入系统后，要通过数据控制来对黑客的行为进行牵制，规定黑客哪些事情能做或哪些事情不能做。当系统被侵害时，应该保证蜜罐不会对其所在网络的系统造成危害。一般来说，一个系统一旦被入侵成功，黑客往往会请求建立因特网连接，比如建立 IRC 连接或发送 E－mail 等。因此，要在不让入侵者产生怀疑的前提下，保证入侵者不能以侵入成功的系统作为跳板去攻击其他的非蜜罐系统。

（3）数据收集技术

数据收集技术是设置蜜罐的另一项技术挑战，蜜罐监控者只要记录下进、出系统的每个数据报文，就能够对黑客的所作所为一清二楚。蜜罐系统本身的日志文件也是很好的数据来源，但日志文件很容易被黑客删除，所以通常的办法就是让蜜罐向在同一网络上但防御机制比较完善的远程系统日志服务器发送日志备份。这样，即使蜜罐主机被黑客完全控制，也能够确保监控数据的安全。

（4）报警过滤技术

入侵检测系统要能够对告警进行有效过滤，要避免入侵监测系统产生大量的告警，因为这些告警中有很多是试探行为，并没有实施真正的攻击，所以告警系统需要不断升级，需要增强与其他安全工具和网管系统的协同和集成能力。

（5）入侵行为重定向技术

所有的数据必须被监控，这就是说如果入侵检测系统检测到某个方向发送的数据可能是攻击数据，就会将此数据复制一份，同时将入侵行为发送的数据重定向到预先配置好的蜜罐主机上。这样就会确保人们要保护的真正的资源是安全的，这就要求诱骗环境和真实环境之间要迅速切换而且要真实再现。

3. 蜜罐在网络中的位置

一个蜜罐并不需要一个特定的支撑环境，因为它是一个没有特殊要求的标准服务器。一个蜜罐可以放置在一个服务器可以放置的地方，当然，对于某些带宽资源丰富的位置，例如因特网数据中心对黑客的吸引力就相对比较大，同时，对于某些特定需要，某些位置可能比其他位置更好。蜜罐可放置的三个位置如图 9－10 所示。

（1）放置在防火墙外

将蜜罐放置在一个防火墙的外面（见图 9－10 中的蜜罐 1），不会增加内部网络的风险，即使蜜罐被攻破，也不会使防火墙所保护的内部系统受到威胁。当黑客对蜜罐进行入侵时，蜜罐会产生许多不被期望的通信流量，如端口扫描或攻击流量。将一个蜜罐放置在防火墙外

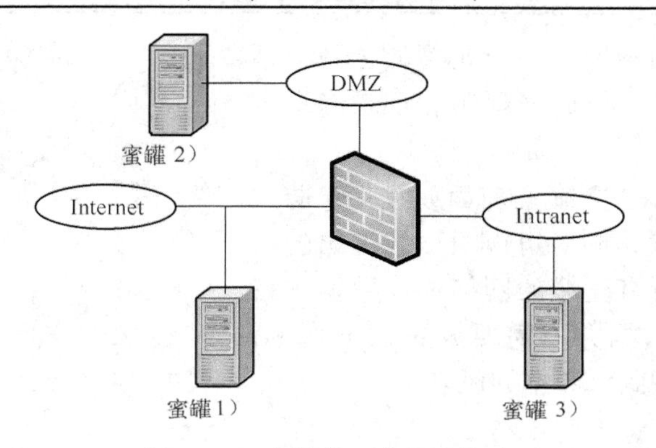

图 9-10 蜜罐的三个放置位置

面，防火墙就不会记录这些事件，内部的入侵检测系统也不会产生告警，否则，防火墙或入侵检测系统将会产生大量的告警，增加网络安全系统的负担，放置在此位置最大的优点就是防火墙、入侵检测系统或任何其他资源都不需要调整，因为蜜罐是在防火墙的外面，可以被看成是外部网络上的一台机器。因此，运行一个蜜罐不会为内部网络增加风险和引入新的风险。在防火墙外面放置一个蜜罐的缺点是不容易定位或捕获到内部攻击者，比较难以对攻击者的攻击行为进行全面的跟踪和分析。

（2）放置在 DMZ 区（隔离区）

将一个蜜罐（见图 9-10 中的蜜罐 2）放置在隔离区内部是一个较好的解决方案。大多数 DMZ 并不是完全可访问的，只有被需要的服务才允许通过防火墙。如此来看，将蜜罐放置在 DMZ 区应该是有利的，因为开放防火墙所有相关端口是非常危险的。

（3）放置在防火墙内

如果内部网络没有针对蜜罐用额外的防火墙来进行防护，则防火墙后面的蜜罐（见图 9-10中的蜜罐 3）可能会给内部网络引入新的安全风险。一个蜜罐为了能够吸引攻击者注意，经常需要提供许多服务，这些服务大多数会被防火墙所阻塞。一旦将蜜罐放置在防火墙内部，调整防火墙规则和入侵检测系统特征是不可避免的，因为有可能希望每次蜜罐被攻击或被扫描时不产生告警，因为这正是管理者所需要的。最大的问题是，内部的蜜罐一旦被外部的攻击者侵入并控制后，攻击者就有可能以蜜罐为跳板访问内部网络。并且由此产生的流量属于内部网络流量，防火墙无法阻止这些恶意攻击产生的流量。因此对放置在防火墙内部的蜜罐必须要确保其安全性，对于高交互蜜罐尤其如此。将蜜罐放置在防火墙内的一个好处是可以用于检测内部攻击者，可以考虑让蜜罐拥有自己的 DMZ，同时使用一个初级防火墙，该初级防火墙可以直接连接到 Internet 或 Intranet。这样做是为了能够进行紧密控制以及在获得最大安全的同时提供一个灵活的环境。

4. 蜜网

蜜网是一个系统，而并非某台单一的主机，这一网络系统隐藏在防火墙的后面，所有进出数据都将受到监测、捕获及控制。这些被捕获的数据可以使用专业的报文分析工具来研究入侵者们使用的工具、方法及动机。

从物理上来说，蜜罐是一个单独的机器，可以运行多个虚拟操作系统。控制外出的流量通常是不可能的，限制外出通信流量唯一的可能性是使用一个初级防火墙。这样一个较为复杂的网络环境通常称为蜜网。一个典型的蜜网包括多个蜜罐和一个防火墙，以此来限制和记录网络数据流，如图 9-11 所示。

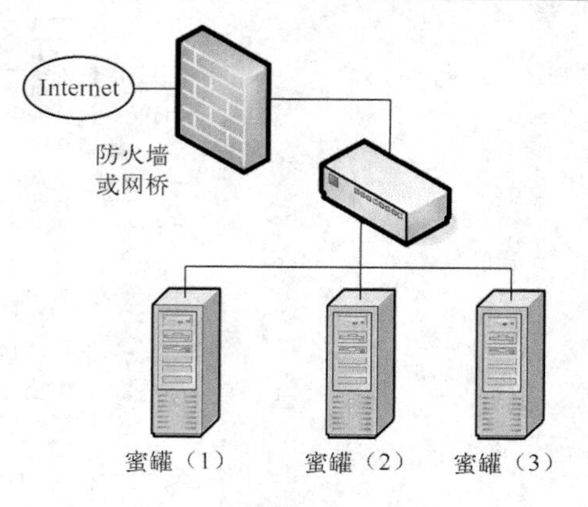

图 9-11　蜜网拓扑结构图

在一个蜜罐（或多个蜜罐）前面放置一个防火墙，减少了蜜罐的风险，同时可以对网络进出的流量进行控制，便于对所有蜜罐的网络通信数据进行日志记录。被捕获的数据并不需要放置在蜜罐上，这就消除了攻击者检测到该数据的风险。

9.3.6　应急响应技术

网络和信息系统设施可能由于各种原因遭到破坏，因此在这种破坏到来的前后需要采取相应的预防、应对措施，这些被统称为应急响应。网络和信息系统设施遭受破坏的原因主要包括网络攻击、信息系统自身出现故障及非抗力因素，例如出现自然灾害或战争破坏等。信息安全应急响应并不是在网络或信息系统设施已经遭受破坏后才开始的，而是贯穿应急响应的前后，一般分为前期响应、中期相应和后期相应三个阶段。

1. 前期响应

为尽快恢复遭破坏系统的正常运行，需要提前准备并尽快启动预备的方案，主要包括制定应急响应预案和计划、系统和数据备份、准备资源、保障业务的连续性等，这些构成了前期响应。所谓预案是指在灾害发生前制定的应对计划，而应急响应计划则一般是指在灾害发生后，针对实际破坏情况根据预案制定的具体应对计划。应急响应需要准备或筹备的资源包括经费、人力资源和软硬件工具资源，其中，硬件工具包括数据存储和业务备用设备、备份设备、施工和调试设备等，软件资源包括日志分析、数据备份、系统检测和修复工具等。信息系统平时需要定时备份数据，在安全灾害发生后，尽快对未损坏的数据甚至整个系统进行备份，以免使损失进一步扩大，也可以在一定程度上修复系统的风险。同时，这样也可以保留灾害的现场记录和痕迹。业务连续性保障是指能够尽快恢复对外服务，主要的方法是启用准备好的备用设备和数据，或者临时用替代系统保持业务连续。

2. 中期响应

前期响应一般已经使系统基本恢复了正常运行，但是，对于信息安全灾害的发生原因和引起的损害程度可能尚未完全摸清。那么中期响应的任务就是进一步准确地查明信息系统遭受了何种程度的损害并摸清灾害发生的原因，认定灾害发生的责任，为制定下一步的安全策略和采取下一步的应对措施打下基础。

3. 后期响应

后期响应的目的是确定新的安全策略并得到新的安全配置，它主要包括提高系统的安全性、进行安全评估、制定并执行新的安全策略等。其中，安全评估是针对新提高的安全性进行评估，它和提高系统的安全性可以反复进行。最后，通过综合各方面的因素，系统的安全管理者需要制定并实施新的安全策略。

信息安全事件应急响应是一件复杂、技术含量高的工作，在安全事件发生时，需要快速响应，因此，为了确保安全事件应急响应过程的快速、准确、高效地开展，各单位和机构往往要预先做好各类准备工作，准备工作主要包括以下几个方面：

（1）应急预案的编撰

这主要是指就特定信息安全事件起草一系列应急处置流程，该流程不仅包括技术方面的处置方案，比如事件发生时要首先检查和修改哪些关键设置、做好哪些数据备份等；也包括响应的管理和工作流程，包括责任人、工作流程、相关工作文档等。

（2）应急资源的建设

这主要是指就信息安全事件应急处置过程中所需的系统、工具、数据等各类技术资源，建立一系列的资源库，以备在发生信息安全事件时能够快速、准确地获取相应的支撑工具，可以快速地开展工作。

（3）日常工作的准备

在日常工作中要时常就可能发生的安全事件做好一系列的准备，比如定期的数据备份、定期/不定期的应急演练等。各单位往往会定期或不定期地针对特定问题开展一系列的应急演练工作，以检验应急计划、应急工具和应急组织等各个方面的能力和水平。

习题

9-1　防火墙的主要类型和原理是什么。

9-2　“蜜罐”系统的主要作用是什么？采用的主要技术有哪些？

9-3　应急响应的主要步骤一般包括哪些？

9-4　简述计算机病毒的防治措施和感染病毒后的修复方法。

9-5　如何防止把带有木马的程序装入内存运行，请给出几个有效的方法，并说明这些方法对系统运行效率的影响。

9-6　网络蠕虫的基本结构和工作原理是什么？

9-7　典型的信息安全技术有哪些？信息安全的威胁主要有哪些？

9-8　防火墙的DMZ区是什么？防火墙不能防止什么？

9-9　简述防火墙的发展历程。

9-10　报文过滤防火墙都过滤哪些内容？

9-11　异常入侵检测系统的作用是什么？

9-12　什么是基于主机的入侵检测系统？什么是基于网络的入侵检测系统？

9-13　误用入侵检测系统的特点是什么？

9-14　计算机病毒的传播途径有哪些？

9-15　计算机病毒有哪些特征？

参考文献

[1] 王丽娜，周贤伟，王兵．现代通信技术［M］．北京：国防工业出版社，2009.
[2] 纪越峰，等．现代通信技术［M］.2 版．北京：北京邮电大学出版社，2014.
[3] 纪越峰．现代通信技术［M］.4 版．北京：北京邮电大学出版社，2014.
[4] 桂海源．现代交换原理［M］.3 版．北京：人民邮电出版社，2007.
[5] 毛京丽，桂海源，孙学康，等．现代通信新技术［M］．北京：北京邮电大学出版社，2008.
[6] 王喆，罗进文．现代通信交换技术［M］．北京：人民邮电出版社，2008.
[7] 陆韬．现代通信技术与系统［M］.2 版．武汉：武汉大学出版社，2012.
[8] 糜正琨，杨国民．交换技术［M］．北京：清华大学出版社，2006.
[9] 薛建彬，蔺莹，晏燕．现代通信技术［M］．北京：北京理工大学出版社，2013.
[10] 彭英，王珺，卜益民．现代通信技术概论［M］．北京：人民邮电出版社，2010.
[11] 赵宏波，卜益民，陈凤娟．现代通信技术概论［M］．北京：北京邮电大学出版社，2003.
[12] 郑少仁，罗国明，沈庆国，等．现代交换原理与技术［M］．北京：电子工业出版社，2006.
[13] 蒋青，范馨月，吕翎，等．现代通信技术［M］．北京：高等教育出版社，2014.
[14] 周卫东，罗国民，等．现代传输与交换技术［M］．北京：国防工业出版社，2003.
[15] 索红光，王海燕，等．现代通信技术概论［M］.2 版．北京：国防工业出版社，2011.
[16] 薛质，等．信息安全技术基础和安全策略［M］．北京：清华大学出版社，2007.
[17] 赵泽茂，吕秋云，朱芳．信息安全技术［M］．西安：西安电子科技大学出版社，2010.
[18] 冯登国，赵险峰，等．信息安全技术概论［M］．北京：电子工业出版社，2009.
[19] 陈波，于冷，肖军模．计算机系统安全原理与技术［M］．北京：机械工业出版社，2009.
[20] 崔健双．现代通信技术概论［M］.2 版．北京：机械工业出版社，2013.
[21] 王汝言，朱志祥．多媒体通信技术［M］．西安：西安电子科技大学出版社，2004.
[22] 蔡安妮．多媒体通信技术基础［M］．北京：电子工业出版社，2012.
[23] 夏定元．多媒体通信——原理、技术与应用［M］．武汉：华中科技大学出版社，2010.
[24] K R Rao，等．多媒体通信系统——技术、标准与网络［M］．冯刚，译．北京：电子工业出版社，2004.
[25] 张敬堂．现代通信技术［M］.2 版．北京：国防工业出版社，2008.
[26] 张卫钢．通信原理与通信技术［M］.3 版．西安：西安电子科技大学出版社，2012.
[27] 林辉，焦慧颖，刘思杨，等．LTE - Advanced 关键技术详解［M］．北京：人民邮电出版社，2012.
[28] 尤肖虎，潘志文，高西奇，等.5G 移动通信发展趋势与若干关键技术［J］．中国科学，2014，44（5）：551 - 563.
[29] 董爱先，王学军．第 5 代移动通信技术及发展趋势［J］．通信技术，2014，47（3）：235 - 240.
[30] 夏威，刘冰华.5G 概述及关键技术简介［J］．电脑与电信，2014，8：51 - 52.
[31] 樊昌信，曹丽娜．通信原理［M］.6 版．北京：国防工业出版社，2011.
[32] Leon W Couch. 数字与模拟通信系统［M］.7 版．罗新民，任品毅，黄华，译．北京：电子工业出版社，2007.
[33] 王虹．通信系统原理［M］．北京：国防工业出版社，2014.

[34] 王兴亮．通信系统原理教程［M］．2 版．西安：西安电子科技大学出版社，2011.
[35] 张辉，曹丽娜．现代通信原理与技术［M］．3 版．西安：西安电子科技大学出版社，2013.
[36] 胡先志，刘一．光纤通信概论［M］．北京：人民邮电出版社，2012.
[37] 赵梓森．光纤通信技术概论［M］．北京：科学出版社，2012.
[38] 王辉．光纤通信［M］．3 版．北京：电子工业出版社，2014.
[39] 顾畹仪．光纤通信系统［M］．3 版．北京：北京邮电大学出版社，2013.
[40] 苏君红，邓少生．光纤通信技术［M］．北京：化学工业出版社，2014.
[41] 王丽娜，王兵．卫星通信系统［M］．2 版．北京：国防工业出版社，2014.
[42] 姚冬苹，等．数字微波通信［M］．北京：清华大学出版社，2004.
[43] 唐贤远，李兴．数字微波通信［M］．北京：电子出版社，2007.
[44] 甘良才，等．卫星通信系统［M］．武汉：武汉大学出版社，2002.
[45] 孙学康，张政．微波与卫星通信［M］．2 版．北京：人民邮电出版社，2007.
[46] 陈豪，等．卫星通信与数字信号处理［M］．上海：上海交通大学出版社，2011.
[47] 陈振国，等．卫星通信系统与技术［M］．北京：北京邮电大学出版社，2003.
[48] 姚军，等．数字微波与卫星通信［M］．北京：北京邮电大学出版社，2011.
[49] 王新良，等．计算机网络［M］．北京：机械工业出版社，2014.